JN050495

新・数理/工学
ライブラリ [機械工学＝6]

動画とPythonで学ぶ
振動工学

佐伯　暢人　著

数理工学社

サイエンス社・数理工学社のホームページのご案内

https://www.saiensu.co.jp

ご意見・ご要望は　suuri@saiensu.co.jp　まで.

まえがき

洗濯機や車の振動，地震によって生じる建物の振動などのように不快な振動は私たちの身のまわりに多く存在します．また，食品が製造される様子を紹介する動画を見ると食品が揺らされながら輸送される様子を目にします．その輸送方法は振動をうまく利用した例の1つで振動輸送と呼ばれます．このように，私たちは日常の生活で多くの振動を経験しますが，その振動のメカニズムを理解することで，不快な振動をできる限り減らし，一方では振動を効率的に利用することが可能になります．

振動工学はその振動が発生するメカニズムを学ぶ学問であり，本書ではそれをできる限り楽しんで学ぶことができるように工夫を施しました．その工夫した点は表題にあるように，Python（パイソン）と動画を随所に取り入れたところです．Python はシンプルで読みやすい構文をもち，現在，初心者から専門家まで幅広い層に人気があるプログラミング言語です．また，数値計算や AI 開発などが無料で実施できることも大きな利点です．本書では Python により振動工学で扱う計算とグラフ作成が簡単に実施できることを紹介します．

さらに，代表的な振動現象に関する動画を紹介した後にその振動現象を理論的に考えることとしました．使用した動画はいずれも，簡単な実験装置を用いて再現しています．機械に興味がある読者の皆さんにとってはその動きを実現する仕組みも楽しんでもらえるかもしれません．

スマートフォンやタブレットで全ての動画を簡単に視聴できるように，各動画には QR コードを示し，該当の YouTube にアクセスできるようにしました．試しに，次頁の QR コードを読み込んでください．本書で使用する動画を見ることができます．

動画や Python のプログラミングを通して，本書が振動工学を好きになるきっかけになるならば，著者の望外の喜びです．

最後に，本書の執筆を助けてくれた多くの皆さんに感謝したいと思います．本書で利用した実験装置はいずれも，芝浦工業大学粒状体力学研究室の学生の

i

QR コード　振動に関する動画を集めた YouTube チャンネル
(https://www.youtube.com/@visual_vibration)

皆さんに設計並びに製作をしてもらいました．また，家族には休日の執筆作業
にもかかわらず，全面的にサポートをしてもらいました．さらに，本書の執筆
に際して（株）数理工学社 田島氏，鈴木氏，西川氏にはご尽力いただきまし
た．以上の方々に心より感謝申し上げます．

2024 年 4 月

佐伯暢人

＊ Python の動かし方について

　Python のソースコードを実行するには，ご使用の PC に Anaconda をインストー
ルし，そこに含まれる Spyder を使用することをお勧めします．Anaconda は Python
のプログラミングを助けるために集約されたツールとライブラリのパッケージで，個
人かつ非商用目的であれば無料で利用することができます．Anaconda をインストー
ルすると，Spyder や Python に必要なライブラリと関連ツールを一度に入手できま
す．Spyder は Python で科学用途のプログラミングをすることを意図して作られた
統合開発環境であり，本書で使用する NumPy や Matplotlib などが統合されていま
す．それにより，快適なプログラミングが実施できます．

> Anaconda のインストールに関する情報及び Python のソースコードは
> 数理工学社のホームページ https://www.saiensu.co.jp/
> の本書のサポートページからダウンロードできます．

目　　次

第 1 章
振動と Python の基礎

　本章では振動の基礎となる用語や振動を解析する手順の概要について述べるとともに，振動を学ぶ上で強力なツールとなる Python の基礎について取り上げる．1.2 節「Python の基礎」では，振動の解析に必要となる解法のいくつかを説明し，得られた計算の結果を線の種類を変えてグラフにする方法や 3 次元グラフにする方法を紹介する．

本章で学ぶ内容
- 振幅，振動数（周波数），周期
- モデル化
- 2 次元グラフや 3 次元グラフの描き方（Python）
- 行列の計算（Python）
- 固有値と固有ベクトル
- フーリエ級数と FFT

1.1　振動の基礎

1.1.1　調 和 運 動

　振動系において物体の変位 x と時間 t の関係を表す最も基本的な式は以下のように表される．

$$x = X \sin(\omega t + \phi) \tag{1.1}$$

上式で表される運動を調和運動（harmonic motion）という．式 (1.1) を図に示すと，図 1.1 のようになる．ここで，ω は角（円）**振動数**（angular frequency），X は**振幅**（amplitude），ϕ は**初期位相（角）**（initial phase angle）と呼ばれる．また，図 1.1 に示すように，物体の運動が等しい時間間隔で繰り返されているとき，その時間間隔 T を**周期**（period）と呼び，角振動数 ω との間には

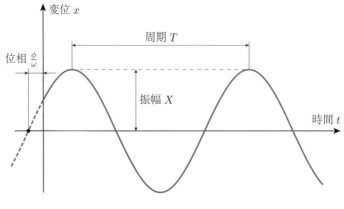

図 1.1 調和運動

次のような関係が成り立つ.

$$T = \frac{2\pi}{\omega}$$

また,1 秒間に生じる振動の回数 f は**振動数**もしくは**周波数**(frequency)と呼ばれ,単位には Hz(ヘルツ)を用いる.振動数と周期との間には

$$f = \frac{1}{T} = \frac{\omega}{2\pi}$$

の関係がある.

式 (1.1) は次式で与えられることもある.

$$x = A\sin\omega t + B\cos\omega t \tag{1.2}$$

ここで,式 (1.1) と式 (1.2) の間には

$$X = \sqrt{A^2 + B^2}, \quad A = X\cos\phi, \quad B = X\sin\phi$$

の関係がある.

1.1.2 振動解析の手順

実際の振動系の多くは非常に複雑であるため,振動系の全てを詳細に解析することは困難である.そのため,重要な特徴のみに着目し,特定の入力条件に関して振動系がどのような挙動を示すかを検討することがよく行われる.一方,振動系の挙動は単純なモデルで表すことが可能である.それらを踏まえて,振

動系の解析は次のような手順で行われる．まず，振動系をモデル化し，その運動方程式を導出する．次にその解を求め，その結果を考察する．その際には得られた結果から振動系を構成する質量やばねを変更することで振動を抑制することができないかを確認する．

1.1.3 モデル化

振動系のモデル化の例として，図 1.2（a）に示す自動車について考えよう．運転手側と後部座席の揺れの違いを表すモデル図が図 1.2（b）である．ここで，車体は剛体である．前輪と後輪に示す機械要素を改めて，図 1.3 に示す．図 1.3（a）は**ばね要素**（spring element）と呼ばれ，復元力を表すために用いられる記号である．ばねにはコイルばねや板ばね，重ね板ばねなど様々なばねがあり，構造物を対象にする場合には壁も剛性を持つばねとなるが，それら全てを含めてばね要素とする．一方，図 1.3（b）は**減衰要素**（damping element）と呼ばれ，振動する物体の変位量が減少する働きを表すために用いられる記号である．減衰要素を用いることで振動系の応答を精度良く予測することが可能

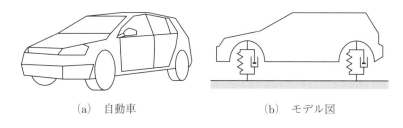

(a) 自動車　　　　　　　　　　(b) モデル図

図 1.2 自動車とそのモデル図

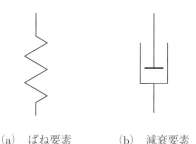

(a) ばね要素　　　(b) 減衰要素

図 1.3 ばね要素と減衰要素

となる.

　図 1.2（b）のモデル図では運転手側と後部座席の揺れの違いを表すことが可能となるが，運転席と助手席の揺れの違いを表すためには 4 輪全てにばね要素と減衰要素を設けたモデル図を考える必要がある．さらに，ボンネットの振動を考慮するには，ボンネットを連続体として扱うことが必要になる．考慮すべき項目が多くなるに従って，モデルは複雑となり，運動方程式の数は多くなるが，通常はいきなり複雑なモデルを作成する前に，簡単なモデルを用いて，実際の挙動を大まかに予測することが振動解析の第 1 歩となる.

1.2　Python の基礎

1.2.1　新しいウィンドウでのグラフの表示

　本書では Spyder を用いて Python により多くの計算結果をグラフにする．通常，Spyder の初期設定では，Spyder 画面の右上の枠部分の下に並ぶタブから，「プロット」をクリックすると作成したグラフが表示される．しかし，以下に示す手順により，グラフのみを新たなウィンドウに表示させることができる．本書では見やすさや使い勝手の良さから，以下を実施することを推奨する.

①Spyder のメニューの「ツール」にある「設定」を選択.
②表示される「設定」ウィンドウの「IPython コンソール」を選び，その中から「グラフィックス」タブを選択.
③「グラフィックスのバックエンド」から「自動」を選択し，OK をクリック
④Spyder を再起動.

これ以降は，新しいウィンドウでのグラフが表示される.

1.2.2　調和運動の計算とグラフ化

　Python を使用するにあたり，式 (1.1) を計算し，グラフにすることから Python を学んでいこう．そのソースコードは図 1.4 に示す `code_1-1.py` である．Python のソースコードはスクリプトとも呼ばれるが，以降ではソースコードと称する．`code_1-1.py` を実行すると，パソコンのモニター上には新たなウィンドウとして図 1.5 が表示される．以下に，図 1.4 で示す Python のソースコー

```
1  #        調和運動の例        by Saeki
2  import numpy as np     #NumPyの呼び出し
3  import matplotlib.pyplot as plt    #Matplotlibの呼び出し
4
5  omg=1.7; fai=np.pi/6; a=1.5    #各定数の定義
6  t1 = np.linspace(0, 10, 100)    #時間データの作成
7  x1=a*np.sin(omg*t1+fai)    #変位データの作成
8
9  plt.rcParams["font.size"] = 15    #フォントサイズの設定
10 plt.ylabel("$x[m]$", fontname='serif')    #y軸のラベルを設定
11 plt.xlabel("$t[sec]$", fontname='serif')    #x軸のラベルを設定
12 plt.title('Harmonic motion')    #タイトルを設定
13 plt.plot(t1, x1,'k-')    #時間-変位のグラフを作成
14 plt.xlim([0.0,10.0])    #x軸の範囲を設定
15 plt.ylim([-2,2])    #y軸の範囲を設定
16 plt.grid()    #グリッドを設定
17 plt.tight_layout()    #グラフのサイズを改善
18 plt.show()    #画面に表示
```

図 1.4 code_1-1.py のソースコードの一部

ドの内容を詳細に解説しよう.

• **ライブラリの呼び出し** 2, 3 行目において, NumPy と Matplot の 2 つの
ライブラリを呼び出す. ライブラリとは特定の機能を実現するために作成され
たソースコード群を意味する. NumPy は配列の処理に特化したライブラリで,
各種の数学関数も含まれている. また, Matplot はグラフ作成機能を提供する
ライブラリである. さらに, as np と記述されているのは, NumPy ライブラ
リに含まれる関数を以降では, 「np」として呼び出すことが可能となることを
意味する. as plt も同様である.

• **計算** 6, 7 行目で式 (1.1) の計算を行う. 6 行目では時間 t の値を 1 次元配
列として作成し, 7 行目では変位 x を計算する.

• **グラフの作成** 9〜18 行目でグラフの設定と描画が行われる. 9 行目ではグ

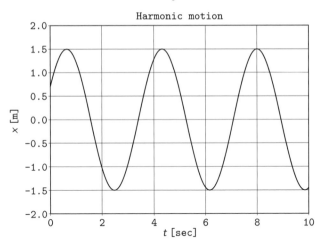

図 1.5　調和運動の変位波形

ラフに使用する全てのフォントサイズを 15 ポイントに指定する．ここで，1 ポイントは $\frac{1}{72}$ インチであり，初期設定されたフォントサイズは 12 ポイントである．17 行目ではフォントのサイズを考慮し，ウィンドウから各軸のラベルが表示されるようにグラフのサイズが調整される．

　各行に「#」記号が含まれているが，「#」記号からその行末までは全てコメントになる．コメントとはソースコードに関するメモのことであり，コメントの内容はソースコードを動かす際には一切無視される．図 1.4 はコメントが多く，少しコードが見にくいが，初めて示すソースコードであることから，全ての行の意味をコメントとして記載した．

　様々な Python に関する書物を見ると，'if __name__ == ' '__main__' の条件文が入っている場合がある．これは，複数のファイルからなるソースコードである場合，上述した条件文があるファイルがメインのソースコードを記したファイルであることを意味する．本書ではいずれのソースコードも単一のファイルに記載したことから上述した条件文は省いている．

　図 1.4 で示した内容は最も基本的な構成であり，本書で扱うソースコードはいずれも同様な構成としている．

1.2.3 リ ス ト

図 1.4 の 6 行目で示した時間 t の値のように，振動工学では数値データを 1 次元配列として扱うことが多いが，このデータを Python ではリストと呼ぶ．リストを生成するいくつかの方法を次に示す．

・直接，データを入力する場合

（例）　[2,4,6,8]

大かっこ [ ] の中に直接，数値を入力する．リスト内の数値は要素と呼ばれる．小かっこ ( ) の中に数字を入力するタプルと呼ばれる 1 次元配列データもあるが，要素の変更ができないため，使い勝手がいいのはリストである．

・リスト内包表記

（例）　[x for x in range(10)]

大かっこ [ ] の中に for 文を設けることで連続した数値を入力できる．上記の例では下記のリストが作成される．

[0, 1, 2, 3, 4, 5, 6, 7, 8, 9]

・**NumPy** の利用——要素数を指定

（例）　np.linspace(a,b,c)

a～b で等間隔に c 個の要素を作成する．

・**NumPy** の利用——要素の間隔を指定

（例）　np.arange(a,b,c)

a ≤ n < b で間隔 c として，要素 n を作成する．

例題 1.1

　上述した 3 つの方法を用いて，2～8 までの刻みを 2 とするリスト [2,4,6,8] を作成するソースコードを示しなさい．

【解】
- リスト内包表記の場合　→　例えば，[2*x for x in range(1,5,1)]
- NumPy（要素数を指定）の場合　→　np.linspace(2,8,4)
- NumPy（要素の間隔を指定）の場合　→　np.arange(2,9,2)　　　□

• **要素の指定**　リストの番号であるインデックスを指定して下記のように要素を呼び出すことができる.

（例）　t0=[2,4,6,8]

print(t0[2])　#6 と出力

print(t0[-3])　#4 と出力

先頭の要素のインデックスはゼロである. 負の数を指定した場合は末尾の要素のインデックスが -1 となる.

• **要素の削除**　リスト内の要素を削除する場合には np.delete を用いる.

（例）　tc=[2, 4, 6, 8, 0.2, 0.4, 0.6, 0.8]

print(np.delete(tc,-1))

[2　4　6　8　0.2　0.4　0.6] と出力

• **リストの結合**　np.linspace で作成したリストを結合する場合には np.concatenate を用いる.

（例）　t0=[2,4,6,8]

tb=np.linspace(0.2,0.8,4)

tc=np.concatenate([t0, tb])

print(tc)　# [2　4　6　8　0.2 0.4 0.6 0.8] と出力

上で示した例題 1.1, 要素の指定や削除, リスト結合については code_1-2.py を実行することで確認ができる.

1.2.4 行　　列

行列の計算には NumPy の配列 np.array を用いる.

$$a = \begin{bmatrix} 1 & 2 \\ 3 & 4 \end{bmatrix}, \quad b = \begin{bmatrix} 5 & 6 \\ 7 & 8 \end{bmatrix}$$

上記の 2 つの行列は次のように表される.

a = np.array([[1, 2], [3, 4]])

b = np.array([[5, 6], [7, 8]])

np.matrix でも, 同様に行列を生成できるが, 以下に示す積などの指定方法が異なるので注意が必要である.

- **行列の積**　上述した 2 つの行列 a と b の積は次の記述で計算できる.

$$a \text{ @ } b \quad \text{もしくは, } \texttt{np.dot(a,b)}$$

なお, a*b とすると, 要素ごとの積となるため, 注意が必要である.

- **転置行列**　上述した行列 a の転置行列は a.T と表される.

上で示した行列については code_1-3.py を実行することで確認ができる.

1.2.5　固有値と逆行列

　正方行列 $\boldsymbol{A}$ が与えられたとき, 次式を満たすスカラー λ を $\boldsymbol{A}$ の**固有値**（eigenvalue）という.

$$\boldsymbol{A}\boldsymbol{x} = \lambda\boldsymbol{x} \tag{1.3}$$

また, ベクトル $\boldsymbol{x}$ を $\boldsymbol{A}$ の固有値 λ に対する**固有ベクトル**（eigenvector）という. この固有値と固有ベクトルを求めることを**固有値問題**（eigenvalue problem）という.

　単位行列 $\boldsymbol{I}$ を用いて式 (1.3) を変形すると,

$$(\boldsymbol{A} - \lambda\boldsymbol{I})\boldsymbol{x} = \boldsymbol{0} \tag{1.4}$$

上式が $\boldsymbol{x} = \boldsymbol{0}$ 以外の解をもつためには $(\boldsymbol{A} - \lambda\boldsymbol{I})$ の行列式が 0 になる必要があることから,

$$\det(\boldsymbol{A} - \lambda\boldsymbol{I}) = 0 \tag{1.5}$$

となり, 上式を解くことで固有値が求められる. また, 求めた固有値を式 (1.4) に代入することで固有ベクトル $\boldsymbol{x}$ が求められる.

　Python では行列 a の固有値, 固有ベクトルを求める関数は次のように表される.

$$\texttt{w, v = np.linalg.eig(a)}$$

ここで, w, v はそれぞれ, 固有値, 固有ベクトルである. また, 行列 a の逆行列を求める関数は次のように表される.

$$\texttt{np.linalg.inv(a)}$$

例題 1.2

次の行列の固有値と固有ベクトルを求めなさい.

$$A = \begin{bmatrix} \frac{3}{2} & -\frac{1}{2} \\ -1 & 2 \end{bmatrix}$$

【解】 式 (1.5) より

$$\lambda^2 - \frac{7}{2}\lambda + \frac{5}{2} = 0$$

上式から λ を求めると, $\lambda = 1,\ \frac{5}{2}$ が得られる.

　次に, 固有ベクトル $\boldsymbol{x} = \{X_1, X_2\}^T$ を求める. ここで, T は転置行列を示す. 式 (1.4) より,

$$\begin{bmatrix} \frac{3}{2} - \lambda & -\frac{1}{2} \\ -1 & 2 - \lambda \end{bmatrix} \begin{Bmatrix} X_1 \\ X_2 \end{Bmatrix} = \begin{Bmatrix} 0 \\ 0 \end{Bmatrix}$$

すなわち,

$$\left. \begin{array}{c} \left(\dfrac{3}{2} - \lambda \right) X_1 - \dfrac{1}{2} X_2 = 0 \\ -X_1 + (2 - \lambda) X_2 = 0 \end{array} \right\}$$

となる. 上式から,

$$\frac{X_2}{X_1} = 3 - 2\lambda = \frac{1}{2 - \lambda}$$

• $\lambda = 1$ のとき

$$\begin{Bmatrix} X_1 \\ X_2 \end{Bmatrix} = \begin{Bmatrix} 1 \\ 1 \end{Bmatrix}$$

• $\lambda = \frac{5}{2}$ のとき

$$\begin{Bmatrix} X_1 \\ X_2 \end{Bmatrix} = \begin{Bmatrix} 1 \\ -2 \end{Bmatrix}$$

`code_1-4.py` を実行すると同じ固有値 λ が得られることを確認できる. 一方, Python で得られる固有ベクトルは 2 つの固有ベクトルを合成した行列の形で表示される. Python で得られる値から $\frac{X_2}{X_1}$ を計算すると, 上記の固有ベクトルと同じ値になることが確認できる. 　　　□

1.2.6 グラフの作成

グラフの作成の基本は図 1.4 や図 1.5 に示す通りであるが，さらに，グラフを装飾するいくつかの方法を紹介する．

• **線の種類，色と太さなど** 表 1.1 や表 1.2 に示すように，線の種類や色を変更することができる．

表 1.1 線の種類の指定方法

線の種類	実線	破線	一点鎖線	点線
指定方法	-	--	-.	:

表 1.2 代表的な色の種類の指定方法

色の種類	黒色	緑色	赤色	黄色	青色
指定方法	k	g	r	y	b

図 1.6 は線の種類や色を変更し，グラフを作成した一例である．グラフでは以下の 3 つの式を異なる線の種類や太さで描いている．

$$\left.\begin{array}{l} y = \exp(-x^2)\cos(40x) \\ y = \cos(40x) \\ y = -\cos(40x) \end{array}\right\}$$

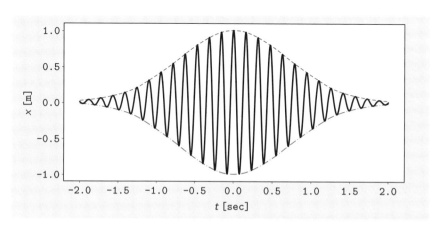

図 1.6 線の種類や太さを変えて図示した例

図 1.7 は code_1-5.py のソースコードの一部である．10 行目ではグラフの
サイズを幅 8 インチ，高さ 4 インチとし，グラフの外枠の背景を薄いグレーと
指定している．初期設定ではグラフサイズは (8,6) である．14 行目では実線
の色を黒とし，線の太さを linewidth で指定している．16 行目で示すように，
線の太さは lw でも指定できる．

```
 1  ##        線種，線の色，線の太さ        by Saeki

10  plt.figure(figsize=(8, 4), facecolor='lightgrey')

14  plt.plot(x, y1 * y2, 'k' , linewidth=3)
15  plt.plot(x, y2, 'b--')
16  plt.plot(x, -y2, 'b-.' , lw=2)
```

図 1.7 code_1-5.py のソースコード

• **複数のグラフ** グラフを表示するウィンドウに複数のグラフを表示するには
以下のように入力する．

$$\text{plt.subplot2grid } ((n,m),(i,j),colspan=2)$$

ここで，最初の引数 (n,m) はグラフを横に n 分割し，縦に m 分割することを意
味する．また，次の引数 (i,j) はグラフを i 行 j 列の位置にすることを意味す
る．ただし，i, j はインデックス指定なので，0 が始まりである．また，複数の
グラフを行ごともしくは列ごとに結合したいときには colspan または rowspan
を使用する．

図 1.8 は 1 つのウィンドウに 4 枚のグラフを表示した例であり，そのソース
コードを図 1.9 に示す．7 行目では 1 つのウィンドウに示すグラフを 2 行 2 列
とし，左上である (0,0) の位置にグラフを作成することを指定する．8 行目の
plt.text では，グラフ内の x 座標 = 0.4, y 座標 = 0.5 の位置に (0,0) を表
示することを指定する．10 行目は 7 行目と同様に，右上の (0,1) の位置にグ
ラフを作成することを指定する．

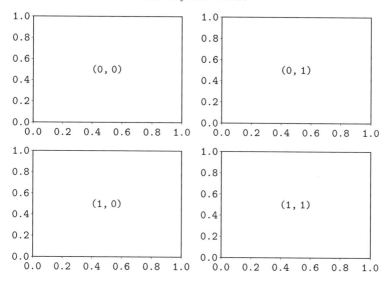

図 1.8　1 つのウィンドウに 4 枚のグラフを表示した例

```
1  ##        複数のグラフを表示        by Saeki

7  plt.subplot2grid((2, 2), (0, 0))
8  plt.text(0.4, 0.5, "(0,0)")
9
10 plt.subplot2grid((2, 2), (0, 1))
11 plt.text(0.4, 0.5, "(0,1)")
```

図 1.9　code_1-6.py のソースコード

・**3D グラフ**　式 (1.6) に示すアクレー（Ackley）関数を例として，3D グラフを表示する方法を紹介する.

$$z = -200 \exp(-0.02\sqrt{x^2 + y^2}) \tag{1.6}$$

図 1.10 は曲面とワイヤーフレームを用いてアクレー関数を表示した例である. そのソースコードは図 1.11 である. 6, 7 行目で，それぞれ，x, y のリストを作成する. 8 行目では np.meshgrid を用いて x-y 平面上に格子点 X, Y を作

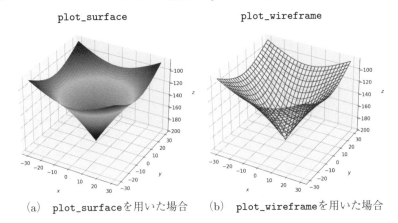

（a）plot_surfaceを用いた場合　　（b）plot_wireframeを用いた場合

図 1.10　アクレー関数を 3D 表示した例

```
1   ##          3D plot       by Saeki

6   x = np.arange(-30, 30, 0.25)
7   y = np.arange(-30, 30, 0.25)
8   X, Y = np.meshgrid(x, y)
9   R = -0.02 * np.sqrt(X**2 + Y**2)
10  Z = -200 * np.exp(R)
11
12  fig, axes = plt.subplots(1, 2, figsize=(18, 8),
        subplot_kw={'projection': '3d'})
13  plt.rcParams["font.size"] = 15
14  def title_and_labels(ax, title):

20  plt.rcParams['axes.labelpad'] = 25
21  axes[0].plot_surface(X, Y, Z, cmap="jet")
22  title_and_labels(axes[0], "plot_surface")
23  axes[1].plot_wireframe(X, Y, Z, rstride=10, cstride=10)
24  title_and_labels(axes[1], "plot_wireframe")
```

図 1.11　code_1-7.py のソースコード

成する．9, 10行目では式 (1.6) に示した式に基づき，z 座標を計算する．12 行
目では 1 つのウィンドウに 1 行 2 列のグラフを作成し，ウィンドウサイズを
(18,8) と指定する．さらに，`subplot_kw={'projection': '3d'}` とすること
で 3D グラフとなる．14 行目は各図にタイトルと軸ラベルを表示する関数であ
る．20 行目では `rcParams['axes.labelpad']` で各軸のラベルである x,y,z の
位置を調整する．21 行目では左側の図に `plot_surface` により曲面で描くこと
を指定する．23 行目では右側の図に `plot_wireframe` によりワイヤーフレーム
で描くことを指定する．

　グラフが表示されたウィンドウ上で，マウスのカーソルを左もしくは右のグ
ラフの上に移動し，マウスをドラッグすると，各軸まわりにグラフを回転させ
ることができる．

1.2.7　データの読み込み

　Python では様々な形式のファイルを読み込むことができるが，ここでは
Pandas ライブラリを利用して，csv データと Excel データを読み込む例を紹
介する．

・**csv データの読み込み**　csv データを読み込むには以下のように `pd.read_csv`
を用いる．

`pd.read_csv("ファイル名", encoding="shift_jis")`

日本語を含む csv ファイルを読み込むときは上記の通り，オプションとして，
`encoding="shift_jis"`を指定する．

・**Excel データの読み込み**　Excel データを読み込むには以下のように
`pd.read_excel` を用いる．

`pd.read_excel('ファイル名', sheet_name='Sheet1', skiprows = 1)`

上記はシート名 Sheet1 にある最初の行をスキップしたデータを読み込むこと
を意味する．

例題 1.3

図 1.12 に示す csv 及び Excel データを用いて, 図 1.13 に示すように, 時間（1 列目）と解析（2 列目）の関係を実線で描き, 時間（1 列目）と実験（3 列目）の関係を〇印で描くグラフを作成しなさい.

時間（sec）	解析（mm）	実験（mm）
0	0	0.10
0.05	1.09	1.41
0.1	2.13	2.31
...	...	...
2.55	-4.88	-4.86

図 1.12 csv 及び Excel データ（`Graph_Data.csv`, `Graph_Data.xlsx`）

【解】 csv 及び Excel データに関するソースコードは, それぞれ, code_1-8.py 及び code_1-9.py であり, それらを実行すると, いずれについても図 1.13 が得られる.

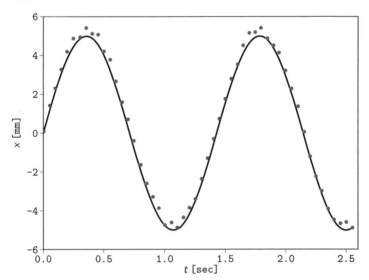

図 1.13 csv 及び Excel データを用いて作成したグラフの例

1.2.8 フーリエ級数と離散フーリエ変換

• **フーリエ級数** 一定な周期を持つ運動である周期運動は多数の調和運動の和として表すことができる. すなわち, 周期 $\frac{2\pi}{\omega}$ を持つ周期関数 $f(\omega t)$ は

$$f(\omega t) = \frac{A_0}{2} + \sum_{k=1}^{\infty}(A_k \cos k\omega t + B_k \sin k\omega t)$$

$$= \frac{A_0}{2} + \sum_{k=1}^{\infty} C_k \cos(k\omega t + \phi_k) \tag{1.7}$$

で表すことができる. $f(\omega t)$ を**フーリエ級数**(Fourier series)と呼ぶ. 式 (1.7) における各係数は次のように求められる.

$$A_k = \frac{1}{\pi} \int_{-\pi}^{\pi} f(\omega t) \cos k\omega t \, d(\omega t) \tag{1.8}$$

$$B_k = \frac{1}{\pi} \int_{-\pi}^{\pi} f(\omega t) \sin k\omega t \, d(\omega t) \tag{1.9}$$

$$C_k = \sqrt{A_k^2 + B_k^2}, \quad \tan \phi_k = -\frac{B_k}{A_k} \tag{1.10}$$

ここで, A_0, A_k, B_k は $f(\omega t)$ の**フーリエ係数**(Fourier coefficients)と呼ばれる.

例題 1.4

図 1.14 に示すような波形のフーリエ級数を求め, Python で波形を表すグラフを作成しなさい.

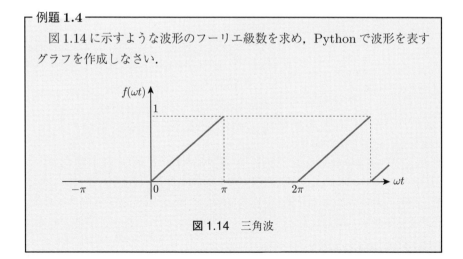

図 1.14 三角波

【解】　$-\pi$ から π までの区間に着目すると，図 1.14 に示す波形は

$$f(\omega t) = \begin{cases} 0 & \cdots -\pi \leq \omega t < 0 \\ \dfrac{\omega t}{\pi} & \cdots 0 \leq \omega t < \pi \end{cases}$$

式 (1.8) より，

$$A_k = \frac{1}{\pi} \int_{-\pi}^{0} 0 \cdot \cos k\omega t \, d(\omega t) + \frac{1}{\pi} \int_{0}^{\pi} \frac{\omega t}{\pi} \cdot \cos k\omega t \, d(\omega t)$$

$$A_k = \frac{\cos k\pi - 1}{(k\pi)^2}$$

$$= -\frac{1 + (-1)^{k-1}}{(k\pi)^2}$$

となる．ここで，$k = 1, 2, 3, \ldots$ であり，

$$A_0 = \frac{1}{2}$$

となる．

また，式 (1.9) より，

$$B_k = \frac{1}{\pi} \int_{0}^{\pi} \frac{\omega t}{\pi} \cdot \sin k\omega t \, d(\omega t)$$

$$= \frac{-\cos k\pi}{k\pi}$$

$$= \frac{(-1)^{k-1}}{k\pi}$$

よって，

$$f(\omega t) = \frac{1}{4} + \sum_{k=1}^{\infty} \left(-\frac{1 + (-1)^{k-1}}{(k\pi)^2} \cos k\omega t + \frac{(-1)^{k-1}}{k\pi} \sin k\omega t \right)$$

code_1-10.py を用いて，上式を計算し，グラフを作成すると，図 1.15 が得られる．$k = 100$ のグラフでは各三角波の頂点位置でわずかに波形が振動している様子が見られる．これは**ギブズの現象**（Gibbs phenomenon）と呼ばれるが，極限をとることで消える．

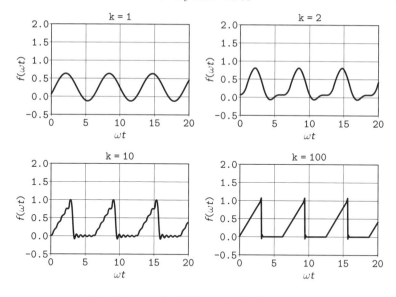

図 1.15 フーリエ級数による三角波のグラフ

□

• **複素フーリエ級数と離散フーリエ変換** 式 (1.7) のフーリエ級数は以下に示すオイラーの公式

$$\exp(j\theta) = \cos\theta + j\sin\theta$$

を用いると，次のような**複素フーリエ級数**（complex Fourier series）を得ることができる．

$$f(t) = \sum_{k=-\infty}^{\infty} D_k \exp(jk\omega t)$$

$$= \sum_{k=-\infty}^{\infty} D_k \exp\left(j\,\frac{2\pi kt}{T}\right) \tag{1.11}$$

また，フーリエ係数も複素数の形となり，

$$D_k = \frac{1}{T} \int_{-\frac{T}{2}}^{\frac{T}{2}} f(t) \exp\left(-j\,\frac{2\pi kt}{T}\right) dt \tag{1.12}$$

と表される．

　実際の実験では波形が数値として得られることから，サンプリング周期 Δt で離散時間 $t_n = n\Delta t$ における N 個分のデータ $f(t_n)$ が得られた場合を考える．ここで，$n = 0, 1, \ldots, N-1$ である．式 (1.12) において，$T = N\Delta t$ であり，積分を和で近似すると，

$$X_k = \sum_{n=0}^{N-1} f(t_n) \exp\left(-j\frac{2\pi nk}{N}\right) \tag{1.13}$$

となる．式 (1.13) が表す変換を**離散フーリエ変換**（discrete Fourier transform）という．離散フーリエ変換により，実験で得られた波形を周波数成分に分解し，波形の特性を把握することができる．また，式 (1.13) から元のデータを求めることを**離散逆フーリエ変換**（discrete inverse Fourier transform）といい，

$$f(t_n) = \frac{1}{N} \sum_{k=0}^{N-1} X_k \exp\left(j\frac{2\pi nk}{N}\right) \tag{1.14}$$

で表される．離散フーリエ変換を高速に実行するアルゴリズムを**高速フーリエ変換**（fast Fourier transform; FFT）という．Python では Numpy ライブラリにある `np.fft.fft` （測定値）により FFT を行うことができる．

┌ 例題 1.5 ─────────────────────

　次式を用いて，$t = 0 \sim 2$ 秒でデータ数 $N = 1024$ の y の値を求めた後，FFT を行い，周波数と振幅の関係を示すグラフを作成しなさい．

$$y = \sin(2\pi f_1 t) + 7\sin(2\pi f_2 t) + 12\cos(2\pi f_3 t)$$

ここで，

$$f_1 = 2\,\mathrm{Hz}, \quad f_2 = 6\,\mathrm{Hz}, \quad f_3 = 10\,\mathrm{Hz}$$

である．

【解】 `code_1-11.py` を実行すると，図 1.16 のグラフが得られる．図 1.16 (a)，(b) はそれぞれ，時刻歴応答との周波数と振幅の関係を示すグラフである．図 1.16 (b) に示されるように，3 つの周波数において，入力した式の通りに振幅が得られていることがわかる．

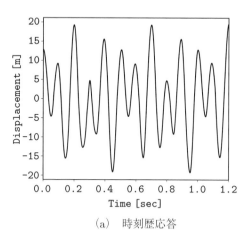

(a)　時刻歴応答

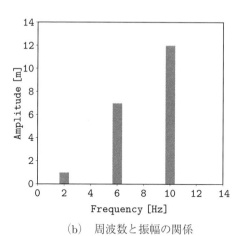

(b)　周波数と振幅の関係

図 1.16　FFT を行った結果

□ **1** 次の行列の固有値と固有ベクトルを求めなさい.

$$A = \begin{bmatrix} 5 & -2 \\ -2 & 2 \end{bmatrix}$$

□ **2** Python を用いて，図に示すように，1 つのウィンドウに 5 枚のグラフを表示させなさい.

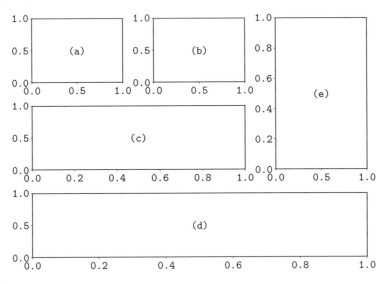

□ **3** 次式に示すアジマン（Adjiman）関数をワイヤーフレームにより 3D グラフで表しなさい.

$$z = \cos x \sin y - \frac{x}{y^2 + 1}$$

ここで，x と y は共に，$-5{\sim}5$ で刻みは 0.25 とする.

□ **4** 図に示すような波形のフーリエ級数を求めなさい.

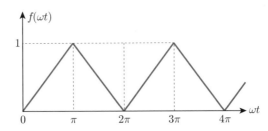

第2章
1 自由度系の自由振動

　風，地震などの外力や不釣り合い力が系に作用しない振動を**自由振動**（free vibration）という．例えば，ブランコに乗って体を動かさずにブランコが揺れるときの様子やギターの弦を弾いたときの弦の様子は自由振動である．自由振動は初期条件により運動が決定し，それを分析することで固有振動数を測定することができる．本章では様々な1自由度系の自由振動を取り上げる．さらに，動画を通して，摩擦を伴う自由振動について考える．

本章で学ぶ内容
- 1自由度系の自由振動の運動方程式の導出
- 固有振動数，減衰比
- 直列ばねや並列ばねを有する振動系
- エネルギ法
- 摩擦力が作用する場合の自由振動

2.1　不減衰系の自由振動

　ここでは減衰のない1自由度系の自由振動について考える．例えば，図2.1 (a) に示すようなタワー状の構造物や図2.1 (b) に示すような1階建ての構造物の振動がその対象となる．

　図2.1において，フレームの弾性的抵抗や質量が連続的に分布するため，系は無限自由度系となるが，ここでは1自由度系に近似すると，いずれも，そのモデル図は図2.2となる．ここで，図2.1に示す弾性のあるフレームを図2.2ではばねで示している．図2.2のばねの質量は無視でき，ばね力と変位の関係はフックの法則に従うとする．ばね定数は k であるとすると，物体の運動方程式はニュートンの運動の法則により，

$$m\ddot{x} = -kx$$

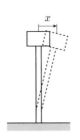
(a)　タワー状の構造物

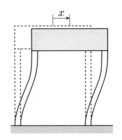
(b)　1 階建ての構造物

図 2.1　構造物の振動

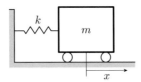

図 2.2　1 自由度系のモデル図

となる．復元力を左辺に移項すると，

$$m\ddot{x} + kx = 0$$

上式の両辺を m で割ると，

$$\ddot{x} + \omega_\mathrm{n}^2 x = 0 \tag{2.1}$$

となる．ここで，

$$\omega_\mathrm{n} = \sqrt{\frac{k}{m}}$$

であり，ω_n は**固有角（円）振動数**（natural angular frequency）と呼ばれる．
　式 (2.1) の解を

$$x = X e^{\lambda t}$$

とおき，式 (2.1) に代入すると，

$$X e^{\lambda t}(\lambda^2 + \omega_\mathrm{n}^2) = 0$$

ここで，$e^{\lambda t} \neq 0$ であり，$X \neq 0$ とすると，次式が得られる．

$$\lambda = \pm j\omega_\mathrm{n}$$

ここで，j は虚数単位（$j^2 = -1$）である．したがって，式 (2.1) の解は次式となる．

$$x = X_1 e^{j\omega_\mathrm{n}t} + X_2 e^{-j\omega_\mathrm{n}t}$$

オイラーの公式 $e^{j\theta} = \cos\theta + j\sin\theta$ を用いると，上式は，

$$x = A\cos\omega_\mathrm{n}t + B\sin\omega_\mathrm{n}t \tag{2.2}$$

となる．ここで，

$$A = X_1 + X_2$$
$$B = j(X_1 - X_2)$$

である．三角関数の合成に関する公式を用いれば，式 (2.2) は次のように表される．

$$x = \sqrt{A^2 + B^2}\cos(\omega_\mathrm{n}t - \phi) \tag{2.3}$$

ここで，

$$\tan\phi = \frac{B}{A}$$

式 (2.1) の解である式 (2.2) は調和運動となる．このときの振動数を f_n，周期を T_n とすると，

$$\omega_\mathrm{n}T_\mathrm{n} = 2\pi$$

より，

$$T_\mathrm{n} = \frac{2\pi}{\omega_\mathrm{n}}, \quad f_\mathrm{n} = \frac{1}{T_\mathrm{n}} = \frac{\omega_\mathrm{n}}{2\pi}$$

となる．ここで，f_n は**固有振動数**（natural frequency），T_n は**固有周期**（natural period）と呼ばれる．なお，固有角振動数も固有振動数と呼ばれることがあるので，注意が必要である．

時間 t に対する物体の変位 x に関する式 (2.2) の A, B は初期条件によって，次のように求められる．$t = 0$ のとき，$x = x_0$，$\dot{x} = v_0$ であるとするとして，式 (2.2) にそれらの条件を入れると，A, B は

$$A = x_0, \quad B = \frac{v_0}{\omega_\mathrm{n}}$$

となることから，式 (2.2)，及び式 (2.3) は

$$x = x_0 \cos \omega_\mathrm{n} t + \frac{v_0}{\omega_\mathrm{n}} \sin \omega_\mathrm{n} t \tag{2.4}$$

$$= X \cos(\omega_\mathrm{n} t - \phi) \tag{2.5}$$

ここで，

$$X = \sqrt{x_0^2 + \left(\frac{v_0}{\omega_\mathrm{n}}\right)^2}, \quad \tan \phi = \frac{v_0}{x_0 \omega_\mathrm{n}}$$

となる．

2.1.1　回転するプーリー上の丸棒の様子

図 2.3 に示されるように，同じ角速度で反対方向に回転する 2 つのプーリーには溝がある．その溝の上に丸棒を載せると，丸棒はどのような運動をするかを考えよう．また，丸棒の材質を変えると，丸棒の運動には，どのような違いが現れるかを予想してみよう．その答えは QR コード 2.1 をスマートフォンなどで読み取ると，動画で見ることができる．

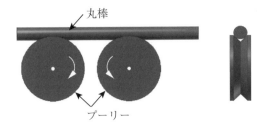

図 2.3　回転するプーリー上の丸棒の様子

> **動画 2.1**
>
> 　動画に使用した装置のプーリーや動画の最初で使用した青い丸棒はいずれも，MC ナイロンと呼ばれるプラスチックである．また，動画の後半で使用した金属の丸棒はステンレス製である．動画を見ると，いずれの丸棒も 2 つのプーリーの上から落ちることなく，左右に振動することがわかる．また，MC ナイロンとステンレスを用いた丸棒の運動では振動の周期が異なることがわかる．

QR コード 2.1 回転するプーリー上の丸棒の様子

(https://youtu.be/xbR-eiwlqXA)

以下では，その運動を理論的に考えてみよう．

2.1.2 丸棒の運動方程式

図 2.4 は丸棒とプーリーに働く力を示している．ここで，m は丸棒の質量であり，μ は丸棒とプーリー間の摩擦係数である．また，N_1, N_2 は丸棒が左右のプーリーから受ける垂直抗力である．左右のプーリーから丸棒が受ける摩擦力をそれぞれ，F_1, F_2 とすると，丸棒の運動は

$$m\ddot{x} = F_1 - F_2 \tag{2.6}$$

となり，F_1, F_2 は次式で与えられる．

$$F_1 = 2\mu N_1, \quad F_2 = 2\mu N_2 \tag{2.7}$$

また，重力加速度を g とすると垂直方向の力の釣り合いから次式が成り立つ．

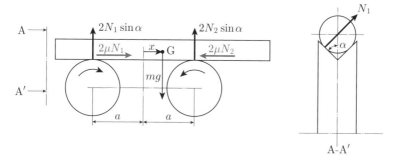

図 2.4 丸棒やプーリーに働く力

$$2N_1 \sin\alpha + 2N_2 \sin\alpha = mg \tag{2.8}$$

さらに，左側のプーリーと丸棒との接触点まわりのモーメントの釣り合いから，次式が成り立つ．

$$mg(a + x) = 2N_2 \sin\alpha \times 2a \tag{2.9}$$

式 (2.7)〜(2.9) を式 (2.6) に代入すると，丸棒の運動方程式は次式となる．

$$\ddot{x} + \omega_n^2 x = 0 \tag{2.10}$$

ここで，

$$\omega_n = \sqrt{\frac{\mu g}{a \sin\alpha}}, \quad T_n = 2\pi\sqrt{\frac{a \sin\alpha}{\mu g}} \tag{2.11}$$

である．式 (2.10) は式 (2.1) と同じであり，丸棒の変位は調和運動となることがわかる．また，式 (2.11) に示されるように，固有角振動数は摩擦係数に依存することから，MC ナイロンとステンレス丸棒では摩擦係数が異なることにより周期が変化することが理解できる．

2.1.3　ねじり振動系

　図 2.5 は，軸のねじりによるねじり振動系を示している．円板が θ だけ回転すると，円板には軸のねじり剛性により復元力モーメントが作用する．ここで，復元力モーメントと回転角 θ との間にはフックの法則が成り立ち，その比例定数を K とする．また，円板の慣性モーメントを J とすれば，振動系の運動方程式は

$$J\ddot{\theta} = -K\theta$$

上式の両辺を J で割り，整理すると，

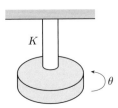

図 2.5　ねじり振動系

$$\ddot{\theta} + \omega_{\mathrm{n}}^2\theta = 0$$

となる．ここで，固有角振動数 ω_{n} は

$$\omega_{\mathrm{n}} = \sqrt{\frac{K}{J}}$$

である．

2.1.4 回転振動系

図 2.6 において，重力は紙面下向きに働くとし，質量 m の物体と棒にばねが結合されている回転振動系について考える．棒の質量は無視できるとし，回転中心である点 O まわりの慣性モーメントを J とすれば，運動方程式は

$$J\ddot{\theta} = mg\sin\theta \times b - ka\theta \times a \times 2 - kc\theta \times c \times 2$$

となる．また，θ が小さいときは $\sin\theta \cong 0$ より，

$$J\ddot{\theta} + (2ka^2 + 2kc^2 - mgb)\theta = 0$$

$2ka^2 + 2kc^2 < mgb$ のときは，重力によるモーメントが，ばねによる復元力モーメントに勝るため振動はしない．$2ka^2 + 2kc^2 > mgb$ のときに物体は振動し，その固有振動数は次式となる．

$$f_{\mathrm{n}} = \frac{1}{2\pi}\sqrt{\frac{2ka^2 + 2kc^2 - mgb}{J}}$$

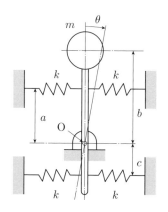

図 2.6　回転振動系

2.1.5　プーリーを有する振動系

　図2.7のように，慣性モーメントが J であるプーリーを有する振動系について考える．ロープの張力を T_1, T_2 とすれば，質量 m の物体とプーリーの運動方程式は，それぞれ，

$$m\ddot{x} = -T_1$$
$$J\ddot{\theta} = T_1 \times R - T_2 \times r$$

となる．ばねに働く張力は $T_2 = kr\theta$ であり，プーリーとロープの間にすべりはないとすれば，$x = R\theta$ である．それらを考慮すると，物体の運動方程式は

$$\left(m + \frac{J}{R^2}\right)\ddot{x} + k\left(\frac{r}{R}\right)^2 x = 0$$

となる．その固有振動数は次式となる．

$$f_{\mathrm{n}} = \frac{1}{2\pi}\sqrt{\frac{kr^2}{mR^2 + J}}$$

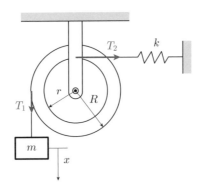

図2.7　プーリーを有する振動系

2.1.6　並列ばね，直列ばねを有する振動系

　希望するばね定数を持つばねが市販されていない場合や構造上，複数の剛性を有する振動系においては直列ばねや並列ばねを考える必要がある．

• **並進運動**　図2.8 (a) において，2つのばねは並列であることから，それを1つのばね定数 K に置き換えると，

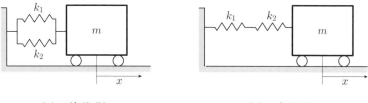

(a) 並列ばね   (b) 直列ばね

図 2.8 並列ばねや直列ばねをを有する振動系

$$K = k_1 + k_2$$

となる．したがって，物体の運動方程式は

$$m\ddot{x} = -Kx = -(k_1 + k_2)x$$

となり，その固有振動数は次式となる．

$$f_n = \frac{1}{2\pi}\sqrt{\frac{k_1 + k_2}{m}}$$

図 2.8 (b) において，2 つのばねは直列であることから，それを 1 つのばね定数 K に置き換えると，

$$\frac{1}{K} = \frac{1}{k_1} + \frac{1}{k_2}, \quad K = \frac{k_1 k_2}{k_1 + k_2}$$

となる．物体の運動方程式は

$$m\ddot{x} = -Kx = -\frac{k_1 k_2}{k_1 + k_2}\,x$$

となり，その固有振動数は次式となる．

$$f_n = \frac{1}{2\pi}\sqrt{\frac{k_1 k_2}{m(k_1 + k_2)}}$$

• **回転運動（ねじり振動）** 図 2.9 (a) において，2 つの軸のねじり剛性 K_1，K_2 は並列であることから，ねじり振動系の運動方程式は

$$J\ddot{\theta} = -(K_1 + K_2)\theta$$

となり，その固有振動数は次式となる．

$$f_n = \frac{1}{2\pi}\sqrt{\frac{K_1 + K_2}{J}}$$

（a）　並列のねじり剛性　　　（b）　直列のねじり剛性

図 2.9　並列や直列のねじり剛性を有するねじり振動系

　図 2.9 (b) において，2 つの軸のねじり剛性 K_1, K_2 は直列であることから，それを 1 つのねじり剛性 K に置き換えると，

$$\frac{1}{K} = \frac{1}{K_1} + \frac{1}{K_2}, \quad K = \frac{K_1 K_2}{K_1 + K_2}$$

となる．ねじり振動系の運動方程式は

$$J\ddot{\theta} = -K\theta = -\frac{K_1 K_2}{K_1 + K_2}\theta$$

となり，その固有振動数は次式となる．

$$f_\mathrm{n} = \frac{1}{2\pi}\sqrt{\frac{K_1 K_2}{J(K_1 + K_2)}}$$

2.2　エネルギ法

　力学的エネルギ保存の法則を用いると，運動方程式を得ることができる．運動エネルギを T，ポテンシャルエネルギを U とすると，力学的エネルギ保存の法則より，

$$T + U = 一定$$

となる．さらに，両辺を時間 t で微分すると，

$$\frac{d}{dt}(T + U) = 0 \tag{2.12}$$

が得られるが，上式により，運動方程式を得ることができる．次に，その方法を用いて，図 2.10 に示す振動系の運動方程式を求めてみよう．ここで，プー

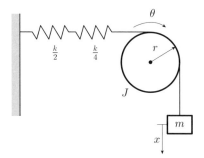

図 2.10　プーリーを有する振動系

リーの慣性モーメントを J とすると，運動エネルギ T は次式となる．

$$T = \frac{1}{2} m\dot{x}^2 + \frac{1}{2} J\dot{\theta}^2$$

ロープとプーリーとの間にすべりはないとすると，$x = r\theta$ であるから，運動エネルギ T は

$$T = \frac{1}{2}\left(m + \frac{J}{r^2}\right)\dot{x}^2 \tag{2.13}$$

2 つのばねは直列であることから，それを 1 つのばね K に置き換えると，

$$\frac{1}{K} = \frac{2}{k} + \frac{4}{k} \quad \rightarrow \quad K = \frac{k}{6}$$

したがって，ポテンシャルエネルギ U は

$$U = \frac{1}{2} Kx^2 = \frac{1}{2} \times \frac{k}{6} x^2 = \frac{k}{12} x^2 \tag{2.14}$$

式 (2.13)，式 (2.14) を式 (2.12) に代入すると，

$$\left(m + \frac{J}{r^2}\right)\dot{x}\ddot{x} + \frac{k}{6}\dot{x}x = 0$$

$\dot{x} \neq 0$ とすると，次のように，運動方程式が得られる．

$$\left(m + \frac{J}{r^2}\right)\ddot{x} + \frac{k}{6} x = 0$$

ここで，固有角振動数 ω_{n} は

$$\omega_{\mathrm{n}} = \sqrt{\frac{kr^2}{6(mr^2 + J)}} \tag{2.15}$$

これまでに示してきたように，1 自由度系の自由振動に関する運動方程式では上式と同様に慣性力と復元力の項の和がゼロとなる．そこで，その解を

$$x = X\cos(\omega_{\mathrm{n}}t - \phi) \tag{2.16}$$

とする．一方，運動エネルギの最大値 $T_{\max}$ とポテンシャルエネルギの最大値 $U_{\max}$ は等しく，式 (2.16) を $T_{\max} = U_{\max}$ に代入すると，固有角振動数 ω_{n} を求めることができる．その方法を**エネルギ法**（energy method）と呼ぶ．

図 2.10 に示す振動系について，エネルギ法を用いて，固有角振動数 ω_{n} を求めてみよう．式 (2.13)，式 (2.14) に式 (2.16) を代入し，$T_{\max}, U_{\max}$ を求めると

$$T_{\max} = \frac{1}{2}\left(m + \frac{J}{r^2}\right)X^2\omega_{\mathrm{n}}^2, \quad U_{\max} = \frac{k}{12}X^2$$

$T_{\max} = U_{\max}$ より，ω_{n} を求めると，

$$\omega_{\mathrm{n}} = \sqrt{\frac{kr^2}{6(mr^2 + J)}}$$

上式は式 (2.15) と同じである．したがって，運動方程式を求めずにエネルギ法により，固有角振動数 ω_{n} を求めることができる．

2.3　粘性減衰系の自由振動

2.3.1　減　　衰

2.2 節では減衰のない 1 自由度系の自由振動に焦点を当て，その解は式 (2.5) に示されるように振幅が一定となることを確認した．しかし，実際の自由振動系では空気抵抗など，様々な要因によりエネルギが消費され，振幅はやがてゼロとなる．このように，自由振動を時間とともに減少させる効果を**減衰**（damping）と呼ぶ．それは振動する質量には抵抗力，すなわち，減衰力として作用する．減衰を生み出すメカニズムには，空気抵抗などの粘性力によるもの，摩擦力によるもの，材料の内部摩擦に起因するものなどがある．本章では代表的な減衰として，粘性減衰（本節）と摩擦減衰（2.4 節）について取り扱う．

2.3.2 粘性減衰を有する振動系の自由振動

図 2.11 は粘性減衰を有する振動系の自由振動のモデル図を示している．粘性減衰力は主に速度に比例する抵抗力として定義され，図中に示す c はその比例定数である．c は**粘性減衰係数**（viscous damping coefficient）と呼ばれる．その抵抗力である粘性減衰力を考慮すると，物体の運動方程式は

$$m\ddot{x} = -c\dot{x} - kx$$
$$m\ddot{x} + c\dot{x} + kx = 0$$

で表される．両辺を m で割ると，

$$\ddot{x} + 2\frac{c}{2\sqrt{mk}}\sqrt{\frac{k}{m}}\dot{x} + \frac{k}{m}x = 0$$

となり，さらに，

$$\ddot{x} + 2\zeta\omega_{\mathrm{n}}\dot{x} + \omega_{\mathrm{n}}^2 x = 0 \tag{2.17}$$

が得られる．ここで，

$$\zeta = \frac{c}{2\sqrt{mk}}, \quad \omega_{\mathrm{n}} = \sqrt{\frac{k}{m}}$$

であり，ζ を**減衰比**（damping ratio）と呼ぶ．式 (2.17) の解を

$$x = Xe^{\lambda t}$$

とおき，式 (2.17) に代入すると，

$$Xe^{\lambda t}(\lambda^2 + 2\zeta\omega_{\mathrm{n}}\lambda + \omega_{\mathrm{n}}^2) = 0$$

$t > 0$ のとき，$e^{\lambda t} \neq 0$ であり，$X \neq 0$ とすると，次式が得られる．

$$\lambda_1, \lambda_2 = -\zeta\omega_{\mathrm{n}} \pm \omega_{\mathrm{n}}\sqrt{\zeta^2 - 1} \tag{2.18}$$

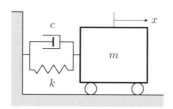

図 2.11 粘性減衰を有する振動系の自由振動

したがって，式 (2.17) の解は次式となる．

$$x = X_1 e^{\lambda_1 t} + X_2 e^{\lambda_2 t} \tag{2.19}$$

ここで，X_1, X_2 は定数であり，式 (2.19) は式 (2.17) の一般解となる．なお，式 (2.18) は ζ が 1 より大きいか否かで実数解あるいは虚部が非零の複素数解となり，振動の様子は異なる．その境界となる $\zeta = 1$ のときには粘性減衰係数 c は

$$c_{\mathrm{cr}} = 2\sqrt{mk}$$

となり，c_{cr} は**臨界減衰係数**（critical damping coefficient）と呼ばれる．また，$\zeta > 1$ を**過減衰**（over damping），$\zeta = 1$ を**臨界減衰**（critical damping），$\zeta < 1$ を**不足減衰**（under damping）と呼ぶ．

・**$\zeta > 1$ のとき** 式 (2.18) は実数解となることから，

$$x = X_1 e^{(-\zeta \omega_{\mathrm{n}} + \omega_{\mathrm{n}} \sqrt{\zeta^2 - 1}\,)t} + X_2 e^{(-\zeta \omega_{\mathrm{n}} - \omega_{\mathrm{n}} \sqrt{\zeta^2 - 1}\,)t} \tag{2.20}$$

となり，

$$\omega_{\mathrm{h}} = \omega_{\mathrm{n}} \sqrt{\zeta^2 - 1}$$

とおくと，

$$x = e^{-\zeta \omega_{\mathrm{n}} t}(X_1 e^{\omega_{\mathrm{h}} t} + X_2 e^{-\omega_{\mathrm{h}} t}) \tag{2.21}$$

ここで，双曲線関数の公式から，

$$\cosh \omega_{\mathrm{h}} t = \frac{e^{\omega_{\mathrm{h}} t} + e^{-\omega_{\mathrm{h}} t}}{2}, \quad \sinh \omega_{\mathrm{h}} t = \frac{e^{\omega_{\mathrm{h}} t} - e^{-\omega_{\mathrm{h}} t}}{2}$$

上式を用いると，

$$\left.\begin{array}{l} e^{\omega_{\mathrm{h}} t} = \cosh \omega_{\mathrm{h}} t + \sinh \omega_{\mathrm{h}} t \\ e^{-\omega_{\mathrm{h}} t} = \cosh \omega_{\mathrm{h}} t - \sinh \omega_{\mathrm{h}} t \end{array}\right\} \tag{2.22}$$

式 (2.22) を式 (2.21) に代入すると，

$$x = e^{-\zeta \omega_{\mathrm{n}} t}(A \cosh \omega_{\mathrm{h}} t + B \sinh \omega_{\mathrm{h}} t) \tag{2.23}$$

が得られる．ここで，

$$A = X_1 + X_2$$
$$B = X_1 - X_2$$

$t = 0$ のとき，$x = x_0$, $\dot{x} = v_0$ であるとし，式 (2.23) にそれらの条件を入れると，A, B は

$$A = x_0, \quad B = \frac{v_0 + \zeta \omega_n x_0}{\omega_h}$$

となることから，式 (2.23) は

$$x = e^{-\zeta \omega_n t}\left(x_0 \cosh \omega_h t + \frac{v_0 + \zeta \omega_n x_0}{\omega_h} \sinh \omega_h t \right) \qquad (2.24)$$

図 2.12 は式 (2.24) を用いて，$\zeta = 1.1$, $\omega_n = 2.5\,\mathrm{rad/s}$ とした場合の自由振動波形である．図に示されるように，$\zeta > 1$ では，物体は振動することなく，$x = 0$ に漸近する．

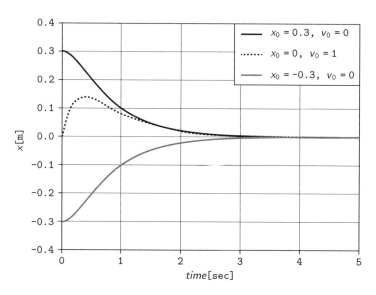

図 2.12　過減衰の自由振動波形（$\zeta = 1.1$, $\omega_n = 2.5\,\mathrm{rad/s}$）

図 2.12 を求めるための Python のソースコードを図 2.13 に示す．10 行目は式 (2.24) を計算する関数であり，19 行目では 0～5 秒を等間隔で 200 個分の時間データを生成する．20 行目では，$x_0 = 0.3\,\mathrm{m}$, $v_0 = 0\,\mathrm{m/s}$ として，10 行目で示す関数で変位の計算を行い，y_0 の配列に 200 個分の変位を入力する．同様に，21, 22 行目では x_0, v_0 の値を変えて，それぞれ，y_1, y_2 の配列に計算

```
10 | def func(x00, v00):

19 | t = np.linspace(0, 5.0, 200)
20 | y0 = func(0.3,0)
21 | y1 = func(0,1)
22 | y2 = func(-0.3,0)

24 | plt.rcParams["font.size"] = 15

27 | plt.plot(t, y0,'k-', label="$x_0$=0.3, $v_0$=0")
28 | plt.plot(t, y1,'k--', label="$x_0$=0, $v_0$=1")
29 | plt.plot(t, y2,'b-', label="$x_0$=-0.3, $v_0$=0")
30 | plt.legend(bbox_to_anchor=(1, 1), loc='upper right',
   |     borderaxespad=0)

34 | plt.tight_layout()
```

図 2.13　code_2-1.py のソースコードの一部

した変位を入力する．24 行目では作成するグラフに用いるフォントのサイズを 15 として統一する．30 行目では凡例を上部右側に図示する．34 行目ではフォントが隠れないように描画領域を調整する．

・ $\zeta = 1$ のとき　式 (2.18) において，$\zeta = 1$ とすると，

$$\lambda_1 = \lambda_2 = -\omega_n$$

が得られる．したがって，次式は式 (2.17) の解となる．

$$x = Ae^{-\omega_n t} \tag{2.25}$$

ここで，A は定数である．また，式 (2.17) の特別解を次式とする．

$$x = F(t)e^{-\zeta \omega_n t} \tag{2.26}$$

ここで，$F(t)$ は時間の関数を意味する．式 (2.26) を式 (2.17) に代入すると，

$$\frac{d^2 F}{dt^2} e^{-\zeta \omega_n t} = 0$$

$\zeta = 1$ であり，$e^{-\omega_{\mathrm{n}} t} \neq 0$ であることから，次式が得られる．

$$\frac{d^2 F}{dt^2} = 0$$

上式を満足する解で最も簡単な式は $F = t$ より，次式も式 (2.17) の解となる．

$$x = Bte^{-\omega_{\mathrm{n}} t} \tag{2.27}$$

ここで，B は定数である．したがって，$\zeta = 1$ のとき，式 (2.17) の一般解は次式となる．

$$x = (A + Bt)e^{-\omega_{\mathrm{n}} t} \tag{2.28}$$

$t = 0$ のとき，$x = x_0, \dot{x} = v_0$ であるとし，式 (2.28) にそれらの条件を入れると，A, B は

$$A = x_0, \quad B = v_0 + \omega_{\mathrm{n}} x_0$$

となることから，式 (2.28) は

$$x = e^{-\omega_{\mathrm{n}} t} \{ x_0 + (v_0 + \omega_{\mathrm{n}} x_0)t \} \tag{2.29}$$

図 2.14 は式 (2.29) を用いて，$\zeta = 1, \omega_{\mathrm{n}} = 1.5 \,\mathrm{rad/s}$ とした場合の自由振

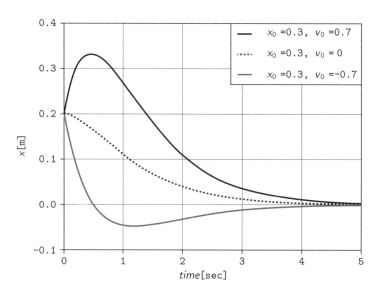

図 2.14　臨界減衰の自由振動波形（$\zeta = 1, \omega_{\mathrm{n}} = 1.5 \,\mathrm{rad/s}$）

動波形である．$\zeta > 1$ と同様に，物体は振動することなく，$x = 0$ に漸近する．図 2.14 を求めるために Python のソースコード code_2-2.py を用いた．このソースコードは式 (2.29) を用いている以外は code_2-1.py とほぼ同じである．

・$\zeta < 1$ のとき　$\zeta < 1$ のとき，式 (2.18) は

$$\lambda_1, \lambda_2 = -\zeta\omega_\mathrm{n} \pm j\omega_\mathrm{d}$$

ここで，ω_d は次式で表され，**減衰固有角（円）振動数**（damped natural angular frequency）と呼ばれる．

$$\omega_\mathrm{d} = \omega_\mathrm{n}\sqrt{1 - \zeta^2}$$

したがって，式 (2.17) の解は次式となる．

$$\begin{aligned}
x &= X_1 e^{(-\zeta\omega_\mathrm{n} + j\omega_\mathrm{d})t} + X_2 e^{(-\zeta\omega_\mathrm{n} - j\omega_\mathrm{d})t} \\
&= e^{-\zeta\omega_\mathrm{n}t}(X_1 e^{j\omega_\mathrm{d}t} + X_2 e^{-j\omega_\mathrm{d}t})
\end{aligned} \tag{2.30}$$

オイラーの公式 $e^{j\theta} = \cos\theta + j\sin\theta$ より，

$$\left.\begin{aligned}
e^{j\omega_\mathrm{d}t} &= \cos\omega_\mathrm{d}t + j\sin\omega_\mathrm{d}t \\
e^{-j\omega_\mathrm{d}t} &= \cos\omega_\mathrm{d}t - j\sin\omega_\mathrm{d}t
\end{aligned}\right\}$$

が得られ，式 (2.30) に用いると，次式が得られる．

$$\begin{aligned}
x &= e^{-\zeta\omega_\mathrm{n}t}\{(X_1 + X_2)\cos\omega_\mathrm{d}t + (X_1 - X_2)\sin\omega_\mathrm{d}t\} \\
&= e^{-\zeta\omega_\mathrm{n}t}(C\cos\omega_\mathrm{d}t + D\sin\omega_\mathrm{d}t)
\end{aligned} \tag{2.31}$$

ここで，$C = X_1 + X_2, D = X_1 - X_2$ である．$t = 0$ のとき，$x = x_0, \dot{x} = v_0$ であるとし，式 (2.31) にそれらの条件を入れると，C, D は

$$C = x_0, \quad D = \frac{v_0 + \zeta\omega_\mathrm{n}x_0}{\omega_\mathrm{d}}$$

となることから，式 (2.31) は

$$x = e^{-\zeta\omega_\mathrm{n}t}\left(x_0\cos\omega_\mathrm{d}t + \frac{v_0 + \zeta\omega_\mathrm{n}x_0}{\omega_\mathrm{d}}\sin\omega_\mathrm{d}t\right) \tag{2.32}$$

図 2.15 は式 (2.32) を用いて，$\omega_\mathrm{n} = 6.5\,\mathrm{rad/s}$, $x_0 = 0\,\mathrm{m}$, $v_0 = 5.5\,\mathrm{m/s}$ とし，3 種類の ζ を用いた場合の自由振動波形である．物体は振動を繰り返し，やがて，$x = 0$ に近づくことがわかる．図 2.15 を求めるために Python のソースコード code_2-3.py を用いた．このソースコードは式 (2.32) を用いている以外は code_2-1.py とほぼ同じである．

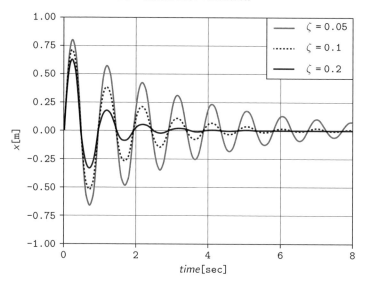

図 2.15　不足減衰の自由振動波形（$\omega_\mathrm{n} = 6.5\,\mathrm{rad/s}$, $x_0 = 0\,\mathrm{m}$, $v_0 = 5.5\,\mathrm{m/s}$）

2.3.3　減衰比の推定

通常の機械構造物や建築構造物においては，不足減衰（$\zeta < 1$）となることが多い．その減衰比 ζ は減衰波形の振幅から求めることができる．式 (2.32) の三角関数を合成すると

$$x = X e^{-\zeta \omega_\mathrm{n} t} \cos(\omega_\mathrm{d} t - \phi) \tag{2.33}$$

上式において，

$$X = \sqrt{x_0^2 + \left(\frac{v_0 + \zeta \omega_\mathrm{n} x_0}{\omega_\mathrm{d}} \right)^2}$$

$$\tan \phi = \frac{v_0 + \zeta \omega_\mathrm{n} x_0}{x_0 \omega_\mathrm{d}}$$

である．今，初期位相 ϕ がゼロであるとすると，図 2.16 のような波形が得られる．図中において，変位のピーク値をつないだ一点鎖線は次式で与えられる．

$$X = x_0 e^{-\zeta \omega_\mathrm{n} t}$$

$t = t_i$ のとき，$X_i = x_0 e^{-\zeta \omega_\mathrm{n} t_i}$ とし，$t = t_{i+1}$ のとき，$X_{i+1} = x_0 e^{-\zeta \omega_\mathrm{n} t_{i+1}}$

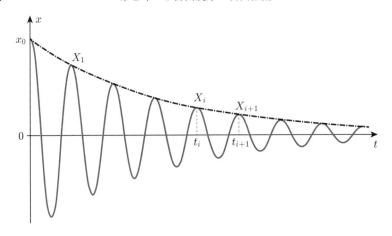

図 2.16　不足減衰の自由振動と振幅包絡線

とすると，

$$\frac{X_i}{X_{i+1}} = \frac{x_0 e^{-\zeta \omega_{\mathrm{n}} t_i}}{x_0 e^{-\zeta \omega_{\mathrm{n}} t_{i+1}}}$$
$$= e^{\zeta \omega_{\mathrm{n}}(t_{i+1} - t_i)}$$

周期を

$$T = \frac{2\pi}{\omega_{\mathrm{d}}} = t_{i+1} - t_i$$

とすると，

$$\frac{X_i}{X_{i+1}} = e^{\zeta \omega_{\mathrm{n}} \frac{2\pi}{\omega_{\mathrm{d}}}} = e^{\frac{2\pi \zeta}{\sqrt{1-\zeta^2}}} \tag{2.34}$$

式 (2.34) の両辺の対数をとると，

$$\log_e\left(\frac{X_i}{X_{i+1}}\right) = \frac{2\pi \zeta}{\sqrt{1-\zeta^2}} = \delta \tag{2.35}$$

式 (2.35) の δ は**対数減衰率**（logarithmic decrement）と呼ばれる．また，減衰比 ζ は上式より，

$$\zeta = \sqrt{\frac{\delta^2}{4\pi^2 + \delta^2}} \tag{2.36}$$

となる. 一方, 式 (2.34) から,

$$X_i = pX_{i+1}$$

ここで,

$$p = e^{\frac{2\pi\zeta}{\sqrt{1-\zeta^2}}} \tag{2.37}$$

以上のことから, 減衰比 ζ は, 次のようにして求めることができる. まず, 実験により自由振動波形を求め, 縦軸に X_i, 横軸に X_{i+1} としてグラフを作成する. 次に, その傾き p を求め, 対数をとると, 式 (2.37), 式 (2.35) より, 対数減衰率 δ が得られる. さらに式 (2.36) により減衰比 ζ が求められる.

┌─ 例題 2.1 ─────────────────────

　実験により, 自由振動波形の 1 周期ごとの変位のピーク値をとると, 順に次の値を得た.

$$X = 8, 6.63, 5.49, 4.53, 3.76, 3.10, 2.58, 2.14, 1.77, 1.47, 1.21$$

減衰比 ζ を求めなさい.

【解】 図 2.17 は縦軸に X_i, 横軸に X_{i+1} として, 変位のピーク値をグラフに示した結果である. 図中において, 丸い点は変位のピーク値を示しており, 実線はその変位のピーク値を直線で近似した結果である. また, 破線は $X_i = X_{i+1}$ の直線であり, $\zeta = 0$ を示している. $0 < \zeta < 1$ の場合にはその直線の傾きは破線より大きくなる. 図 2.17 を求めるために Python のソースコード code_2-4.py を用いた. ソースコードを実行すると, $\zeta = 0.03$ が得られる.

　図 2.17 を求めるための Python のソースコードを図 2.18 に示す. 7 行目で変位のピーク値を配列であるリスト x に入力する. 8 行目ではリスト x の要素数を取得し, 変数 na に入力する. 9 行目, 10 行目で, それぞれ, X_{i+1}, X_i に相当する xa, ya を作成する. 11 行目では xa, ya の関係を 1 次関数で近似する. 12 行目, 13 行目では, 近似した結果を xf, yf として作成する. 14 行目では $X_i = X_{i+1}$ の直線に相当する x0, y0 の関係を作成する. 15 行目で対数減衰率 δ が得られ, 16 行目で減衰比 ζ が求められる.

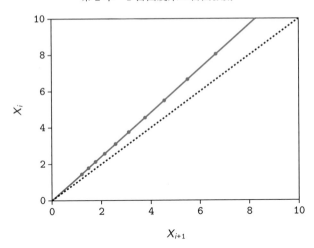

図 2.17　例題 2.1 の結果

```
7   x=[8, 6.63, 5.49, 4.53, 3.76, 3.10, 2.58, 2.14, 1.77, 1.47, 1.21]
8   na=len(x):
9   xa=[ x[i+1] for i in range(na-1)]
10  ya=[ x[i] for i in range(na-1)]
11  p, q = np.polyfit(xa, ya, 1)
12  xf=np.linspace(0, 10, 20)
13  yf=p*xf
14  x0=xf; y0=xf
15  delta=np.log(p)
16  j1=delta**2/(4*np.pi**2+delta**2)
```

図 2.18　code_2-4.py のソースコードの一部

2.4 摩擦力が作用する場合の自由振動

図 2.19 に示すようなクーロン摩擦が作用する振動系について考える. クーロン摩擦とは物体が乾燥した面を滑るときに生じる摩擦である. $\dot{x} > 0$ のとき, 摩擦力 F_{c} は物体の速度 $\dot{x}$ とは逆向きに作用するので, 物体の運動方程式は

$$m\ddot{x} = -kx - F\,\mathrm{sign}(\dot{x}) \tag{2.38}$$

となる. ここで, $\mathrm{sign}()$ は符号関数 (signum function) と呼ばれ, 次式で定義される.

$$\mathrm{sign}(x) = \begin{cases} 1 & \cdots x > 0 \\ 0 & \cdots x = 0 \\ -1 & \cdots x < 0 \end{cases}$$

式 (2.38) の全てを左辺に移項すると,

$$m\ddot{x} + kx + F\,\mathrm{sign}(\dot{x}) = 0$$

上式の両辺を m で割ると,

$$\ddot{x} + \omega_{\mathrm{n}}^2\big(x + b\,\mathrm{sign}(\dot{x})\big) = 0 \tag{2.39}$$

となる. ここで,

$$\omega_{\mathrm{n}} = \sqrt{\frac{k}{m}}, \quad b = \frac{F}{k}$$

である.

$t = 0$ のとき, $x = x_0$, $\dot{x} = 0$ であるとすると, 物体の運動はまず, $\dot{x} < 0$ となるので, $b\,\mathrm{sign}(\dot{x}) = -b$ より, 式 (2.39) は

$$\ddot{x} + \omega_{\mathrm{n}}^2(x - b) = 0 \tag{2.40}$$

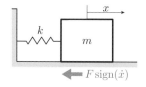

図 2.19 クーロン摩擦が作用する振動系

$y = x - b$ とおくと，

$$\ddot{y} + \omega_\mathrm{n}^2 y = 0$$

となり，その解は次式となる．

$$y = A \cos \omega_\mathrm{n} t + B \sin \omega_\mathrm{n} t$$

また，式 (2.40) の解は次式となる．

$$x = A \cos \omega_\mathrm{n} t + B \sin \omega_\mathrm{n} t + b$$

初期条件を考慮すると，

$$x = (x_0 - b) \cos \omega_\mathrm{n} t + b \qquad (2.41)$$

上式の運動は $t = 0 \sim \frac{\pi}{\omega_\mathrm{n}}$ で成り立つ．次に，$t = \frac{\pi}{\omega_\mathrm{n}} \sim \frac{2\pi}{\omega_\mathrm{n}}$ では，$\dot{x} > 0$ となるので，$b\,\mathrm{sign}(\dot{x}) = b$ より，式 (2.39) は

$$\ddot{x} + \omega_\mathrm{n}^2 (x + b) = 0$$

同様にして，上式を解くと，

$$x = C \cos \omega_\mathrm{n} t + D \sin \omega_\mathrm{n} t - b$$

$t = \frac{\pi}{\omega_\mathrm{n}}$ のとき，式 (2.41) より，$x = -x_0 + 2b$ であり，$\dot{x} = 0$ であることから，それを初期条件として解くと，

$$x = (x_0 - 3b) \cos \omega_\mathrm{n} t - b$$

したがって，$\dot{x}$ が負と正の場合の解をつなぎ合わせることで全体の解が得られる．図 2.20 はそれを示した図である．時間が経過し，摩擦力がばねの復元力より大きくなると，物体はその位置で静止する．その条件は次式となる．

$$\dot{x} = 0 \text{ のとき，} |x| < b$$

摩擦力が作用する場合の自由振動を Python で計算するためには一般化した式を用いる．前述の通り，時間が半周期である $\frac{\pi}{\omega_\mathrm{n}}$ だけ経過するごとに，物体の速度 $\dot{x}$ の正負が変わる．そこで，時間を $t = i\frac{\pi}{\omega_\mathrm{n}} \sim (i+1)\frac{\pi}{\omega_\mathrm{n}}$ で表す（$i = 0, 1, 2, \ldots$）．ここで，$\dot{x} < 0$ の場合は i が偶数であり，$\dot{x} > 0$ の場合は i が奇数である．さらに，物体の変位は次式を用いる．

$$\left.\begin{array}{ll} x = (x_\mathrm{f} - b) \cos \omega_\mathrm{n} t + b & \cdots \dot{x} < 0 \\ x = -(x_\mathrm{f} + b) \cos \omega_\mathrm{n} t - b & \cdots \dot{x} > 0 \end{array}\right\}$$

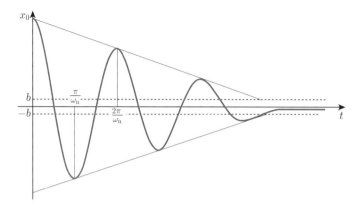

図 2.20　クーロン摩擦が作用する振動系の自由振動

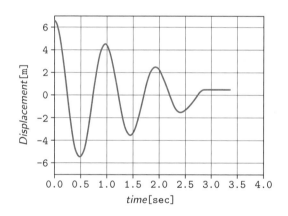

図 2.21　クーロン摩擦が作用する振動系の自由振動波形
($\omega_\mathrm{n} = 6.5\,\mathrm{rad/s}$, $b = 0.5$, $x = 6.5\,\mathrm{m}$, $\dot{x} = 0\,\mathrm{m/s}$)

ここで，x_f は物体の速度 $\dot{x}$ の正負が変わるときの変位である．

　図 2.21 は Python によりクーロン摩擦が作用する自由振動波形を求めた結果である．また，図 2.21 を求めるための Python のソースコードを図 2.22 に示す．12 行目では 26 行目で示す条件を満たすまで計算を繰り返す．14 行目では時間 $t = 0$ での変位を入力し，16 行目ではそれ以降の $\dot{x} = 0$ となるときの変位を入力する．18 行目で半周期分の時間をリストとして，変数 t00 に入力す

る．20行目，22行目では，それぞれ，$\dot{x}$ が負及び正の場合の変位の式を求める．23行目，24行目では，それぞれ，それまでに求めた時間と変位のリストを結合する．それらを用いて時間と変位の関係をグラフ化する．

```
12  while True:
13    if i == 0:
14      x0=x00
15    else:
16      x0=x_a[-1]
17    v0=v00
18    t00 = np.linspace(hperiod*i, hperiod*(i+1), 50)
19    if i % 2 == 0:
20      x_a=(x0-b)*np.cos(omg*t00)+b
21    else:
22      x_a=-(x0+b)*np.cos(omg*t00)-b
23    tt=np.concatenate([tt, np.delete(t00,0)])
24    xx=np.concatenate([xx, np.delete(x_a,0)])

26    if np.abs(x_a[-1]) <= b:
```

図 2.22　code_2-5.py のソースコードの一部

2.5　ダ ン パ

　機械や建築構造物は通常，不足減衰であり，一度，振動するとその振動はなかなか収まらない．そこで，物体の振動を積極的に抑制させるためにダンパ（damper）が用いられる．ダンパとは物体の運動エネルギを熱に変えて散逸させることにより運動を抑制する装置の総称である．エネルギを散逸させる方法の違いによって，オイルダンパや磁気ダンパ，粒状体ダンパ，動吸振器もしくは同調質量ダンパなどの種類がある．ここでは，磁気ダンパについて紹介する．なお，動吸振器は 4.2.3 項で取り扱う．

　図 2.23 は磁気ダンパの原理を示した図である．磁界中を導体が矢印の方向に移動すると，導体内には渦電流が発生する．それによって，電気と磁気の相

互作用により，導体には，その運動を妨げる向きに抵抗力である減衰力が生じる．これは**磁気減衰**（magnetic damping）と呼ばれ，これを利用したダンパが**磁気ダンパ**（magnetic damper）と呼ばれる．

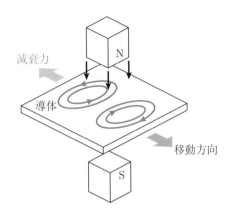

図 2.23　導体に生じる渦電流と減衰力

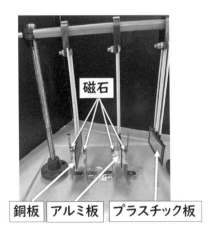

図 2.24　磁気減衰を確認する実験装置

動画2.2

　まず，QRコード2.2をスマートフォンなどで読み取り，磁気減衰の様子を動画で見てみよう．動画に使用した実験装置は3つの振り子からなる．その端部には銅板，アルミ板，プラスチック板が取り付けられており，銅板とアルミ板を有する振り子の下部には磁界が作用するように磁石を設置している．全ての振り子の回転部にはベアリングを用いることで，各振り子がスムーズに回転するようにした．動画を見ると，プラスチック板に比べて，銅板やアルミ板の振り子は早く振動が収束することから，磁気減衰の効果が確認できる．

QRコード2.2 磁気減衰に関する動画

(https://youtu.be/zDWozyZzR38)

参考 本章で示した固有振動数は乗り物の乗り心地や建物の揺れやすさに関係する重要な値である．参考までに乗り物や建物の固有振動数を以下に示す．

対象物	固有振動数（Hz）
自家用車の上下振動（ばね上）	1〜3
レーシングカーの上下振動（ばね上）	5〜
鉄道車両の上下振動	1.2〜2.5
一般の木造建物	2〜10
ある40階の高層ビル	0.3

　表に示されるように高層ビルの固有振動数は他に比べて小さく，かなりゆっくりと揺れる様子が想像できる．なお，自動車のばね上固有振動数とは車軸の上にある懸架ばねとそれに支えられた車体質量から決まる固有振動数である．建物については図2.1のように振動するときの固有振動数を示している．

■■■■■ **第 2 章の問題** ■■■■■

□ **1** 図 2.2 に示す振動系において，運動方程式が次のように得られた．

$$2\ddot{x} + 128x = 0$$

$t = 0\,\text{s}$ のとき，$x = 0.05\,\text{m}$，$\dot{x} = -0.4\,\text{m/s}$ であるとき，次の問に答えなさい．

(1) 固有角振動数 ω_n を求めなさい．

(2) 運動方程式の解を次式としたとき，A, B の値を求めなさい．

$$x = A\cos\omega_\text{n}t + B\sin\omega_\text{n}t$$

(3) 運動方程式の解を次式としたとき，X, ϕ の値を求めなさい．

$$x = X\cos(\omega_\text{n}t - \phi)$$

□ **2** 図に示される粘性減衰系の運動方程式について次の問に答えなさい．

(1) 運動方程式を求めなさい．

(2) 減衰比を求めなさい．

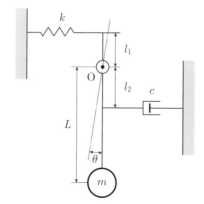

□ **3**　図に示される振動系に関して，次の問に答えなさい．ここで，半円筒の質量及び重心 G のまわりの慣性モーメントは，それぞれ，M, J である．

(1) 運動エネルギ，ポテンシャルエネルギを求めなさい．

(2) 運動エネルギ，ポテンシャルエネルギを用いて，運動方程式と固有角振動数を求めなさい．

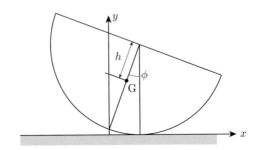

□ **4**　図に示されるプーリーを有する振動系の運動方程式を求めなさい．なお，プーリーやロープの質量は無視できるものとする．

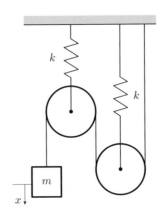

第 3 章
1 自由度系の強制振動

　振動工学において，重要な現象の一つが共振である．共振により，機械や構造物は大きく揺れ，希望する動きができないだけでなく，破損や破壊に至ることがある．本章では共振を中心に 1 自由度系で発生する代表的な振動現象のいくつかについて焦点を当てる．さらに，動画を通して防振の方法についても学ぶ．

本章で学ぶ内容
- 1 自由度系の運動方程式の導出
- 共振
- 基礎励振
- 力の伝達率
- ヒステリシス減衰
- 過渡応答

3.1　不減衰系の強制振動

　まず，簡単のため，ここでは減衰のない強制振動について考える．図 3.1 に示すように，物体に外力 $F \cos \omega t$ が作用する振動系において，その運動方程式は以下のようになる．

$$m\ddot{x} = F \cos \omega t - kx$$

復元力を左辺に移項すると，

$$m\ddot{x} + kx = F \cos \omega t \tag{3.1}$$

上式の解は

$$x = A \cos \omega_{\mathrm{n}} t + B \sin \omega_{\mathrm{n}} t + X \cos \omega t$$

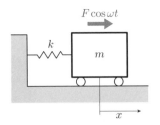

図 3.1　減衰のない強制振動のモデル図

となり，式 (3.1) の右辺をゼロとした自由振動解と特解である強制振動解の和
となる．なお，強制振動解は定常振動解とも呼ばれる．上式は不減衰系の解で
あるが，わずかでも減衰や摩擦があると，自由振動解は消滅することから，こ
こでは強制振動解である次式について考える．

$$x = X \cos \omega t$$

上式を式 (3.1) に代入し，振幅 X を求めると

$$
\begin{aligned}
X &= \frac{F}{k - m\omega^2} \\
&= \frac{\delta_{\mathrm{st}}}{1 - \left(\frac{\omega}{\omega_{\mathrm{n}}}\right)^2}
\end{aligned}
\tag{3.2}
$$

ここで，δ_{st} は**静たわみ**（static deflection），ω_{n} は固有角振動数であり，次式
で表される．

$$\delta_{\mathrm{st}} = \frac{F}{k}, \quad \omega_{\mathrm{n}} = \sqrt{\frac{k}{m}}$$

式 (3.2) の両辺を δ_{st} で割ると，

$$\frac{X}{\delta_{\mathrm{st}}} = \frac{1}{1 - \left(\frac{\omega}{\omega_{\mathrm{n}}}\right)^2} \tag{3.3}$$

ここで，$\frac{X}{\delta_{\mathrm{st}}}$ は**振幅比**（amplitude ratio）もしくは**振幅倍率**（amplitude mag-
nification factor）と呼ばれる．式 (3.3) をグラフで示すと，図 3.2 のようにな
る．ここで，横軸と縦軸はそれぞれ，振動数比と振幅比であり，この図は振幅
応答曲線と呼ばれる．振動数比 $\frac{\omega}{\omega_{\mathrm{n}}}$ が 1 となるとき，すなわち，外力の振動数

が固有振動数に一致するとき，式 (3.3) の分母はゼロとなることから，振幅は無限大もしくは負に無限大となる．これは**共振**（resonance）と呼ばれ，機械が破損もしくは破壊しかねない状態である．したがって，外力の振動数は固有振動数付近にならないように工夫する必要がある．また，$\omega > \omega_n$ では振幅が負であるが，これは加振力と物体の位相が π だけずれていることを意味する．なお，図 3.2 の作成には Python のソースコード `code_3-1.py` を用いた．

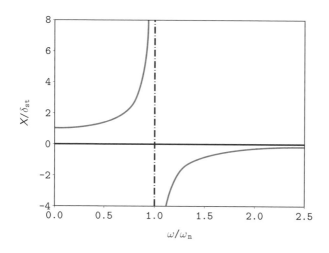

図 3.2 減衰のない強制振動の振幅応答曲線

3.2 粘性減衰系の強制振動

3.2.1 粘性振動系の強制振動解

図 3.3 に示すように，物体に外力 $F \cos \omega t$ が作用する粘性減衰系の強制振動の運動方程式は以下のようになる．

$$m\ddot{x} + c\dot{x} + kx = F \cos \omega t \tag{3.4}$$

上式の解は次のように，2 章で示した自由振動解と強制振動解の和で与えられる．

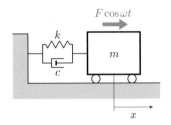

図 3.3　粘性減衰系の強制振動のモデル図

$$
\left.
\begin{aligned}
x &= e^{-\zeta\omega_\mathrm{n}t}(C\cosh\omega_\mathrm{h}t + D\sinh\omega_\mathrm{h}t) \\
  &\quad + a\cos\omega t + b\sin\omega t && \cdots\zeta > 1\text{ のとき} \\
x &= e^{-\zeta\omega_\mathrm{n}t}(C + Dt) + a\cos\omega t + b\sin\omega t && \cdots\zeta = 1\text{ のとき} \\
x &= e^{-\zeta\omega_\mathrm{n}t}(C\cos\omega_\mathrm{d}t + D\sin\omega_\mathrm{d}t) \\
  &\quad + a\cos\omega t + b\sin\omega t && \cdots\zeta < 1\text{ のとき}
\end{aligned}
\right\}
\quad (3.5)
$$

ここで，強制振動解は右辺第 2 項，第 3 項である．自由振動解は時間とともに消滅することから，ここでは，式 (3.4) の解を自由振動解が消滅した後の強制振動解として考える．その強制振動解を

$$
x = a\cos\omega t + b\sin\omega t
$$

とおき，式 (3.4) に代入すると，a, b を求めることができる．一方，複素数を用いると，より容易に強制振動解を求めることができる．そこで，ここでは複素数を用いて強制振動解を求めてみよう．

今，図 3.4 に示される複素平面における複素数 z について考えると，z は次

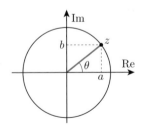

図 3.4　複素平面

式で表される.

$$z = a + bj \tag{3.6}$$

ここで，j は虚数単位であり，$j^2 = -1$ である．式 (3.6) を書き換えると，

$$
\begin{aligned}
z = a + bj &= \sqrt{a^2 + b^2}\left(\frac{a}{\sqrt{a^2 + b^2}} + \frac{b}{\sqrt{a^2 + b^2}}j\right) \\
&= \sqrt{a^2 + b^2}\,(\cos\theta + j\sin\theta)
\end{aligned} \tag{3.7}
$$

ここで，

$$\tan\theta = \frac{b}{a}$$

である．オイラーの公式 $e^{j\theta} = \cos\theta + j\sin\theta$ を用いると，式 (3.7) は

$$z = a + bj = \sqrt{a^2 + b^2}\,e^{j\theta} \tag{3.8}$$

となる．改めて，式 (3.4) を見ると，右辺の $\cos\omega t$ は $e^{j\omega t}$ の実数部である．さらに，$\boldsymbol{x}$ を複素数とし，式 (3.4) を

$$m\ddot{\boldsymbol{x}} + c\dot{\boldsymbol{x}} + k\boldsymbol{x} = Fe^{j\omega t} \tag{3.9}$$

に書き換えると，上式の解 $\boldsymbol{x}$ を求めて実数部をとれば，式 (3.4) の解となる．今，$\boldsymbol{x}$ を

$$\boldsymbol{x} = \boldsymbol{X}e^{j\omega t} \tag{3.10}$$

とし，式 (3.9) に代入すると，

$$\left\{(k - m\omega^2) + jc\omega\right\}\boldsymbol{X}e^{j\omega t} = Fe^{j\omega t}$$

時間 t にかかわらず，上式が成り立つためには，

$$\boldsymbol{X} = \frac{F}{(k - m\omega^2) + jc\omega} = \frac{\dfrac{F}{k}}{1 - \left(\dfrac{\omega}{\omega_{\mathrm{n}}}\right)^2 + \left(2\zeta\dfrac{\omega}{\omega_{\mathrm{n}}}\right)j}$$

となり，式 (3.8) を考慮すると，

$$
\begin{aligned}
\boldsymbol{X} &= \frac{\dfrac{F}{k}}{\sqrt{\left\{1 - \left(\dfrac{\omega}{\omega_{\mathrm{n}}}\right)^2\right\}^2 + \left(2\zeta\dfrac{\omega}{\omega_{\mathrm{n}}}\right)^2}\,e^{j\phi}} \\
&= \frac{\dfrac{F}{k}}{\sqrt{\left\{1 - \left(\dfrac{\omega}{\omega_{\mathrm{n}}}\right)^2\right\}^2 + \left(2\zeta\dfrac{\omega}{\omega_{\mathrm{n}}}\right)^2}}\,e^{-j\phi}
\end{aligned} \tag{3.11}
$$

となる. ここで,

$$\tan\phi = \frac{2\zeta\frac{\omega}{\omega_\mathrm{n}}}{1 - \left(\frac{\omega}{\omega_\mathrm{n}}\right)^2} \tag{3.12}$$

式 (3.11) を式 (3.10) に代入すると,

$$\boldsymbol{x} = \frac{\frac{F}{k}}{\sqrt{\left\{1 - \left(\frac{\omega}{\omega_\mathrm{n}}\right)^2\right\}^2 + \left(2\zeta\frac{\omega}{\omega_\mathrm{n}}\right)^2}}\, e^{j(\omega t - \phi)}$$

オイラーの公式を用いれば, 上式は

$$\boldsymbol{x} = \frac{\frac{F}{k}}{\sqrt{\left\{1 - \left(\frac{\omega}{\omega_\mathrm{n}}\right)^2\right\}^2 + \left(2\zeta\frac{\omega}{\omega_\mathrm{n}}\right)^2}}\left\{\cos(\omega t - \phi) + j\sin(\omega t - \phi)\right\}$$

上式の実数部をとると, 式 (3.4) の解が次のように得られる.

$$x = X\cos(\omega t - \phi) \tag{3.13}$$

ここで,

$$X = \frac{\delta_\mathrm{st}}{\sqrt{\left\{1 - \left(\frac{\omega}{\omega_\mathrm{n}}\right)^2\right\}^2 + \left(2\zeta\frac{\omega}{\omega_\mathrm{n}}\right)^2}} \tag{3.14}$$

両辺を δ_st で割ると,

$$\frac{X}{\delta_\mathrm{st}} = \frac{1}{\sqrt{\left\{1 - \left(\frac{\omega}{\omega_\mathrm{n}}\right)^2\right\}^2 + \left(2\zeta\frac{\omega}{\omega_\mathrm{n}}\right)^2}} \tag{3.15}$$

式 (3.15) 及び式 (3.12) を用いると, 図 3.5 に示されるような振幅応答曲線と位相応答曲線を描くことができる. 図 3.5 (a) 及び図 3.5 (b) は, それぞれ, Python のソースコード code_3-2.py と code_3-3.py を用いて作成した.

図 3.5 (a) の曲線上にある○印は振幅比の最大値 $\frac{X_\mathrm{p}}{\delta_\mathrm{st}}$ であり, その振動数 $\frac{\omega_\mathrm{p}}{\omega_\mathrm{n}}$ は次のようにして求められる. まず, 式 (3.15) の両辺を振動数比 $\frac{\omega}{\omega_\mathrm{n}}$ で微分すると,

$$\frac{d\left(\frac{X}{\delta_\mathrm{st}}\right)}{d\left(\frac{\omega}{\omega_\mathrm{n}}\right)} = \frac{2\delta_\mathrm{st}\left(\frac{\omega}{\omega_\mathrm{n}}\right)\left\{1 - \left(\frac{\omega}{\omega_\mathrm{n}}\right)^2 - 2\zeta^2\right\}}{\left[\left\{1 - \left(\frac{\omega}{\omega_\mathrm{n}}\right)^2\right\}^2 + \left(2\zeta\frac{\omega}{\omega_\mathrm{n}}\right)^2\right]^{\frac{3}{2}}}$$

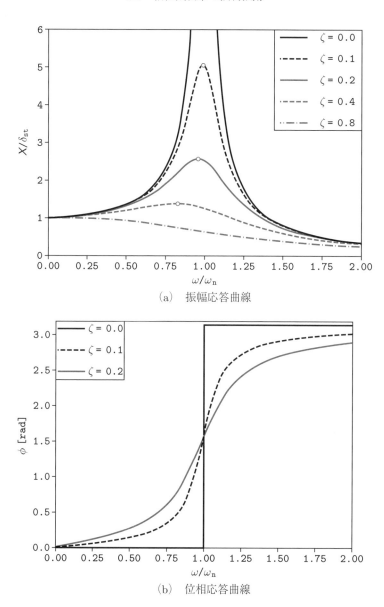

（a） 振幅応答曲線

（b） 位相応答曲線

図 3.5 粘性減衰系の強制振動の応答曲線

振幅比 $\dfrac{X}{\delta_{\mathrm{st}}}$ が最大値となるとき，上式はゼロとなることから，

$$\frac{\omega_{\mathrm{p}}}{\omega_{\mathrm{n}}} = \sqrt{1 - 2\zeta^2} \tag{3.16}$$

が得られる．また，上式を式 (3.15) に代入すると，

$$\frac{X_{\mathrm{p}}}{\delta_{\mathrm{st}}} = \frac{1}{2\zeta\sqrt{1 - \zeta^2}} \tag{3.17}$$

となる．なお，式 (3.16) の根号内が負になるとき，すなわち，$\zeta > \dfrac{1}{\sqrt{2}}$ のときは振幅応答曲線には山が現れず，$\dfrac{\omega}{\omega_{\mathrm{n}}} = 0$ のときに振幅比 $\dfrac{X}{\delta_{\mathrm{st}}}$ は最大となる．図 3.5（a）では，一点鎖線で示す $\zeta = 0.8$ の曲線が振幅応答曲線に山が現れない場合に相当する．

3.2.2　粘性減衰系の強制振動の時刻歴応答

前節では式 (3.4) の解を自由振動解が時間とともに消滅した後の強制振動解として考えたが，ここでは自由振動解も含めた解について考える．一般に，減衰比 ζ は 1 未満の場合が多いことから，ここでは，$\zeta < 1$ とし，式 (3.5) と式 (3.13) を考慮すると，

$$x = e^{-\zeta\omega_{\mathrm{n}}t}(C\cos\omega_{\mathrm{d}}t + D\sin\omega_{\mathrm{d}}t) + X\cos(\omega t - \phi) \tag{3.18}$$

ここで，初期条件を $t = 0$ のとき，$x = x_0,\ \dot{x} = 0$ とする．$t = 0$ のとき，$x = x_0$ より，式 (3.18) から，

$$C = x_0 - X\cos\phi \tag{3.19}$$

式 (3.18) の両辺を t で微分すると，

$$\dot{x} = e^{-\zeta\omega_{\mathrm{n}}t}\big\{(-\zeta\omega_{\mathrm{n}}C + \omega_{\mathrm{d}}D)\cos\omega_{\mathrm{d}}t - (\zeta\omega_{\mathrm{n}}D + \omega_{\mathrm{d}}C)\sin\omega_{\mathrm{d}}t\big\}$$
$$- X\omega\sin(\omega t - \phi)$$

$t = 0$ のとき，$\dot{x} = 0$ より，上式から，

$$D = \frac{\zeta\omega_{\mathrm{n}}C - X\omega\sin\phi}{\omega_{\mathrm{d}}} \tag{3.20}$$

式 (3.14)，式 (3.18)～(3.20) を用いて，Python のソースコード code_3-4.py により，時刻歴応答を描いた結果が図 3.6 である．外力の角振動数 $\omega = 1.5$ の場合，時間が約 17 秒以降では振幅がほぼ一定となっていることから自由振動

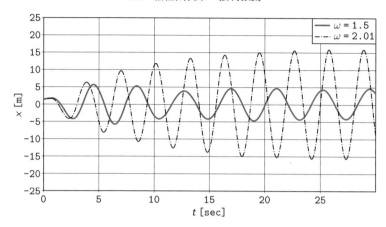

図 3.6 粘性減衰系の強制振動の時刻歴応答
($\omega_\mathrm{n} = 2\,\mathrm{rad/s}$, $\delta_\mathrm{st} = 2\,\mathrm{m}$, $\zeta = 0.06$, $x_0 = 1.5\,\mathrm{m}$)

解が消滅していることがわかる．一方，$\omega = 2.01$ の場合，外力の角振動数 ω が固有角振動数 ω_n に近いことから，振幅が時間と共に増大する．

図 3.7 は，code_3-4.py の Python のソースコードの一部を示している．17 行目は時刻歴応答を求める関数であり，23〜25 行目では位相 ϕ が求められる．23 行目に示す np.arctan() は NumPy ライブラリで提供される逆正接を求める関数である．戻り値は $-\frac{\pi}{2}$〜$\frac{\pi}{2}$ であることから，24〜25 行目が付加される．

```
17  def t_x(omega):

23      fai=np.arctan(a_t1/a_t2)
24      if fai<0:
25          fai=fai+np.pi
```

図 3.7 code_3-4.py のソースコードの一部

3.3 基礎励振

　地震が起きたときに建物や機械に発生する振動を**基礎励振**（base excitation），または変位による強制振動と呼ぶ．図 3.8 に示す実験装置を用いて，その振動をながめてみよう．図 3.8 (a) に示すように，物体は 2 枚の板ばねを介して，基礎部に支持されている．その基礎部はリニアガイド上にあるため，基礎部は左右のみに移動可能である．図 3.8 (b) は図 3.8 (a) に示す実験装置をリニアガイドの下から見た図であり，点 O はモータの回転軸の中心を示している．リ

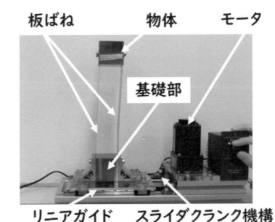

(a)　実験装置の写真

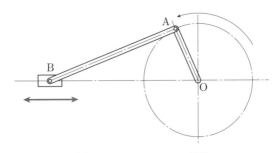

(b)　スライダクランク機構

図 3.8　基礎励振の実験装置

ンク OA と AB は点 A でつながっており，点 B に示すスライダは基礎部につながっている．リンク OA が点 O を中心として一定な角速度で回転すると，点 B ならびに基礎部は左右に振動する．さらに，モータの回転数を変えると，異なる振動数で基礎部を左右に振動させることができる．基礎部の振動数を増やしたとき，物体はどのような運動をするかを予想してみよう．

その答えは QR コード 3.1 をスマートフォンなどで読み取ると，動画で見ることができる．

┌ 動画 3.1 ─────

この動画ではモータの回転数を変えて，基礎部の振動数を徐々に増加させたときの物体の振動する様子を見ることができる．モータが回転し始めるとき，すなわち，基礎部の振動数が小さいときは，物体はゆっくり小さく振動する．振動数が増していくと，物体の変位振幅は増加し，板ばねが大きく変形し，折れそうになる．そこで，動画ではそのあたりでモータの回転を一端止める．次に，止めたときの振動数よりも大きな振動数で，物体を振動させる．さらに，基礎部の振動数を大きくすると，それまでとは異なり，物体の変位振幅は小さくなる．

QR コード 3.1　基礎励振

(https://youtu.be/pR7yXqrZWNs)

以下では，その様子を理論的に考えてみよう．

図 3.9 は図 3.8 に示した実験装置のモデル図である．物体の質量を m，板ばねのばね定数と粘性減衰定数をそれぞれ，k, c とする．さらに，基礎部が u で振動すると，物体の運動方程式は次式となる．

$$m\ddot{x} = -c(\dot{x} - \dot{u}) - k(x - u)$$

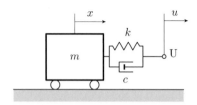

図 3.9　基礎励振のモデル図

$y = x - u$ とおくと，上式は

$$m\ddot{y} + c\dot{y} + ky = -m\ddot{u}$$

今，$u = a\cos\omega t$ とすると，

$$m\ddot{y} + c\dot{y} + ky = ma\omega^2 \cos\omega t \tag{3.21}$$

3.2.1 項で示した複素数を用いた解法により，式 (3.20) の強制振動解を求めてみよう．右辺の $\cos\omega t$ は $e^{j\omega t}$ の実数部であり，$\boldsymbol{y}$ を複素数とすると，式 (3.21) は

$$m\ddot{\boldsymbol{y}} + c\dot{\boldsymbol{y}} + k\boldsymbol{y} = ma\omega^2 e^{j\omega t} \tag{3.22}$$

となる．今，$\boldsymbol{y}$ を

$$\boldsymbol{y} = \boldsymbol{Y} e^{j\omega t} \tag{3.23}$$

とし，式 (3.22) に代入すると，

$$\boldsymbol{Y} = \frac{ma\omega^2}{(k - m\omega^2) + jc\omega} = \frac{a\left(\frac{\omega}{\omega_{\mathrm{n}}}\right)^2}{1 - \left(\frac{\omega}{\omega_{\mathrm{n}}}\right)^2 + \left(2\zeta\frac{\omega}{\omega_{\mathrm{n}}}\right)j}$$

となり，式 (3.8) を考慮すると，

$$\boldsymbol{Y} = \frac{a\left(\frac{\omega}{\omega_{\mathrm{n}}}\right)^2}{\sqrt{\left\{1 - \left(\frac{\omega}{\omega_{\mathrm{n}}}\right)^2\right\}^2 + \left(2\zeta\frac{\omega}{\omega_{\mathrm{n}}}\right)^2} \, e^{j\phi}}$$

$$= \frac{a\left(\frac{\omega}{\omega_{\mathrm{n}}}\right)^2}{\sqrt{\left\{1 - \left(\frac{\omega}{\omega_{\mathrm{n}}}\right)^2\right\}^2 + \left(2\zeta\frac{\omega}{\omega_{\mathrm{n}}}\right)^2}} \, e^{-j\phi}$$

ここで,

$$\tan \phi = \frac{2\zeta \frac{\omega}{\omega_\mathrm{n}}}{1 - \left(\frac{\omega}{\omega_\mathrm{n}}\right)^2}$$

さらに, $\boldsymbol{y} = \boldsymbol{Y} e^{j\omega t}$ より,

$$\boldsymbol{y} = \frac{a\left(\frac{\omega}{\omega_\mathrm{n}}\right)^2}{\sqrt{\left\{1 - \left(\frac{\omega}{\omega_\mathrm{n}}\right)^2\right\}^2 + \left(2\zeta \frac{\omega}{\omega_\mathrm{n}}\right)^2}} e^{j(\omega t - \phi)}$$

$$= \frac{a\left(\frac{\omega}{\omega_\mathrm{n}}\right)^2}{\sqrt{\left\{1 - \left(\frac{\omega}{\omega_\mathrm{n}}\right)^2\right\}^2 + \left(2\zeta \frac{\omega}{\omega_\mathrm{n}}\right)^2}} \left\{\cos(\omega t - \phi) + j\sin(\omega t - \phi)\right\}$$

上式の実数部をとると,

$$y = Y\cos(\omega t - \phi) \tag{3.24}$$

ここで,

$$Y = \frac{a\left(\frac{\omega}{\omega_\mathrm{n}}\right)^2}{\sqrt{\left\{1 - \left(\frac{\omega}{\omega_\mathrm{n}}\right)^2\right\}^2 + \left(2\zeta \frac{\omega}{\omega_\mathrm{n}}\right)^2}} \tag{3.25}$$

両辺を a で割ると,

$$\frac{Y}{a} = \frac{\left(\frac{\omega}{\omega_\mathrm{n}}\right)^2}{\sqrt{\left\{1 - \left(\frac{\omega}{\omega_\mathrm{n}}\right)^2\right\}^2 + \left(2\zeta \frac{\omega}{\omega_\mathrm{n}}\right)^2}} \tag{3.26}$$

図 3.10 は, 式 (3.26) を用いて, 基礎励振系の振幅応答曲線を描いた結果である. 図 3.5 (a) と図 3.10 は $\omega = \omega_\mathrm{n}$ のとき, 共振の状態になることは同じだが, 図 3.10 では $\frac{\omega}{\omega_\mathrm{n}} = 0$ のとき, $\frac{Y}{a} = 0$ であり, $\frac{\omega}{\omega_\mathrm{n}} \to \infty$ のとき, $\frac{Y}{a} = 1$ となる点が異なる. $\frac{\omega}{\omega_\mathrm{n}} \to \infty$ の応答については, 以下のようにして求めることができる. 式 (3.26) の右辺の分母と分子を $\left(\frac{\omega}{\omega_\mathrm{n}}\right)^2$ で割ると,

$$\frac{Y}{a} = \frac{1}{\sqrt{\left\{1 \middle/ \left(\frac{\omega}{\omega_\mathrm{n}}\right)^2 - 1\right\}^2 + \left\{2\zeta \middle/ \left(\frac{\omega}{\omega_\mathrm{n}}\right)^2\right\}^2}}$$

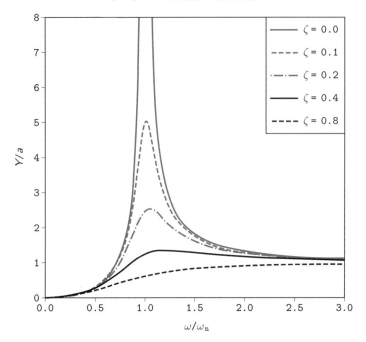

図 3.10　基礎励振系の振幅応答曲線

となる.したがって,$\frac{\omega}{\omega_\mathrm{n}} \to \infty$ のとき,$\frac{Y}{a} \to 1$ となる.なお,図 3.10 は式 (3.26) を用いて,code_3-5.py の Python のソースコードにより作成した.

3.4　偏心質量のある振動系と力の伝達率

　振動を発生する振動源となる機械を基礎に取り付けるとき,基礎に振動が伝わらないようにするために,機械と基礎の間に,ばねやゴムなどを加えて振動を防ぐことを**防振**(vibration prevention)と呼ぶ.ここでは、実験装置に防振ゴムを取り付け,実験装置の振動が低減する場合とそうでない場合を考えてみよう.

3.4.1 偏心質量を有する振動系

図 3.11 は偏心質量 m を有する振動系を示している．ここで，偏心質量 m は r だけ偏心し，角速度 ω で回転する．振動系は y 方向のみに振動し，ばねと減衰要素によって支持されている．図に示すような偏心質量の回転が振動源となる振動系は回転部を有する機械構造物や起振器などによく見られる構造である．振動系の総質量を M とすると，運動方程式は

$$(M - m)\ddot{y} = -c\dot{y} - ky - m\frac{d^2}{dt^2}(y + r\sin\omega t)$$

$$M\ddot{y} + c\dot{y} + ky = mr\omega^2\sin\omega t \tag{3.27}$$

となる．右辺の $\sin\omega t$ は $e^{j\omega t}$ の虚数部であり，y を複素数とすると，式 (3.27) は

$$M\ddot{\boldsymbol{y}} + c\dot{\boldsymbol{y}} + k\boldsymbol{y} = mr\omega^2 e^{j\omega t} \tag{3.28}$$

となる．$\boldsymbol{y}$ を

$$\boldsymbol{y} = \boldsymbol{Y}e^{j\omega t}$$

とし，式 (3.28) に代入すると，

$$\boldsymbol{Y} = \frac{mr\omega^2}{(k - M\omega^2) + jc\omega} = \frac{r\left(\frac{\omega}{\omega_{\mathrm{n}}}\right)^2\frac{m}{M}}{1 - \left(\frac{\omega}{\omega_{\mathrm{n}}}\right)^2 + \left(2\zeta\frac{\omega}{\omega_{\mathrm{n}}}\right)j}$$

式 (3.8) を考慮すると，

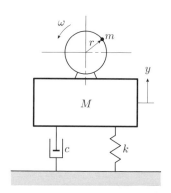

図 3.11 偏心質量を有する振動系のモデル図

$$\boldsymbol{Y} = \frac{r\left(\frac{\omega}{\omega_\mathrm{n}}\right)^2 \frac{m}{M}}{\sqrt{\left\{1 - \left(\frac{\omega}{\omega_\mathrm{n}}\right)^2\right\}^2 + \left(2\zeta\frac{\omega}{\omega_\mathrm{n}}\right)^2} e^{j\phi}}$$

$$= \frac{r\left(\frac{\omega}{\omega_\mathrm{n}}\right)^2 \frac{m}{M}}{\sqrt{\left\{1 - \left(\frac{\omega}{\omega_\mathrm{n}}\right)^2\right\}^2 + \left(2\zeta\frac{\omega}{\omega_\mathrm{n}}\right)^2}} e^{-j\phi} \tag{3.29}$$

となる．ここで，$\tan\phi = \dfrac{2\zeta\frac{\omega}{\omega_\mathrm{n}}}{1 - \left(\frac{\omega}{\omega_\mathrm{n}}\right)^2}$ である．さらに，$\boldsymbol{y} = \boldsymbol{Y}e^{j\omega t}$ より，

$$\boldsymbol{y} = \frac{r\left(\frac{\omega}{\omega_\mathrm{n}}\right)^2 \frac{m}{M}}{\sqrt{\left\{1 - \left(\frac{\omega}{\omega_\mathrm{n}}\right)^2\right\}^2 + \left(2\zeta\frac{\omega}{\omega_\mathrm{n}}\right)^2}} e^{j(\omega t - \phi)}$$

$$= \frac{r\left(\frac{\omega}{\omega_\mathrm{n}}\right)^2 \frac{m}{M}}{\sqrt{\left\{1 - \left(\frac{\omega}{\omega_\mathrm{n}}\right)^2\right\}^2 + \left(2\zeta\frac{\omega}{\omega_\mathrm{n}}\right)^2}} \{\cos(\omega t - \phi) + j\sin(\omega t - \phi)\}$$

上式の虚数部をとると，

$$y = Y\sin(\omega t - \phi) \tag{3.30}$$

ここで，$Y = \dfrac{r\left(\frac{\omega}{\omega_\mathrm{n}}\right)^2 \frac{m}{M}}{\sqrt{\left\{1 - \left(\frac{\omega}{\omega_\mathrm{n}}\right)^2\right\}^2 + \left(2\zeta\frac{\omega}{\omega_\mathrm{n}}\right)^2}}$ である．両辺を $r\frac{m}{M}$ で割ると，

$$\frac{Y}{r\frac{m}{M}} = \frac{\left(\frac{\omega}{\omega_\mathrm{n}}\right)^2}{\sqrt{\left\{1 - \left(\frac{\omega}{\omega_\mathrm{n}}\right)^2\right\}^2 + \left(2\zeta\frac{\omega}{\omega_\mathrm{n}}\right)^2}} \tag{3.31}$$

となる．式 (3.31) と式 (3.26) の右辺は同じであることから，式 (3.31) の振幅応答曲線は図 3.10 と同じになる．したがって，偏心質量 m の角速度 ω が固有角振動数 ω_n に一致するとき，共振が生じることになる．この振動系に防振ゴムを設置することで防振ができるかを実験装置により確認してみよう．

動画 3.2

　この動画では図 3.12 に示す装置が振動する様子を見ることができる．偏心質量を有する円板が取り付けられたモータの下部には防振ゴムが設置されている．防振ゴムとはゴムの弾性を利用した防振材料である．動画では回転数 ω_M でモータを回転させるが，2 種類の防振ゴム（A），（B）を取り替えて設置し，防振できるかを確認する．動画を見ると，防振ゴム（A）を用いた場合では振動を防ぐことはできず，騒音が発生することがわかる．一方，防振ゴム（B）を用いた場合では騒音もなく防振できていることが確認できる．なぜ，こういった違いが生じるのかを理論的に考えてみよう．

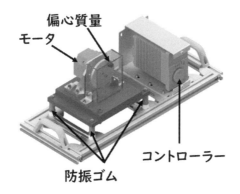

図 3.12 偏心質量を有する振動系の実験装置

QR コード 3.2 偏心質量を有する振動系

（https://youtu.be/VtuHbWHyZI4）

3.4.2 力の伝達率

図 3.12 に示す装置に発生する振動を上下方向のみに限定し，1 自由度系の振動として考えると，そのモデル図は図 3.11 と同様になり，図 3.13 となる．図 3.13 に示されるばね要素や減衰要素は防振ゴムの弾性と減衰となる．動画で発生した騒音は偏心質量の回転によって生じた振動が基礎に伝わって発生したと考えられる．防振ゴムのばね要素と減衰要素を介して基礎に伝達される伝達力 F_T は

$$F_\mathrm{T} = c\dot{y} + ky \tag{3.32}$$

となり，質量 M の変位 y は式 (3.30) によって与えられることから，式 (3.30) を式 (3.32) に代入すると，

$$F_\mathrm{T} = kY \sin(\omega t - \phi) + c\omega Y \cos(\omega t - \phi)$$
$$= Y \sqrt{k^2 + (c\omega)^2} \sin(\omega t - \phi + \theta)$$

ここで，

$$\tan \theta = \frac{c\omega}{k}$$

である．加振力 $mr\omega^2$ と伝達力の振幅 $|F_\mathrm{T}|$ との比を求めると，

$$T_\mathrm{R} = \frac{|F_\mathrm{T}|}{mr\omega^2} = \frac{Y \sqrt{k^2 + (c\omega)^2}}{mr\omega^2}$$

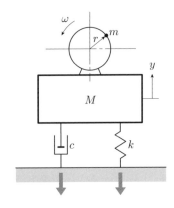

図 3.13 基礎に伝わる力

$$= \frac{\sqrt{1 + \left(2\zeta \frac{\omega}{\omega_n}\right)^2}}{\sqrt{\left\{1 - \left(\frac{\omega}{\omega_n}\right)^2\right\}^2 + \left(2\zeta \frac{\omega}{\omega_n}\right)^2}} \tag{3.33}$$

ここで，T_R は**力の伝達率**（force transmissibility）と呼ばれる．

図 3.14 は伝達率 T_R と振動数比の関係を示しており，式 (3.33) を用いて，Python のソースコード `code_3-6.py` により作成した．$\frac{\omega}{\omega_n} = \sqrt{2}$ のときには減衰比 ζ にかかわらず，伝達率 $T_R = 1$ となる．$\frac{\omega}{\omega_n} > \sqrt{2}$ では伝達率 $T_R < 1$ となり，防振が可能となる．動画 3.2 では防振ゴム（A）では $\frac{\omega}{\omega_n}$ が 1 に近いため，共振が生じ，騒音が発生する．一方，防振ゴム（B）では $\frac{\omega}{\omega_n}$ が $\sqrt{2}$ に近いため，騒音が気にならない状況になったといえる．

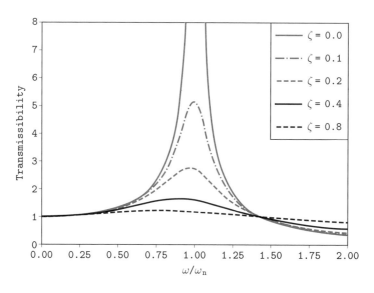

図 3.14 力の伝達率と振動数比の関係

3.5 様々な減衰を有する系の強制振動

これまで減衰要素については，主に粘性減衰を扱ってきた．本節ではクーロン減衰やヒステリシス減衰を有する強制振動について考える．2つの減衰は解析的な計算が容易ではないことから，以下では，クーロン減衰やヒステリシス減衰によって消散されるエネルギが粘性減衰によって消散されるエネルギに等しいとして近似する．ここで，近似して得られた減衰は**等価粘性減衰**（equivalent viscous damping）と呼ばれる．

3.5.1 粘性減衰によって消散するエネルギ

粘性減衰によって1周期中に消散されるエネルギ E_c は

$$E_c = \int c \frac{dx}{dt}\, dx = c \int_0^{\frac{2\pi}{\omega}} \frac{dx}{dt} \frac{dx}{dt}\, dt$$
$$= c \int_0^{\frac{2\pi}{\omega}} \left(\frac{dx}{dt}\right)^2 dt \tag{3.34}$$

振動系の応答が $x = X \sin\omega t$ であるとすると，

$$E_c = c \int_0^{\frac{2\pi}{\omega}} (X\omega \cos\omega t)^2\, dt$$
$$= c(X\omega)^2 \int_0^{\frac{2\pi}{\omega}} \cos^2\omega t\, dt$$

$\cos^2\theta = \frac{1+\cos 2\theta}{2}$ より，

$$E_c = c(X\omega)^2 \int_0^{\frac{2\pi}{\omega}} \frac{1+\cos 2\omega t}{2}\, dt = \pi c\omega X^2 \tag{3.35}$$

3.5.2 クーロン減衰系の強制振動

系にクーロン摩擦が作用する場合，摩擦は減衰として作用するため，その減衰は**クーロン減衰**（Coulomb damping）とも呼ばれる．クーロン減衰系の強制振動解については，摩擦力が相対速度に依存するため，解析的に解を求めることが難しい．そのため，クーロン減衰系において，1周期中に消散されるエネルギと粘性減衰系において1周期中に消散するエネルギとが等しいとすると，強制振動解を予想しやすくなる．

すべり摩擦によって生じる摩擦力 f_c は次式で表される.

$$f_c = \begin{cases} \mu N & \cdots \dot{x} > 0 \\ 0 & \cdots \dot{x} = 0 \\ -\mu N & \cdots \dot{x} < 0 \end{cases}$$

ここで, μ は摩擦係数であり, N は物体がすべり面から受ける垂直抗力である. $F_c = \mu N$ とおき, 符号関数 $\mathrm{sign}()$ を用いると, 摩擦力 f_c は

$$f_c = F_c \, \mathrm{sign}(\dot{x})$$

と表される. したがって, 摩擦力 f_c によって, 1周期中に消散されるエネルギ E_{co} は

$$E_{co} = \int F_c \, \mathrm{sign}(\dot{x}) \, dx = F_c \int_0^{\frac{2\pi}{\omega}} \mathrm{sign}(\dot{x}) \frac{dx}{dt} \, dt$$

振動系の応答が $x = X \sin \omega t$ であるとすると,

$$E_{co} = F_c \int_0^{\frac{2\pi}{\omega}} \mathrm{sign}(\dot{x})(X\omega \cos \omega t) \, dt$$

$$= F_c X \omega \int_0^{\frac{2\pi}{\omega}} \mathrm{sign}(\dot{x}) \cos \omega t \, dt$$

$$= F_c X \omega \left(\int_0^{\frac{\pi}{2\omega}} \cos \omega t \, dt - \int_{\frac{\pi}{2\omega}}^{\frac{3\pi}{2\omega}} \cos \omega t \, dt + \int_{\frac{3\pi}{2\omega}}^{\frac{2\pi}{\omega}} \cos \omega t \, dt \right)$$

$$= 4 F_c X \tag{3.36}$$

したがって, 等価粘性減衰定数 c_e は, 式 (3.35) と式 (3.36) が等しいとすると,

$$\pi c_e \omega X^2 = 4 F_c X$$

$$c_e = \frac{4 F_c}{\pi \omega X} \tag{3.37}$$

となる. 次に, 図 3.15 に示されるように, 加振台上で物体が振動するクーロン減衰系のモデル図について考える.

物体の運動方程式は次式となる.

$$m\ddot{x} = -k(x - u) - f_c$$

$y = x - u$ とおくと, 上式は

$$m\ddot{y} + ky + f_c = -m\ddot{u}$$

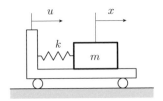

図 3.15　変位により加振されるクーロン減衰系のモデル図

今，加振台の変位を $u = u_0 \cos \omega t$ とすると，

$$m\ddot{y} + ky + F_c \operatorname{sign}(\dot{y}) = mu_0 \omega^2 \cos \omega t$$

ここで，$F_c \operatorname{sign}(\dot{y})$ を等価粘性減衰係数 c_e を用いると

$$m\ddot{y} + c_e\dot{y} + ky = mu_0 \omega^2 \cos \omega t$$

上式の解を $y = Y \cos(\omega t - \phi)$ とおくと，

$$Y = \frac{mu_0 \omega^2}{\sqrt{(k - m\omega^2)^2 + (c_e \omega)^2}}$$

となる．さらに，式 (3.37) を考慮し，上式を無次元化すると，

$$\frac{Y}{u_0} = \frac{\left(\frac{\omega}{\omega_n}\right)^2}{\sqrt{\left\{1 - \left(\frac{\omega}{\omega_n}\right)^2\right\}^2 + \left(\frac{\alpha}{Y}\right)^2}} \tag{3.38}$$

ここで，

$$\alpha = \frac{4F_c}{\pi k u_0}$$

である．

式 (3.38) の右辺には Y が含まれているので，整理すると，

$$\frac{Y}{u_0} = \frac{\sqrt{\left(\frac{\omega}{\omega_n}\right)^4 - \alpha^2}}{\left|1 - \left(\frac{\omega}{\omega_n}\right)^2\right|} \tag{3.39}$$

となる．なお，

$$\frac{\omega}{\omega_n} < \sqrt{\alpha}$$

の条件では式 (3.39) の右辺の分子は虚数となる．これは，ばねの復元力に比べて摩擦力が大きくなり，物体は加振台上を動けないことを意味する．

図 3.16 は，式 (3.39) を用いて，クーロン減衰系の振幅応答曲線を Python ソースコード code_3-7.py により描いた結果である．α の値，すなわち，摩擦力が大きくなると，振幅がゼロとなる $\frac{\omega}{\omega_\mathrm{n}}$ の範囲が増える．これは摩擦力が大きいため，小さな加振振動数では物体が加振台上を動かない状態にあることを意味する．

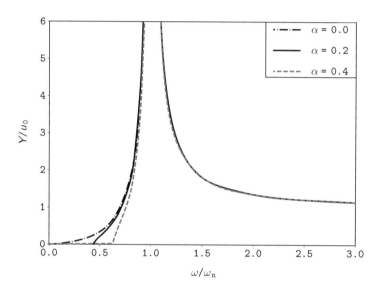

図 3.16 変位により加振されるクーロン減衰系の振幅応答曲線

図 3.17 は，code_3-7.py の Python のソースコードの一部を示している．7〜12 行目は式 (3.39) を用いて，振幅を計算するための関数である．8 行目は式 (3.39) の右辺の分子の根号内の式を示し，9 行目では，リスト内包表記を用いて，根号内が負になったときには根号内をゼロとする．14 行目では，横軸の値である lam を 0〜300 で要素数 200 として作成する．15 行目では，$\alpha = 0.0, 0.2, 0.4$ の 3 つの値を変数 alfa に代入し，16 行目以降で振幅を計算する．

```
7   def tmd(alf): #振幅応答の計算
8       ff=pow(lam, 4)-pow(alf, 2)
9       ff = [0 if i < 0 else i for i in ff]
10      Xa=np.sqrt(ff)
11      y=Xa/np.abs(1-lam**2)
12      return y
13
14  lam = np.linspace(0, 3.0, 200)
15  alfa=[0.0,0.2,0.4]
16  y0 = tmd(alfa[0])
```

図 3.17　code_3-7.py のソースコードの一部

3.5.3　ヒステリシス減衰を有する振動系の強制振動

　鋼やアルミなどの板材を片持ちはりとして自由振動させると，時間と共に板材の振幅は減少し，やがて振幅はゼロとなる．それは材料自身が有する減衰によるものであり，その減衰は**ヒステリシス減衰**（hysteretic damping），**固体減衰**（solid damping）と呼ばれる．一方，両振りの繰返しひずみを受ける疲労試験を実施すると，図 3.18 に示されるような応力ひずみ線図が得られる．図に示されるように引張行程と圧縮行程では異なる軌道を描くヒステリシスが形成されるが，この曲線は**ヒステリシスループ**（hysteresis loop）と呼ばれる．

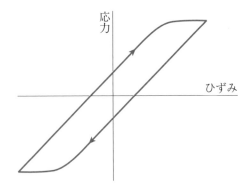

図 3.18　材料のヒステリシス減衰

応力–ひずみの関係を力と変位の関係に置き換えると，ループ内の面積は1周期中に消散されるエネルギとなる．ここで示すヒステリシスループから直接，減衰を算出し，振動解析に用いることは困難である．そこで，等価粘性減衰を用いて，ヒステリシス減衰を有する振動系の強制振動を考える．

ヒステリシスループ内の面積である1周期中に消散されるエネルギはひずみ振幅の2乗や剛性に比例し，1周期中の振動数には依存しないことが知られている．式 (3.35) に示される粘性減衰における消散されるエネルギから類推すると，ヒステリシス減衰によって1周期中に消散されるエネルギ $E_{\rm h}$ は

$$E_{\rm h} = \pi k \beta X^2 \tag{3.40}$$

となる．ここで，k は剛性であり，β はヒステリシス減衰定数，X は振幅である．なお，他の書籍ではヒステリシス減衰定数を $h = k\beta$ として記載している場合もある．式 (3.35) と式 (3.40) が等しいとすると，

$$\pi c_{\rm e} \omega X^2 = \pi k \beta X^2$$

となり，等価粘性減衰 $c_{\rm e}$ は，

$$c_{\rm e} = \frac{k\beta}{\omega}$$

となる．次に，図 3.19 に示すようなヒステリシス減衰系の強制振動を考える．その運動方程式は以下のようになる．

$$m\ddot{x} + c_{\rm e}\dot{x} + kx = F\cos\omega t \tag{3.41}$$

右辺の $\cos\omega t$ は $e^{j\omega t}$ の実数部である．$\boldsymbol{x}$ を複素数とし，式 (3.41) を

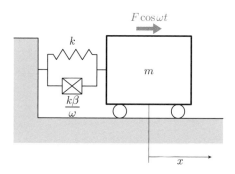

図 3.19 ヒステリシス減衰系の強制振動のモデル図

$$m\ddot{\boldsymbol{x}} + c_{\mathrm{e}}\dot{\boldsymbol{x}} + k\boldsymbol{x} = Fe^{j\omega t} \tag{3.42}$$

と書き換える．$\boldsymbol{x}$ を

$$\boldsymbol{x} = \boldsymbol{X}e^{j\omega t}$$

とし，式 (3.42) に代入すると，

$$\boldsymbol{X} = \frac{F}{(k - m\omega^2) + jc_{\mathrm{e}}\omega} = \frac{F}{(k - m\omega^2) + jk\beta}$$

$$= \frac{\frac{F}{k}}{1 - \left(\frac{\omega}{\omega_{\mathrm{n}}}\right)^2 + j\beta}$$

上式の実数部をとると，

$$x = X\cos(\omega t - \phi)$$

ここで，

$$X = \frac{\delta_{\mathrm{st}}}{\sqrt{\left\{1 - \left(\frac{\omega}{\omega_{\mathrm{n}}}\right)^2\right\}^2 + \beta^2}}$$

両辺を δ_{st} で割ると，

$$\frac{X}{\delta_{\mathrm{st}}} = \frac{1}{\sqrt{\left\{1 - \left(\frac{\omega}{\omega_{\mathrm{n}}}\right)^2\right\}^2 + \beta^2}} \tag{3.43}$$

また，

$$\tan\phi = \frac{\beta}{1 - \left(\frac{\omega}{\omega_{\mathrm{n}}}\right)^2} \tag{3.44}$$

式 (3.43) 及び式 (3.44) を用いると，図 3.20 に示されるように，それぞれ，振幅応答曲線と位相応答曲線を描くことができる．図 3.20 (a) の曲線上にある○印は振幅比の最大値 $\frac{X_{\mathrm{p}}}{\delta_{\mathrm{st}}}$ を示している．次に，3.2.1 項と同様にして，ヒステリシス減衰系の振幅比の最大値 $\frac{X_{\mathrm{p}}}{\delta_{\mathrm{st}}}$ 及びその振動数の比 $\frac{\omega_{\mathrm{p}}}{\omega_{\mathrm{n}}}$ を求める．式 (3.43) の両辺を振動数比 $\frac{\omega}{\omega_{\mathrm{n}}}$ で微分すると，

$$\frac{d\left(\frac{X}{\delta_{\mathrm{st}}}\right)}{d\left(\frac{\omega}{\omega_{\mathrm{n}}}\right)} = \frac{-2\delta_{\mathrm{st}}\frac{\omega}{\omega_{\mathrm{n}}}\left\{1 - \left(\frac{\omega}{\omega_{\mathrm{n}}}\right)^2\right\}}{\left[\left\{1 - \left(\frac{\omega}{\omega_{\mathrm{n}}}\right)^2\right\}^2 + \beta^2\right]^{\frac{3}{2}}}$$

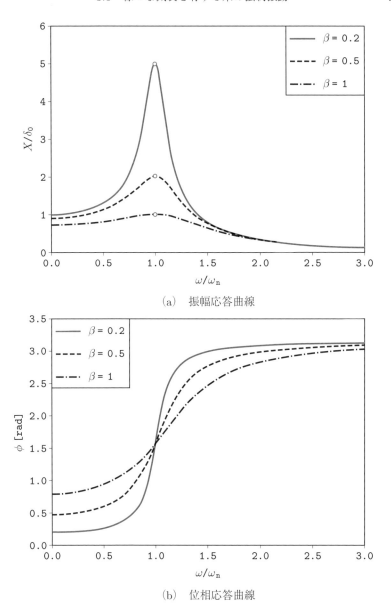

(a) 振幅応答曲線

(b) 位相応答曲線

図 3.20 ヒステリシス減衰系の強制振動の応答曲線

振幅比 $\frac{X}{\delta_{\mathrm{st}}}$ が最大となるとき，上式はゼロとなることから，振幅比が最大となる振動数比 $\frac{\omega_{\mathrm{p}}}{\omega_{\mathrm{n}}}$ は，

$$\frac{\omega_{\mathrm{p}}}{\omega_{\mathrm{n}}} = 1$$

となる．さらに，上式を式 (3.43) に代入すると，

$$\frac{X_{\mathrm{p}}}{\delta_{\mathrm{st}}} = \frac{\delta_{\mathrm{st}}}{\beta}$$

したがって，粘性減衰系とは異なり，外力の振動数が固有振動数に等しいときにヒステリシス減衰系の振幅は最大となる．なお，図 3.20 (a) と図 3.20 (b) はそれぞれ，`code_3-8.py` と `code_3-9.py` の Python のソースコードにより計算した．

3.6　過 渡 応 答

振動系に外力が作用すると，振動系はしばらく過渡的な応答が続き，やがて定常状態に落ち着く．この定常状態に至るまでの応答を**過渡応答**（transient response）という．ここでは，図 3.21 に示す振動系において周期的ではない外力 $f(t)$ が作用するときの振動系の応答について扱う．

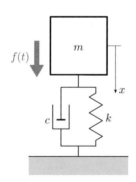

図 3.21　周期的ではない外力 $f(t)$ を受ける 1 自由度系のモデル図

3.6.1 ステップ応答

図 3.22 に示すように時間に対して一定な外力を受ける場合の応答を考える. この応答は**ステップ応答**（step response）と呼ばれる.

運動方程式は

$$m\ddot{x} = -c\dot{x} - kx + F$$
$$m\ddot{x} + c\dot{x} + kx = F \tag{3.45}$$

となる. さらに, 上式は

$$\ddot{x} + 2\zeta\omega_n\dot{x} + \omega_n^2 x = \delta_{st}\omega_n^2$$

となる. $x = x_1 + \delta_{st}$ とおくと, 上式は

$$\ddot{x}_1 + 2\zeta\omega_n\dot{x}_1 + \omega_n^2 x_1 = 0$$

となり, $\zeta < 1$ のとき, 上式の解は

$$x_1 = e^{-\zeta\omega_n t}(C\cos\omega_d t + D\sin\omega_d t)$$

であり,

$$x = e^{-\zeta\omega_n t}(C\cos\omega_d t + D\sin\omega_d t) + \delta_{st} \tag{3.46}$$

となる. 初期条件として, $t = 0$ のとき, $x = 0$, $\dot{x} = 0$ とすると,

$$C = -\delta_{st}, \quad D = \frac{-\zeta\delta_{st}}{\sqrt{1-\zeta^2}}$$

よって, 式 (3.46) より,

$$x = \delta_{st}\left\{1 - e^{-\zeta\omega_n t}\left(\cos\omega_d t + \frac{\zeta}{\sqrt{1-\zeta^2}}\sin\omega_d t\right)\right\} \tag{3.47}$$

式 (3.47) 及び Python ソースコード `code_3-10.py` を用いてステップ入力の応答を計算すると, 図 3.23 となる.

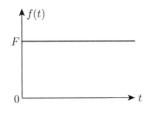

図 3.22 一定な外力

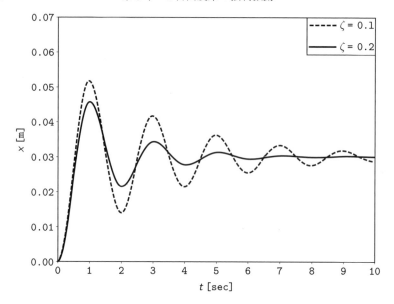

図 3.23　ステップ入力の応答（$\omega_\mathrm{n} = 3.16,\ \delta_\mathrm{st} = 0.03$）

3.6.2　矩形状外力が作用するときの応答

　図 3.21 に示す振動系において，外力が図 3.24 に示すように $0 \leq t < T$ のときのみ，$f(t) = F$ である外力を受ける場合を考える．

　運動方程式は以下のようになる．

$$m\ddot{x} + c\dot{x} + kx = f$$

ここで，

$$f = \begin{cases} F & \cdots 0 \leq t < T \\ 0 & \cdots t \geq T \end{cases}$$

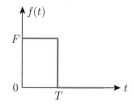

図 3.24　矩形状外力

・**$0 \leq t < T$ のとき** 運動方程式は式 (3.45) と同じであり，その応答は式 (3.47) と同じになる．

$$x = \delta_{\mathrm{st}}\left\{1 - e^{-\zeta\omega_{\mathrm{n}}t}\left(\cos\omega_{\mathrm{d}}t + \frac{\zeta}{\sqrt{1-\zeta^2}}\sin\omega_{\mathrm{d}}t\right)\right\}$$

・**$t \geq T$ のとき** 図 3.24 に示す矩形状の外力は図 3.25 (a) と図 3.25 (b) で示す外力の和で表すことができる．それを利用して $t \geq T$ のときの応答を求める．図 3.25 (b) において，外力が $-F$ であることから，運動方程式は

$$m\ddot{x} + c\dot{x} + kx = -F$$

となる．式 (3.45) と同様にして

$$\ddot{x} + 2\zeta\omega_{\mathrm{n}}\dot{x} + \omega_{\mathrm{n}}^2 x = -\delta_{\mathrm{st}}\omega_{\mathrm{n}}^2$$

$x = x_1 - \delta_{\mathrm{st}}$ とおくと，上式は

$$\ddot{x}_1 + 2\zeta\omega_{\mathrm{n}}\dot{x}_1 + \omega_{\mathrm{n}}^2 x_1 = 0$$

となり，上式の解は

$$x_1 = e^{-\zeta\omega_{\mathrm{n}}t}(C\cos\omega_{\mathrm{d}}t + D\sin\omega_{\mathrm{d}}t)$$

であり，

$$x = e^{-\zeta\omega_{\mathrm{n}}t}(C\cos\omega_{\mathrm{d}}t + D\sin\omega_{\mathrm{d}}t) - \delta_{\mathrm{st}} \tag{3.48}$$

となる．初期条件として，$t = T$ のとき，$x = 0, \dot{x} = 0$ より，

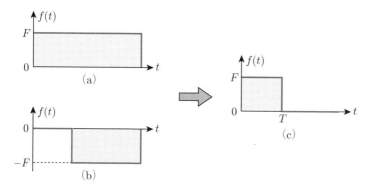

図 3.25 2 つの外力の和で表す矩形状外力

$$\left. \begin{array}{l} C\cos\omega_{\mathrm{d}}T + D\sin\omega_{\mathrm{d}}T = \delta_{\mathrm{st}}e^{\zeta\omega_{\mathrm{n}}T} \\ -C(\zeta\omega_{\mathrm{n}}\cos\omega_{\mathrm{d}}T + \omega_{\mathrm{d}}\sin\omega_{\mathrm{d}}T) + D(-\zeta\omega_{\mathrm{n}}\sin\omega_{\mathrm{d}}T + \omega_{\mathrm{d}}\cos\omega_{\mathrm{d}}T) = 0 \end{array} \right\}$$
(3.49)

式 (3.49) から，C, D を求めると，

$$\left. \begin{array}{l} C = \dfrac{-\zeta\omega_{\mathrm{n}}\sin\omega_{\mathrm{d}}T + \omega_{\mathrm{d}}\cos\omega_{\mathrm{d}}T}{\omega_{\mathrm{d}}}\delta_{\mathrm{st}}e^{\zeta\omega_{\mathrm{n}}T} \\[3mm] D = \dfrac{\zeta\omega_{\mathrm{n}}\cos\omega_{\mathrm{d}}T + \omega_{\mathrm{d}}\sin\omega_{\mathrm{d}}T}{\omega_{\mathrm{d}}}\delta_{\mathrm{st}}e^{\zeta\omega_{\mathrm{n}}T} \end{array} \right\}$$

となる．上式を式 (3.48) に代入して整理すると，

$$x = -\delta_{\mathrm{st}}\left[1 - e^{-\zeta\omega_{\mathrm{n}}(t-T)}\left\{\cos\omega_{\mathrm{d}}(t-T) + \frac{\zeta}{\sqrt{1-\zeta^2}}\sin\omega_{\mathrm{d}}(t-T)\right\}\right]$$
(3.50)

式 (3.47) と式 (3.50) を足すと，

$$x = \delta_{\mathrm{st}}e^{-\zeta\omega_{\mathrm{n}}t}\left[e^{\zeta\omega_{\mathrm{n}}T}\left\{\cos\omega_{\mathrm{d}}(t-T) + \frac{\zeta}{\sqrt{1-\zeta^2}}\sin\omega_{\mathrm{d}}(t-T)\right\}\right.$$

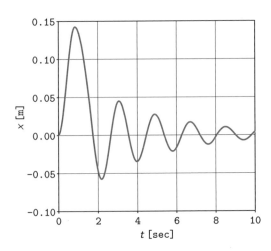

図 3.26 矩形状外力の応答 （$\omega_{\mathrm{n}} = 3.5$, $\zeta = 0.08$, $\delta_{\mathrm{st}} = 0.08$, $T = 1.5$）

$$- \left(\cos \omega_{\mathrm{d}} t + \frac{\zeta}{\sqrt{1 - \zeta^2}} \sin \omega_{\mathrm{d}} t \right) \Big] \tag{3.51}$$

式 (3.47) と式 (3.51) 及び Python ソースコード code_3-11.py を用いて矩形状外力が作用するときの応答を計算すると，図 3.26 となる．

図 3.27 は，code_3-11.py の Python のソースコードの一部を示している．17～20 行目では $0 \le t < T$ のときの応答の計算を行う．18 行目ではその時間として t1 を設定し，20 行目では応答 x1 を計算する．22～27 行目では $t \ge T$ のときの時間を t2 として応答 x2 の計算を行う．29, 30 行目では時間 t1 と t2，応答 x1 と x2 を結合し，全ての時間を tt とし，応答を xx として求める．

```
17  dt=0.05
18  t1 = np.arange(0, t1_e, dt)
19  x1_a=np.exp(-ips*t1)*(np.cos(omd*t1) +jita/sjita*np.sin(omd*t1))
20  x1= xst*(1.0-x1_a)
21
22  t2 = np.arange(t1_e, t2_e, dt)

27  x2=x2_a*(x2_b-x2_c)
28
29  tt=np.append(t1,t2)
30  xx=np.append(x1,x2)
```

図 3.27　code_3-11.py のソースコードの一部

3.6.3　インパルス応答

図 3.28 に示すように，外力が**力積**（impulse）で与えられる場合，力積 I は

$$I = F \Delta t$$

で表される．ここで，静止している物体に何かが衝突したときを想定すると，

$$m(v_2 - v_1) = \int_{t_1}^{t_2} F \, dt = I$$

となる．衝突直前では物体の速度は $v_1 = 0$ より，衝突直後の速度 v_2 は

$$v_2 = \frac{I}{m}$$

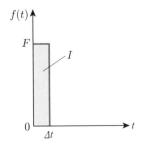

図 3.28　力積 I で与えられる外力

したがって，力積が与えられた場合，振動系は初期条件が $t = 0$ のとき，$x = 0$, $\dot{x} = \frac{I}{m}$ で振動する自由振動となる．その応答は

$$x = e^{-\zeta \omega_n t}(C \cos \omega_d t + D \sin \omega_d t)$$

となり，初期条件を考慮すると，

$$x = \frac{I}{m \omega_d} e^{-\zeta \omega_n t} \sin \omega_d t$$

となる．上式を

$$x = I h(t)$$

と表すと，

$$h(t) = \frac{1}{m \omega_d} e^{-\zeta \omega_n t} \sin \omega_d t \tag{3.52}$$

となる．$h(t)$ は Δt が極めて小さく，力積が $I = 1$ となるときの応答であり，$h(t)$ は**単位インパルス応答**（unit impulse response）と呼ばれる．

3.6.4　任意の形状をした外力の応答

　図 3.29 に示すような任意の形状をした外力が図 3.21 に示す振動系に与えられたときの応答は単位インパルス応答を用いて計算することができる．図 3.29 に示すように時間 τ のときの外力は $f(\tau)$ であり，短い時間 $\Delta\tau$ では，外力は一定であるとすると，その力積は $f(\tau)\Delta\tau$ である．その力積による応答は立ち上がり時間が τ であることから，

$$f(\tau)\,\Delta\tau \times h(t - \tau)$$

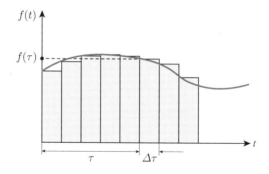

図 3.29 任意の形状をした外力

で表される．$0 \leq \tau \leq t$ である全ての時間での外力を考慮したときの応答は

$$x(t) = \sum_{\tau=0}^{t} h(t - \tau) f(\tau) \, \Delta\tau$$

であり，$\Delta\tau \to 0$ のときには

$$x(t) = \int_{0}^{t} h(t - \tau) f(\tau) \, d\tau \tag{3.53}$$

で表される．式 (3.53) はたたみ込み積分（convolution integral）と呼ばれる．

━ コラム ━

　路線バスが停留所側に傾いて停まっているところを見たことはあるだろうか．バスには空気ばねが取り付けられており，停車時には，その空気を抜いて車体を傾け，乗客が乗りやすいように車高を下げている．空気ばねは空気の圧縮性を利用したばねで，ばね上の重さが変化しても一定の高さに調整でき，絞り装置により適当な減衰が得られることが大きな特徴である．そのため，乗り心地を重視する観光バスや高速バスに装備されることが多い．観光バスや高速バスの乗降口は前方にあるため，停車時には前方に傾いている場合もある．停車しているバスの姿勢は一見の価値ありである．

第 3 章の問題

□ **1**　図に示される粘性減衰系の時刻歴応答に関して，解析解と Python の関数 odeint を用いて得られる数値解とを比較し，両者が一致することを確認しなさい．ここで，計算条件は以下の通りとする．

$$\omega_{\mathrm{n}} = \sqrt{20}\,\mathrm{rad/s}, \quad \omega = 4.47\,\mathrm{rad/s}, \quad \delta_0 = 0.75\,\mathrm{m}, \quad \zeta = 0.03.$$
$$t = 0\,\text{のとき，}\ x = 0.1\,\mathrm{m}, \quad \dot{x} = 0\,\mathrm{m/s}$$

なお，odeint は，SciPy ライブラリに用意されている常微分方程式を解く関数である．

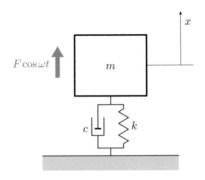

□ **2**　下図 (a) に示されるような減衰のない振動系が (b) に示す外力を受ける場合の応答を求めなさい．

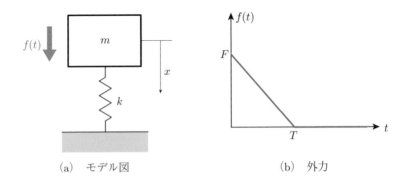

(a)　モデル図　　　　　　　　　　　　(b)　外力

□ **3**　下図（a）に示されるような減衰のない振動系が（b）に示す外力を受ける場合の応答を求めなさい．

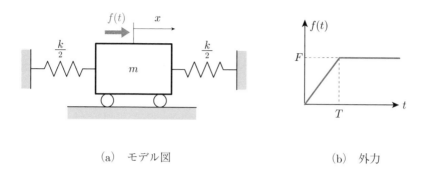

（a）　モデル図　　　　　　　　　　　　（b）　外力

□ **4**　下図（a）に示されるような減衰のある振動系が（b）に示す外力を受ける場合の応答をたたみ込み積分を用いて求めなさい．

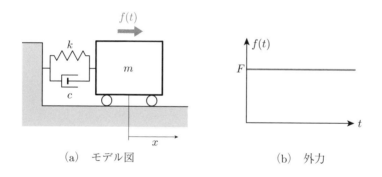

（a）　モデル図　　　　　　　　　　　　（b）　外力

第4章
2自由度系の振動

　2自由度系は前章までに示した1自由度系に自由度が1つ加わっただけだが，1自由度系の振動とは異なり，複数の振動のパターンが生じるなど興味深い現象を見ることができる．本章では2自由度系で発生する代表的な振動現象のいくつかについて焦点を当て，動画を通して振動現象を学ぶ．

本章で学ぶ内容
- 2自由度系の運動方程式の導出
- 固有モード
- バウンシング，ピッチング
- 反共振
- 動吸振器，チューンドマスダンパ

4.1　自 由 振 動

4.1.1　固有振動数と固有モード
　図4.1に示す2自由度を持つ振動系の運動方程式は以下のようになる．

$$\left.\begin{array}{l} m_1\ddot{x}_1 = -k_1 x_1 - k_2(x_1 - x_2) \\ m_2\ddot{x}_2 = k_2(x_1 - x_2) \end{array}\right\}$$

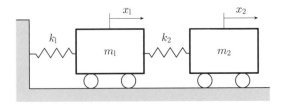

図 4.1　2自由度系のモデル図

右辺の項全てを左辺に移項し，整理すると，

$$\left.\begin{array}{r} m_1\ddot{x}_1 + (k_1 + k_2)x_1 - k_2x_2 = 0 \\ m_2\ddot{x}_2 - k_2x_1 + k_2x_2 = 0 \end{array}\right\} \tag{4.1}$$

m_1 に関する第 1 式には $-k_2x_2$ が含まれ，m_2 に関する第 2 式には $-k_2x_1$ が含まれている．したがって，式 (4.1) はそれぞれ，独立に解くことはできず，連立して解く必要がある．ここで，$-k_2x_2$，$-k_2x_1$ を**連成項**（coupling term）と呼ぶ．

式 (4.1) の解を次のようにおく．

$$\left.\begin{array}{r} x_1 = X_1 \cos \omega t \\ x_2 = X_2 \cos \omega t \end{array}\right\}$$

上式を式 (4.1) に代入すると，

$$\left.\begin{array}{r} (k_1 + k_2 - m_1\omega^2)X_1 - k_2X_2 = 0 \\ -k_2X_1 + (k_2 - m_2\omega^2)X_2 = 0 \end{array}\right\} \tag{4.2}$$

上式を行列の形で表すと，

$$[A]\{X\} = \{0\} \tag{4.3}$$

ここで，

$$[A] = \begin{bmatrix} k_1 + k_2 - m_1\omega^2 & -k_2 \\ -k_2 & k_2 - m_2\omega^2 \end{bmatrix}, \quad \{X\} = \{X_1, X_2\}^T$$

また，添え字 T は転置行列を示す．

$[A]$ が正則行列（逆行列を持つ正方行列）として，式 (4.3) の両辺に左から $[A]$ の逆行列をかけると，

$$[A]^{-1}[A]\{X\} = [A]^{-1}\{0\}$$
$$\{X\} = \{0\}$$

となる．したがって，$X_1, X_2 = 0$ 以外の解が存在するためには，$[A]$ は逆行列を持たないことが必要になる．すなわち，

$$\begin{vmatrix} k_1 + k_2 - m_1\omega^2 & -k_2 \\ -k_2 & k_2 - m_2\omega^2 \end{vmatrix} = 0$$

上式より，

$$m_1 m_2 \omega^4 - \{m_2(k_1 + k_2) + m_1 k_2\}\omega^2 + k_1 k_2 = 0 \tag{4.4}$$

上式は**振動数方程式**（frequency equation）もしくは**特性方程式**（characteristic equation）と呼ばれる．ω^2 について解くと，

$$\begin{Bmatrix} \omega_1^2 \\ \omega_2^2 \end{Bmatrix} = \frac{1}{2}\left\{ \left(\frac{k_1 + k_2}{m_1} + \frac{k_2}{m_2}\right) \mp \sqrt{\left(\frac{k_1 + k_2}{m_1} + \frac{k_2}{m_2}\right)^2 - \frac{4k_1 k_2}{m_1 m_2}} \right\}$$

したがって，2 自由度系では，固有振動数が 2 つとなり，小さい順に，**1 次固有振動数**（first natural frequency），**2 次固有振動数**（second natural frequency）と呼ばれる．一般の自由振動解は

$$\left. \begin{array}{l} x_1 = X_1^{(1)} \cos(\omega_1 t + \phi_1) + X_1^{(2)} \cos(\omega_2 t + \phi_2) \\ x_2 = X_2^{(1)} \cos(\omega_1 t + \phi_1) + X_2^{(2)} \cos(\omega_2 t + \phi_2) \end{array} \right\}$$

ここで，$X_i^{(j)}$, ϕ_i $(i, j = 1, 2)$ はいずれも定数であり，$X_i^{(j)}$ は j 次の質点 i の振幅である．

式 (4.2) より，$\omega^2 = \omega_1^2$ 及び，$\omega^2 = \omega_2^2$ に関して，次式が成り立つ．

$$\begin{aligned} \frac{X_2^{(1)}}{X_1^{(1)}} &= \frac{k_1 + k_2 - m_1 \omega_1^2}{k_2} = \frac{k_2}{k_2 - m_2 \omega_1^2} = \lambda_1 \\ \frac{X_2^{(2)}}{X_1^{(2)}} &= \frac{k_1 + k_2 - m_1 \omega_2^2}{k_2} = \frac{k_2}{k_2 - m_2 \omega_2^2} = \lambda_2 \end{aligned} \tag{4.5}$$

したがって，X_1 と X_2 の比は質量，ばね定数，固有振動数によって決まる．また，λ_1 と λ_2 を用いて，X_1 と X_2 をベクトルで示すと，

$$\begin{Bmatrix} X_1^{(1)} \\ X_2^{(1)} \end{Bmatrix} = \begin{Bmatrix} 1 \\ \lambda_1 \end{Bmatrix}, \quad \begin{Bmatrix} X_1^{(2)} \\ X_2^{(2)} \end{Bmatrix} = \begin{Bmatrix} 1 \\ \lambda_2 \end{Bmatrix} \tag{4.6}$$

上式を**固有モード**（natural mode）と呼ぶ．特に，1 次固有振動数のときのベクトルを **1 次固有モード**（first mode），2 次固有振動数のときのベクトルを **2 次固有モード**（second mode）と呼ぶ．固有モードは比率を表すものであるため，$X_2^{(1)}$ や $X_2^{(2)}$ が 1 であってもよい．

4.1.2 固有値問題

$\{x\} = \{x_1, x_2\}^T$ として，式 (4.1) を行列の形で表すと，

$$[M]\{\ddot{x}\} + [K]\{x\} = \{0\}$$

ここで，$[M], [K]$ はそれぞれ，**質量行列**（mass matrix）及び**剛性行列**（stiffness matrix）と呼ばれ，次のように表される．

$$[M] = \begin{bmatrix} m_1 & 0 \\ 0 & m_2 \end{bmatrix}, \quad [K] = \begin{bmatrix} k_1 + k_2 & -k_2 \\ -k_2 & k_2 \end{bmatrix}$$

$\{x\} = \{X\}e^{j\omega t}$ とおくと，上述した行列形式の運動方程式は

$$\left(-\omega^2[M] + [K]\right)\{x\} = \{0\}$$

$$[K]\{X\} = \lambda[M]\{X\}$$

ここで，$\lambda = \omega^2$ である．上式を満たす λ と $\{X\}$ を求める問題は MK 型の固有値問題と呼ばれる．次に，$[M]^{-1}$ を左からかけると，

$$[A]\{X\} = \lambda\{X\}$$

となり，1.2.5 項で示した式 (1.3) と同じ式になる．ここで，$[A] = [M]^{-1}[K]$ である．1.2.5 項では $\{X\}$ を固有ベクトルとしたが，上記の通り，振動工学では固有モードと呼ばれることが多い．2 自由度系の振動の固有値計算については，4.1.1 項で示したように，式を誘導して算出する方法に加えて，1.2.5 項に示したように Python の関数を利用して解く方法などがある．

━ 例題 4.1 ━━━━━━━━━━━━━━━━━━━━━━━━━━━━━━

　図 4.1 で示した 2 自由度系の自由振動について，固有振動数，固有モードを求めなさい．ここで，$m_2 = m = 25$ kg, $m_1 = 2m$, $k_2 = k_1 = k = 30$ kN/m とする．

【**解**】　まず，4.1.1 項で示した式に各値を代入して固有振動数を求める．振動数方程式である式 (4.4) は

$$2m^2\omega^4 - 4mk\omega^2 + k^2 = 0$$

上式を ω^2 について解くと

$$\omega^2 = \frac{2 \mp \sqrt{2}}{2} \frac{k}{m} \tag{A}$$

質量行列及び剛性行列は

$$[M] = \begin{bmatrix} 2m & 0 \\ 0 & m \end{bmatrix}, \quad [K] = \begin{bmatrix} 2k & -k \\ -k & k \end{bmatrix}$$

式 (4.4) より,

$$\frac{X_2^{(1)}}{X_1^{(1)}} = \frac{2k - 2m\omega_1^2}{k} = \sqrt{2} = \lambda_1$$

$$\frac{X_2^{(2)}}{X_1^{(2)}} = \frac{2k - 2m\omega_2^2}{k} = -\sqrt{2} = \lambda_2$$

(B)

　次に, Python により, 同じ計算を行ってみよう. 図 4.2 は固有振動数を求めた結果であり, 式 (A) に $m = 25$ kg, $k = 30$ kN/m を代入すると, 図 4.2 の Frequency として示されている値と同じになる. また, 図 4.2 の mode として示される値は式 (4.5) で求められる 1, 2 次の固有モードを合成した 2×2 の正方行列である. こちらについても, 式 (B) で求めた値と同じであることがわかる. その結果を図示すると, 図 4.3 となる.

```
Frequency[rad/s] = [18.74758285 45.26066877]
mode =
[[ 1.        1.       ]
 [ 1.41421356 -1.41421356]]
```

図 4.2　code_4-1.py を用いて計算した結果

　図 4.2 及び図 4.3 を求めるための Python のソースコードを図 4.4 に示す. 7 行目は図 4.3 を描くための関数であり, 20, 21 行目は質量行列及び剛性行列を変数 M, K に入力することを示している. 24 行目では Numpy ライブラリの linalg.eig 関数を用いて, 固有値 w と固有ベクトル vr を求める. 25 行目では Numpy ライブラリの sort 関数を用いて, 固有振動数を昇順に並べ, 変数 omegna に入力する. 次に, 27, 28 行目では, 式 (4.6) と同じように, $X_1^{(1)} = X_1^{(2)} = 1$ とする. 最後に, 29 行目で, 1, 2 次の固有モードを合成し, 変数 mode に入力する. 以上の手順で固有振動数と固有モードが求められる.

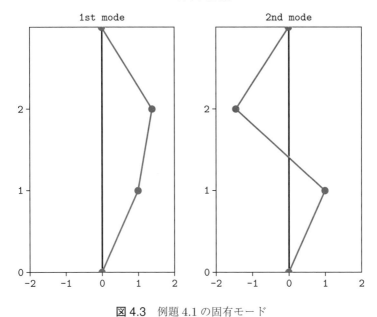

図 4.3　例題 4.1 の固有モード

```
 7  def m_plot(ii, nam):

20  M = np.array([[2*m, 0], [0, m]])
21  K = np.array([[2*k, -k], [-k, k]])
22  M1=np.linalg.inv(M)
23  A=np.dot(M1, K)
24  w, vr = np.linalg.eig(A)
25  omegna = np.sort(np.sqrt(w))
26  index = np.argsort(np.sqrt(w))
27  b1=vr[1,index[0]]/vr[0, index[0]]
28  b2=vr[1,index[1]]/vr[0, index[1]]
29  mode = np.array([[1,1],[b1,b2]])
```

図 4.4　code_4-1.py のソースコードの一部

4.1.3 SymPyによる固有モードの計算

SymPyは代数計算を行うPythonのライブラリである．これを用いると，例題4.1で行った計算とは異なり，文字をそのまま用いて計算を行うことができる．例題を通して，その使い方を試してみよう．

例題4.2

図4.5で示すように，2つの質点mと$2m$が4つのばねkによってつながれた振動系を考える．振動系の固有振動数と固有モードを求めなさい．

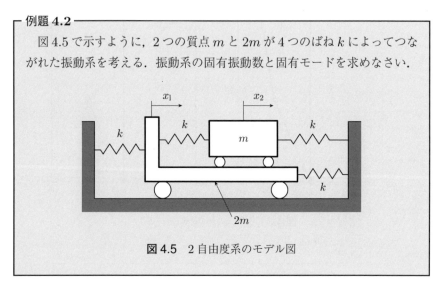

図4.5 2自由度系のモデル図

【解】 運動方程式は

$$2m\ddot{x}_1 = -kx_1 - k(x_1 - x_2) - kx_1 \\ m\ddot{x}_2 = k(x_1 - x_2) - kx_2 \Biggr\}$$

整理すると，次のようになる．

$$2m\ddot{x}_1 + 3kx_1 - kx_2 = 0 \\ m\ddot{x}_2 - kx_1 + 2kx_2 = 0 \Biggr\}$$

それぞれの質点の振幅をX_1, X_2とおき，運動方程式の解を次のようにおく．

$$x_1 = X_1 \cos\omega t \\ x_2 = X_2 \cos\omega t \Biggr\}$$

上式を運動方程式に代入すると，

$$(3k - 2m\omega^2)X_1 - kX_2 = 0 \\ -kX_1 + (2k - m\omega^2)X_2 = 0 \Biggr\} \tag{A}$$

行列を用いて表すと，

$$\begin{bmatrix} 3k - 2m\omega^2 & -k \\ -k & 2k - m\omega^2 \end{bmatrix} \begin{Bmatrix} X_1 \\ X_2 \end{Bmatrix} = \begin{Bmatrix} 0 \\ 0 \end{Bmatrix}$$

X_1, $X_2 = 0$ 以外の解が存在するためには，

$$\begin{vmatrix} 3k - 2m\omega^2 & -k \\ -k & 2k - m\omega^2 \end{vmatrix} = 0$$

上式を解くと，

$$2m^2\omega^4 - 7mk\omega^2 + 5k^2 = 0$$

$$\omega = \sqrt{\frac{k}{m}}, \ \frac{1}{2}\sqrt{\frac{10k}{m}}$$

次に，固有モードは次のようにして求めることができる．式 (A) を用いると，

$$(3k - 2m\omega^2)X_1 = kX_2$$

$$\frac{X_1}{X_2} = \frac{k}{3k - 2m\omega^2}$$

上式に固有振動数を代入し，各固有モードを求めると，1 次の固有モードは，$\omega_1 = \sqrt{\frac{k}{m}}$ より，

$$\frac{X_1}{X_2} = 1 \quad \rightarrow \quad \begin{Bmatrix} X_1 \\ X_2 \end{Bmatrix} = \begin{Bmatrix} 1 \\ 1 \end{Bmatrix}$$

2 次の固有モードは，$\omega_2 = \frac{1}{2}\sqrt{\frac{10k}{m}}$ より，

$$\frac{X_1}{X_2} = -2 \quad \rightarrow \quad \begin{Bmatrix} X_1 \\ X_2 \end{Bmatrix} = \begin{Bmatrix} -\frac{1}{2} \\ 1 \end{Bmatrix}$$

以上のようにして，固有振動数と固有モードが求められる． □

　次に，Python のソースコード code_4-2.py により，同じ計算を行うと，図4.6 が得られる．ここで，sqrt(k/m), sqrt(10)*sqrt(k/m)/2 はそれぞれ，ω_1, ω_2 である．また，sqrt に続く，[Matrix···] の値は 1 次及び 2 次の固有モードである．もちろん，sympy による代数計算でも，式を誘導した結果と同じ値が得られる．

```
sqrt(k/m)
[Matrix([
[1],
[1]])]

sqrt(10)*sqrt(k/m)/2
[Matrix([
[-1/2],
[   1]])]]
```

図 4.6　code_4-2.py を用いて計算した結果

4.1.4　動画による確認──車体系の振動

　これまでに示したように，固有モードは自由振動に関する運動方程式から求められるが，通常，実験では，固有モードの様子は自由振動より，強制振動の際に容易に現れることが多い．そこで，本節では，図 4.7 に示すような車体系を模擬した実験装置を用いて，固有モードを考える．図 4.7 において，偏心質量を有する円板はモータによって一定な角速度で回転する．それらは 1 つの台

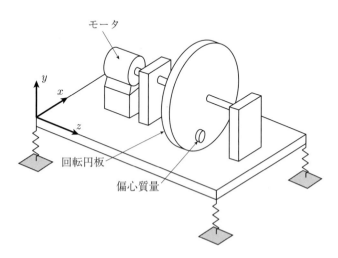

図 4.7　車体系の振動を示す装置図

（以下，車台と称する）に固定され，その車台は4つのばねで支持されている．
円板の角速度を増やすとき，x軸の負の方向から見ると，車台はどのような運
動をするかを予想してみよう．

その答えはQRコード4.1をスマートフォンなどで読み取ると，動画で見る
ことができる．

動画 4.1

　偏心質量を有する円板が回転すると遠心力が発生し，車台には振動が発
生する．円板の角速度が増していくと，まず，車台は上下に揺れ始める．
さらに，円板の角速度が増すと，車台がx軸まわりに回転する振動へと変
化する．すなわち，2種類の振動のパターンである固有モードが生じてい
ることがわかる．

QRコード4.1　車体の振動系

(https://youtu.be/0n__gxOzr5U)

以下ではその様子を理論的に考えてみよう．

図4.8は図4.7の装置のモデル図である．ここではモータや回転円板を省略
し，車台のみとし，車台の重心位置Gの上下方向の変位x並びに重心位置ま
わりの回転角θの運動を考える．

振動系の運動方程式は次式となる．

$$\left.\begin{array}{l} m\ddot{x} = -k_1(x - l_1\theta) - k_2(x + l_2\theta) \\ J\ddot{\theta} = k_1(x - l_1\theta)l_1 - k_2(x + l_2\theta)l_2 \end{array}\right\}$$

整理すると，次のようになる．

$$\left.\begin{array}{l} m\ddot{x} + k_x x - k_{x\theta}\theta = 0 \\ J\ddot{\theta} - k_{x\theta}x + k_\theta\theta = 0 \end{array}\right\} \tag{4.7}$$

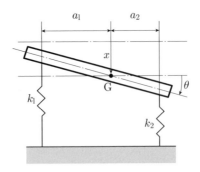

図 4.8 車体の振動系

ここで,

$$k_x = k_1 + k_2, \quad k_{x\theta} = k_1 l_1 - k_2 l_2, \quad k_\theta = k_1 l_1^2 + k_2 l_2^2$$

$k_{x\theta} = 0$ としたとき,連成項はなくなるため,式 (4.7) は独立して解くことができる.そのときの各固有振動数は

$$\omega_x = \sqrt{\frac{k_x}{m}}, \quad \omega_\theta = \sqrt{\frac{k_\theta}{J}} \tag{4.8}$$

式 (4.7) の解を次のようにおく.

$$\left.\begin{array}{l} x = X \cos \omega t \\ \theta = \Theta \cos \omega t \end{array}\right\}$$

上式を式 (4.7) に代入すると,

$$\left.\begin{array}{l} (k_x - m\omega^2)X - k_{x\theta}\Theta = 0 \\ -k_{x\theta}X + (k_\theta - J\omega^2)\Theta = 0 \end{array}\right\} \tag{4.9}$$

上式を行列の形で表すと,

$$\begin{bmatrix} k_x - m\omega^2 & -k_{x\theta} \\ -k_{x\theta} & k_\theta - J\omega^2 \end{bmatrix} \begin{Bmatrix} X \\ \Theta \end{Bmatrix} = \begin{Bmatrix} 0 \\ 0 \end{Bmatrix}$$

ここで,$X, \Theta = 0$ 以外の解が存在するためには,次式が成立しなければならない.

$$\begin{vmatrix} k_x - m\omega^2 & -k_{x\theta} \\ -k_{x\theta} & k_\theta - J\omega^2 \end{vmatrix} = 0$$

上式より,

$$mJ\omega^4 - (mk_\theta + Jk_x)\omega^2 + k_x k_\theta - k_{x\theta}^2 = 0$$

式 (4.8) で示した ω_x, ω_θ を用いると,

$$\omega^4 - (\omega_x^2 + \omega_\theta^2)\omega^2 + \omega_x^2 \omega_\theta^2 - \frac{k_{x\theta}^2}{mJ} = 0$$

ω^2 について解くと,

$$\begin{Bmatrix} \omega_1^2 \\ \omega_2^2 \end{Bmatrix} = \frac{1}{2} \left\{ (\omega_x^2 + \omega_\theta^2) \mp \sqrt{(\omega_x - \omega_\theta)^2 - \frac{4k_{x\theta}^2}{mJ}} \right\}$$

式 (4.9) より, $\omega^2 = \omega_1^2$ 及び, $\omega^2 = \omega_2^2$ に関して, 次式が成り立つ.

$$\frac{X^{(1)}}{\Theta^{(1)}} = \frac{k_\theta - J\omega_1^2}{k_{x\theta}} = \frac{k_{x\theta}}{k_x - m\omega_1^2} = \lambda_1$$

$$\frac{X^{(2)}}{\Theta^{(2)}} = \frac{k_\theta - J\omega_2^2}{k_{x\theta}} = \frac{k_{x\theta}}{k_x - m\omega_2^2} = \lambda_2$$

したがって, 固有モードを示すと,

$$\begin{Bmatrix} X^{(1)} \\ \Theta^{(1)} \end{Bmatrix} = \begin{Bmatrix} \lambda_1 \\ 1 \end{Bmatrix}, \quad \begin{Bmatrix} X^{(2)} \\ \Theta^{(2)} \end{Bmatrix} = \begin{Bmatrix} \lambda_2 \\ 1 \end{Bmatrix}$$

ここで, 車体の質量 $m = 1000\,\text{kg}$, 車体の重心 G まわりの慣性モーメント $J = 800\,\text{kg m}^2$, ばね定数 $k_1 = 18\,\text{kN/m}$, $k_2 = 18\,\text{kN/m}$, $l_1 = 1\,\text{m}$, $l_2 = 0.9\,\text{m}$ として, この系の固有振動数と固有モードを求めてみよう. Python のソースコード code_4-3.py を用いて解いた結果が図 4.9, 図 4.10 である. 図 4.10 において, 縦軸の 1, 2 はそれぞれ, Θ, X の固有モードの値を示している.

```
Frequency[Hz] = [0.9450514  1.02486331]


mode =
[[ 2.42931142 -0.32931142]
 [ 1.        1.       ]]
```

図 4.9 code_4-3.py を用いて計算した結果

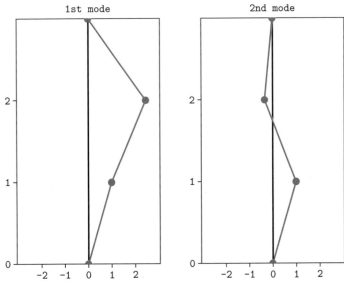

図 4.10　車体系の固有モード 1

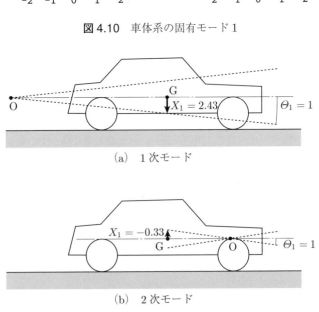

図 4.11　車体系の固有モード 2

図4.11は車体の位置関係から固有モードを示した図である。1次モードでは重心位置Gに対して後方に振幅がゼロとなる**節**（node）があり、2次モードでは前方に節がある。1次モードでは節が重心位置から離れており、車体が上下に振動しているように見える。これは、**バウンシング**（bounce motion）と呼ばれる。一方、2次モードでは1次モードに比べて、節が重心位置に近いため、主に回転しているようにみえる。これは、**ピッチング**（pitching motion）と呼ばれる。

4.2 強 制 振 動

4.2.1 不減衰の振動

製作した図4.12に示す装置を用いて、2自由度系の強制振動の様子について考えよう。3つのばねにつながっているアクリル製の直方体からなる2つの物体はリニアガイドの上にあり、一方向のみに運動する。モータに最も近いばねの一端は加振位置につながっており、その加振位置はモータ及びスライダクランク機構により、正弦波状に加振される。モータの回転速度を増やしたとき、2つの物体がどのような運動をするかを考えよう。

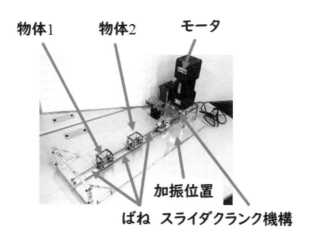

図4.12 2自由度系の強制振動の実験装置

┌ **動画 4.2** ─────────────────────────────

QR コード 4.2 を読み取ると，2 つの物体が振動する様子を見ることができる．モータの回転数を増やしていくと，まず，2 つの物体は同じ方向に振動し，2 つの物体は激しく振動する．さらに，モータの回転数を増やすと，物体 1 は振動するが，物体 2 は止まりそうになる．さらに，モータの回転数を増やすと，2 つの物体は逆の方向に振動し始める．さらに回転数を上げると振動が激しくなる．

QR コード 4.2　2 自由度系の強制振動

(https://youtu.be/OXaUFKou0KY)

─────────────────────────────────────

次に，その運動を理論的に確認しよう．

図 4.13 は図 4.12 に示した実験装置のモデル図である．支持部 A が $a\cos\omega t$ で左右に振動するとき，2 つの物体 m_1, m_2 の運動方程式は次式となる．

$$\left.\begin{array}{l} m_1\ddot{x}_1 = -k_1 x_1 - k_2(x_1 - x_2) \\ m_2\ddot{x}_2 = -k_3(x_2 - a\cos\omega t) + k_2(x_1 - x_2) \end{array}\right\}$$

整理すると，

$$\left.\begin{array}{l} m_1\ddot{x}_1 + (k_1 + k_2)x_1 - k_2 x_2 = 0 \\ m_2\ddot{x}_2 - k_2 x_1 + (k_2 + k_3)x_2 = k_3 a\cos\omega t \end{array}\right\} \tag{4.10}$$

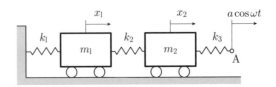

図 4.13　図 4.12 に示す実験装置のモデル図

上式の解を次のようにおく.

$$x_i = X_i \cos \omega t \quad (i = 1, 2)$$

上式を式 (4.10) に代入すると,

$$\left.\begin{array}{r} (k_1 + k_2 - m_1\omega^2)X_1 - k_2 X_2 = 0 \\ -k_2 X_1 + (k_2 + k_3 - m_2\omega^2)X_2 = k_3 a \end{array}\right\} \tag{4.11}$$

式 (4.11) は多くのパラメータから成り立っていることから, 扱いを容易にするために, 次式に示す無次元変数を用いる.

$$\alpha = \frac{m_2}{m_1}, \quad \beta = \frac{k_3}{k_2}, \quad \nu = \frac{\omega_{n2}}{\omega_{n1}}, \quad \omega_{n1} = \sqrt{\frac{k_1}{m_1}}, \quad \omega_{n2} = \sqrt{\frac{k_2}{m_2}}$$

$$U_1 = \frac{X_1}{a}, \quad U_2 = \frac{X_2}{a}, \quad \lambda = \frac{\omega}{\omega_{n1}}$$

無次元変数を用いて, 式 (4.11) を表すと,

$$\left.\begin{array}{r} (1 + \alpha\nu^2 - \lambda^2)U_1 - \alpha\nu^2 U_2 = 0 \\ -\nu^2 U_1 + (\nu^2 + \beta\nu^2 - \lambda^2)U_2 = \beta\nu^2 \end{array}\right\} \tag{4.12}$$

行列の形で表すと,

$$\begin{bmatrix} 1 + \alpha\nu^2 - \lambda^2 & -\alpha\nu^2 \\ -\nu^2 & \nu^2 + \beta\nu^2 - \lambda^2 \end{bmatrix} \begin{Bmatrix} U_1 \\ U_2 \end{Bmatrix} = \begin{Bmatrix} 0 \\ \beta\nu^2 \end{Bmatrix}$$

上式を解くと,

$$\left.\begin{array}{l} U_1 = \dfrac{\alpha\beta\nu^4}{\Delta(\lambda)} \\[3mm] U_2 = \dfrac{(1 + \alpha\nu^2 - \lambda^2)\beta\nu^2}{\Delta(\lambda)} \end{array}\right\} \tag{4.13}$$

ここで,

$$\Delta(\lambda) = (1 + \alpha\nu^2 - \lambda^2)(\nu^2 + \beta\nu^2 - \lambda^2) - \alpha\nu^4 \tag{4.14}$$

また, 式 (4.12) の右辺をゼロとすると,

$$\frac{U_2}{U_1} = \frac{1 + \alpha\nu^2 - \lambda^2}{\alpha\nu^2} = \frac{\nu^2}{\nu^2 + \beta\nu^2 - \lambda^2} \tag{4.15}$$

が得られる. 式 (4.14) をゼロとしたときに得られる 2 つの λ を λ_1, λ_2 とし,

それらを上式に代入すると，各固有モードが得られる．

　今，$\alpha = 1$，$\beta = 1$，$\nu = 1$ とすると，λ_1，λ_2 は

$$\Delta(\lambda) = (1 + \alpha\nu^2 - \lambda^2)(\nu^2 + \beta\nu^2 - \lambda^2) - \alpha\nu^4 = 0$$
$$(\lambda^2 - 1)(\lambda^2 - 3) = 0$$
$$\lambda > 0 \text{ より，} \lambda_1, \lambda_2 = 1, \sqrt{3}$$

が得られる．固有モードは，Python のソースコード code_4-4-0.py を用いて，図 4.14 のように得られる．QR コード 4.2 で得られる動画にも示されるように，1 次の固有振動数付近では 2 つの物体が同じ方向に振動し，2 次の固有振動数付近では 2 つの物体が逆の方向に振動する．その様子は，図 4.14 と同じである．次に，Python のソースコード code_4-4-1.py を実行すると，振幅応答曲線である図 4.15 が得られる．λ の増大によって各物体の振幅が変化する様子は動画と同様である．図 4.16 は，code_4-4-1.py の Python のソースコードの一部を示している．11 行目はグラフを作成するための関数であり，ii = 1, 2 のときは，それぞれ，図 4.15 (a) 及び図 4.15 (b) を描く．14, 15 行目は，そ

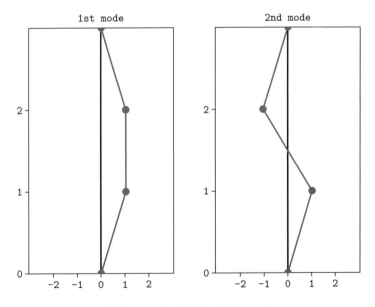

図 4.14　2 自由度系の固有モード

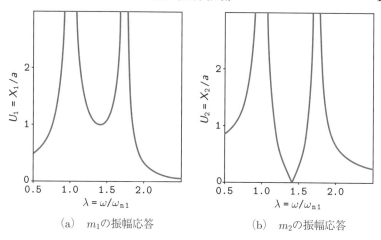

(a) m_1 の振幅応答　　　　　(b) m_2 の振幅応答

図 4.15　2 自由度強制振動系の振幅応答曲線 $(\alpha = 1,\ \beta = 1,\ \nu = 1)$

```
11  def m_plot(ii):

14  y_l=rf"$U_{ii}$"+rf"=$X_{ii}$"+"/$a$"
15  x_l="$\lambda$"+"=$\omega$"+"/$\omega$$_{n1}$"

30  del_l=(lam**2-1-alfa*nyu**2)*(lam**2-nyu**2-beta*nyu**2)-alfa*nyu
    **4
31  YY[0,i]=(alfa*nyu**4*beta)/del_l
32  YY[1,i]=(1+alfa*nyu**2-lam**2)*nyu**2*beta/del_l
```

図 4.16　code_4-4-1.py のソースコードの一部

れぞれ，縦軸及び横軸のラベル名を示している．これらのように定義すると，下付文字やギリシャ文字の使用が可能となる．

4.2.2　減衰のある振動

　次に，図 4.17 に示す減衰のある 2 自由度系の強制振動について考える．2 つの物体 $m_1,\ m_2$ の運動方程式は次式となる．

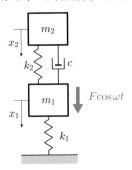

図 4.17　減衰のある 2 自由度系の強制振動

$$
\left.
\begin{aligned}
m_1\ddot{x}_1 &= F\cos\omega t - c(\dot{x}_1 - \dot{x}_2) - k_1 x_1 - k_2(x_1 - x_2) \\
m_2\ddot{x}_2 &= -c(\dot{x}_2 - \dot{x}_1) - k_2(x_2 - x_1)
\end{aligned}
\right\}
$$

整理すると，

$$
\left.
\begin{aligned}
m_1\ddot{x}_1 + c\dot{x}_1 - c\dot{x}_2 + (k_1 + k_2)x_1 - k_2 x_2 &= F\cos\omega t \\
m_2\ddot{x}_2 - c\dot{x}_1 + c\dot{x}_2 - k_2 x_1 + k_2 x_2 &= 0
\end{aligned}
\right\}
$$

上式の $F\cos\omega t$ を $Fe^{j\omega t}$ とおき，$\boldsymbol{x}_1,\ \boldsymbol{x}_2$ を複素数とすると，

$$
\left.
\begin{aligned}
m_1\ddot{\boldsymbol{x}}_1 + c\dot{\boldsymbol{x}}_1 - c\dot{\boldsymbol{x}}_2 + (k_1 + k_2)\boldsymbol{x}_1 - k_2\boldsymbol{x}_2 &= Fe^{j\omega t} \\
m_2\ddot{\boldsymbol{x}}_2 - c\dot{\boldsymbol{x}}_1 + c\dot{\boldsymbol{x}}_2 - k_2\boldsymbol{x}_1 + k_2\boldsymbol{x}_2 &= 0
\end{aligned}
\right\}
\tag{4.16}
$$

と書き直し，式 (4.16) の解を $\boldsymbol{x}_i = \boldsymbol{X}_i e^{j\omega t}$ とおくと $(i = 1, 2)$，

$$
\left.
\begin{aligned}
(k_1 + k_2 - m_1\omega^2 + jc\omega)\boldsymbol{X}_1 - (k_2 + jc\omega)\boldsymbol{X}_2 &= F \\
-(k_2 + jc\omega)\boldsymbol{X}_1 + (k_2 - m_2\omega^2 + jc\omega)\boldsymbol{X}_2 &= 0
\end{aligned}
\right\}
\tag{4.17}
$$

扱いを容易にするために，次式に示す無次元変数を用いる．

$$
\alpha = \frac{m_2}{m_1}, \quad \nu = \frac{\omega_{\mathrm{n}2}}{\omega_{\mathrm{n}1}}, \quad \omega_{\mathrm{n}1} = \sqrt{\frac{k_1}{m_1}}, \quad \omega_{\mathrm{n}2} = \sqrt{\frac{k_2}{m_2}}
$$

$$
\delta_0 = \frac{F}{k_1}, \quad \zeta = \frac{c}{2m_2\omega_{\mathrm{n}1}}
$$

$$
\boldsymbol{U}_1 = \frac{\boldsymbol{X}_1}{\delta_0}, \quad \boldsymbol{U}_2 = \frac{\boldsymbol{X}_2}{\delta_0}, \quad \lambda = \frac{\omega}{\omega_{\mathrm{n}1}}
$$

無次元変数を用いると，式 (4.17) は，

$$(1 + \alpha\nu^2 - \lambda^2 + 2j\zeta\alpha\lambda)\boldsymbol{U}_1 - (\alpha\nu^2 + 2j\zeta\alpha\lambda)\boldsymbol{U}_2 = 1 \left.\vphantom{\begin{matrix}1\\1\end{matrix}}\right\}$$
$$-(\nu^2 + 2j\zeta\lambda)\boldsymbol{U}_1 + (\nu^2 - \lambda^2 + 2j\zeta\lambda)\boldsymbol{U}_2 = 0$$

となる．行列の形で表すと，

$$\begin{bmatrix} 1 + \alpha\nu^2 - \lambda^2 + 2j\zeta\alpha\lambda & -(\alpha\nu^2 + 2j\zeta\alpha\lambda) \\ -(\nu^2 + 2j\zeta\lambda) & \nu^2 - \lambda^2 + 2j\zeta\lambda \end{bmatrix} \begin{Bmatrix} \boldsymbol{U}_1 \\ \boldsymbol{U}_2 \end{Bmatrix} = \begin{Bmatrix} 1 \\ 0 \end{Bmatrix}$$

したがって，

$$\begin{Bmatrix} \boldsymbol{U}_1 \\ \boldsymbol{U}_2 \end{Bmatrix} =$$
$$\frac{1}{\Delta(\lambda)} \begin{bmatrix} \nu^2 - \lambda^2 + 2j\zeta\lambda & \alpha\nu^2 + 2j\zeta\alpha\lambda \\ \nu^2 + 2j\zeta\lambda & 1 + \alpha\nu^2 - \lambda^2 + 2j\zeta\alpha\lambda \end{bmatrix} \begin{Bmatrix} 1 \\ 0 \end{Bmatrix} \quad (4.18)$$

ここで，

$$\Delta(\lambda) = (1 - \lambda^2)(\nu^2 - \lambda^2) - \alpha\nu^2\lambda^2 + 2\zeta\lambda j\{1 - (1 + \alpha)\lambda^2\} \quad (4.19)$$

したがって，式 (4.18) の第 1 式は

$$\boldsymbol{U}_1 = \frac{\boldsymbol{X}_1}{\delta_0} = \frac{\nu^2 - \lambda^2 + 2\zeta\lambda j}{(1 - \lambda^2)(\nu^2 - \lambda^2) - \alpha\nu^2\lambda^2 + 2\zeta\lambda j\{1 - (1 + \alpha)\lambda^2\}}$$

$X_1 = |\boldsymbol{X}_1|$ とすると，

$$\frac{X_1}{\delta_0} = \frac{\sqrt{(\nu^2 - \lambda^2)^2 + (2\zeta\lambda)^2}}{\sqrt{\{(1 - \lambda^2)(\nu^2 - \lambda^2) - \alpha\nu^2\lambda^2\}^2 + (2\zeta\lambda)^2\{1 - (1 + \alpha)\lambda^2\}^2}}$$
$$(4.20)$$

同様にして，式 (4.18) の第 2 式は

$$\boldsymbol{U}_2 = \frac{\boldsymbol{X}_2}{\delta_0} = \frac{\nu^2 + 2\zeta\lambda j}{(1 - \lambda^2)(\nu^2 - \lambda^2) - \alpha\nu^2\lambda^2 + 2\zeta\lambda j\{1 - (1 + \alpha)\lambda^2\}}$$

$X_2 = |\boldsymbol{X}_2|$ とすると，

$$\frac{X_2}{\delta_0} = \frac{\sqrt{\nu^4 + (2\zeta\lambda)^2}}{\sqrt{\{(1 - \lambda^2)(\nu^2 - \lambda^2) - \alpha\nu^2\lambda^2\}^2 + (2\zeta\lambda)^2\{1 - (1 + \alpha)\lambda^2\}^2}}$$
$$(4.21)$$

Python のソースコード `code_4-5.py` により，式 (4.20)，式 (4.21) を用いて振幅応答曲線を描いた結果が図 4.18 である．減衰比 $\zeta = 0$ の場合，$\lambda = 1$ のと

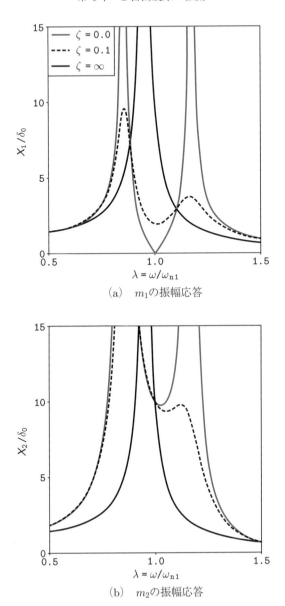

(a)　m_1の振幅応答

(b)　m_2の振幅応答

図4.18　2自由度強制振動系の振幅応答曲線　$(\alpha = 0.1,\ \nu = 1)$

き，すなわち，$\omega = \omega_{n1}$ のときには物体 m_1 の振幅はゼロになる．これは**反共振**（antiresonance）と呼ばれる．一方，$\zeta = 0.1$ の振幅の変化からもわかるように，適当な減衰比 ζ を与えると，物体 m_1 の振幅はゼロになることはないが，無限大にはならなくなることがわかる．図 4.19 は，`code_4-5.py` の Python のソースコードの一部を示している．33 行目は 2 つの物体 m_1, m_2 の振幅を求める関数であり，41, 50 行目のように記述することで 2 つの振幅値を戻り値として計算することができる．

```
33  def tmd(jita, nyu): #振幅応答の計算

41    return y1, y2

50  y1, y2 = tmd(jita, nyu)
```

図 4.19 `code_4-5.py` のソースコードの一部

4.2.3 動吸振器

図 4.20 は図 4.18 (a) のみを抜き出した図である．図に示されるように，質量比 α，振動数比 ν，減衰比 ζ をうまく調整すると，m_1 の振幅を抑制できる可能性があることがわかる．それを利用した振動抑制方法は**動吸振器**（dynamic vibration absorber）もしくは**チューンドマスダンパ**（tuned mass damper, TMD）と呼ばれる．今，図 4.21 (a) に示すように，正弦波外力が作用する 1 自由度系の振動において，共振時に物体 m_1 の振幅は非常に大きくなる．そこで，図 4.21 (a) の振動系に図 4.21 (b) の破線部に示すように，質量，ばね要素，減衰要素からなる振動系（動吸振器）を加え，質量比 α，振動数比 ν，減衰比 ζ を最適値に調整することで，m_1 の振幅が抑制できる．

図 4.20 を見ると，どの変位振幅も P, Q の 2 つの点を通ることがわかる．そのことから，次の 2 つの条件を用いて，各変数の最適値を求める．

①λ_P, λ_Q における振幅を同じとする．
②λ_P, λ_Q において振幅がピークとなるようにする．

まず，質量比 α は，あらかじめ値を設定することとするが，通常，機械構造物

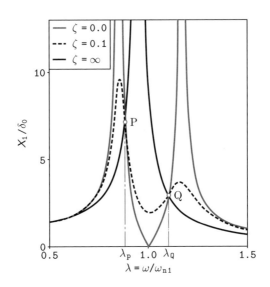

図 4.20　減衰のある 2 自由度系の強制振動（m_1 の振幅応答）

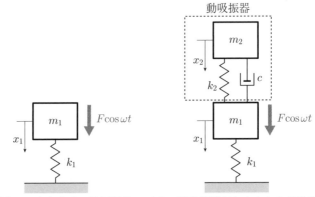

（a）　1 自由度系の強制振動　　（b）　動吸振器が加えられた振動系

図 4.21　動吸振器

では 0.1 程度とすることが多いようである. 続いて, 条件 ① に従って, 最適な振動数比 ν_{opt} を求める.

式 (4.20) の両辺を 2 乗すると,

$$\left(\frac{X_1}{\delta_0}\right)^2 = \frac{(\nu^2 - \lambda^2)^2 + (2\zeta\lambda)^2}{\{(1-\lambda^2)(\nu^2-\lambda^2) - \alpha\nu^2\lambda^2\}^2 + (2\zeta\lambda)^2\{1-(1+\alpha)\lambda^2\}^2} \tag{4.22}$$

上式の右辺の分母, 分子を $(2\zeta\lambda)^2$ で割り, $\zeta \to \infty$ のときを考えると,

$$\left(\frac{X_1}{\delta_0}\right)^2 = \frac{1}{\{1-(1+\alpha)\lambda^2\}^2}$$

したがって, λ_{P}, λ_{Q} において,

$$\left.\begin{array}{l} \left(\dfrac{X_1}{\delta_0}\right)_{\lambda=\lambda_{\mathrm{P}}} = \dfrac{1}{1-(1+\alpha)\lambda_{\mathrm{P}}^2} \\[3mm] \left(\dfrac{X_1}{\delta_0}\right)_{\lambda=\lambda_{\mathrm{Q}}} = \dfrac{-1}{1-(1+\alpha)\lambda_{\mathrm{Q}}^2} \end{array}\right\} \tag{4.23}$$

式 (4.22) において, $\zeta = 0$ とすると,

$$\left(\frac{X_1}{\delta_0}\right)^2 = \frac{(\nu^2 - \lambda^2)^2}{\{(1-\lambda^2)(\nu^2-\lambda^2) - \alpha\nu^2\lambda^2\}^2}$$

したがって, λ_{P}, λ_{Q} において,

$$\left.\begin{array}{l} \left(\dfrac{X_1}{\delta_0}\right)_{\lambda=\lambda_{\mathrm{P}}} = \dfrac{-(\nu^2 - \lambda_{\mathrm{P}}^2)}{(1-\lambda_{\mathrm{P}}^2)(\nu^2-\lambda_{\mathrm{P}}^2) - \alpha\nu^2\lambda_{\mathrm{P}}^2} \\[3mm] \left(\dfrac{X_1}{\delta_0}\right)_{\lambda=\lambda_{\mathrm{Q}}} = \dfrac{\nu^2 - \lambda_{\mathrm{Q}}^2}{(1-\lambda_{\mathrm{Q}}^2)(\nu^2-\lambda_{\mathrm{Q}}^2) - \alpha\nu^2\lambda_{\mathrm{Q}}^2} \end{array}\right\} \tag{4.24}$$

式 (4.23) の第 1 式と式 (4.24) の第 1 式は等しいことから,

$$(2+\alpha)\lambda^4 - 2(1+\nu^2+\alpha\nu^2)\lambda^2 + 2\nu^2 = 0 \tag{4.25}$$

上式が成り立つ λ は, λ_{P}, λ_{Q} であり, 上式から,

$$\lambda_{\mathrm{P}}^2 + \lambda_{\mathrm{Q}}^2 = \frac{2(1+\nu^2+\alpha\nu^2)}{2+\alpha} \tag{4.26}$$

式 (4.23) の 2 つの式は等しいことから

$$\lambda_{\mathrm{P}}^2 + \lambda_{\mathrm{Q}}^2 = \frac{2}{1+\alpha} \tag{4.27}$$

式 (4.26)，式 (4.27) が等しいことから，$\nu > 0$ より，最適な振動数比 ν_{opt} は

$$\nu_{\text{opt}} = \frac{1}{1+\alpha} \tag{4.28}$$

次に，条件 ② に従い，最適な減衰比 ζ_{opt} を求める．式 (4.20) は根号を含んでいるため，両辺を 2 乗した式 (4.22) が λ_{P}，λ_{Q} において極値となるような ζ を求める．

式 (4.25) を λ について解くと，

$$\left\{ \begin{matrix} \lambda_{\text{P}}^2 \\ \lambda_{\text{Q}}^2 \end{matrix} \right\} = \frac{1+\nu^2+\alpha\nu^2}{2+\alpha} \mp \sqrt{\left(\frac{1+\nu^2+\alpha\nu^2}{2+\alpha} \right)^2 - \frac{2\nu^2}{2+\alpha}}$$

上式の ν に式 (4.28) を代入すると，

$$\left\{ \begin{matrix} \lambda_{\text{P}}^2 \\ \lambda_{\text{Q}}^2 \end{matrix} \right\} = \frac{1}{1+\alpha} \left(1 \mp \sqrt{\frac{\alpha}{2+\alpha}} \right)$$

式 (4.22) を λ^2 で偏微分し，上式の第 1 式である λ_{P}^2 を代入すると，点 P を極値とする ζ_{P} が次のように得られる．

$$\zeta_{\text{P}}^2 = \frac{\alpha}{8(1+\alpha)^3} \left(3 - \sqrt{\frac{\alpha}{2+\alpha}} \right) \tag{4.29}$$

同様にして，ζ_{Q} が次のように得られる．

$$\zeta_{\text{Q}}^2 = \frac{\alpha}{8(1+\alpha)^3} \left(3 + \sqrt{\frac{\alpha}{2+\alpha}} \right) \tag{4.30}$$

式 (4.29) と式 (4.30) の値は同一ではないが，両者は大きく離れてはいないため，次式により近似的に最適な減衰比 ζ_{opt} を求める．

$$\zeta_{\text{opt}} = \frac{\zeta_{\text{P}}^2 + \zeta_{\text{Q}}^2}{2}$$

したがって，

$$\zeta_{\text{opt}} = \sqrt{\frac{3\alpha}{8(1+\alpha)^3}} \tag{4.31}$$

以上から，改めて，最適な振動数比 ν_{opt} と最適な減衰比 ζ_{opt} を書くと，

$$\nu_{\text{opt}} = \frac{1}{1+\alpha}, \quad \zeta_{\text{opt}} = \sqrt{\frac{3\alpha}{8(1+\alpha)^3}}$$

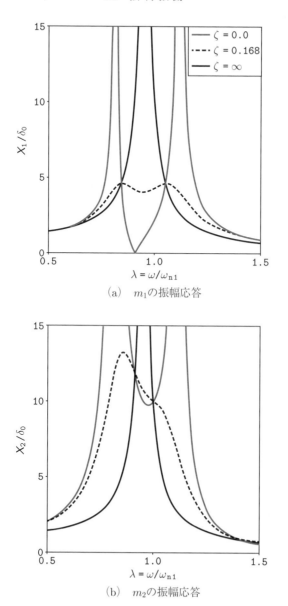

(a) m_1の振幅応答

(b) m_2の振幅応答

図 4.22 最適な動吸振器を用いたときの振幅応答曲線 ($\alpha = 0.1$)

Python のソースコード code_4-6.py により，式 (4.28)，式 (4.31) を用いて振幅応答曲線を描いた結果が図 4.22 である．Python のソースコード code_4-5.py との違いは，式 (4.28)，式 (4.31) で求めた ν_{opt}, ζ_{opt} を入力したのみである．図 4.22 (a) に示すように，破線で示す振幅応答曲線が最適な動吸振器を用いた場合である．P, Q の 2 つの点で振幅が最大となり，m_1 の振幅が抑制されていることがわかる．

動画 4.3

　QR コード 4.3 を読み取り，動画から動吸振器の効果を確認しよう．2 つの物体 A, B が振動する様子を見ることができる．動画では，図 4.23 (a) に示すように，金属製の直方体からなる主振動体を 2 枚の板ばねで支持した振動系を右手前と左奥側に設置し，図に示す方向に加振した．さらに，左奥側の主振動体の上には動吸振器を加えた．動吸振器には加振方向に設置したリニアガイド上を移動する動吸振器の質量部があり，その物体は 2 つのコイルばねで支持されている．図 4.23 (b) に示すように，図 4.23 (a) で示す振動部が左右に動くことが可能となるようにその振動部をスライドガイド上に設置した．それをモータ及びスライダクランク機構により

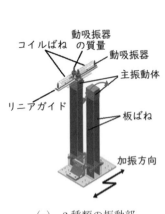

(a)　2 種類の振動部

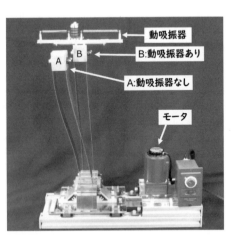

(b)　実験装置

図 4.23　動吸振器の実験装置

加振できる機構とした．QRコード4.3を読み取ると，図4.23 (b) で示す
AとBの主振動体が振動する様子を見ることができる．主振動体Aは激
しく振動するのに対して，主振動体Bはあまり揺れず，動吸振器の質量部
が揺れていることがわかる．このことから，動吸振器の設置により，主振
動体の振動が抑制されることが確認できる．

QRコード4.3　動吸振器

(https://youtu.be/LjI4-b4aNZQ)

4.2.4　フードダンパ

　ねじり振動を抑制するために，図4.24に示すような**フードダンパ** (Houdaille
damper, Houde damper) が用いられることがある．ここで，主振動系は慣
性モーメント J_1 の回転体とねじり剛性 K からなり，その回転体には $T\cos\omega t$
が作用するとする．さらに，回転体 J_1 のねじり振動を抑制するために，回転
体の内部に液体を満たし，その中を慣性モーメント J_2 の円板が回転するよう

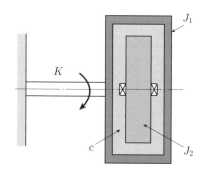

図4.24　フードダンパ

にする．ここで，慣性モーメント J_2 の円板とねじり減衰定数 c の付加振動系をフードダンパと呼ぶ．

2 つの回転体の J_1，J_2 の運動方程式は次式となる．

$$\left.\begin{array}{l} J_1\ddot{\theta}_1 = T\cos\omega t - c(\dot{\theta}_1 - \dot{\theta}_2) - K\theta_1 \\ J_2\ddot{\theta}_2 = -c(\dot{\theta}_2 - \dot{\theta}_1) \end{array}\right\}$$

整理すると，

$$\left.\begin{array}{l} J_1\ddot{\theta}_1 + c\dot{\theta}_1 - c\dot{\theta}_2 + K\theta_1 = T\cos\omega t \\ J_2\ddot{\theta}_2 - c\dot{\theta}_1 + c\dot{\theta}_2 = 0 \end{array}\right\}$$

上式の $T\cos\omega t$ を $Te^{j\omega t}$ とおき，$\boldsymbol{\theta}_1$，$\boldsymbol{\theta}_2$ を複素数とすると，

$$\left.\begin{array}{l} J_1\ddot{\boldsymbol{\theta}}_1 + c\dot{\boldsymbol{\theta}}_1 - c\dot{\boldsymbol{\theta}}_2 + K\boldsymbol{\theta}_1 = Te^{j\omega t} \\ J_2\ddot{\boldsymbol{\theta}}_2 - c\dot{\boldsymbol{\theta}}_1 + c\dot{\boldsymbol{\theta}}_2 = 0 \end{array}\right\}$$

と書き直し，上式の解を $\boldsymbol{\theta}_i = \boldsymbol{\Theta}_i e^{j\omega t}$ とおくと（$i = 1, 2$），

$$\left.\begin{array}{l} (K - J_1\omega^2 + jc\omega)\boldsymbol{\Theta}_1 - jc\omega\boldsymbol{\Theta}_2 = T \\ -jc\omega\boldsymbol{\Theta}_1 + (-J_2\omega^2 + jc\omega)\boldsymbol{\Theta}_2 = 0 \end{array}\right\} \tag{4.32}$$

扱いを容易にするために，次式に示す無次元変数を用いる．

$$\alpha = \frac{J_2}{J_1}, \quad \omega_{n1} = \sqrt{\frac{K}{J_1}}, \quad \delta_0 = \frac{T}{K}, \quad \zeta = \frac{c}{2J_2\omega_{n1}}$$

$$\boldsymbol{P}_1 = \frac{\boldsymbol{\Theta}_1}{\delta_0}, \quad \boldsymbol{P}_2 = \frac{\boldsymbol{\Theta}_2}{\delta_0}, \quad \lambda = \frac{\omega}{\omega_{n1}}$$

無次元変数を用いると，式 (4.32) は，

$$\left.\begin{array}{l} (1 - \lambda^2 + 2j\zeta\alpha\lambda)\boldsymbol{P}_1 - 2j\zeta\alpha\lambda\boldsymbol{P}_2 = 1 \\ -2j\zeta\lambda\boldsymbol{P}_1 + (-\lambda^2 + 2j\zeta\lambda)\boldsymbol{P}_2 = 0 \end{array}\right\}$$

行列の形で表すと，

$$\begin{bmatrix} 1 - \lambda^2 + 2j\zeta\alpha\lambda & -2j\zeta\alpha\lambda \\ -2j\zeta\lambda & -\lambda^2 + 2j\zeta\lambda \end{bmatrix} \begin{Bmatrix} \boldsymbol{P}_1 \\ \boldsymbol{P}_2 \end{Bmatrix} = \begin{Bmatrix} 1 \\ 0 \end{Bmatrix}$$

したがって，

$$\begin{Bmatrix} \boldsymbol{P}_1 \\ \boldsymbol{P}_2 \end{Bmatrix} = \frac{1}{\Delta(\lambda)} \begin{bmatrix} -\lambda^2 + 2j\zeta\lambda & 2j\zeta\alpha\lambda \\ 2j\zeta\lambda & 1 - \lambda^2 + 2j\zeta\alpha\lambda \end{bmatrix} \begin{Bmatrix} 1 \\ 0 \end{Bmatrix} \tag{4.33}$$

ここで,

$$\Delta(\lambda) = -\lambda^2(1-\lambda^2) + 2\zeta\lambda j\{1-(1+\alpha)\lambda^2\} \tag{4.34}$$

したがって,式 (4.33) の第 1 式は

$$\boldsymbol{P}_1 = \frac{\boldsymbol{\Theta}_1}{\delta_0}$$

$$= \frac{-\lambda^2 + 2\zeta\lambda j}{-\lambda^2(1-\lambda^2) + 2\zeta\lambda j\{1-(1+\alpha)\lambda^2\}}$$

$\Theta_1 = |\boldsymbol{\Theta}_1|$ とすると,

$$\frac{\Theta_1}{\delta_0} = \frac{\sqrt{\lambda^4 + (2\zeta\lambda)^2}}{\sqrt{\lambda^4(1-\lambda^2)^2 + (2\zeta\lambda)^2\{1-(1+\alpha)\lambda^2\}^2}} \tag{4.35}$$

同様にして,式 (4.33) の第 2 式は

$$\boldsymbol{P}_2 = \frac{\boldsymbol{\Theta}_2}{\delta_0}$$

$$= \frac{2\zeta\lambda j}{-\lambda^2(1-\lambda^2) + 2\zeta\lambda j\{1-(1+\alpha)\lambda^2\}}$$

$\Theta_2 = |\boldsymbol{\Theta}_2|$ とすると,

$$\frac{\Theta_2}{\delta_0} = \frac{2\zeta\lambda}{\sqrt{\lambda^4(1-\lambda^2)^2 + (2\zeta\lambda)^2\{1-(1+\alpha)\lambda^2\}^2}} \tag{4.36}$$

式 (4.35),式 (4.36) は式 (4.20),式 (4.21) において,$\nu = 0$ としたときと同様であることがわかる.

図 4.25 は式 (4.35) を用いて,Python のソースコード code_4-7.py により,J_1 の回転体の振幅応答曲線を求めた結果である.図に示すようにいずれの曲線も交わることがわかる.最適なフードダンパとなる ζ の最適値は次の 2 つの条件を用いて計算する.

①$\zeta = 0$ と $\zeta = \infty$ における振幅が同じになる λ_P とその振幅を求める.
②λ_P において振幅がピークとなるようにする.

ここで,動吸振器と同様に,質量比 α は,あらかじめ値を設定することとする.まず,条件 ① に従い,λ_P を求める.

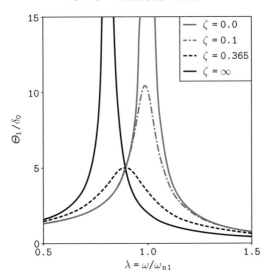

図 4.25　フードダンパを用いた振幅応答曲線（$\alpha = 0.5$）

式 (4.35) の両辺を 2 乗すると，

$$\left(\frac{\Theta_1}{\delta_0}\right)^2 = \frac{\lambda^4 + (2\zeta\lambda)^2}{\lambda^4(1-\lambda^2)^2 + (2\zeta\lambda)^2\{1-(1+\alpha)\lambda^2\}^2} \tag{4.37}$$

上式の右辺の分母，分子を $(2\zeta\lambda)^2$ で割り，$\zeta \to \infty$ のときを考えると，

$$\left(\frac{\Theta_1}{\delta_0}\right)^2 = \frac{1}{\{1-(1+\alpha)\lambda^2\}^2} \tag{4.38}$$

式 (4.37) において，$\zeta = 0$ とすると，

$$\left(\frac{\Theta_1}{\delta_0}\right)^2 = \frac{1}{(1-\lambda^2)^2} \tag{4.39}$$

点 P においては，式 (4.38) と式 (4.39) が等しく，$\lambda > 0$ より，

$$\lambda_{\mathrm{P}} = \sqrt{\frac{2}{2+\alpha}} \tag{4.40}$$

次に，条件 ② に従い，式 (4.37) が λ_{P} において極値とすることで最適な減衰比 ζ_{opt} を求める.

式 (4.37) を λ^2 で偏微分し，式 (4.40) を代入すると，点 P を極値とする ζ_{opt} が次のように得られる．

$$\zeta_{\mathrm{opt}} = \sqrt{\frac{1}{2(1+\alpha)(2+\alpha)}} \tag{4.41}$$

図 4.25 において，$\zeta = 0.365$ は式 (4.41) で求めた最適な減衰比である．上述した条件 ② に示す通り，点 P で振幅がピークとなっていることがわかる．Python のソースコード `code_4-7.py` では 1 つのグラフが示されるのに対して，`code_4-6.py` では 2 つのグラフが図示されること以外はほぼ，同じ内容である．

動画 4.4

　これまで，振動を抑制する方法として，動吸振器とフードダンパを扱ってきたが，動吸振器に似た方法として，**同調液体ダンパ**（tuned liquid damper, TLD）がある．これは液体のスロッシングを利用したダンパで，**同調スロッシングダンパ**（tuned sloshing damper）とも呼ばれる．容器に液体が封入されただけの簡単な装置だが，構造物の頂部に設置すると，風

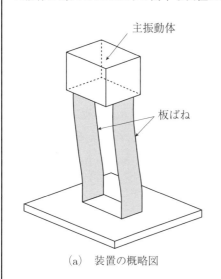

(a) 装置の概略図

(b) 実験装置

図 4.26　同調液体ダンパの実験装置

や地震などの外乱による構造物の振動を低減することができる. QR コード 4.4 を読み取り, 動画から TLD の効果を確認しよう.

QR コード 4.4　同調液体ダンパ

(https://youtu.be/3EAR9jeMuWw)

4.3　ラグランジュの方程式

運動方程式を求めるにはニュートンの法則を利用することが一般的だが, 複雑な力学系ではエネルギを考慮したラグランジュの方程式を利用すると容易に運動方程式を導出できることがある. ここでは, 例題を通して, ラグランジュの方程式により, 運動方程式を導出してみよう.

N 自由度系におけるラグランジュの方程式は次のように表される.

$$\frac{d}{dt}\left(\frac{\partial L}{\partial \dot{q}_r}\right) + \frac{\partial D}{\partial \dot{q}_r} - \frac{\partial L}{\partial q_r} = Q_r \tag{4.42}$$
$$L = T - U$$

ここで, L はラグランジュ関数 (Lagrangian) と呼ばれ, T は運動エネルギ, U はポテンシャルエネルギである. また, D はダッシュポットなどで消費されるエネルギであり, Q_r は外力を示す. さらに, $q_r\ (r = 1, 2, \ldots, N)$ は一般座標を表す.

┌─ 例題 4.3 ──────────────────────────────

　図 4.27 で示す振動系の運動方程式をラグランジュの方程式を用いて求めなさい. また, 質量 M の物体と円柱の振幅応答曲線を求めなさい. ここで, 質量 m, 半径 r の円柱は半径 R の円筒状の溝を持つ質量 M の物体上をすべることなく転がり, 質量 M の物体は x 方向のみに運動するとする.

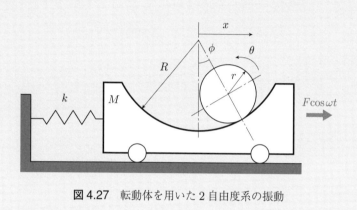

図 4.27　転動体を用いた 2 自由度系の振動

【解】　系の運動エネルギ T とポテンシャルエネルギ U は次のように表される.

$$\left.\begin{aligned}
T &= \frac{1}{2}M\dot{x}^2 + \frac{1}{2}m\big[\{\dot{x}+(R-r)\dot{\phi}\cos\phi\}^2 + \{(R-r)\dot{\phi}\sin\phi\}^2\big] + \frac{1}{2}J\dot{\theta}^2 \\
U &= \frac{1}{2}kx^2 + mg(R-r)(1-\cos\phi)
\end{aligned}\right\}$$

x に関して, 式 (4.42) の各項を計算すると,

$$\frac{d}{dt}\left(\frac{\partial T}{\partial \dot{x}}\right) = (M+m)\ddot{x} + m(R-r)\ddot{\phi}\cos\phi - m(R-r)\dot{\phi}^2\sin\phi$$

$$\frac{\partial T}{\partial x} = 0$$

$$\frac{\partial U}{\partial x} = kx$$

ϕ に関して, 式 (4.42) の各項を計算すると,

$$\frac{d}{dt}\left(\frac{\partial T}{\partial \dot{\phi}}\right) = m(R-r)\ddot{x}\cos\phi - m(R-r)\dot{x}\dot{\phi}\sin\phi + \frac{3}{2}m(R-r)^2\ddot{\phi}$$

$$\frac{\partial T}{\partial \phi} = -m(R-r)\dot{x}\dot{\phi}\sin\phi$$

$$\frac{\partial U}{\partial x} = mg(R-r)\sin\phi$$

したがって，運動方程式は次式のように求められる.

$$\left.\begin{array}{r} (M+m)\ddot{x} + m(R-r)\ddot{\phi}\cos\phi - m(R-r)\dot{\phi}^2\sin\phi + kx = F\cos\omega t \\[2mm] \ddot{x}\cos\phi + \frac{3}{2}(R-r)\ddot{\phi} + g\sin\phi = 0 \end{array}\right\}$$

ϕ が微小とすると，

$$\left.\begin{array}{r} (M+m)\ddot{x} + m(R-r)\ddot{\phi} + kx = F\cos\omega t \\[2mm] \ddot{x} + \frac{3}{2}(R-r)\ddot{\phi} + g\phi = 0 \end{array}\right\} \tag{A}$$

式の解を次のようにおく.

$$x = X\cos\omega t, \quad \phi = \Phi\cos\omega t \quad (i=1,2)$$

上式を式 (A) に代入すると，

$$\left.\begin{array}{r} \left\{k - (M+m)\omega^2\right\}X - m(R-r)\omega^2\Phi = F \\[2mm] -\omega^2 X + \left\{g - \frac{3}{2}(R-r)\omega^2\right\}\Phi = 0 \end{array}\right\} \tag{B}$$

上式は多くのパラメータから成り立っていることから，扱いを容易にするために，次式で示す無次元変数を用いる.

$$\alpha = \frac{m}{M}, \quad \nu = \frac{\omega_{n2}}{\omega_{n1}}, \quad \omega_{n1} = \sqrt{\frac{k}{M}}, \quad \omega_{n2} = \sqrt{\frac{2g}{3(R-r)}}$$

$$\delta_0 = \frac{F}{k}, \quad U_1 = \frac{X}{\delta_0}, \quad U_2 = \frac{(R-r)\Phi}{\delta_0}, \quad \lambda = \frac{\omega}{\omega_{n1}}$$

無次元変数を用いて，式 (B) を表すと，

$$\left.\begin{array}{r} \left\{1 - (1+\alpha)\lambda^2\right\}U_1 - \alpha\lambda^2 U_2 = 1 \\[2mm] U_1 + \frac{3}{2}\left\{1 - \left(\frac{\nu}{\lambda}\right)^2\right\}U_2 = 0 \end{array}\right\}$$

行列の形で表すと，

$$\begin{bmatrix} 1-(1+\alpha)\lambda^2 & -\alpha\lambda^2 \\ 1 & \frac{3}{2}\left\{1-\left(\frac{\nu}{\lambda}\right)^2\right\} \end{bmatrix} \begin{Bmatrix} U_1 \\ U_2 \end{Bmatrix} = \begin{Bmatrix} 1 \\ 0 \end{Bmatrix}$$

上式を解くと,

$$\left\{ \begin{array}{c} U_1 \\ U_2 \end{array} \right\} = \frac{1}{\Delta(\lambda)} \left[\begin{array}{cc} \frac{3}{2}\left\{1 - \left(\frac{\nu}{\lambda}\right)^2\right\} & \alpha\lambda^2 \\ -1 & 1 - (1+\alpha)\lambda^2 \end{array} \right] \left\{ \begin{array}{c} 1 \\ 0 \end{array} \right\} \tag{C}$$

ここで,

$$\Delta(\lambda) = \frac{3}{2}\left\{1 - \left(\frac{\nu}{\lambda}\right)^2\right\}\left\{1 - (1+\alpha)\lambda^2\right\} + \alpha\nu^2 \tag{D}$$

Python のソースコード `code_4-8.py` を用いて,式 (C) を解き,振幅応答曲線を求めた結果が図 4.28 である.ここで,図に示されるように,U_1 の振幅応答曲線は図 4.18 (a) に示した $\zeta = 0$ のときの m_1 の振幅応答とほぼ,同様であることがわかる.すなわち,転動体の振動は動吸振器として利用することができ,質量 M の物体の振動を抑制することが可能である.こういった装置は**転動型動吸振器**(rolling pendulum TMD)と呼ばれる.

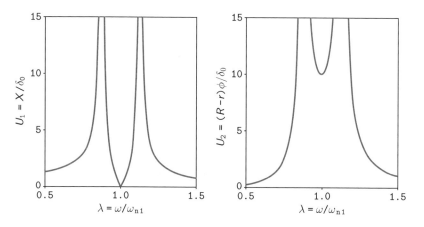

図 4.28 転動型動吸振器を用いた振幅応答曲線($\alpha = 0.1$, $\lambda = 1$)

■■■■■■■■■■　**第 4 章の問題**　■■■■■■■■■■

□ **1**　下図に示されるように，2 つの質点が 3 つのばねによってつながれた振動系を考える．振動系の固有振動数と固有モードを求めなさい．

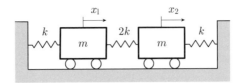

□ **2**　下図に示されるように，慣性モーメントが J である 2 つの円板が 3 つのねじりばね K によってつながれた系を考える．振動系の固有振動数と固有モードを求めなさい．

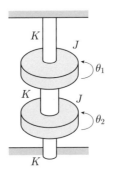

□ **3**　下図に示されるような歯車を有するねじり振動系について考える．歯車 J_A に対して，歯車 J_B の歯数は n 倍であり，K_1, K_2 は軸のねじり剛性である．また，J_1, J_2, J_A, J_B は各回転体の慣性モーメントである．各変数が以下の値であるとき，この系の固有振動数と固有モードを求めなさい．ここで，軸の慣性モーメントは無視できるものとする．

$$n = 1.5, \quad J_1 = 2000 \ \text{kg m}^2, \quad J_2 = 1500 \ \text{kg m}^2$$
$$J_A = 300 \ \text{kg m}^2, \quad J_B = 600 \ \text{kg m}^2$$
$$K_1 = 4 \times 10^5 \ \text{N m/rad}, \quad K_2 = 2 \times 10^5 \ \text{N m/rad}$$

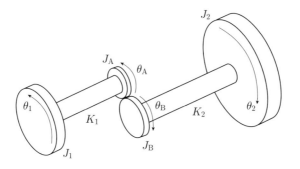

□ **4** 下図に示されるように，図 4.23 で示す振動系の運動方程式をラグランジュの方程式を用いて求めなさい．また，振幅応答曲線も求めなさい．ここで，質量 m，半径 r の円柱は半径 R の円筒状の溝を持つ質量 M の物体上をすべることなく転がり，質量 M の物体は y 方向のみに運動するとする．

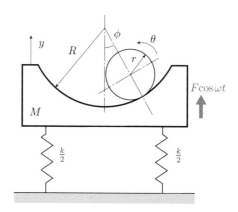

第5章
行列を用いた振動解析

　一般に，1自由度系よりも自由度の多い振動系は**多自由度系**（multiple-degree-of-freedom systems）と呼ばれる．前章で示した2自由度系では系の応答を解析的に導くことができたが，さらに，自由度の数が増すとそれが困難となる．そういった振動系では行列を用いると振動応答が求めやすくなる．本章では多自由度系に用いられる代表的な手法のいくつかについて焦点を当て，各手法の利用の仕方について学ぶ．特に，行列を用いる場合，これまでの章以上にPythonなどの数値計算が有効になることを紹介する．

本章で学ぶ内容
- 行列を用いた多自由度系の運動方程式の導出
- モード解析
- レイリー減衰
- パラメータ推定

5.1 自 由 振 動

図5.1に示すN自由度を持つ振動系の運動方程式は以下のようになる．

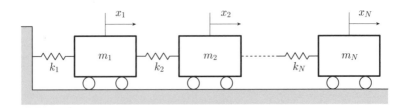

図5.1 N自由度系のモデル図

$$m_1\ddot{x}_1 = -k_1 x_1 - k_2(x_1 - x_2)$$
$$m_2\ddot{x}_2 = k_2(x_1 - x_2) - k_3(x_2 - x_3)$$
$$\vdots$$
$$m_N\ddot{x}_N = k_N(x_{N-1} - x_N)$$

右辺の項全てを左辺に移項し，整理すると，

$$m_1\ddot{x}_1 + (k_1 + k_2)x_1 - k_2 x_2 = 0$$
$$m_2\ddot{x}_2 - k_2 x_1 + (k_2 + k_3)x_2 - k_3 x_3 = 0$$
$$\vdots$$
$$m_N\ddot{x}_N - k_N x_{N-1} + k_N x_N = 0$$

上式を行列の形で表すと，

$$[M]\{\ddot{x}\} + [K]\{x\} = \{0\} \tag{5.1}$$

ここで，

$$[M] = \begin{bmatrix} m_1 & 0 & \cdots & 0 \\ 0 & m_2 & \cdots & 0 \\ \vdots & \vdots & \ddots & \vdots \\ 0 & 0 & 0 & m_N \end{bmatrix}, \quad [K] = \begin{bmatrix} k_1 + k_2 & -k_2 & \cdots & 0 \\ -k_2 & k_2 + k_3 & \cdots & 0 \\ \vdots & \vdots & \ddots & \vdots \\ 0 & 0 & -k_{N-1} & k_N \end{bmatrix}$$

$$\{x\} = \{x_1, x_2, \ldots, x_N\}^T \tag{5.2}$$

添え字 T は転置行列を示す．

式 (5.1) の解である変位ベクトル $\{x\}$ を次のようにおく．

$$\{x\} = \{X\}e^{j\omega t}, \quad \{X\} = \{X_1, X_2, \ldots, X_N\}^T$$

上式を式 (5.1) に代入すると，

$$\left(-\omega^2[M] + [K]\right)\{X\} = \{0\} \tag{5.3}$$

$\{X\} \neq \{0\}$ より，

$$\left|-\omega^2[M] + [K]\right| = 0$$

4.1.1 項で $N = 2$ の場合について示したように，上式は ω^2 に関する N 次方程式であり，**振動数方程式**もしくは**特性方程式**と呼ばれる．上式を解くと N 個の固有振動数 ω が求められる．

　各固有振動数 ω_r $(r = 1 \sim N)$ を式 (5.3) に代入すると，$\{X^{(r)}\}$ の各要素の数値は求められないが，要素間の比 $X_1^{(r)} : X_2^{(r)} : \cdots : X_N^{(r)}$ が求められる．$\{X^{(r)}\}$ は r 次の固有モード (natural mode) と呼ばれる．

　j 次の固有振動数を ω_j，固有モードを $\{X^{(j)}\}$ とし，k 次の固有振動数を ω_k，固有モードを $\{X^{(k)}\}$ とすると，式 (5.3) より，

$$\left. \begin{array}{l} (-\omega_j^2[M] + [K])\{X^{(j)}\} = \{0\} \\ (-\omega_k^2[M] + [K])\{X^{(k)}\} = \{0\} \end{array} \right\}$$

さらに，

$$\left. \begin{array}{l} [K]\{X^{(j)}\} = \omega_j^2[M]\{X^{(j)}\} \\ [K]\{X^{(k)}\} = \omega_k^2[M]\{X^{(k)}\} \end{array} \right\}$$

上式の第1式，第2式にそれぞれ，左から $\{X^{(k)}\}^T$，$\{X^{(j)}\}^T$ をかけると，

$$\left. \begin{array}{l} \{X^{(k)}\}^T[K]\{X^{(j)}\} = \omega_j^2\{X^{(k)}\}^T[M]\{X^{(j)}\} \\ \{X^{(j)}\}^T[K]\{X^{(k)}\} = \omega_k^2\{X^{(j)}\}^T[M]\{X^{(k)}\} \end{array} \right\} \tag{5.4}$$

式 (5.4) の第1式を転置すると

$$\{X^{(j)}\}^T[K]\{X^{(k)}\} = \omega_j^2\{X^{(j)}\}^T[M]\{X^{(k)}\} \tag{5.5}$$

式 (5.5) を式 (5.4) の第2式で引くと

$$(\omega_j^2 - \omega_k^2)\{X^{(j)}\}^T[M]\{X^{(k)}\} = 0$$

$j \neq k$ のとき，$\omega_j \neq \omega_k$ より，

$$\{X^{(j)}\}^T[M]\{X^{(k)}\} = 0 \tag{5.6}$$

また，式 (5.6) を考慮すると，式 (5.5) から，

$$\{X^{(j)}\}^T[K]\{X^{(k)}\} = 0 \tag{5.7}$$

式 (5.6)，式 (5.7) のように異なる次数の固有モードを $[M]$ や $[K]$ にかけるとゼロになることを**固有モードの直交性** (orthogonality of natural modes) という．$j = k$ のときは，

$$\{X^{(j)}\}^T[M]\{X^{(j)}\} = m_j^*, \quad \{X^{(j)}\}^T[K]\{X^{(j)}\} = k_j^*$$

ここで，m_j^* を j 次の**モード質量**（modal mass），k_j^* を j 次の**モード剛性**（modal stiffness）という．また，式 (5.5) において添え字 k を j とすると，次式が得られる．

$$k_j^* = \omega_j^2 m_j^*$$

次に，変位ベクトル $\{x\}$ を次のようにおく．

$$\{x\} = [\phi]\{\xi\} \tag{5.8}$$

ここで，$\{\xi\}$ は**モード座標**（modal coordinate）と呼ばれ，次式となる．

$$\{\xi\} = \{\xi_1, \xi_2, \ldots, \xi_N\}^T$$

また，$[\phi]$ は**モード行列**（modal matrix）と呼ばれ，次のように，$1 \sim N$ 次の固有モードを合成した $N \times N$ の正方行列である．

$$[\phi] = \left[\{X^{(1)}\}\{X^{(2)}\} \cdots \{X^{(N)}\} \right]$$

式 (5.8) を式 (5.1) に代入すると，

$$[M][\phi]\{\ddot{\xi}\} + [K][\phi]\{\xi\} = \{0\}$$

上式に左から $[\phi]^T$ をかけると，

$$[\phi]^T[M][\phi]\{\ddot{\xi}\} + [\phi]^T[K][\phi]\{\xi\} = \{0\}$$

ここで，固有モードの直交性を考慮すると，

$$[\phi]^T[M][\phi] = \begin{bmatrix} m_1^* & 0 & \cdots & 0 \\ 0 & m_2^* & \cdots & 0 \\ \vdots & \vdots & \ddots & \vdots \\ 0 & 0 & 0 & m_N^* \end{bmatrix}, \quad [\phi]^T[K][\phi] = \begin{bmatrix} k_1^* & 0 & \cdots & 0 \\ 0 & k_2^* & \cdots & 0 \\ \vdots & \vdots & \ddots & \vdots \\ 0 & 0 & 0 & k_N^* \end{bmatrix}$$

したがって，

$$\left. \begin{array}{c} m_1^*\ddot{\xi}_1 + k_1^*\xi_1 = 0 \\ m_2^*\ddot{\xi}_2 + k_2^*\xi_2 = 0 \\ \vdots \\ m_N^*\ddot{\xi}_N + k_N^*\xi_N = 0 \end{array} \right\}$$

上式の通り，全ての式は 1 自由度系の運動方程式と同じ形になるため，j 次のモードについて解くと，

$$\xi_j = A_j \cos \omega_j t + B_j \cos \omega_j t$$

ここで,

$$\omega_j = \sqrt{\frac{k_j^*}{m_j^*}} \tag{5.9}$$

したがって, 変位ベクトル $\{x\}$ は

$$\{x\} = [\phi]\{\xi\} = \{X^{(1)}\}\xi_1 + \{X^{(2)}\}\xi_2 + \cdots + \{X^{(N)}\}\xi_N$$
$$= \sum_{j=1}^{N} \{X^{(j)}\}\xi_j$$

例題 5.1

図 5.2 に示す 3 自由度系の自由振動について考える. 固有振動数, 固有モード, モード行列を求めなさい. また, モード質量とモード剛性を求めなさい. ここで, $m = 1\,\text{kg}, k = 1000\,\text{N/m}$ とする.

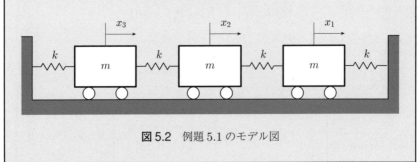

図 5.2 例題 5.1 のモデル図

【**解**】 運動方程式は以下のようになる.

$$\left.\begin{array}{l} m\ddot{x}_1 + 2kx_1 - kx_2 = 0 \\ m\ddot{x}_2 - kx_1 + 2kx_2 - kx_3 = 0 \\ m\ddot{x}_3 - kx_2 + 2kx_3 = 0 \end{array}\right\}$$

行列の形に表すと, 各行列は

$$[M] = \begin{bmatrix} m & 0 & 0 \\ 0 & m & 0 \\ 0 & 0 & m \end{bmatrix}, \quad [K] = \begin{bmatrix} 2k & -k & 0 \\ -k & 2k & -k \\ 0 & -k & 2k \end{bmatrix}, \quad \{X\} = \{X_1, X_2, X_3\}^T$$

$\{x\} = \{X\}e^{j\omega t}$ とおくと,

$$\begin{bmatrix} 2k - m\omega^2 & -k & 0 \\ -k & 2k - m\omega^2 & -k \\ 0 & -k & 2k - m\omega^2 \end{bmatrix} \begin{Bmatrix} X_1 \\ X_2 \\ X_3 \end{Bmatrix} = \begin{Bmatrix} 0 \\ 0 \\ 0 \end{Bmatrix} \tag{A}$$

$\{X\} \neq \{0\}$ より,

$$\begin{vmatrix} 2k - m\omega^2 & -k & 0 \\ -k & 2k - m\omega^2 & -k \\ 0 & -k & 2k - m\omega^2 \end{vmatrix} = 0$$

$$(2k - m\omega^2)(m^2\omega^4 - 4mk\omega^2 + 2k^2) = 0$$

したがって,

$$\omega = \sqrt{(2 - \sqrt{2})\frac{k}{m}}, \quad \sqrt{\frac{2k}{m}}, \quad \sqrt{(2 + \sqrt{2})\frac{k}{m}}$$

1次固有モードでは $\omega^2 = (2 - \sqrt{2})\frac{k}{m}$ であり, 式 (A) に代入すると,

$$k\begin{bmatrix} \sqrt{2} & -1 & 0 \\ -1 & \sqrt{2} & -1 \\ 0 & -1 & \sqrt{2} \end{bmatrix} \begin{Bmatrix} X_1^{(1)} \\ X_2^{(1)} \\ X_3^{(1)} \end{Bmatrix} = \begin{Bmatrix} 0 \\ 0 \\ 0 \end{Bmatrix}$$

$X_1^{(1)} = 1$ とすると,

$$\{X_1^{(1)}, X_2^{(1)}, X_3^{(1)}\}^T = \{1, \sqrt{2}, 1\}^T$$

2次固有モードでは $\omega^2 = 2\frac{k}{m}$ であり, $X_1^{(2)} = 1$ として同様に,

$$\{X_1^{(2)}, X_2^{(2)}, X_3^{(2)}\}^T = \{1, 0, -1\}^T$$

3次固有モードでは $\omega^2 = (2 + \sqrt{2})\frac{k}{m}$ であり, $X_1^{(3)} = 1$ として同様に,

$$\{X_1^{(3)}, X_2^{(3)}, X_3^{(3)}\}^T = \{1, -\sqrt{2}, 1\}^T$$

したがって, 1~3次の固有モードを合成し, モード行列 $[\phi]$ を求めると

$$[\phi] = \begin{bmatrix} 1 & 1 & 1 \\ \sqrt{2} & 0 & -\sqrt{2} \\ 1 & -1 & 1 \end{bmatrix}$$

また，各次のモード質量は

$$m_1^* = \{1, \sqrt{2}, 1\} \begin{bmatrix} m & 0 & 0 \\ 0 & m & 0 \\ 0 & 0 & m \end{bmatrix} \begin{Bmatrix} 1 \\ \sqrt{2} \\ 1 \end{Bmatrix}$$

$$= 4m$$

$$m_2^* = \{1, 0, -1\} \begin{bmatrix} m & 0 & 0 \\ 0 & m & 0 \\ 0 & 0 & m \end{bmatrix} \begin{Bmatrix} 1 \\ 0 \\ -1 \end{Bmatrix}$$

$$= 2m$$

$$m_3^* = \{1, -\sqrt{2}, 1\} \begin{bmatrix} m & 0 & 0 \\ 0 & m & 0 \\ 0 & 0 & m \end{bmatrix} \begin{Bmatrix} 1 \\ -\sqrt{2} \\ 1 \end{Bmatrix}$$

$$= 4m$$

各次のモード剛性は

$$k_1^* = \{1, \sqrt{2}, 1\} \begin{bmatrix} 2k & -k & 0 \\ -k & 2k & -k \\ 0 & -k & 2k \end{bmatrix} \begin{Bmatrix} 1 \\ \sqrt{2} \\ 1 \end{Bmatrix}$$

$$= (8 - 4\sqrt{2})k$$

$$k_2^* = \{1, 0, -1\} \begin{bmatrix} 2k & -k & 0 \\ -k & 2k & -k \\ 0 & -k & 2k \end{bmatrix} \begin{Bmatrix} 1 \\ 0 \\ -1 \end{Bmatrix}$$

$$= 4k$$

$$k_3^* = \{1, -\sqrt{2}, 1\} \begin{bmatrix} 2k & -k & 0 \\ -k & 2k & -k \\ 0 & -k & 2k \end{bmatrix} \begin{Bmatrix} 1 \\ -\sqrt{2} \\ 1 \end{Bmatrix}$$

$$= (8 + 4\sqrt{2})k$$

　次に同じ内容を Python によって解いてみよう．それを解くソースコードの一部を図 5.3 に示す．12 行目は ii 次の固有モードを図示する関数であり，40 行目はモード行列を示している．47～49 行目で i 次のモード質量 modal_m[i] とモード剛性 modal_k[i] を計算する．以上を実行すると，固有モードが図 5.4 のように図示される．

```
12  def m_plot(ii, nam):

40  mode = np.array([[1,1,1],[b1,b2, b3],[c1,c2,c3]])

47  for i in range(3):
48      modal_m[i]=mode[:,i].T @ M @mode[:,i]
49      modal_k[i]=mode[:,i].T @ K @mode[:,i]
```

図 5.3 code_5-1.py のソースコードの一部

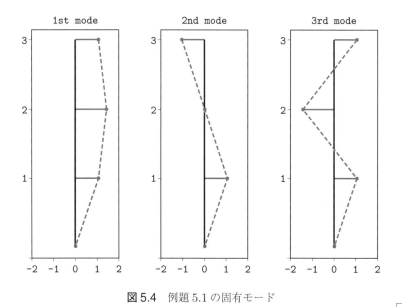

図 5.4 例題 5.1 の固有モード

5.2 強 制 振 動

5.2.1 減衰を考慮しない場合

次に，図 5.5 に示すように，外力が作用し，減衰が無視できる N 自由度を持つ振動系の運動について考える．その運動方程式は

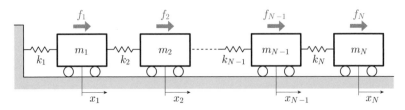

図 5.5　強制外力が作用する N 自由度系のモデル図

$$
\left.\begin{aligned}
m_1\ddot{x}_1 &= f_1 - k_1 x_1 - k_2(x_1 - x_2) \\
m_2\ddot{x}_2 &= f_2 + k_2(x_1 - x_2) - k_3(x_2 - x_3) \\
&\quad\vdots \\
m_N\ddot{x}_N &= f_N + k_N(x_{N-1} - x_N)
\end{aligned}\right\}
$$

整理すると,

$$
\left.\begin{aligned}
m_1\ddot{x}_1 + (k_1 + k_2)x_1 - k_2 x_2 &= f_1 \\
m_2\ddot{x}_2 - k_2 x_1 + (k_2 + k_3)x_2 - k_3 x_3 &= f_2 \\
&\quad\vdots \\
m_N\ddot{x}_N - k_N x_{N-1} + k_N x_N &= f_N
\end{aligned}\right\}
$$

上式を行列の形で表すと,

$$
[M]\{\ddot{x}\} + [K]\{x\} = \{f\} \tag{5.10}
$$

ここで, $[M]$, $[K]$, $\{x\}$ は式 (5.2) と同様であり, $\{f\}$ は次のように表される.

$$
\{f\} = \{f_1, f_2, \ldots, f_N\}^T
$$

今, 調和外力 $\{f\} = \{F\}e^{j\omega t}$ が作用し, その応答が $\{x\} = \{X\}e^{j\omega t}$ で表されるとすると, 式 (5.10) は次式となる.

$$
([K] - \omega^2[M])\{X\} = \{F\} \tag{5.11}
$$

式 (5.11) を解く方法として, 以下に 2 つの方法を紹介する.

(1)　直接, 振幅を求める解法　式 (5.11) において, $([K] - \omega^2[M])$ の逆行列を左からかけると, 振幅を求めることができる (以下, 直接法と称する).

$$
\{X\} = ([K] - \omega^2[M])^{-1}\{F\} \tag{5.12}
$$

(2) **理論モード解析を用いた解法** $\{\xi\} = \{A\}e^{j\omega t}$ とすると, $\{X\} = [\phi]\{A\}$ より, 式 (5.11) は

$$(-\omega^2[M][\phi] + [K][\phi])\{A\} = \{F\}$$

上式に左から $[\phi]^T$ をかけると,

$$(-\omega^2[\phi]^T[M][\phi] + [\phi]^T[K][\phi])\{A\} = [\phi]^T\{F\}$$

$\{F^*\} = [\phi]^T\{F\}$ とおき, 固有モードの直交性を考慮すると,

$$\left.\begin{array}{c}
(-m_1^*\omega^2 + k_1^*)A_1 = F_1^* \\
(-m_2^*\omega^2 + k_2^*)A_2 = F_2^* \\
\vdots \\
(-m_N^*\omega^2 + k_N^*)A_N = F_N^*
\end{array}\right\}$$

r 次のモードについて解くと,

$$A_r = \frac{F_r^*}{k_r^* - m_r^*\omega^2} = \frac{\frac{F_r^*}{k_r^*}}{1 - \left(\frac{\omega}{\omega_r}\right)^2}$$

ここで,

$$\omega_r = \sqrt{\frac{k_r^*}{m_r^*}}$$

したがって, 振幅ベクトル $\{X\}$ は $\{X\} = [\phi]\{A\}$ より,

$$\begin{aligned}
\{X\} &= \{X^{(1)}\}A_1 + \{X^{(2)}\}A_2 + \cdots + \{X^{(N)}\}A_N \\
&= \sum_{r=1}^{N}\{X^{(r)}\}A_r \\
&= \sum_{r=1}^{N}\{X^{(r)}\}\frac{\frac{F_r^*}{k_r^*}}{1 - \left(\frac{\omega}{\omega_r}\right)^2}
\end{aligned}$$

上式において, 1 自由度系の強制振動 (3.1 節) でも示したように, ω と ω_r の大小関係によって振幅の符号は異なる. したがって, 振幅応答曲線を求める際は, 絶対値として計算する.

例題 5.2

図 5.6 に示す 3 自由度系の強制振動について考える。直接法と理論モード解析を用いた解法の両方を用いて，振幅応答曲線を作成しなさい。ここで，$m = 1\,\mathrm{kg}$, $k = 1500\,\mathrm{N/m}$, $F = 1\,\mathrm{N}$ とする。

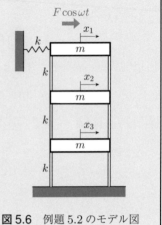

図 5.6 例題 5.2 のモデル図

【解】 運動方程式は以下のようになる。

$$\left.\begin{array}{l} m\ddot{x}_1 + 2kx_1 - kx_2 = F\cos\omega t \\ m\ddot{x}_2 - kx_1 + 2kx_2 - kx_3 = 0 \\ m\ddot{x}_3 - kx_2 + 2kx_3 = 0 \end{array}\right\}$$

上式を行列の形で表すと，

$$[M]\{\ddot{x}\} + [K]\{x\} = \{f\}\cos\omega t$$

ここで，

$$[M] = \begin{bmatrix} m & 0 & 0 \\ 0 & m & 0 \\ 0 & 0 & m \end{bmatrix}, \quad [K] = \begin{bmatrix} 2k & -k & 0 \\ -k & 2k & -k \\ 0 & -k & 2k \end{bmatrix}$$

$$\{x\} = \{x_1, x_2, x_3\}^T, \quad \{f\} = \{F, 0, 0\}^T$$

直接法と理論モード解析により，各質点の振幅応答曲線を Python によって計算した結果が図 5.7 である。横軸には外力の振動数，縦軸には振幅を log スケールで示した。実線及びプロットは，それぞれ，直接法及び理論モード解析で得られた結果であり，両者が一致することが確認できる。図 5.8 は図 5.7 を描くために用いた Python のソースコードの一部である。52〜56 行目では，直接法に関する内容を示し，61〜69 行目では，理論モード解析を示している。

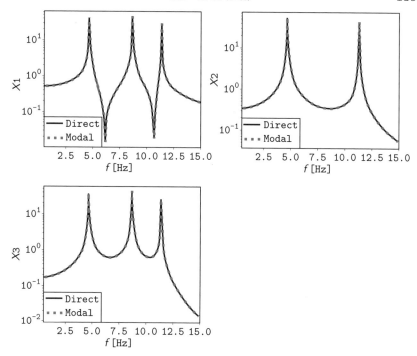

図 5.7　例題 5.2 の振幅応答曲線（`code_5-2.py` を実行した結果）

```
52  #    直接法で応答振幅を算出する

53  B_r=K-pow(omega,2)*M
54  B_x=B_r
55  B=np.linalg.inv(B_x) #B_xの逆行列
56  X=np.dot(B, F)    #B_xの逆行列とFの掛け算

61  #    モード解析により応答振幅を算出する
62  for j in range(3):
63      lamda = omega/omegn[j]
64      B_1[j]=FA[j]/KA[j,j]/(1.0-lamda**2)
```

```
65    for k in range(3):
      ...

69        YY[k,i]=abs(YY[k,i])*1000.0
```

図 5.8　code_5-2.py のソースコードの一部　　　　　　　　　□

5.2.2　減衰を考慮する場合

　減衰がある場合についても，直接法と理論モード解析により，振幅を求める
ことができる．ここでは，図 5.9 に示すように，外力が作用し，減衰を考慮し
た N 自由度を持つ振動系の運動について考える．その運動方程式は

$$
\left.
\begin{aligned}
&m_1\ddot{x}_1 = f_1 - c_1\dot{x}_1 - c_2(\dot{x}_1 - \dot{x}_2) - k_1 x_1 - k_2(x_1 - x_2) \\
&m_2\ddot{x}_2 = f_2 + c_2(\dot{x}_1 - \dot{x}_2) - c_3(\dot{x}_2 - \dot{x}_3) + k_2(x_1 - x_2) - k_3(x_2 - x_3) \\
&\quad\quad\quad\quad\quad\quad\quad \vdots \\
&m_N\ddot{x}_N = f_N + c_N(\dot{x}_{N-1} - \dot{x}_N) + k_N(x_{N-1} - x_N)
\end{aligned}
\right\}
$$

上式を整理すると，

$$
\left.
\begin{aligned}
&m_1\ddot{x}_1 + (c_1 + c_2)\dot{x}_1 - c_2\dot{x}_2 + (k_1 + k_2)x_1 - k_2 x_2 = f_1 \\
&m_2\ddot{x}_2 - c_2\dot{x}_1 + (c_2 + c_3)\dot{x}_2 - c_3\dot{x}_3 - k_2 x_1 + (k_2 + k_3)x_2 - k_3 x_3 = f_2 \\
&\quad\quad\quad\quad\quad\quad\quad \vdots \\
&m_N\ddot{x}_N - c_N\dot{x}_{N-1} + c_N\dot{x}_N - k_N x_{N-1} + k_N x_N = f_N
\end{aligned}
\right\}
$$

上式を行列の形で表すと，

$$[M]\{\ddot{x}\} + [C]\{\dot{x}\} + [K]\{x\} = \{f\} \tag{5.13}$$

ここで，$[M]$, $[K]$, $\{x\}$ は式 (5.2) と同様であり，$\{f\}$, $[C]$ は次のように表さ
れる．

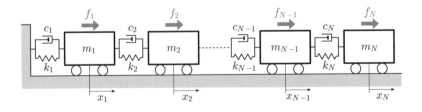

図 5.9　減衰を考慮した N 自由度系のモデル図

$$\{f\} = \{f_1, f_2, \ldots, f_N\}^T, \quad [C] = \begin{bmatrix} c_1 + c_2 & -c_2 & \cdots & 0 \\ -c_2 & c_2 + c_3 & \cdots & 0 \\ \vdots & \vdots & \ddots & \vdots \\ 0 & 0 & -c_{N-1} & c_N \end{bmatrix}$$

今，調和外力 $\{f\} = \{F\}e^{j\omega t}$ が作用し，その応答が $\{x\} = \{X\}e^{j\omega t}$ で表されるとすると，式 (5.13) は次式となる．

$$(-\omega^2[M] + j\omega[C] + [K])\{X\} = \{F\} \tag{5.14}$$

式 (5.14) を解く方法として，以下の 3 つの方法を紹介する．

(1)　**直接法**　式 (5.14) において，$(-\omega^2[M] + j\omega[C] + [K])$ の逆行列を左からかけると，振幅ベクトル $\{X\}$ は次のように求めることができる．

$$\{X\} = ([K] - \omega^2[M] + j\omega[C])^{-1}\{F\} \tag{5.15}$$

(2)　**理論モード解析**　一般に，減衰行列 $[C]$ については固有モードの直交性が成り立たないため，これまでに示した理論モード解析をそのまま式 (5.14) に用いることはできない．そこで，減衰を考慮する場合については，次に示す 2 つの方法を用いると理論モード解析を行うことができる．

①**比例減衰を用いた理論モード解析**　比例減衰 (proportional damping) とはレイリー減衰 (Rayleigh's damping) とも呼ばれ，次式に示すように，質量行列 $[M]$ と剛性行列 $[K]$ を用いて粘性減衰行列 $[C]$ が定義できる減衰である．

$$[C] = a[M] + b[K]$$

ここで，a, b は定数である．

今，調和外力 $\{f\} = \{F\}e^{j\omega t}$ が作用し，その応答が $\{x\} = \{X\}e^{j\omega t}$ で表されるとする．また，モード座標を $\{\xi\} = \{A\}e^{j\omega t}$ とし，式 (5.8) を用いると，

$$\{X\} = [\phi]\{A\}$$

したがって，式 (5.14) は

$$\{-\omega^2[M][\phi] + j\omega(a[M][\phi] + b[K][\phi]) + [K][\phi]\}\{A\} = \{F\}$$

上式の両辺に左からモード行列の転置行列である $[\phi]^T$ をかけると，

$$\{-\omega^2[\phi]^T[M][\phi] + j\omega(a[\phi]^T[M][\phi] + b[\phi]^T[K][\phi]) + [\phi]^T[K][\phi]\}\{A\} = \{F\}$$

$[\phi]^T[M][\phi]$, $[\phi]^T[K][\phi]$ は対角行列であるため，$(a[\phi]^T[M][\phi] + b[\phi]^T[K][\phi])$ も対角行列になる．そこで，次のようにおく．

$$a[\phi]^T[M][\phi] + b[\phi]^T[K][\phi] = \begin{bmatrix} c_1^* & 0 & \cdots & 0 \\ 0 & c_2^* & \cdots & 0 \\ \vdots & \vdots & \ddots & 0 \\ 0 & 0 & 0 & c_N^* \end{bmatrix}$$

$\{F^*\} = [\phi]^T\{F\}$ とおくと，

$$\left.\begin{array}{c} (-m_1^*\omega^2 + jc_1^*\omega + k_1^*)A_1 = F_1^* \\ (-m_2^*\omega^2 + jc_2^*\omega + k_2^*)A_2 = F_2^* \\ \vdots \\ (-m_N^*\omega^2 + jc_N^*\omega + k_N^*)A_1 = F_N^* \end{array}\right\}$$

r 次のモードについて解くと，

$$A_r = \frac{F_r^*}{k_r^* - m_r^*\omega^2 + jc_N^*\omega} = \frac{\frac{F_r^*}{k_r^*}}{1 - \left(\frac{\omega}{\omega_r}\right)^2 + j2\zeta_r\frac{\omega}{\omega_r}} \tag{5.16}$$

ここで，

$$\zeta_r = \frac{c_r^*}{2\sqrt{m_r^*k_r^*}}$$

したがって，振幅ベクトル $\{X\}$ は

$$\{X\} = \sum_{r=1}^{N}\{X^{(r)}\}A_r = \sum_{r=1}^{N}\{X^{(r)}\}\frac{\frac{F_r^*}{k_r^*}}{1 - \left(\frac{\omega}{\omega_r}\right)^2 + j2\zeta_r\frac{\omega}{\omega_r}} \tag{5.17}$$

┌─ 例題 5.3 ─────────────────────────

　図 5.10 に示される振動系について，理論モード解析を用いて振幅応答曲線を求めなさい．また，各モード単体の振幅応答も併せて示しなさい．なお，減衰行列 $[C]$ は剛性行列 $[K]$ に比例する比例減衰（$[C] = b[K]$）であり，各変数は以下の値とする．

$$m = 1\,\text{kg}, \quad k = 1500\,\text{N/m}, \quad b = 1 \times 10^{-4}$$

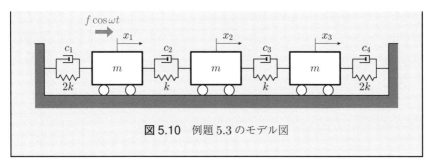

図 5.10　例題 5.3 のモデル図

【解】　3 つの物体 m の運動方程式は次式となる.

$$\left.\begin{aligned}
m\ddot{x}_1 &= -2kx_1 - k(x_1 - x_2) - c_1\dot{x}_1 - c_2(\dot{x}_1 - \dot{x}_2) + f\cos\omega t \\
m\ddot{x}_2 &= -k(x_2 - x_1) - k(x_2 - x_3) - c_2(\dot{x}_2 - \dot{x}_1) - c_3(\dot{x}_2 - \dot{x}_3) \\
m\ddot{x}_3 &= -k(x_3 - x_2) - 2kx_3 - c_3(\dot{x}_3 - \dot{x}_2) - c_4\dot{x}_3
\end{aligned}\right\}$$

整理すると, 次のようになる.

$$\left.\begin{aligned}
m\ddot{x}_1 + (c_1 + c_2)\dot{x}_1 - c_2\dot{x}_2 + 3kx_1 - kx_2 &= f\cos\omega t \\
m\ddot{x}_2 - c_2\dot{x}_1 + (c_2 + c_3)\dot{x}_2 - c_3\dot{x}_3 - kx_1 + 2kx_2 - kx_3 &= 0 \\
m\ddot{x}_3 - c_3\dot{x}_2 + (c_3 + c_4)\dot{x}_3 - kx_2 + 3kx_3 &= 0
\end{aligned}\right\}$$

上式を行列の形で表すと,

$$[M]\{\ddot{x}\} + [C]\{\dot{x}\} + [K]\{x\} = \{F\}\cos\omega t$$

ここで,

$$[M] = \begin{bmatrix} m & 0 & 0 \\ 0 & m & 0 \\ 0 & 0 & m \end{bmatrix}, \quad [C] = \begin{bmatrix} c_1 + c_2 & -c_2 & 0 \\ -c_2 & c_2 + c_3 & -c_3 \\ 0 & -c_3 & c_3 + c_4 \end{bmatrix}$$

$$[K] = \begin{bmatrix} 3k & -k & 0 \\ -k & 2k & -k \\ 0 & -k & 3k \end{bmatrix}, \quad \{x\} = \begin{Bmatrix} x_1 \\ x_2 \\ x_3 \end{Bmatrix}, \quad \{F\} = \begin{Bmatrix} f \\ 0 \\ 0 \end{Bmatrix}$$

また, 比例減衰であることから

$$[C] = \begin{bmatrix} c_1 + c_2 & -c_2 & 0 \\ -c_2 & c_2 + c_3 & -c_3 \\ 0 & -c_3 & c_3 + c_4 \end{bmatrix} = b[K] = b\begin{bmatrix} 3k & -k & 0 \\ -k & 2k & -k \\ 0 & -k & 3k \end{bmatrix}$$

したがって，振幅は式 (5.17) により求めることができる．各質点の振幅応答曲線を Python によって計算した結果が図 5.11 である．横軸には外力の振動数，縦軸には振幅を log スケールで示した．図中において，黒い実線は式 (5.17) から得られた結果であり，青や黒の破線，青い一点鎖線は式 (5.17) の右辺において，$r = 1 \sim 3$ のいずれかの各モード単体の振幅応答を示した結果である．各次の固有振動数付近では各モード単体の振幅応答でもモード合成した式 (5.17) の結果と一致していることがわかる．図 5.12 は図 5.11 を描くために用いた Python のソースコードの一部である．62〜66 行目は，式 (5.16) を示し，68〜70 行目は，式 (5.17) を示している．

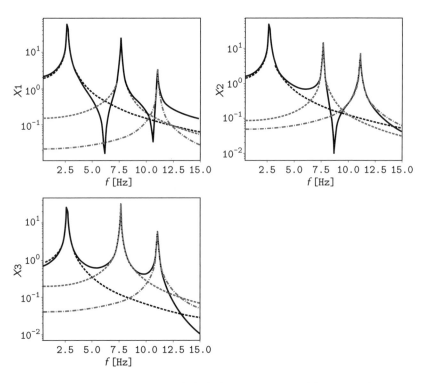

図 5.11　例題 5.3 の振幅応答曲線（code_5-3.py を実行した結果）

```
62  for j in range(3):
63      lamda = omega/omegn[j]
64      B11[j]=FA[j]/KA[j,j]
65      B12[j]=1.0-lamda**2+1j*2.0*jita[j]*lamda**2
66      B_1[j]=B11[j]/B12[j]
67
68  Y11=mode[0,0]*B_1[0]+mode[0,1]*B_1[1]+mode[0,2]*B_1[2]
69  Y22=mode[1,0]*B_1[0]+mode[1,1]*B_1[1]+mode[1,2]*B_1[2]
70  Y33=mode[2,0]*B_1[0]+mode[2,1]*B_1[1]+mode[2,2]*B_1[2]
```

図 5.12　code_5-3.py のソースコードの一部

②**一般粘性減衰を用いる理論モード解析**　減衰行列を比例減衰とみなすことができない場合には，直交性を満たす新たなベクトルを用いるとモード解析を行うことができる．

これまでと同様に，次式で示す運動方程式について考える．

$$[M]\{\ddot{x}\} + [C]\{\dot{x}\} + [K]\{x\} = \{f\}$$

上式の順番を入れ替えて次式とする．

$$[C]\{\dot{x}\} + [M]\{\ddot{x}\} + [K]\{x\} = \{f\} \tag{5.18}$$

次に，自明である次の関係を用いる．

$$[M]\{\dot{x}\} - [M]\{\dot{x}\} = \{0\}$$

上式を次のように置き換える．

$$[M]\{\dot{x}\} + [0]\{\ddot{x}\} + [0]\{x\} - [M]\{\dot{x}\} = \{0\} \tag{5.19}$$

式 (5.18) と式 (5.19) を行列の形にまとめると，

$$[D]\{\dot{y}\} + [E]\{y\} = \{p\} \tag{5.20}$$

ここで，

$$[D] = \begin{bmatrix} [C] & [M] \\ [M] & [0] \end{bmatrix}, \quad [E] = \begin{bmatrix} [K] & [0] \\ [0] & -[M] \end{bmatrix}$$

$$\{y\} = \left\{ \begin{matrix} \{x\} \\ \{\dot{x}\} \end{matrix} \right\}, \quad \{p\} = \left\{ \begin{matrix} \{f\} \\ \{0\} \end{matrix} \right\}$$

さらに，$[D]$, $[E]$ は $2N$ 行 $2N$ 列の行列である．

今，式 (5.20) の右辺がゼロベクトルとなる自由振動を考えると，

$$[D]\{\dot{y}\} + [E]\{y\} = \{0\}$$

上式の解を $\{y\} = \{Y\}e^{\lambda t}$ とおくと，

$$\big(\lambda[D] + [E]\big)\{Y\} = \{0\}$$

上式に左から $[E]^{-1}$ をかけると，

$$\big(\lambda[E]^{-1}[D] + [I]\big)\{Y\} = \{0\}$$

ここで，$[I]$ は単位行列である．上式は標準固有値問題であることから，それを解いて得られる固有ベクトル $\{\phi^{(i)}\}$ は $[D]$, $[E]$ に関して直交性を有している．さらに，$\{\phi^{(i)}\}$ を次のように横に並べた $2N$ 行 $2N$ 列の行列 $[\phi]$ を新たに，モード行列と定義する．

$$[\phi] = \big[\{\phi^{(1)}\}\{\phi^{(2)}\}\cdots\{\phi^{(2N)}\}\big]$$

次に，式 (5.20) の強制振動解を解くことを考える．モード座標 $\{\xi\}$ を用いて，$\{y\}$ を次のように定義する．

$$\{y\} = [\phi]\{\xi\}$$

すると，式 (5.20) は

$$[D][\phi]\{\dot{\xi}\} + [E][\phi]\{\xi\} = \{p\}$$

上式の両辺に左から $[\phi]$ の転置行列である $[\phi]^T$ をかけると，

$$[\phi]^T[D][\phi]\{\dot{\xi}\} + [\phi]^T[E][\phi]\{\xi\} = [\phi]^T\{p\}$$

上式を次式とおく．

$$[D^*]\{\dot{\xi_i}\} + [E^*]\{\xi_i\} = [\phi]^T\{p\}$$

ここで，

$$[D^*] = [\phi]^T[D][\phi], \quad [E^*] = [\phi]^T[E][\phi]$$

今，調和外力 $\{p\} = \{P\}e^{j\omega t}$ が作用し，その応答が，$\{y\} = \{Y\}e^{j\omega t}$, $\{\xi\} = \{A\}e^{j\omega t}$ で表されるとすると，

$$\big(j\omega[D^*] + [E^*]\big)\{A\} = [\phi]^T\{P\} \tag{5.21}$$

$[D^*]$, $[E^*]$ は対角行列となることから次式のようにおく.

$$[D^*] = \begin{bmatrix} d_1^* & 0 & \cdots & 0 \\ 0 & d_2^* & \cdots & 0 \\ \vdots & \vdots & \ddots & \vdots \\ 0 & 0 & \cdots & d_{2N}^* \end{bmatrix}$$

$$[E^*] = \begin{bmatrix} e_1^* & 0 & \cdots & 0 \\ 0 & e_2^* & \cdots & 0 \\ \vdots & \vdots & \ddots & \vdots \\ 0 & 0 & \cdots & e_{2N}^* \end{bmatrix}$$

$$\{p^*\} = [\phi]^T\{P\} = \begin{Bmatrix} p_1^* \\ p_2^* \\ \vdots \\ p_{2N}^* \end{Bmatrix}$$

式 (5.19) を成分ごとに分けて書くと,

$$(j\omega d_i^* + e_i^*)A_i = p_i^* \quad (i = 1\sim 2N)$$

上式の解は次式となる.

$$A_i = \frac{p_i^*}{e_i^* + j\omega d_i^*} \tag{5.22}$$

したがって,振幅ベクトルは $\{Y\} = [\phi]\{A\}$ より,

$$\{Y\} = \sum_{r=1}^{2N}\{\phi^{(r)}\}A_r = \sum_{r=1}^{2N}\{\phi^{(r)}\}\frac{p_r^*}{e_r^* + j\omega d_r^*} \tag{5.23}$$

上式から振幅応答曲線が求められる.

例題 5.4

図 5.13 に示される振動系について,直接法と理論モード解析を用いて振幅応答曲線を描き,それらを比較しなさい.なお,各変数は以下の値とする.

$$m_1 = 1\,\text{kg}, \quad m_2 = m_3 = 0.5\,\text{kg}, \quad c_1 = c_2 = c_3 = 0.01\,\text{N s/m},$$
$$k_1 = k_2 = 1000\,\text{N/m}, \quad k_3 = 2000\,\text{N/m}$$

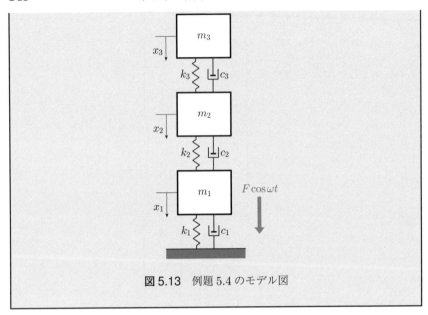

図5.13 例題 5.4 のモデル図

【解】 3つの物体 m の運動方程式は次式となる.

$$
\left.
\begin{aligned}
m_1\ddot{x}_1 &= -k_1 x_1 - k_2(x_1 - x_2) - c_1\dot{x}_1 - c_2(\dot{x}_1 - \dot{x}_2) + F\cos\omega t \\
m_2\ddot{x}_2 &= -k_2(x_2 - x_1) - k_3(x_2 - x_3) - c_2(\dot{x}_2 - \dot{x}_1) - c_3(\dot{x}_2 - \dot{x}_3) \\
m_3\ddot{x}_3 &= -k_3(x_3 - x_2) - c_3(\dot{x}_3 - \dot{x}_2)
\end{aligned}
\right\}
$$

整理して,行列の形で表すと,$[M]\{\ddot{x}\} + [C]\{\dot{x}\} + [K]\{x\} = \{f\}\cos\omega t$ となる.ここで,

$$
[M] = \begin{bmatrix} m_1 & 0 & 0 \\ 0 & m_2 & 0 \\ 0 & 0 & m_3 \end{bmatrix}, \quad
[C] = \begin{bmatrix} c_1+c_2 & -c_2 & 0 \\ -c_2 & c_2+c_3 & -c_3 \\ 0 & -c_3 & c_3 \end{bmatrix}
$$

$$
[K] = \begin{bmatrix} k_1+k_2 & -k_2 & 0 \\ -k_2 & k_2+k_3 & -k_3 \\ 0 & -k_3 & k_3 \end{bmatrix}, \quad
\{x\} = \begin{Bmatrix} x_1 \\ x_2 \\ x_3 \end{Bmatrix}, \quad
\{f\} = \begin{Bmatrix} F \\ 0 \\ 0 \end{Bmatrix}
$$

各質点の振幅応答曲線を Python によって計算した結果が図 5.14 である.横軸には外力の振動数,縦軸には振幅を log スケールで示した.図中において,実線及びプロットはそれぞれ,直接法,モード解析によって得られた結果であ

る．もちろん，両者の値は一致していることがわかる．図 5.15 は図 5.14 を描くために用いた Python のソースコードの一部である．65, 66 行目は式 (5.22) を示し，68〜71 行目は，式 (5.23) を示している．

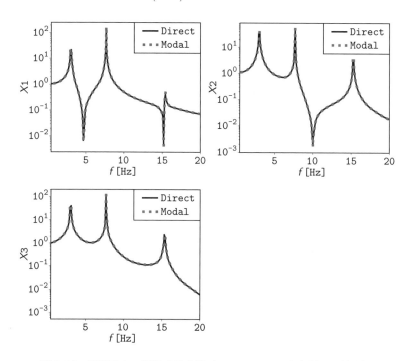

図 5.14　例題 5.4 の振幅応答曲線（code_5-4.py を実行した結果）

```
65  for j in range(nd2):
66      k_1[j]=PA[j]/(EA[j,j]+1j*omg*DA[j,j])
67
68  for j in range(nd):
69      YYm[j]=0.0
70      for k in range(nd2):
71          YYm[j]=YYm[j]+mode[j,k]*k_1[k]
```

図 5.15　code_5-4.py のソースコードの一部

5.3　パラメータ推定

これまで扱ってきた振動系では質量 m や粘性減衰定数 c などの各パラメータが既知である場合を考えてきた．しかし，実際の問題では，各パラメータは未知である場合がほとんどである．そこで，本節では多自由度系のパラメータを推定する方法を考える．

多自由度系のパラメータを推定する方法には様々なものがあるが，ここでは，ルイリダン（Leuridan）が提唱した直接同定法について解説する．

改めて，図 5.9 に示す N 自由度の振動系を考えると，その運動方程式は

$$[M]\{\ddot{x}\} + [C]\{\dot{x}\} + [K]\{x\} = \{f\} \tag{5.24}$$

ここで，$\{x\}$，$\{f\}$ はいずれも実験で計測できる値とする．

$\{f\}$ が正弦波状外力で与えられるとし，定常状態を考えると，x_i, f_i（$i = 1, 2, \ldots, N$）は次式で表すことができる．

$$\left. \begin{array}{l} x_i = X_i^c \cos\omega t + X_i^s \sin\omega t \\ f_i = F_i^c \cos\omega t + F_i^s \sin\omega t \end{array} \right\} \tag{5.25}$$

オイラーの公式

$$e^{j\omega t} = \cos\omega t + j\sin\omega t$$

から得られる以下の式 (5.26) を用いると，式 (5.25) は式 (5.27) となる．

$$\begin{aligned} \cos\omega t &= \frac{e^{j\omega t} + e^{-j\omega t}}{2} \\ \sin\omega t &= \frac{e^{j\omega t} - e^{-j\omega t}}{2j} \end{aligned} \tag{5.26}$$

$$\left. \begin{array}{l} x_i = X_i e^{j\omega t} + X_i^* e^{-j\omega t} \\ f_i = F_i e^{j\omega t} + F_i^* e^{-j\omega t} \end{array} \right\} \tag{5.27}$$

ここで，

$$\begin{aligned} X_i &= \frac{X_i^c - jX_i^s}{2}, \quad X_i^* = \frac{X_i^c + jX_i^s}{2} \\ F_i &= \frac{F_i^c - jF_i^s}{2}, \quad F_i^* = \frac{F_i^c + jF_i^s}{2} \end{aligned} \tag{5.28}$$

式 (5.27) を式 (5.24) に代入すると,

$$
\left.\begin{array}{l}
\left([K] - \omega^2[M] + j\omega[C]\right)\{X\} = \{F\} \\
\left([K] - \omega^2[M] - j\omega[C]\right)\{X^*\} = \{F^*\}
\end{array}\right\} \tag{5.29}
$$

ここで, $\{X\}$, $\{X^*\}$, $\{F\}$, $\{F^*\}$ は次式で示す通りである.

$$
\{X\} = \left\{\begin{array}{c} X_1 \\ X_2 \\ \vdots \\ X_{N-1} \\ X_N \end{array}\right\}, \quad \{X^*\} = \left\{\begin{array}{c} X_1^* \\ X_2^* \\ \vdots \\ X_{N-1}^* \\ X_N^* \end{array}\right\}
$$

$$
\{F\} = \left\{\begin{array}{c} F_1 \\ F_2 \\ \vdots \\ F_{N-1} \\ F_N \end{array}\right\}, \quad \{F^*\} = \left\{\begin{array}{c} F_1^* \\ F_2^* \\ \vdots \\ F_{N-1}^* \\ F_N^* \end{array}\right\}
$$

式 (5.28) を用いて, 式 (5.29) を書き換えると,

$$
\left.\begin{array}{l}
\left([K] - \omega^2[M]\right)\{X^c\} + \omega[C]\{X^s\} = \{F^c\} \\
\left([K] - \omega^2[M]\right)\{X^s\} + \omega[C]\{X^c\} = \{F^s\}
\end{array}\right\} \tag{5.30}
$$

ここで, $\{X^c\}$, $\{X^s\}$, $\{F^c\}$, $\{F^s\}$ は次式に示す通りであり, 上式は外力の振動数 ω に対して, 2 つの関係式が得られることを示している.

$$
\{X^c\} = \left\{\begin{array}{c} X_1^c \\ X_2^c \\ \vdots \\ X_{N-1}^c \\ X_N^c \end{array}\right\}, \quad \{X^s\} = \left\{\begin{array}{c} X_1^s \\ X_2^s \\ \vdots \\ X_{N-1}^s \\ X_N^s \end{array}\right\}
$$

$$
\{F^c\} = \left\{\begin{array}{c} F_1^c \\ F_2^c \\ \vdots \\ F_{N-1}^c \\ F_N^c \end{array}\right\}, \quad \{F^s\} = \left\{\begin{array}{c} F_1^s \\ F_2^s \\ \vdots \\ F_{N-1}^s \\ F_N^s \end{array}\right\} \tag{5.31}
$$

質量行列 $[M]$, 減衰行列 $[C]$, 剛性行列 $[K]$ がいずれも対称行列とすると, $[M]$, $[C]$, $[K]$ にはそれぞれ, $\frac{N(N+1)}{2}$ 個の未知のパラメータがあることから, 全ての未知パラメータの数は $\frac{3N(N+1)}{2}$ 個となる. 一方, 振動実験により, L 種類の異なる外力の振動数 ω に関して, x_i, f_i を計測すると, 式 (5.30) から, $2L$ 個の方程式を得ることができる. 未知パラメータの数は $\frac{3N(N+1)}{2}$ 個であるため,

$$L = \frac{3N(N+1)}{4}$$

とすれば, 次に示す多元 1 次連立方程式となり, 全ての未知パラメータを求めることができる.

$$[A]\{S\} = \{F^t\} \tag{5.32}$$

ここで, $\{S\}$ は次式で示す未知パラメータからなるベクトルであり, $\{A\}$ は ω と $\{X^c\}$, $\{X^s\}$ から決まる既知の行列, $\{F^t\}$ は $\{F^c\}$, $\{F^s\}$ から決まる既知のベクトルを示している.

$$\{S\} = \{m_{11}, m_{12}, \ldots, m_{NN}, c_{11}, c_{12}, \ldots, c_{NN}, k_{11}, k_{12}, \ldots, k_{NN}\}^T$$

なお実際は, 実験結果から得られる $\{X^c\}$, $\{X^s\}$ は誤差を含んでいるため, $L > \frac{3N(N+1)}{4}$ として, 次式で示すように最小 2 乗法を適用して, 未知パラメータを決定することが多い.

$$[S] = \left([A]^T[A]\right)^{-1}[A]^T\{F^t\} \tag{5.33}$$

例題 5.5

図 5.16 に示される強制外力が働く振動系の各パラメータの推定を行う場合について考える. k_1, k_2 は既知であり, 図 5.17 に示されるように, 実験により, 21 個の異なる振動数における外力と各質点の振幅が得られているとき (詳細は, データファイル名 "F-X1X2.dat" を参照のこと), 質量 m_1, m_2 と粘性減衰係数 c_1, c_2 を求めなさい. また, 得られたパラメータを用いて振幅応答曲線を作成した後, そこに "F-X1X2.dat" のデータをプロットし, 両者が一致することを確認しなさい. ここで, $k_1 = 14200$ N/m, $k_2 = 2000$ N/m とする.

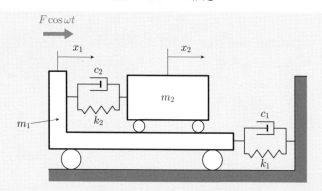

図 5.16 例題 5.5 のモデル図

F（Hz）	F^c（N）	F^s（N）	X_1^c（m）	X_1^s（m）	X_2^c（m）	X_2^s（m）
25	3.41	6.11	3.54e-4	6.43e-4	5.03e-4	9.40e-4
30	2.28	-6.62	3.31e-4	-9.2e-4	6.41e-4	-1.65e-3
35	6.45	-2.72	-1.78e-3	6.16e-4	-4.66e-3	1.33e-3
...	...	...	...	...	...	...
80	4.44	5.41	-2.1e-4	-2.5e-4	1.1e-4	1.01e-4

図 5.17 外力と振幅のデータ（`F-X1X2.dat`）

【解】 2 つの物体 m の運動方程式は次式となる.

$$\left.\begin{array}{l} m_1\ddot{x}_1 = -k_1x_1 - k_2(x_1 - x_2) - c_1\dot{x}_1 - c_2(\dot{x}_1 - \dot{x}_2) + F\cos\omega t \\ m_2\ddot{x}_2 = k_2(x_1 - x_2) + c_2(\dot{x}_1 - \dot{x}_2) \end{array}\right\}$$

整理して, 行列の形で表すと,

$$[M]\{\ddot{x}\} + [C]\{\dot{x}\} + [K]\{x\} = \{f\}$$

ここで,

$$[M] = \begin{bmatrix} m_1 & 0 \\ 0 & m_2 \end{bmatrix} = \begin{bmatrix} m_a & 0 \\ 0 & m_b \end{bmatrix}, \quad [C] = \begin{bmatrix} c_1 + c_2 & -c_2 \\ -c_2 & c_2 \end{bmatrix} = \begin{bmatrix} c_a & -c_b \\ -c_b & c_b \end{bmatrix}$$

$$[K] = \begin{bmatrix} k_1 + k_2 & -k_2 \\ -k_2 & k_2 \end{bmatrix} = \begin{bmatrix} k_a & -k_b \\ -k_b & k_b \end{bmatrix}$$

$$\{x\} = \begin{Bmatrix} x_1 \\ x_2 \end{Bmatrix}, \quad \{f\} = \begin{Bmatrix} F\cos\omega t \\ 0 \end{Bmatrix}$$

式 (5.30) より,

$$
\left.
\begin{array}{l}
-\omega^2 X_1^c m_a + \omega X_1^s c_a - \omega X_2^s c_b = F_1^c - k_a X_1^c + k_b X_2^c \\
-\omega^2 X_2^c m_b + \omega(X_2^s - X_1^s)c_b = F_2^c + k_b X_1^c - k_b X_2^c \\
-\omega^2 X_1^s m_a - \omega X_1^c c_a + \omega X_2^c c_b = F_1^s - k_a X_1^s + k_b X_2^s \\
-\omega^2 X_2^s m_b + \omega(X_1^c - X_2^c)c_b = F_2^s + k_b X_1^s - k_b X_2^s
\end{array}
\right\}
$$

上式を行列の形にすると,

$$
[A]\{S\} = \{F^t\}
$$

ここで,

$$
[A] =
\begin{bmatrix}
-\omega^2 X_1^c & 0 & \omega X_1^s & -\omega X_2^s \\
0 & -\omega^2 X_2^c & 0 & \omega(X_2^s - X_1^s) \\
-\omega^2 X_1^s & 0 & -\omega X_1^c & \omega X_2^c \\
0 & -\omega^2 X_2^s & 0 & \omega(X_1^c - X_2^c)
\end{bmatrix}
$$

$$
\{P\} =
\begin{Bmatrix}
m_a \\
m_b \\
c_a \\
c_b
\end{Bmatrix}, \quad
\{F^t\} =
\begin{Bmatrix}
F_1^c - k_a X_1^c + k_b X_2^c \\
F_2^c + k_b X_1^c - k_b X_2^c \\
F_1^s - k_a X_1^s + k_b X_2^s \\
F_2^s + k_b X_1^s - k_b X_2^s
\end{Bmatrix}
$$

したがって, 上式及び, 式 (5.33) により, 図 5.18 に示すように, 質量 m_1, m_2 と粘性減衰係数 c_1, c_2 が求められる. それを Python のソースコードにした一部が図 5.19 である. 50〜53 行目は式 (5.33) を示しており, 54, 55 行目において, m_1, m_2, c_1, c_2 が求められる. 図 5.20 は, 各質点の振幅応答曲線を Python によって計算した結果である (code_5-5-2.py を使用). 横軸には外力の振動数, 縦軸には振幅を示している. 図中において, 実線及びプロットはそれぞれ, 直接法, 外力と振幅のデータである "F-X1X2.dat" によって得られた結果である. 両者の値は一致していることから, パラメータ推定が良好に行われていることがわかる.

```
m1=6.03kg m2=1.00kg
c1=1.81Ns/m m2=2.02Ns/m
F=7.00N
```

図 5.18　パラメータを求めた結果

```
50  S=np.dot(T.T, T)    #Tの転置行列とTの掛け算
51  S1=np.linalg.inv(S) #Sの逆行列
52  S2=np.dot(S1, T.T)   #S1とTの転置行列の掛け算
53  P=np.dot(S2, Q)   #B2とQの掛け算
54  m1=P[0]      ; m2=P[1]
55  c1=P[2]-P[3] ; c2=P[3]
```

図 5.19 code_5-5-1.py のソースコードの一部

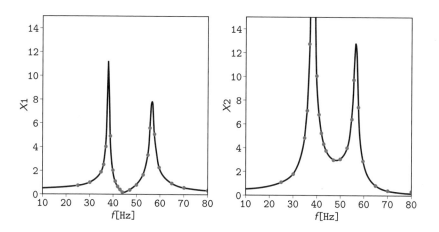

図 5.20 例題 5.5 の振幅応答曲線（code_5-5-2.py を実行した結果）

■■■■■■■■■■■■■■ **第 5 章の問題** ■■■■■■■■■■■■■■

□ **1** 下図に示されるような 2 つの歯車 J_3, J_4 のあるねじり振動系について，固有振動数と固有モードを求めなさい．歯車 J_3 に対して，歯車 J_4 の歯数は n 倍であり，K_1〜K_3 は各軸のねじり剛性である．また，J_1〜J_5 は各回転体の慣性モーメントである．なお，各変数は以下の値とし，軸の慣性モーメントは無視できるものとする．

$$n = 3, \quad J_1 = 1 \,\mathrm{kg\,m^2}, \quad J_2 = 1.5 \,\mathrm{kg\,m^2}, \quad J_3 = 0.5 \,\mathrm{kg\,m^2}, \quad J_4 = 3 \,\mathrm{kg\,m^2}$$

$$J_5 = 1 \,\mathrm{kg\,m^2}, \quad K_1 = 4 \times 10^3 \,\mathrm{N\,m/rad}, \quad K_2 = 1 \times 10^4 \,\mathrm{N\,m/rad}$$

$$K_3 = 4 \times 10^3 \,\mathrm{N\,m/rad}$$

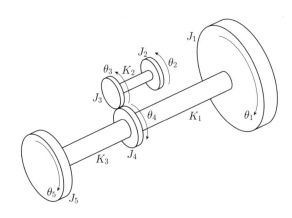

□ **2** 下図に示されるような振動系について，固有円振動数，モード行列，モード質量行列，モード剛性行列を求めなさい．ここで，各変数は以下の値とする．

$$m = 5 \,\mathrm{kg}, \quad k = 1500 \,\mathrm{N/m}$$

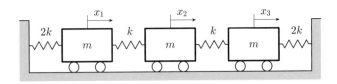

第 6 章
分布質量系の振動

　これまでの章では，分布している質量を 1 ないしはそれ以上に集中している と仮定して，その質量とばねからなるモデルを作成し，振動問題を考えてきた． そういった振動系は**集中定数系**（lumped parameter system），もしくは**離散 系**（discrete system）と呼ばれる．それに対して，質量が連続的に分布してい るとして扱うと現象が理解しやすい場合がある．そういった振動系は**分布質量 系**（distributed system），もしくは**連続体**（continuum）と呼ばれ，その振動 する様子は飛行機が離着陸するときの翼の振動などで見ることができる．

　本章では分布質量系に焦点を当て，その代表的な振動である弦の振動やはり の振動，膜の振動について考える．

本章で学ぶ内容
- 弦の運動方程式の導出と固有モードの描画方法
- はりの運動方程式及び振動数方程式の導出と固有モードの描画方法
- 膜の運動方程式の導出と長方形膜の固有モードの描画方法

6.1　弦の振動

6.1.1　動画による確認——ロープの振動

　まず，一定な張力で張ったロープの一端を揺らした場合にロープにはどのよ うな振動が発生するかを予想してみよう．図 6.1 はロープに振動を発生させる 装置のモデル図である．ここで，重力が働く方向は紙面に垂直で手前から紙面 の裏側に向かう方向である．また，リンク A，B とスライダ C はスライダクラ ンク機構を構成する要素である．今，クランク A が点 O まわりを反時計回り に回転すると，クランク A につながるリンク B を介して，スライダ C は上下 方向に一定な振幅で振動する．一方，CD 間には細いロープが一定の張力で取 り付けられている．さて，ロープはどういった振動を生じるであろうか？

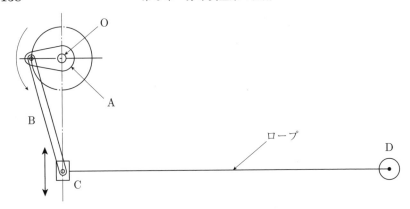

図 6.1　弦の振動装置のモデル図

　その答えは QR コード 6.1 をスマートフォンで読み取ると，動画で見ること
ができる．

動画 6.1

　クランク A の回転数が大きくなると，スライダ C が上下する振動数は
大きくなる．それによって，ロープが振動する様子は変化していくことが
わかる．

QR コード 6.1　ロープの振動装置

(https://youtu.be/dEgBBjQCXMo)

以下の項ではその様子を理論的に考えてみよう．

6.1.2　弦の運動方程式

図 6.2 は弦の振動を示している．ここで，**弦**（string）とは非常に細く長い線材であり，動画 6.1 で使用したロープも弦の 1 つである．弦の運動方程式を求めるにあたり，以下を仮定する．

- 弦の長さは，L であり，張力 T で張られている．
- 弦は一様であり，単位長さあたりの質量を ρ とする．
- 弦が伸びたときに生じる張力は大きく，重力の影響は無視できる．

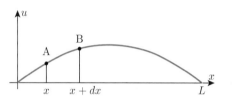
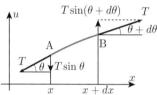

（a）　弦の振動　　　　　　（b）　微小要素の変位

図 6.2　弦の振動

図 6.2（b）に示すように，AB 間の微小要素について考える．時刻 t における x の位置での微小要素の変位（x 軸からの距離）を $u(x,t)$ とし，角度 θ を微小とすると，微小要素の長さは dx である．また，微小要素の質量は $\rho\,dx$ であることから，その運動方程式は両端に働く張力を考慮すると，

$$\rho\,dx\,\frac{\partial^2 u}{\partial t^2} = T\sin(\theta + d\theta) - T\sin\theta \tag{6.1}$$

弦の勾配を考えると，

$$\tan\theta = \frac{\partial u}{\partial x}$$

θ は微小であることから，

$$\sin\theta \cong \tan\theta = \frac{\partial u}{\partial x}$$

したがって，式 (6.1) は次式となる．

$$\rho\,dx\,\frac{\partial^2 u(x,t)}{\partial t^2} = T\,\frac{\partial u(x+dx,t)}{\partial x} - T\,\frac{\partial u(x,t)}{\partial x}$$

右辺第1項を dx でテイラー展開すると,

$$\rho\, dx\, \frac{\partial^2 u(x,t)}{\partial t^2} = T\left(\frac{\partial u(x,t)}{\partial x} + \frac{\partial^2 u(x,t)}{\partial x^2}\, dx\right) - T\frac{\partial u(x,t)}{\partial x}$$

$$\rho\, dx\, \frac{\partial^2 u(x,t)}{\partial t^2} = T\frac{\partial^2 u(x,t)}{\partial x^2}\, dx$$

$$\frac{\partial^2 u(x,t)}{\partial t^2} = c^2 \frac{\partial^2 u(x,t)}{\partial x^2} \tag{6.2}$$

ここで, c は次式で表され, **波動速度**(propagation speed)と呼ばれる.

$$c = \sqrt{\frac{T}{\rho}}$$

6.1.3 自由振動解

本項では式 (6.2) を解き,弦の自由振動解を導出する.式 (6.2) の解を次式と定義する.

$$u(x,t) = U(x)T(t) \tag{6.3}$$

上式において, U, T はそれぞれ, x, t のみの関数であることを示している.式 (6.3) を式 (6.2) に代入すると,

$$\frac{1}{T(t)}\frac{d^2 T(t)}{dt^2} = \frac{c^2}{U(x)}\frac{d^2 U(x)}{dx^2} \tag{6.4}$$

式 (6.4) において,左辺及び右辺はそれぞれ, t, x のみの関数であり,式 (6.4) が成り立つのは定数のときである.そこで,その値を $-\omega^2$ とすると,式 (6.4) から次式が得られる.

$$\left.\begin{array}{l} \dfrac{d^2 T(t)}{dt^2} + \omega^2 T(t) = 0 \\[2mm] \dfrac{d^2 U(x)}{dx^2} + \dfrac{\omega^2}{c^2}\, U(x) = 0 \end{array}\right\} \tag{6.5}$$

式 (6.5) の2式の解は,それぞれ,

$$\left.\begin{array}{l} T(t) = A\cos\omega t + B\sin\omega t \\[2mm] U(x) = C\cos\dfrac{\omega}{c}\, x + D\sin\dfrac{\omega}{c}\, x \end{array}\right\} \tag{6.6}$$

ここで, A, B, C, D は定数であり, $\omega^2 > 0$ である.式 (6.3),式 (6.6) より,式 (6.2) の解として以下が得られる.

$$u(x,t) = (A\cos\omega t + B\sin\omega t)\Big(C\cos\frac{\omega}{c}x + D\sin\frac{\omega}{c}x\Big) \tag{6.7}$$

一方，弦は，$x = 0$ 及び $x = L$ で固定されていることから，

$$u(0,t) = 0, \quad u(L,t) = 0 \tag{6.8}$$

このように位置によって決まる条件を**境界条件**（boundary condition）と呼ぶ．式 (6.8) の第 1 式を式 (6.7) に代入すると，

$$u(0,t) = (A\cos\omega t + B\sin\omega t)\Big(C\cos\frac{\omega}{c}\times 0 + D\sin\frac{\omega}{c}\times 0\Big) = 0$$

時間 t にかかわらず，上式が成り立つためには

$$C = 0 \tag{6.9}$$

また，式 (6.8) の第 2 式を式 (6.7) に代入すると，

$$u(L,t) = D\sin\frac{\omega}{c}L \times (A\cos\omega t + B\sin\omega t) = 0$$

$$D\sin\frac{\omega}{c}L = 0$$

$D \neq 0$ より，

$$\sin\frac{\omega}{c}L = 0$$

上式より，

$$\frac{\omega_i}{c}L = i\pi$$

$$\omega_i = \frac{i\pi c}{L} = \frac{i\pi}{L}\sqrt{\frac{T}{\rho}} \quad (i = 1, 2, 3, \ldots) \tag{6.10}$$

したがって，弦の振動解である式 (6.7) は式 (6.9)，式 (6.10) を考慮すると，

$$u_i = D\sin\Big(\frac{i\pi}{L}x\Big)(A_i\cos\omega_i t + B_i\sin\omega_i t)$$

$$= U_i \times (A_i'\cos\omega_i t + B_i'\sin\omega_i t) \tag{6.11}$$

ここで，A_i'，B_i' は定数であり，U_i は

$$U_i = \sin\Big(i\pi\frac{x}{L}\Big) \tag{6.12}$$

U_i は弦の i 番目の固有モードと呼ばれる．

次に，$0 \leq \frac{x}{L} \leq 1$ における弦の固有モードを求めてみよう．図 6.3 は式 (6.12)

を用いて，横軸に $\frac{x}{L}$，縦軸に U_i とし，i 番目の固有モードを Python によって計算した結果である．1～3 次の固有モードは動画 6.1 で見た弦の様子と同じであることがわかる．

図 6.4 は図 6.3 を描くために用いた Python のソースコードの一部である．6 行目に示すように，横軸の $\frac{x}{L}$ は，0～1 までを 100 等分した値を変数 x に代入し，1 次の固有モードを 7 行目のように表現した．

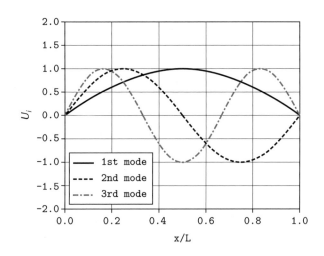

図 6.3　弦の固有モード（code_6-1.py を実行した結果）

```
6   x = np.linspace(0, 1, 100)
7   y1= np.sin(1*np.pi*x)
```

図 6.4　code_6-1.py のソースコードの一部

通常，我々が目にする弦の自由振動解は次式のように，式 (6.11) で示す各次の振動モードの重ね合わせで表される．

$$u(x,t) = \sum_{i=1}^{\infty} u_i = \sum_{i=1}^{\infty} \sin\left(i\pi \frac{x}{L}\right)(A_i \cos\omega_i t + B_i \sin\omega_i t)$$

ここで，式 (6.11) で示した A_i', B_i' は A_i, B_i と記した．

上式において，A_i, B_i は初期条件から次のように求められる．今，初期条件

として，初期変位と初期速度を次のように定義する．

$$u(x,0) = f(x), \quad \left(\frac{\partial u}{\partial t}\right)_{t=0} = g(x) \tag{6.13}$$

式 (6.13) の第 1 式から，

$$f(x) = \sum_{i=1}^{\infty} \sin\left(i\pi \frac{x}{L}\right) A_i \tag{6.14}$$

式 (6.13) の第 2 式から，

$$g(x) = \sum_{i=1}^{\infty} \sin\left(i\pi \frac{x}{L}\right) \omega_i B_i$$

式 (6.14) の両辺に $\sin\left(j\pi \frac{x}{L}\right)$ をかけて，$0 \sim L$ で積分すると，

$$\int_0^L \sin\left(j\pi \frac{x}{L}\right) \sum_{i=1}^{\infty} \sin\left(i\pi \frac{x}{L}\right) A_i \, dx = \int_0^L f(x) \sin\left(j\pi \frac{x}{L}\right) dx \tag{6.15}$$

ここで，$j = 1, 2, 3, \ldots$ である．

$$\sin A \sin B = \frac{1}{2}\big\{\cos(A - B) - \cos(A + B)\big\}$$

上式の関係を用いると，式 (6.15) の左辺は，

$$\begin{aligned}
(左辺) &= \frac{1}{2} \int_0^L \sum_{i=1}^{\infty} A_i \left\{\cos\frac{(i-j)\pi x}{L} - \cos\frac{(i+j)\pi x}{L}\right\} dx \\
&= \begin{cases} 0 & \cdots i \neq j \\ \dfrac{A_i L}{2} & \cdots i = j \end{cases}
\end{aligned}$$

したがって，

$$\frac{A_i L}{2} = \int_0^L f(x) \sin\left(i\pi \frac{x}{L}\right) dx$$

$$A_i = \frac{2}{L} \int_0^L f(x) \sin\left(i\pi \frac{x}{L}\right) dx \tag{6.16}$$

同様にして，

$$B_i = \frac{2}{L\omega_i} \int_0^L g(x) \sin\left(i\pi \frac{x}{L}\right) dx \tag{6.17}$$

以上のようにして，弦の自由振動解を得ることができる．

6.2　はりの横振動

6.2.1　運動方程式

　細長い板などのように，板の長手方向に対して垂直な荷重を受けてたわむ構造をはり（beam）という．本節では，はりの振動について考える．

　図 6.5 は，はりが振動している様子を示している．座標 x と変位 $u(x, t)$ は垂直な関係にあるが，そのような振動をはりの**横振動**（lateral vibration）または**曲げ振動**（bending vibration）と呼ぶ．また，はりは長さ L，密度 ρ，ヤング率 E，断面 2 次モーメント I，断面積 A とする．ここで，AB 間の微小要素について考えると，長さ dx の微小要素の質量は $\rho A \, dx$ となる．

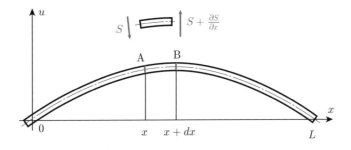

図 6.5　はりの振動

　微小要素の運動方程式はせん断力を S とすると，

$$\rho A \, dx \frac{\partial^2 u}{\partial t^2} = S + \frac{\partial S}{\partial x} \, dx - S$$
$$= \frac{\partial S}{\partial x} \, dx \tag{6.18}$$

また，せん断力 S と曲げモーメント M の関係から

$$S = \frac{\partial M}{\partial x}, \quad M = -EI \frac{\partial^2 u}{\partial x^2} \tag{6.19}$$

式 (6.19) を式 (6.18) に代入すると，

$$\rho A \frac{\partial^2 u}{\partial t^2} + EI \frac{\partial^4 u}{\partial x^4} = 0$$

$$a^2 \frac{\partial^4 u}{\partial x^4} + \frac{\partial^2 u}{\partial t^2} = 0 \qquad (6.20)$$

ここで,

$$a^2 = \frac{EI}{\rho A}$$

6.2.2 自由振動解

式 (6.20) の解を次式と定義する.

$$u(x,t) = U(x)T(t) \qquad (6.21)$$

式 (6.21) を式 (6.20) に代入すると,

$$\frac{1}{T(t)} \frac{d^2 T(t)}{dt^2} = \frac{-a^2}{U(x)} \frac{d^4 U(x)}{dx^4} \qquad (6.22)$$

上式において,左辺及び右辺はそれぞれ,t, x のみの関数であり,式 (6.22) が成り立つのは定数のときである.そこで,その値を $-\omega^2$ とすると

$$\left. \begin{array}{l} \dfrac{d^2 T(t)}{dt^2} + \omega^2 T(t) = 0 \\[2mm] \dfrac{d^4 U(x)}{dx^4} - k^4 U(x) = 0 \end{array} \right\} \qquad (6.23)$$

ここで,

$$k^4 = \left(\frac{\omega}{a}\right)^2 = \omega^2 \frac{\rho A}{EI}$$

式 (6.23) の第 1 式の解は

$$T(t) = A \cos \omega t + B \sin \omega t$$

式 (6.23) の第 2 式の解を次式とする.

$$U(x) = e^{sx} \qquad (6.24)$$

式 (6.24) を式 (6.23) の第 2 式に代入すると,次式が得られる.

$$s^4 - k^4 = 0 \qquad (6.25)$$

式 (6.25) の根は

$$s = \pm k, \; \pm jk$$

したがって，式 (6.23) の第 2 式の解は

$$U(x) = C_1 e^{jkx} + C_2 e^{-jkx} + C_3 e^{kx} + C_4 e^{-kx}$$

オイラーの公式を用いれば，上式は次のように表される．

$$U(x) = C_1 \cos kx + C_2 \sin kx + C_3 \cosh kx + C_4 \sinh kx$$

したがって，はりの横振動の解は

$$u(x,t) = (C_1 \cos kx + C_2 \sin kx + C_3 \cosh kx + C_4 \sinh kx)$$
$$\times (A \cos \omega t + B \sin \omega t) \tag{6.26}$$

上式において，$C_1 \sim C_4$ は境界条件によって，また，A, B は初期条件によって求めることができる．以下の項では，片持ちはりや両端固定はりなどの固有値や固有モードを求める．

6.2.3　片持ちはり

(1)　**片持ちはりの固有値**　固定端の位置を $x = 0$ とすると，片持ちはりの境界条件は次のように表される．

$x = 0$ において，はりの変位と傾きがゼロであることから

$$u(0,t) = 0, \quad \left(\frac{\partial u}{\partial x}\right)_{x=0} = 0 \tag{6.27}$$

また，$x = L$ で曲げモーメントとせん断力がゼロであることから，

$$\left(\frac{\partial^2 u}{\partial x^2}\right)_{x=L} = 0, \quad \left(\frac{\partial^3 u}{\partial x^3}\right)_{x=L} = 0 \tag{6.28}$$

式 (6.26) に式 (6.27) の第 1 の条件を考慮すると，

$$u(0,t) = (C_1 \cos 0 + C_2 \sin 0 + C_3 \cosh 0 + C_4 \sinh 0)(A \cos \omega t + B \sin \omega t)$$
$$= 0$$

時間にかかわらず，上式が成り立つためには

$$C_1 + C_3 = 0 \tag{6.29}$$

式 (6.26) に式 (6.27) の第 2 の条件を考慮すると，

$$(-C_1 \sin 0 + C_2 \cos 0 + C_3 \sinh 0 + C_4 \cos 0)(A \cos \omega t + B \sin \omega t) = 0$$

時間にかかわらず，上式が成り立つためには

$$C_2 + C_4 = 0 \tag{6.30}$$

式 (6.29), 式 (6.30) より, 式 (6.26) は

$$u(x,t) = \big\{C_1(\cos kx - \cosh kx) + C_2(\sin kx - \sinh kx)\big\}$$
$$\times (A\cos\omega t + B\sin\omega t) \tag{6.31}$$

式 (6.31) に式 (6.28) の第 1 式の条件を考慮すると,

$$k^2\big\{C_1(-\cos kL - \cosh kL) + C_2(-\sin kL - \sinh kL)\big\}$$
$$\times (A\cos\omega t + B\sin\omega t) = 0$$
$$C_1(\cos\lambda + \cosh\lambda) + C_2(\sin\lambda + \sinh\lambda) = 0 \tag{6.32}$$

ここで, λ は次式であり, **固有値** (eigenvalue) と呼ばれる.

$$\lambda = kL$$

また, 式 (6.31) に式 (6.28) の第 2 式の条件を考慮すると,

$$k^3\big\{C_1(\sin kL - \sinh kL) + C_2(-\cos kL - \cosh kL)\big\}$$
$$\times (A\cos\omega t + B\sin\omega t) = 0$$
$$C_1(\sin\lambda - \sinh\lambda) - C_2(\cos\lambda + \cosh\lambda) = 0 \tag{6.33}$$

式 (6.32) と式 (6.33) を行列の形式で示すと,

$$\begin{bmatrix} \cos\lambda + \cosh\lambda & \sin\lambda + \sinh\lambda \\ \sin\lambda - \sinh\lambda & -(\cos\lambda + \cosh\lambda) \end{bmatrix} \begin{Bmatrix} C_1 \\ C_2 \end{Bmatrix} = \begin{Bmatrix} 0 \\ 0 \end{Bmatrix}$$

C_1, C_2 はゼロではないことから,

$$\begin{vmatrix} \cos\lambda + \cosh\lambda & \sin\lambda + \sinh\lambda \\ \sin\lambda - \sinh\lambda & -(\cos\lambda + \cosh\lambda) \end{vmatrix} = 0$$

これより,

$$\cos\lambda + \frac{1}{\cosh\lambda} = 0 \tag{6.34}$$

式 (6.34) は片持ちはりの振動数方程式であり, それを解くことで固有値 λ が求められる. ここで, 式 (6.34) は λ に関して非線形な方程式であることから, Python により, λ を求めてみよう.

図 6.6 は, `code_6-2.py` を実行して, 式 (6.34) を解いた結果である. 図 6.6 (a) は $\cos\lambda$ と $-\frac{1}{\cosh\lambda}$ の曲線を示している. 式 (6.34) が成り立つ固有値 λ は図 6.6 (a) で示す 2 つの曲線の交点であり, 図 6.6 (b) に示すようにその交点である 4 つの固有値 λ が出力される.

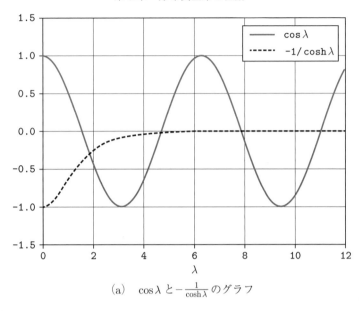

(a)　$\cos\lambda$ と $-\dfrac{1}{\cosh\lambda}$ のグラフ

λ1 = 1.875　　λ2 = 4.694　　λ3 = 7.855　　λ4 = 10.996

(b)　出力される結果

図 6.6　片持ちはりの固有値（code_6-2.py を実行した結果）

図 6.7 は code_6-2.py のソースコードの一部を示している．5 行目では固有
値 λ を求めるためにニュートン法を使用することを宣言し，7 行目では式 (6.34)
の左辺を定義している．10 行目では図 6.6 (a) の横軸として 0〜12 を 100 等
分した値を t に入力し，11, 12 行目で $\cos\lambda$ と $-\dfrac{1}{\cosh\lambda}$ をそれぞれ，y1, y2 で
定義する．図 6.6 (a) のグラフから，2 つの曲線の交点は固有値 λ が 1.8, 4.6,
7.8, 10 のあたりにあることから，26, 27 行目では，式 (6.34) が成り立つ固有
値 λ がニュートン法により求められる．

```
5   from scipy.optimize import newton
6
7   def func(x):
```

```
 8 |     return np.cos(x)+1/np.cosh(x)
 9 |
10 | t = np.linspace(0, 12, 100)
11 | y1 = np.cos(t)
12 | y2=-1/np.cosh(t)

26 | r1=newton(func, 1.8); r2=newton(func, 4.6)
27 | r3=newton(func, 7.8); r4=newton(func, 10)
```

図 6.7 code_6-2.py のソースコードの一部

(2) **片持ちはりの自由振動解** 式 (6.32) より,

$$\frac{C_2}{C_1} = \frac{-(\cos\lambda + \cosh\lambda)}{\sin\lambda + \sinh\lambda} = \alpha_i$$

が得られ, 式 (6.31) より,

$$
\begin{aligned}
u(x,t) &= \big\{\cos kx - \cosh kx + \alpha_i(\sin kx - \sinh kx)\big\} \\
&\quad \times (C_1 A \cos\omega t + C_1 B \sin\omega t) \\
&= U_i(A' \cos\omega t + B' \sin\omega t)
\end{aligned}
\tag{6.35}
$$

が得られる. ここで,

$$
\begin{aligned}
U_i &= \cos kx - \cosh kx + \alpha_i(\sin kx - \sinh kx) \\
&= \cos\!\Big(\lambda_i\,\frac{x}{L}\Big) - \cosh\!\Big(\lambda_i\,\frac{x}{L}\Big) + \alpha_i\Big\{\sin\!\Big(\lambda_i\,\frac{x}{L}\Big) - \sinh\!\Big(\lambda_i\,\frac{x}{L}\Big)\Big\}
\end{aligned}
\tag{6.36}
$$

U_i は片持ちはりの i 番目の固有モードである. また, λ_i は, 式 (6.34) を解いて得られる固有値 λ を小さい順に $i = 1, 2, 3, \ldots$ とした値である.

次に, Python により, 片持ちはりの固有モードを求めてみよう. 図 6.8 は, code_6-3.py を実行して, 式 (6.36) を解き, 片持ちはりの i 番目の固有モードを描いた結果である. 図中には片持ちはりの固有モード 1〜3 次が示されている.

図 6.9 は code_6-3.py のソースコードの一部を示している. 6〜8 行目では式 (6.36) を定義し, 11 行目では図 6.8 の横軸として, 0〜1 を 100 分割した値を x に入力している. さらに 12〜14 行目で 1〜3 次の固有モードが計算される.

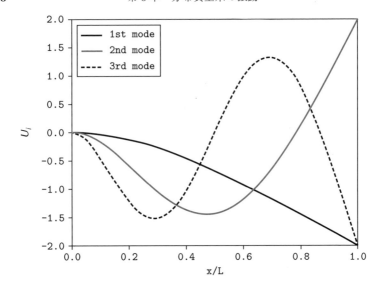

図 6.8　片持ちはりの固有モード（`code_6-3.py`）

```
6  def canti(x1, lamb):
7    alp=-(np.cos(lamb) + np.cosh(lamb))/(np.sin(lamb) + np.sinh(lamb
       ))
8    y = np.cos(lamb*x1) -np.cosh(lamb*x1) +alp*(np.sin(lamb*x1) -np.
       sinh(lamb*x1))def func(x):

11 x = np.linspace(0, 1, 100)
12 lamb1=1.875;  y1=canti(x, lamb1)
13 lamb2=4.694;  y2=canti(x, lamb2)
14 lamb3=7.854;  y3=canti(x, lamb3)
```

図 6.9　`code_6-3.py` のソースコードの一部

6.2.4　両端固定はり

(1)　両端固定はりの固有値　両端固定はりの境界条件は次のように表される．はりの両端で変位と傾きがゼロであることから

$$u(0,t) = 0, \quad \left(\frac{\partial u}{\partial x}\right)_{x=0} = 0 \tag{6.37}$$

$$u(L,t) = 0, \quad \left(\frac{\partial u}{\partial x}\right)_{x=L} = 0 \tag{6.38}$$

片持ちはりの固定端で求めたときと同様に，式 (6.26) に式 (6.37) の条件を考慮すると，

$$C_1 + C_3 = 0, \quad C_2 + C_4 = 0 \tag{6.39}$$

式 (6.26) に式 (6.38) の第 1 の条件を考慮すると，

$$C_1 \cos\lambda + C_2 \sin\lambda + C_3 \cosh\lambda + C_4 \sinh\lambda = 0 \tag{6.40}$$

式 (6.26) に式 (6.38) の第 2 の条件を考慮すると，

$$-C_1 \sin\lambda + C_2 \cos\lambda + C_3 \sinh\lambda + C_4 \cosh\lambda = 0 \tag{6.41}$$

式 (6.39) を以下のように表す．

$$C_3 = -C_1, \quad C_4 = -C_2 \tag{6.42}$$

式 (6.42) を式 (6.40)，式 (6.41) に代入すると

$$\left.\begin{array}{l} C_1(\cos\lambda - \cosh\lambda) + C_2(\sin\lambda - \sinh\lambda) = 0 \\ C_1(-\sin\lambda - \sinh\lambda) + C_2(\cos\lambda - \cosh\lambda) = 0 \end{array}\right\} \tag{6.43}$$

行列の形で示すと，

$$\begin{bmatrix} \cos\lambda - \cosh\lambda & \sin\lambda - \sinh\lambda \\ -\sin\lambda - \sinh\lambda & \cos\lambda - \cosh\lambda \end{bmatrix} \begin{Bmatrix} C_1 \\ C_2 \end{Bmatrix} = \begin{Bmatrix} 0 \\ 0 \end{Bmatrix} \tag{6.44}$$

C_1, C_2 はゼロではないことから，

$$\begin{vmatrix} \cos\lambda - \cosh\lambda & \sin\lambda - \sinh\lambda \\ -\sin\lambda - \sinh\lambda & \cos\lambda - \cosh\lambda \end{vmatrix} = 0$$

これより，

$$\cos\lambda\cosh\lambda - 1 = 0 \tag{6.45}$$

が得られる．式 (6.45) は両端固定はりの振動数方程式である．

次に，Python を用いて，式 (6.45) が成り立つ λ を求めてみよう．図 6.10 は code_6-4.py を実行して，式 (6.45) を解いて両端固定はりの固有値を求めた結果である．図 6.10 (a) は $\cos\lambda$ と $\frac{1}{\cosh\lambda}$ の曲線を示している．式 (6.45) が

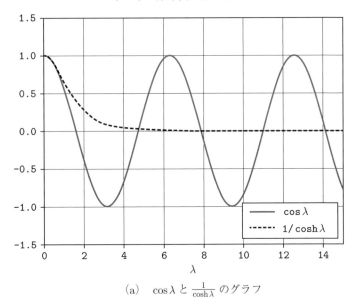

(a)　$\cos\lambda$ と $\frac{1}{\cosh\lambda}$ のグラフ

$\lambda1 = 4.730$　　$\lambda2 = 7.853$　　$\lambda3 = 10.996$　　$\lambda4 = 14.137$

(b)　出力される結果

図 6.10　両端固定はりの固有値（`code_6-4.py` を実行した結果）

成り立つ固有値 λ は図 6.10 (a) で示す 2 つの曲線の交点であり，図 6.10 (b) に示すようにその交点である 4 つの固有値 λ が出力される．

図 6.11 は `code_6-4.py` のソースコードの一部を示している．ソースコードの構成は `code_6-2.py` とまったく同じであり，5, 11, 12 行目では式 (6.45) を満足するように変更している．また，図 6.10 (a) のグラフから，2 つの曲線の交点は固有値 λ が 4.7, 7.8, 11, 14 のあたりにあることから，25, 26 行目では，それらの値を用いて，固有値 λ をニュートン法により求めている．

```
5  from scipy.optimize import newton
6
7  def func(x):
```

```
 8      return np.cos(x)*np.cosh(x)-1
 9
10  t = np.linspace(0, 15, 100)
11  y1 = np.cos(t)
12  y2=1/np.cosh(t)

25  r1=newton(func, 4.7); r2=newton(func, 7.8)
26  r3=newton(func, 11);  r4=newton(func, 14)
```

図 6.11 `code_6-4.py` のソースコードの一部

(2) **両端固定はりの自由振動解** 式 (6.43) の第 1 式より,

$$\frac{C_2}{C_1} = \frac{\cos\lambda - \cosh\lambda}{\sinh\lambda - \sin\lambda} = \alpha_i \tag{6.46}$$

片持ちはりで得られた式 (6.29), 式 (6.31) と両端固定はりで得られた式 (6.39) が同じであることから, 片持ちはりで用いた式 (6.36) より, 両端固定はりの i 番目の固有モードは,

$$U_i = \cos\left(\lambda_i \frac{x}{L}\right) - \cosh\left(\lambda_i \frac{x}{L}\right) + \alpha_i \left\{\sin\left(\lambda_i \frac{x}{L}\right) - \sinh\left(\lambda_i \frac{x}{L}\right)\right\} \tag{6.47}$$

次に, Python を用いて, 両端固定はりの固有モードを描いてみよう. 図 6.12 は `code_6-5.py` を実行して, 式 (6.47) から両端固定はりの固有モードを求めた結果である. ソースコードの構成は `code_6-3.py` とまったく同じであり, `code_6-4.py` で求めた固有値を式 (6.46), 式 (6.47) に代入し, 固有モードを描いている.

6.2.5 1 端固定他端支持はり

(1) **1 端固定他端支持はりの固有値** 両端固定はりの境界条件は次のように表される. 固定端である $x = 0$ では, 変位と傾きがゼロであることから

$$u(0, t) = 0, \quad \left(\frac{\partial u}{\partial x}\right)_{x=0} = 0 \tag{6.48}$$

はりの他端 $x = L$ では支持端であり, 変位と曲げモーメントがゼロであることから

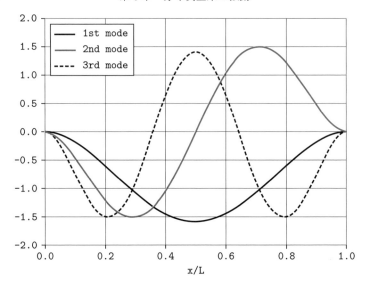

図 6.12　両端固定はりの固有モード（code_6-5.py）

$$u(L, t) = 0, \quad \left(\frac{\partial^2 u}{\partial x^2} \right)_{x=L} = 0 \tag{6.49}$$

式 (6.26) に式 (6.48) の条件を考慮すると，

$$C_1 + C_3 = 0, \quad C_2 + C_4 = 0 \tag{6.50}$$

式 (6.26) に式 (6.49) の第 1 の条件を考慮すると，

$$C_1 \cos \lambda + C_2 \sin \lambda + C_3 \cosh \lambda + C_4 \sinh \lambda = 0 \tag{6.51}$$

式 (6.26) に式 (6.49) の第 2 の条件を考慮すると，

$$(-C_1 \cos \lambda - C_2 \sin \lambda + C_3 \cosh \lambda + C_4 \sinh \lambda)$$
$$\times (A \cos \omega t + B \sin \omega t) = 0$$
$$-C_1 \cos \lambda - C_2 \sin \lambda + C_3 \cosh \lambda + C_4 \sinh \lambda = 0 \tag{6.52}$$

式 (6.50) を以下のように表す．

$$C_3 = -C_1, \quad C_4 = -C_2 \tag{6.53}$$

式 (6.53) を式 (6.51)，式 (6.52) に代入すると

$$C_1(\cos\lambda - \cosh\lambda) + C_2(\sin\lambda - \sinh\lambda) = 0 \atop C_1(\cos\lambda + \cosh\lambda) + C_2(\sin\lambda + \sinh\lambda) = 0 \Bigg\} \quad (6.54)$$

行列の形で示すと,

$$\begin{bmatrix} \cos\lambda - \cosh\lambda & \sin\lambda - \sinh\lambda \\ \cos\lambda + \cosh\lambda & \sin\lambda + \sinh\lambda \end{bmatrix} \begin{Bmatrix} C_1 \\ C_2 \end{Bmatrix} = \begin{Bmatrix} 0 \\ 0 \end{Bmatrix}$$

C_1, C_2 はゼロではないことから,

$$\begin{vmatrix} \cos\lambda - \cosh\lambda & \sin\lambda - \sinh\lambda \\ \cos\lambda + \cosh\lambda & \sin\lambda + \sinh\lambda \end{vmatrix} = 0$$

が得られる.これより,

$$\cos\lambda\sinh\lambda - \sin\lambda\cosh\lambda = 0 \qquad (6.55)$$

式 (6.55) は 1 端固定他端支持はりの振動数方程式である.

次に,Python を用いて,式 (6.55) が成り立つ λ を求めてみよう.図 6.13 は `code_6-6.py` を実行して,式 (6.55) を解いた結果である.図 6.13 (a) は式 (6.55) の左辺の曲線を示している.式 (6.55) が成り立つ固有値 λ は図 6.13 (a) で示す曲線と横軸との交点であり,図 6.13 (b) に示すようにその交点である 4 つの固有値 λ が出力される.

図 6.14 は `code_6-6.py` のソースコードの一部を示している.7, 8 行目で式 (6.55) を定義し,10, 11 行目でそれぞれ,図 6.10 (a) のグラフの横軸と縦軸の値を計算する.その結果から,2 つの曲線の交点は固有値 λ が 4, 7, 10, 13 のあたりにあることから,23, 24 行目では,それらの値を用いて,式 (6.55) を満足する固有値 λ をニュートン法により求める.

(2) 1 端固定他端支持はりの自由振動解　式 (6.54) の第 1 式より,

$$\frac{C_2}{C_1} = \frac{\cos\lambda - \cosh\lambda}{-\sin\lambda + \sinh\lambda} = \alpha_i \qquad (6.56)$$

片持ちはりで得られた式 (6.29) と式 (6.31),1 端固定他端支持はりで得られた式 (6.50) が同じであることから,片持ちはりで用いた式 (6.36) より,1 端固定他端支持の i 番目の固有モードは,

$$U_i = \cos\!\left(\lambda_i\frac{x}{L}\right) - \cosh\!\left(\lambda_i\frac{x}{L}\right) + \alpha_i\Big\{\sin\!\left(\lambda_i\frac{x}{L}\right) - \sinh\!\left(\lambda_i\frac{x}{L}\right)\Big\} \quad (6.57)$$

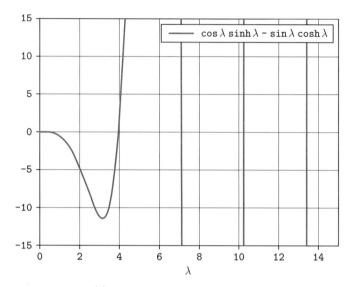

(a)　$y = \cos\lambda\sinh\lambda - \sin\lambda\cosh\lambda$ のグラフ

λ1 = 3.927,　λ2 = 7.069,　λ3 = 10.21,　λ4 = 13.35

(b)　出力される結果

図 6.13　1 端固定他端支持はりの固有値（`code_6-6.py` を実行した結果）

```
 7  def func(x):
 8      return np.cos(x)*np.sinh(x)-np.sin(x)*np.cosh(x)
 9
10  t = np.linspace(0, 15, 100)
11  y = np.cos(t)*np.sinh(t)-np.sin(t)*np.cosh(t)

23  r1=newton(func, 4.0); r2=newton(func, 7.0)
24  r3=newton(func, 10);  r4=newton(func, 13)
```

図 6.14　`code_6-6.py` のソースコードの一部

次に，Python を用いて，一端固定他端支持はりの固有モードを描いてみよう．図 6.15 は `code_6-7.py` を実行して，式 (6.56)，式 (6.57) から 1 端固定他端支持はりの固有モードを求めた結果である．ソースコードの構成は `code_6-3.py` とまったく同じであり，`code_6-6.py` で求めた固有値を式 (6.56)，式 (6.57) に代入し，固有モードが描かれる．図 6.15 に示されるように，$\frac{x}{L} = 0$ 付近では，各固有モードは，なめらかに値が変化しているのに対して，$\frac{x}{L} = 1$ 付近では，$\frac{x}{L} = 0$ 付近に比べて，曲線が急激に変化していることがわかる．これが，境界条件である固定端と支持端の違いである．

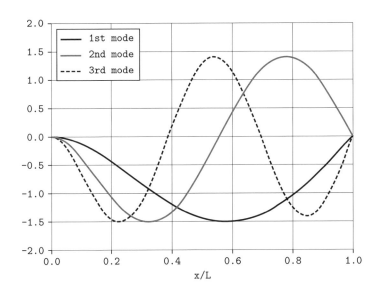

図 6.15 1 端固定他端支持はりの固有モード（`code_6-7.py`）

6.3 膜 の 振 動

ドーム等の構造物や太鼓などの打楽器は，膜（membrane）の振動の代表的な例である．本節では単位長さあたりに一定な張力 T で張られた矩形膜の振動について取り扱う．ここで，膜の単位面積あたりの質量を ρ とする．

6.3.1 運動方程式

　今，膜の微小要素を図 6.16 (a) のように考える．ここで，弦のときと同様に張力は大きいとし，重力の影響は無視できるとする．

　図 6.16 (b) に示すように，x–u 面上では u 軸正方向を正とする微小要素に働く力を F_x とすると，

$$F_x = T\,dy\sin(\theta + d\theta) - T\,dy\sin\theta \tag{6.58}$$

膜の勾配を考えると，

$$\tan\theta = \frac{\partial u}{\partial x}$$

θ は微小であることから，

$$\sin\theta \cong \tan\theta = \frac{\partial u}{\partial x}$$

したがって，式 (6.58) は次式となる．

$$F_x = T\,dy\,\frac{\partial u(x+dx)}{\partial x} - T\,dy\,\frac{\partial u(x)}{\partial x}$$

右辺第 1 項を dx でテイラー展開すると，

$$F_x = T\,dy\left\{\frac{\partial u(x)}{\partial x} + \frac{\partial^2 u(x)}{\partial x^2}\,dx\right\} - T\,dy\frac{\partial u(x)}{\partial x}$$

$$= T\,\frac{\partial^2 u}{\partial x^2}\,dxdy \tag{6.59}$$

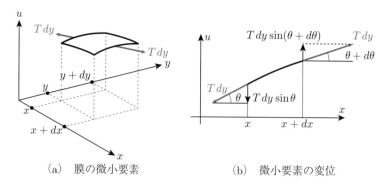

　　(a)　膜の微小要素　　　　　　(b)　微小要素の変位

図 6.16　膜の振動

同様にして，dx 部分に働く y 方向の張力 $T\,dx$ の u 軸方向の力 F_x は

$$F_y = T\frac{\partial^2 u}{\partial y^2}\,dxdy \tag{6.60}$$

微小要素の質量は $\rho\,dxdy$ であることから，その運動方程式は式 (6.59)，式 (6.60) を考慮すると，

$$\rho\,dxdy\,\frac{\partial^2 u}{\partial t^2} = T\frac{\partial^2 u}{\partial x^2}\,dxdy + T\frac{\partial^2 u}{\partial y^2}\,dxdy$$

$$\frac{\partial^2 u}{\partial t^2} = c^2\left(\frac{\partial^2 u}{\partial x^2} + \frac{\partial^2 u}{\partial y^2}\right) \tag{6.61}$$

式 (6.61) は膜の運動方程式と呼ばれる．ここで，

$$c = \sqrt{\frac{T}{\rho}}$$

6.3.2 長方形膜の振動

前項で得られた膜の運動方程式 (6.61) を用いて，本項では図 6.17 に示すように，辺の長さが a と b の長方形膜の振動を扱う．長方形膜は各 4 辺が固定されているとし，膜の変位を $u(x,y,t)$ とすると，境界条件は以下となる．

$$\left.\begin{array}{l} u(0,y,t) = u(a,y,t) = 0 \\ u(x,0,t) = u(x,b,t) = 0 \end{array}\right\} \tag{6.62}$$

式 (6.61) の解を次式と定義する．

$$u(x,t) = U(x,y)T(t) \tag{6.63}$$

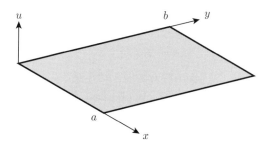

図 6.17　長方形膜の振動

式 (6.63) を式 (6.61) に代入すると，

$$\frac{1}{c^2 T(t)} \frac{d^2 T(t)}{dt^2} = \frac{1}{U(x,y)} \left(\frac{\partial^2 U(x,y)}{\partial x^2} + \frac{\partial^2 U(x,y)}{\partial y^2} \right) \tag{6.64}$$

上式において，左辺は t のみの関数，右辺は x, y の関数であり，式 (6.64) が成り立つのは定数の場合だけである．そこで，その値を α とすると

$$\left. \begin{array}{c} \dfrac{\partial^2 U(x,y)}{\partial x^2} + \dfrac{\partial^2 U(x,y)}{\partial y^2} - \alpha U = 0 \\[3mm] \dfrac{d^2 T(t)}{dt^2} - c^2 \alpha T(t) = 0 \end{array} \right\} \tag{6.65}$$

式 (6.65) の第 1 式の解を次式と定義する．

$$U(x,y) = X(x)Y(y) \tag{6.66}$$

式 (6.66) を式 (6.65) の第 1 式に代入すると，

$$\frac{1}{X(x)} \frac{d^2 X(x)}{dt^2} = -\frac{1}{Y(y)} \frac{d^2 Y(y)}{dt^2} + \alpha \tag{6.67}$$

式 (6.67) において，左辺及び右辺は，それぞれ，x, y のみの関数であり，式 (6.67) が成り立つのは定数の場合だけである．そこで，その値を $-\beta$ とすると

$$\left. \begin{array}{c} \dfrac{d^2 X(x)}{dt^2} + \beta X(x) = 0 \\[3mm] \dfrac{d^2 Y(y)}{dt^2} - (\alpha + \beta) Y(y) = 0 \end{array} \right\} \tag{6.68}$$

膜の変位 $u(x,y,t)$ は，式 (6.63)，式 (6.66) より，

$$u(x,y,t) = X(x)Y(y)T(t)$$

式 (6.62) より，

$$\left. \begin{array}{c} X(0)Y(y)T(t) = 0 \\ X(x)Y(0)T(t) = 0 \end{array} \right\} \tag{6.69}$$

式 (6.69) において，$X(0)$, $Y(0)$ は定数であり，それ以外は変数であることから，式 (6.69) が成り立つためには

$$X(0) = Y(0) = 0 \tag{6.70}$$

また，式 (6.62) の $x = a$, $y = b$ に関する条件から，

$$\left.\begin{array}{l} X(a)Y(y)T(t) = 0 \\ X(x)Y(b)T(t) = 0 \end{array}\right\} \tag{6.71}$$

式 (6.71) において，$X(a)$, $Y(b)$ は定数であり，それ以外は変数であることから，式 (6.71) が成り立つためには

$$X(a) = Y(b) = 0 \tag{6.72}$$

式 (6.68) より，$X(x)$, $Y(y)$ をそれぞれ，次式とする．

$$\left.\begin{array}{l} X(x) = A\cos k_x x + B\sin k_x x \\ Y(y) = C\cos k_y y + D\sin k_y y \end{array}\right\} \tag{6.73}$$

式 (6.73) に式 (6.70) を代入すると，次式が求められる．

$$A = C = 0 \tag{6.74}$$

式 (6.74) を考慮し，式 (6.73) に式 (6.72) を代入すると，

$$\left.\begin{array}{l} B\sin k_x a = 0 \\ D\sin k_y b = 0 \end{array}\right\} \tag{6.75}$$

式 (6.75) より，

$$\left.\begin{array}{l} k_x a = m\pi \quad (m = 1,2,3,\ldots) \\ k_y b = n\pi \quad (n = 1,2,3,\ldots) \end{array}\right\}$$

$$k_x = \frac{m\pi}{a}, \quad k_y = \frac{n\pi}{b} \tag{6.76}$$

式 (6.76) より，$X(x)$, $Y(y)$ は，

$$\left.\begin{array}{l} X(x) = B\sin\left(\dfrac{m\pi}{a}x\right) \\ Y(y) = D\sin\left(\dfrac{n\pi}{b}y\right) \end{array}\right\} \tag{6.77}$$

式 (6.66) より，$U(x,y)$ は，

$$U(x,y) = BD\sin\left(\frac{m\pi}{a}x\right)\sin\left(\frac{n\pi}{b}y\right)$$

式 (6.68) と式 (6.73) より，

$$\left.\begin{array}{l} k_x^2 = \beta \\ k_y^2 = -(\alpha + \beta) \end{array}\right\} \tag{6.78}$$

式 (6.78) より,

$$\alpha = -(k_x^2 + k_y^2) \equiv -k_{mn}^2 \tag{6.79}$$

式 (6.79) に示すように, α が $-k_{mn}^2$ に等しいとすると, 式 (6.65) の第 2 式は

$$\frac{d^2 T(t)}{dt^2} + \omega_{mn}^2 T(t) = 0 \tag{6.80}$$

ここで,

$$\omega_{mn} = c k_{mn} \tag{6.81}$$

式 (6.80) より,

$$T(t) = A'_{mn} \cos \omega_{mn} t + B'_{mn} \sin \omega_{mn} t$$

したがって,

$$u(x,t) = (A'_{mn} \cos \omega_{mn} t + B'_{mn} \sin \omega_{mn} t) B \sin\left(\frac{m\pi}{a} x\right) D \sin\left(\frac{n\pi}{b} y\right)$$

$$= U_{mn}(A_{mn} \cos \omega_{mn} t + B_{mn} \sin \omega_{mn} t) \tag{6.82}$$

ここで, U_{mn} は固有モード関数であり, 次式のように表される.

$$U_{mn} = \sin\left(\frac{m\pi}{a} x\right) D \sin\left(\frac{n\pi}{b} y\right) \tag{6.83}$$

なお, 式 (6.82) において, $A_{mn} = BDA'_{mn}$, $B_{mn} = BDB'_{mn}$ と置き換えた. したがって, 長方形膜の固有円振動数 ω_{mn} は, 式 (6.76), 式 (6.79), 式 (6.81) を考慮すると,

$$\omega_{mn} = \sqrt{\left(\frac{m\pi}{a}\right)^2 + \left(\frac{n\pi}{b}\right)^2} \sqrt{\frac{T}{\rho}} \tag{6.84}$$

　次に, Python を用いて, 長方形膜の固有モードを描いてみよう. 図 6.18 は code_6-8.py を実行して, 式 (6.74) を解いた結果の一例である. 図 6.19 は code_6-8.py のソースコードの一部を示している. 9 行目に式 (6.83) で示す m, n の値を入力し, 式 10, 11 行目ではそれぞれ, x, y 方向の膜の長さを 50 分割した値を x, y に入力する. それらの値を 13 行目で正方形格子の各端部位置 X, Y として入力し, 式 (6.83) に基づいて, U_{mn} を Z として定義した.

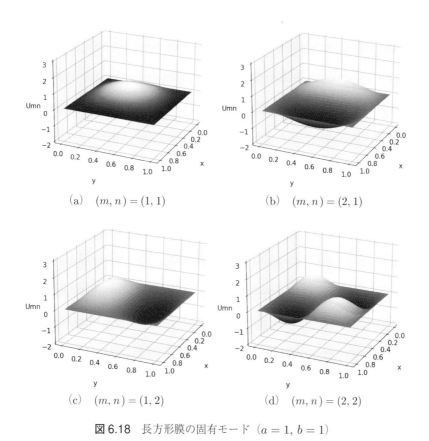

(a)　$(m, n) = (1, 1)$　　　　　　(b)　$(m, n) = (2, 1)$

(c)　$(m, n) = (1, 2)$　　　　　　(d)　$(m, n) = (2, 2)$

図 6.18　長方形膜の固有モード（$a = 1,\ b = 1$）

```
 9  m=2;n=2
10  x = np.linspace(0, 1, 50)
11  y = np.linspace(0, 1, 50)
12  X, Y = np.meshgrid(x, y)
13  Z = np.sin(m*np.pi*X/A) * np.sin(n*np.pi*Y/B)
```

図 6.19　code_6-8.py のソースコードの一部

■ 第 6 章の問題 ■

□ **1**　図に示すように，長さ l の弦の中央位置に初期変位 a を与えたとき，弦の変位 u の時間的変化について，横軸を $\frac{x}{l}$，縦軸を $\frac{u}{a}$ としてグラフに示しなさい．

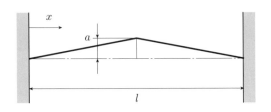

□ **2**　両端自由はりの振動数方程式と固有モードを求めなさい．

□ **3**　図に示すように，長さ l で鋼製の片持ちはりの先端に質量 m の物体がある．ここで，はりは断面が厚さ 10 mm，幅 20 mm，長さ 600 mm である．また，先端の物体の質量は 0.95 kg である．はりの 1～3 次に関する固有円振動数を求めなさい．

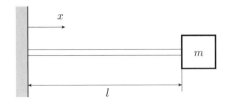

第 7 章
非線形振動

　運動方程式に含まれる復元力が変位に比例しない場合，また，減衰力が速度に比例しない場合，その運動方程式，もしくは生じる運動は**非線形**（nonlinear）と呼ばれる．非線形問題ではこれまでに学んだ線形問題とは異なり，解析解を得ることが難しく，予測ができない現象が現れることがある．

　本章ではその非線形問題の代表的な現象について，動画と問題を通して考える．

本章で学ぶ内容

- スティック–スリップ現象
- 非線形問題における厳密解と近似解法
- 跳躍現象，分数調波共振，高調波共振
- 係数励振振動
- 振動の利用と振動輸送

7.1 非線形特性の種類

　図 7.1 は非線形な復元力となる場合のばね力 F と伸び x の関係を示した図である．これまでに示してきたように，伸びが小さいときには，ばね力 F は伸び x に対して比例する（フックの法則）．しかし，図に示されるように，伸びが大きくなると，比例関係が成り立たたなくなり，伸びとともにばね力が大きくなる場合やばね力が小さくなる場合が生じる．そういったばねは，それぞれ，**漸硬ばね**（hardening spring）及び**漸軟ばね**（softening spring）と呼ばれており，ばね力 F と伸び x の関係は次式で表される．

$$F = k_1 x + k_3 x^3 \tag{7.1}$$

　図 7.2 は非線形な減衰力の一つである摩擦力の特性を示した図である．

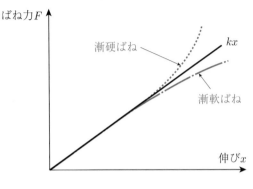

図 7.1　非線形な復元力

図 7.2 (a) は摩擦特性として一般的なクーロン摩擦である．ここで，F_s, F_d は
それぞれ，静摩擦力と動摩擦力を示している．静摩擦力は動摩擦力より大きく，
動摩擦力は相対速度にかかわらず一定であることが大きな特徴である．一方，
図 7.2 (b) は 7.2 節で述べるスティック–スリップ現象を説明するときに用い
られる摩擦特性を示した図である．相対速度が大きくなると，一度，摩擦力は
減少し，再び，増大することが大きな特徴である．

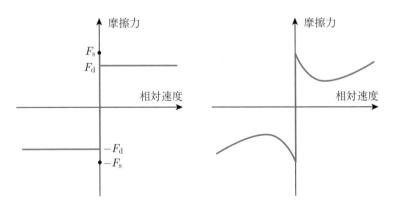

(a)　クーロン摩擦　　　　　(b)　非線形摩擦特性

図 7.2　摩擦特性

7.2 非線形な減衰力のある系の振動

7.2.1 動画による確認——スティック–スリップ現象

図 7.3 は一定な速度で右方向に移動するベルトの上にある物体を示した CAD 図である．ここで，物体の左側には，ばねが取り付けられている．今，ベルトがゆっくりと動き出すとき，物体はどのような運動をするだろうか．また，ベルト速度は同じであるとき，異なるばね定数を用いたときには，物体の運動はどのように変化するかを予想してみよう．

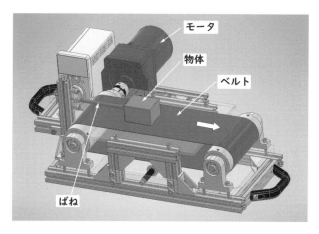

図 7.3 スティック–スリップ現象を示す装置の CAD 図

その答えは QR コード 7.1 をスマートフォンで読み取ると，動画で見ることができる．

┌─**動画 7.1**──────────────

　最初に見ることができる物体の運動は，ばね定数が小さい場合である．まず，物体に働く静止摩擦力はばね力より大きいため，ベルトの移動とともに物体は右側に移動するが，ばね力が静止摩擦力より大きくなった瞬間に，物体は左側にすべり出す．その後，あるところで物体はベルト上をすべらなくなり，再び同様な運動を繰り返す．このように，物体がベルト上で静止及びすべりを繰り返す運動は**スティック–スリップ現象**（stick-slip phenomenon）と呼ばれる．次に，ばね定数が大きい場合を見ると，物体がベルト上で静止とすべりを繰り返す様子はばね定数が小さい場合と同様であるが，ばね定数が大きいために，小さなばねの伸び量で静止摩擦力と同じばね力になり，周期の短い振動を繰り返すことがわかる．

QR コード 7.1　スティック–スリップ現象

(https://youtu.be/905lunKWNXQ)

以下の項ではその様子を理論的に考えてみよう．

7.2.2　スティック–スリップ時の運動方程式

図 7.4 は図 7.3 のモデル図である．ベルト上の物体の運動は水平方向の 1 自由度系と見なすことができる．ここで，物体はばね定数 k によって支持されている．物体とベルトの摩擦力と相対速度の関係は図 7.2 (b) に示されると考えると，物体の運動方程式は

$$m\ddot{x} = -kx + f(v_{\rm r}) \tag{7.2}$$

ここで，$v_{\rm r}$（$= v_0 - \dot{x}$）は相対速度であり，v_0 はベルト速度である．$f(v_{\rm r})$ は

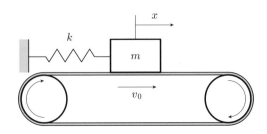

図 7.4　スティック–スリップ現象を示すモデル図

図 7.2 (b) に示される摩擦力の関数である. 式 (7.2) において, $f(v_\mathrm{r})$ を $\dot{x}$ について展開すると,

$$f(v_\mathrm{r}) = f(v_0 - \dot{x}) = f(v_0) - f'(v_0)\dot{x} + \frac{1}{2!}f''(v_0)\dot{x}^2 + \cdots$$

となる. 上式を右辺第 2 項までとり, 式 (7.2) に代入すると,

$$m\ddot{x} + kx - f(v_0) + f'(v_0)\dot{x} = 0$$

ここで, $\xi = x - \frac{f(v_0)}{k}$ とおくと, 上式は

$$m\ddot{\xi} + f'(v_0)\dot{\xi} + k\xi = 0 \tag{7.3}$$

ここで, $f'(v_0)$ は図 7.2 (b) に示す摩擦特性の傾きである. $f'(v_0) > 0$ のときには減衰振動となるため, 物体はやがて, $\xi = 0$, すなわち,

$$x_0 = \frac{f(v_0)}{k}$$

の位置に静止する. 一方, $f'(v_0) < 0$ のときには減衰力が負になり, 物体の振幅は次第に大きくなる. しかし, 式 (7.3) は相対速度 v_r が v_0 に近い値のときに成り立つ式であり, 相対速度が大きくなると, 摩擦力は正の傾きとなり, 減衰力は正となるため, 物体の振幅が無限に大きくなることはない. 以上のことから, 図 7.2 (b) に示されるように, 相対速度が小さいときには摩擦特性は負の傾きを持つため, 負の減衰力が生じ, スティック–スリップ現象が生じやすくなる.

7.3 非線形な復元力のある系の振動

7.3.1 振り子の振動——時刻歴応答

復元力が非線形となる例として, 図 7.5 に示されるような長さ l, 質量 m からなる単振り子の自由振動について考える. ここで, 振り子に働く減衰力は無視できるものとする.

振り子の運動方程式は

$$ml^2\ddot{\theta} = -mg\sin\theta \times l$$

で表され, 両辺を ml^2 で割ると,

$$\ddot{\theta} + \frac{g}{l}\sin\theta = 0 \tag{7.4}$$

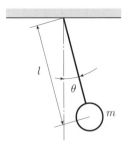

図 7.5 単振り子の振動

ここで，$\sin\theta$ をテイラー展開すると，

$$\sin\theta = \theta - \frac{1}{3!}\,\theta^3 + \frac{1}{5!}\,\theta^5 - \cdots \tag{7.5}$$

となる．

(1) **1次近似** まず，$\sin\theta$ に関する1次近似として，式 (7.5) の右辺第1項までをとると，式 (7.4) は次式となる．

$$\ddot{\theta} + \frac{g}{l}\,\theta = 0$$

上式の解は

$$\theta = A\cos\omega_{\mathrm{n}}t + B\sin\omega_{\mathrm{n}}t \tag{7.6}$$

となる．ここで，t は時間であり，A, B は任意定数である．また，$\omega_{\mathrm{n}} = \sqrt{\frac{g}{l}}$ である．初期条件として，$t = 0$ のとき，$\theta = \theta_0, \dot{\theta} = 0$ とすると，式 (7.6) は次式となる．

$$\theta = \theta_0 \cos\omega_{\mathrm{n}}t \tag{7.7}$$

(2) **高次近似** 次に，$\sin\theta$ に関する高次の近似として，式 (7.5) の右辺第2項までとった近似を用いると，式 (7.4) は次式となる．

$$\ddot{\theta} + \omega_{\mathrm{n}}^2\left(\theta - \frac{\theta^3}{6}\right) = 0 \tag{7.8}$$

θ^3 の項は微小であるため，式 (7.8) の解は調和振動に近いと考えられる．そこで，式 (7.8) の解を次のようにおく．

$$\theta = \theta_0 \cos\omega_{\mathrm{h}}t \tag{7.9}$$

上式を式 (7.8) に代入すると,

$$-\theta_0\omega_{\mathrm{h}}^2\cos\omega_{\mathrm{h}}t + \omega_{\mathrm{n}}^2\left(\theta_0\cos\omega_{\mathrm{h}}t - \frac{\theta_0^3\cos^3\omega_{\mathrm{h}}t}{6}\right) = 0$$

ここで, 式 (7.10) を用いて上式を整理すると, 式 (7.11) となる.

$$\cos^3\theta = \frac{3\cos\theta + \cos 3\theta}{4} \tag{7.10}$$

$$\left\{-\omega_{\mathrm{h}}^2 + \omega_{\mathrm{n}}^2\left(1 - \frac{1}{8}\theta_0^2\right)\right\}\theta_0\cos\omega_{\mathrm{h}}t - \frac{1}{24}\theta_0^3\omega_{\mathrm{n}}^2\cos 3\omega_{\mathrm{h}}t = 0 \tag{7.11}$$

式 (7.11) の解は式 (7.9) と仮定しているので, 式 (7.11) において, $\cos 3\omega_{\mathrm{h}}t$ の項を無視し, 時間に無関係に成り立つとすれば,

$$-\omega_{\mathrm{h}}^2 + \omega_{\mathrm{n}}^2\left(1 - \frac{1}{8}\theta_0^2\right) = 0$$

さらに, $\omega_{\mathrm{h}} > 0$ であることから,

$$\omega_{\mathrm{h}} = \omega_{\mathrm{n}}\sqrt{1 - \frac{\theta_0^2}{8}} \tag{7.12}$$

となり, 角振動数 ω_{h} は初期角度 θ_0 に依存することがわかる. したがって, 式 (7.8) の解は

$$\theta = \theta_0\cos\left(\omega_{\mathrm{n}}t\sqrt{1 - \frac{\theta_0^2}{8}}\right) \tag{7.13}$$

(3) **数値解と各近似解の比較** 数値解を求めるにあたっては式 (7.4) を以下のように連立した 2 つの式として計算を行う.

$$\left.\begin{array}{l} \dfrac{d\theta}{dt} = \omega \\[2mm] \dfrac{d\omega}{dt} = -\dfrac{g}{l}\sin\theta \end{array}\right\} \tag{7.14}$$

式 (7.7), 式 (7.13), 式 (7.14) を用いて, 振り子の角変位に関する時刻歴応答を Python により解いた結果を図 7.6 に示す. 図 7.7 は, 図 7.6 を求めるために用いた Python のソースコードである. 15〜23 行目に示される関数 `pendulum` は数値解, 1 次近似解, 高次近似解を求める関数である. また, 38 行目, 40 行目ではそれぞれ, 初期角度 θ_0 を 15 度, 45 度として, 39 行目, 41 行目で各近

似解の計算を行う.

図7.6 (a) に示されるように,初期角度 θ_0 が15度の場合には,いずれの結果にも違いがないことがわかる.一方,図7.6 (b) に示されるように,初期角度が45度の場合では高次の近似解は数値解と一致しているが,1次近似解では時間の経過とともに高次の近似解や数値解の角変位にずれが生じることがわかる.

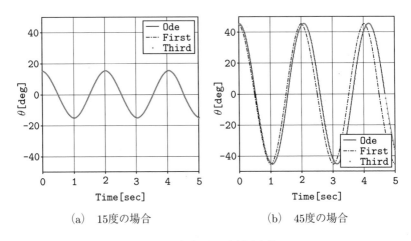

(a) 15度の場合   (b) 45度の場合

図7.6 振り子の時刻歴応答

```
10  def func(s, t, g, leng):
11      y, v = s
12      dsdt = [v, -g * np.sin(y)/leng]
13      return dsdt

15  def pendulum(y0, i):
16      sol = odeint(func, y0, t, args=(g,leng))
17      y1=y0[0]*np.cos(omgn*t)
18      omg=omgn*np.sqrt(1-y0[0]**2/8)
19      y3=y0[0]*np.cos(omg*t)
20      plt.subplot(1,2,i)
21      plt.plot(t, sol[:, 0]*180/np.pi, 'k', label='Ode')#数値解
22      plt.plot(t, y1*180/np.pi, 'r', label='First')#1次近似
```

```
23    plt.plot(t, y3*180/np.pi, 'y-.', label='Third')#y#3次近似
24 ...

38 y0 = [15*np.pi/180,0]
39 pendulum(y0,1)
40 y0 = [45*np.pi/180,0]
41 pendulum(y0,2)
```

図 7.7　code_7-1.py のソースコードの一部

7.3.2　振り子の振動──周期の比較

　7.3.1 項で示した単振り子の周期については，第 1 種の完全だ円積分を用いて**厳密解**（exact solution）を求めることができる．7.3.1 項の第 1 次近似解や高次の近似解，厳密解を用いて得られる周期を比較してみよう．

(1)　**厳密解**　今，図 7.8 に示されるように，初期角度 θ_0 で振り子を揺らした場合を考える．エネルギ保存則から，任意の角度 θ と初期角度 θ_0 においては次の式が成り立つ．

$$\frac{1}{2}\,m\left(l\,\frac{d\theta}{dt}\right)^2 + mgl(1-\cos\theta) = mgl(1-\cos\theta_0)$$

$\cos\theta = 1 - 2\sin^2\frac{\theta}{2}$ の式を用いると，上式は

$$\left(\frac{d\theta}{dt}\right)^2 = \frac{4g}{l}\left(\sin^2\frac{\theta_0}{2} - \sin^2\frac{\theta}{2}\right)$$

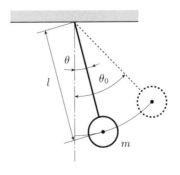

図 7.8　単振り子の振動

$0 < \theta < \theta_0$ のときを考えると，$\frac{d\theta}{dt} > 0$ であるから，

$$\frac{d\theta}{dt} = 2\sqrt{\frac{g}{l}\left(\sin^2\frac{\theta_0}{2} - \sin^2\frac{\theta}{2}\right)}$$

したがって，

$$\sqrt{\frac{g}{l}}\,dt = \frac{\frac{1}{2}\,d\theta}{\sqrt{\sin^2\frac{\theta_0}{2} - \sin^2\frac{\theta}{2}}}$$

上式の両辺を積分する．ここで，θ が $0 \sim \theta_0$ まで揺れる時間は $\frac{1}{4}$ 周期より，$\frac{T}{4}$ とおくと，

$$\int_0^{\frac{T}{4}} \sqrt{\frac{g}{l}}\,dt = \int_0^{\theta_0} \frac{\frac{1}{2}\,d\theta}{\sqrt{\sin^2\frac{\theta_0}{2} - \sin^2\frac{\theta}{2}}} \tag{7.15}$$

ここで，

$$k = \sin\frac{\theta_0}{2}, \quad \sin\frac{\theta}{2} = k\sin t \tag{7.16}$$

とおくと，上式より，次式が得られる．

$$\cos\frac{\theta}{2} = \sqrt{1 - k^2\sin^2 t} \tag{7.17}$$

式 (7.16), (7.17) を用いて，式 (7.15) を整理すると，

$$\frac{T}{4}\sqrt{\frac{g}{l}} = \int_0^{\frac{\pi}{2}} \frac{dt}{\sqrt{1 - k^2\sin^2 t}}$$

となる．上式の右辺は第 1 種の完全だ円積分である．それを次のようにおくと，

$$K(k) = \int_0^{\frac{\pi}{2}} \frac{dt}{\sqrt{1 - k^2\sin^2 t}}$$

周期 T は

$$T = 4\sqrt{\frac{l}{g}} \times K(k) \tag{7.18}$$

となる．

(2) **第 1 次近似解と高次近似解** 式 (7.6) に示したように，1 次近似において
は，$\omega_n = \sqrt{\frac{g}{l}}$ であることから．周期 T は

$$T = \frac{2\pi}{\omega_n} = 2\pi \sqrt{\frac{l}{g}} \qquad (7.19)$$

式 (7.12) より高次近似解において，周期 T は

$$T = \frac{2\pi}{\omega_h} = \frac{2\pi}{\omega_n \sqrt{1 - \frac{\theta_0^2}{8}}} \qquad (7.20)$$

(3) **第 1 次近似解や高次の近似解，厳密解から得られる周期の違い**

式 (7.18)〜式 (7.20) を用いて，Python により初期角度 θ_0 と周期の関係を
求めた結果を図 7.9 に示す．図 7.9 に示されるように，初期角度が 15 度より小
さい範囲では第 1 次近似解と厳密解による周期は近い値を示すが，初期角度が
15 度よりも大きくなると，1 次近似解と厳密解による周期の差は大きくなる．
一方，高次近似解による周期は初期角度が 50 度付近までは厳密解による周期
と大きな違いはないことがわかる．

図 7.10 は図 7.9 を求めるために用いた Python のソースコードである．4 行
目にあるように，scipy.special を指定するとだ円積分が利用できる．15 行目
は第 1 種完全だ円積分を示している．Python では第 1 種完全だ円積分である
$K(k)$ は $m = k^2 < 1$ として，ellipk(m) として使用する．

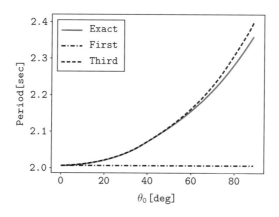

図 7.9 振り子の周期

```
4   from scipy.special import ellipk
9
10  omgn=np.sqrt(g/leng) #ωₙの計算
11  dsita=np.arange(0, 90, 1) #初期角度θ₀を0～90度を1度刻みと設定.
12  rsita=dsita*np.pi/180 # 初期角度θ₀をラジアンに変換.
13  k=np.sin(rsita/2)
14  m=k*k
15  a=ellipk(m)
16  t_10=2*np.pi/omgn
17  t_1=np.ones(90)*t_10 #1次近似
18  omgn3=omgn*np.sqrt(1-rsita**2/8)
19  t_3=2*np.pi/omgn3 #3次近似
20  t_e=4*a/omgn #厳密解
```

図 7.10　`code_7-2.py` のソースコードの一部

7.3.3　強 制 振 動

(1)　**主共振**　図 7.11 に示されるような振動系について考える. ここで, 物体の質量は m であり, 物体には強制外力, 復元力 $f(x)$ と減衰力 $c\dot{x}$ が作用する. ここで復元力 $f(x)$ は, 次式のように, 非線形な特性を持つとする.

$$f(x) = k_1 x + k_3 x^3$$

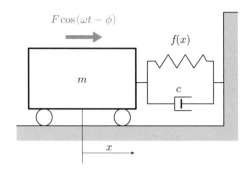

図 7.11　非線形ばねを有する強制振動のモデル図

物体の運動方程式は

$$m\ddot{x} + c\dot{x} + k_1 x + k_3 x^3 = F\cos(\omega t - \phi) \tag{7.21}$$

$x = X\cos\omega t$ とおくと,

$$-mX\omega^2\cos\omega t - cX\omega\sin\omega t + k_1 X\cos\omega t + k_3 X^3\cos^3\omega t$$
$$= F\cos(\omega t - \phi)$$

式 (7.10) の関係を用いると,

$$\left(k_1 - m\omega^2 + \frac{3}{4}k_3 X^2\right)X\cos\omega t - cX\omega\sin\omega t + \frac{1}{4}k_3 X\cos 3\omega t$$
$$= F\cos\phi\cos\omega t + F\sin\phi\sin\omega t$$

$\cos 3\omega t = 0$ とすると,

$$\left.\begin{array}{c}\left(k_1 - m\omega^2 + \dfrac{3}{4}k_3 X^2\right)X = F\cos\phi \\[2mm] -cX\omega = F\sin\phi\end{array}\right\}$$

$\cos^2\phi + \sin^2\phi = 1$ より,

$$\left(\frac{X}{F}\right)^2\left\{\left(k_1 - m\omega^2 + \frac{3}{4}k_3 X^2\right)^2 + (c\omega)^2\right\} = 1$$

$$\left(\frac{X}{F}\right)^2 k_1^2\left\{\left(1 - \frac{m}{k_1}\omega^2 + \frac{3}{4}\frac{k_3}{k_1}X^2\right)^2 + \left(\frac{c}{k_1}\omega\right)^2\right\} = 1$$

ここで,

$$\omega_{\mathrm{n}} = \sqrt{\frac{k_1}{m}},\ \zeta = \frac{c}{2\sqrt{mk_1}},\ \lambda = \frac{\omega}{\omega_{\mathrm{n}}},\ \beta = \frac{k_3}{k_1},\ P = \frac{F}{k_1}$$

とおくと,

$$X^2\left[\left\{1 - \lambda^2 + \frac{3}{4}\beta X^2\right\}^2 + (2\zeta\lambda)^2\right] = P^2$$

$$\frac{9}{16}\beta^2 X^6 + \frac{3}{2}\beta(1-\lambda^2)X^4 + \left\{(1-\lambda^2)^2 + (2\zeta\lambda)^2\right\}X^2 - P^2 = 0 \tag{7.22}$$

上式から,振動数比 λ と振幅比 X の関係を求めると,非線形ばねを有する強制振動の振幅応答曲線を求めることができる.

式 (7.22) に関するソースコードである code_7-3.py を実行して,振幅応答曲線を求めた結果が図 7.12 に示す実線及び破線である.ここで, $\beta = 0.3, \zeta =$

0.03, $P = 0.15$ である．破線は不安定解であり，実際には現れない．また，図中に示す一点鎖線は**背骨曲線**（backbone curve）と呼ばれ，$\beta > 0$ の場合には振幅応答は背骨曲線を中心に右側に傾いた形となる．この振幅応答曲線は**主共振**（principle resonance）と呼ばれる．なお，背骨曲線は次のように求めることができる．式 (7.22) において，$\zeta = 0$, $P = 0$ とおき，X^2 に関する式を求めると，

$$1 - \lambda^2 + \frac{3}{4}\beta X^2 = 0 \tag{7.23}$$

上式を X について解くと，

$$X = 2\sqrt{\frac{\lambda^2 - 1}{3\beta}} \tag{7.24}$$

上式から図 7.12 に一点鎖線で示す背骨曲線を求めることができる．なお，式 (7.24) は外力や減衰がないとき，すなわち，減衰のない自由振動の振幅 X と振動数比 λ の関係を示している．

　図 7.13 は β が正の場合（漸硬ばね）と負の場合（漸軟ばね）が用いられた場合の振動系における振幅応答曲線を示している．β が負の場合には振幅応答曲線は左側に傾いた形となる．振動数比 λ，すなわち，外力の振動数 ω を大きく

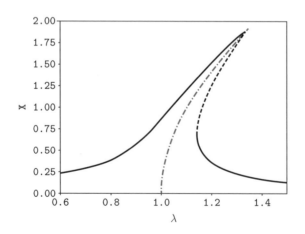

図 7.12　非線形ばねを有する強制振動の振幅応答曲線
（$\beta = 0.3$, $\zeta = 0.03$, $P = 0.15$, `code_7-3.py`）

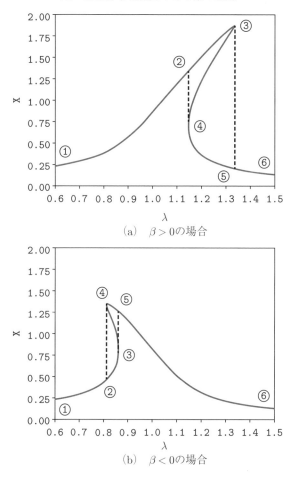

(a) $\beta > 0$の場合

(b) $\beta < 0$の場合

図 7.13 非線形振動系の跳躍現象

すると，①→②→③→⑤→⑥の順に応答は変化し，ω を小さくすると，⑥→⑤→④→②→①の順に応答が変化する．ここで，③→⑤及び④→②のときに急激に振幅が変化する現象は **跳躍現象**（jump phenomena）と呼ばれる．

(2) **分数調波共振** 第 3 章で，強制外力が作用する線形な振動系において，その定常応答は外力の振動数 ω と同じ振動数 ω になることを確認した．一方，強制外力が作用する非線形振動系においては外力の振動数 ω と同じ主共振以外に，$n\omega$ の振動数を持つ**高調波共振**（higher harmonic resonance）や $\frac{\omega}{n}$ の振動数を持つ**分数調波共振**（subharmonic resonance）が発生することがある（n は整数）．ここでは，外力の振動数の $\frac{1}{3}$ 倍の振動数を持つ，いわゆる $\frac{1}{3}$ 次分数調波共振の発生について考える．

外力の振動数 ω が作用する非線形振動系について考えると，運動方程式は

$$m\ddot{x} + c\dot{x} + k_1 x + k_3 x^3 = F\cos\omega t$$

$c = 0$，$\omega_{\mathrm{n}} = \sqrt{\frac{k_1}{m}}$，$\beta = \frac{k_3}{k_1}$，$P = \frac{F}{k_1}$ とおくと，

$$\ddot{x} + \omega_{\mathrm{n}}^2 x + \beta\omega_{\mathrm{n}}^2 x^3 = P\omega_{\mathrm{n}}^2 \cos\omega t \tag{7.25}$$

ここで，上式の解が次式で表されるとする．

$$x = A\cos\omega t + B\cos\frac{1}{3}\omega t$$

上式を式 (7.25) に代入し，$\cos\frac{\omega t}{3}$ の係数を比較すると

$$B\left\{\left(\omega_{\mathrm{n}}^2 - \frac{\omega^2}{9}\right) + \frac{3}{4}\beta\omega_{\mathrm{n}}^2(B^2 + AB + 2A^2)\right\} = 0$$

$B \neq 0$ とすると，{ } 内がゼロとなることから，

$$\frac{3}{4}\beta\omega_{\mathrm{n}}^2 B^2 + \frac{3}{4}\beta\omega_{\mathrm{n}}^2 AB + \omega_{\mathrm{n}}^2 - \frac{\omega^2}{9} + \frac{3}{2}\beta\omega_{\mathrm{n}}^2 A^2 = 0$$

B について解くと

$$B = \frac{-\frac{3}{4}\beta\omega_{\mathrm{n}}^2 A \pm \sqrt{\frac{9}{16}\beta^2\omega_{\mathrm{n}}^4 A^2 - 3\beta\omega_{\mathrm{n}}^2\left(\omega_{\mathrm{n}}^2 - \frac{\omega^2}{9} + \frac{3}{2}\beta\omega_{\mathrm{n}}^2 A^2\right)}}{3\beta\frac{\omega_{\mathrm{n}}^2}{2}}$$

B が実数解を持つのは上式の平方根の中 ≥ 0 のときであるから，

$$\omega^2 \geq 9\omega_{\mathrm{n}}^2\left(1 + \frac{21}{16}\beta A^2\right) \tag{7.26}$$

ここで，右辺のカッコ内の第 2 項は微小であるため，無視すると，$\omega > 3\omega_{\mathrm{n}}$ のとき，$\frac{1}{3}$ 次分数調波共振が発生する．その条件を考慮して，分数調波共振が

発生する時刻歴応答を計算してみよう. $\beta = \frac{1}{3}$, $\zeta = 0.025$, $P = 6.09$, $\omega_n = 1\,\mathrm{rad/s}$, $\omega = 3.3\,\mathrm{rad/s}$ とし, code_7-4.py を実行して, 式 (7.25) を解いて時刻歴応答を求めた結果が図 7.14 である. ここで, 図 7.14 上図は時刻歴応答であり, 図 7.14 下図はそれをフーリエ変換した結果である. 0.525 Hz 付近では主共振が発生し, 0.175 Hz 付近では $\frac{\omega}{3}$ である分数調波共振が発生していることがわかる.

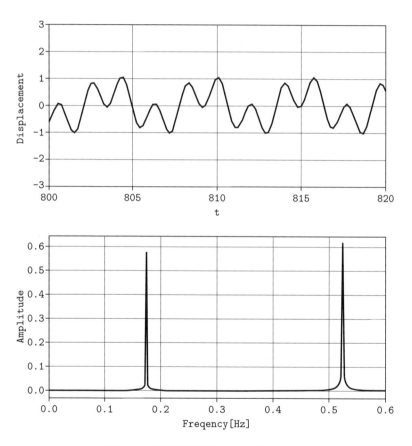

図 7.14 分数調波共振 (code_7-4.py)

7.4 係数励振振動

7.4.1 動画による確認──支持部が振動する振り子

図 7.15 (a), (b) は，それぞれ，支持部が上下に振動する振り子を示した CAD 図とその簡略図である．図 7.15 (a) に示されるように，モータの回転により，リンクを介して振り子の支持部が上下に振動する．図 7.15 (b) により，振り子の動きを詳細に見てみよう．点 O はモータ軸の中心であり，A, B はリンクを示している．また，C は上下に動くスライダ部を示している．これらはつながっており，スライダクランク機構をなしている．リンク A が点 O を中心に回転すると，点 C は上下に振動し，振り子の支持部を上下に振動させることができる．また，モータの回転数を変化させると，異なる支持部の振動数における振り子の運動を見ることができる．振り子の運動はどのように変化するかを予想してみよう．

その答えは QR コード 7.2 をスマートフォンで読み取ると，動画で見ることができる．

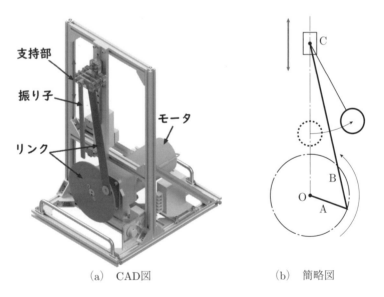

支持部

振り子

モータ

リンク

(a) CAD図 (b) 簡略図

図 7.15 支持部が振動する振り子

┌─ **動画 7.2** ─────────────────────

　この動画ではモータの回転数が低速，高速の2種類に関する振り子の動きを見ることができる．ここで，モータの回転数が増加すると共に，支持部の振動数は増大する．最初の物体の運動は，モータの回転数が低速，すなわち，支持部の振動数が小さい場合である．支持部は上下するが，緑色の振り子はほとんど回転しない，次に，支持部の振動数が大きい場合には，振り子は暴れ出すように，回転し始める．振り子の支持部の振動数の違いで，振り子の動きが変化するのは非常に興味深い現象である．

QR コード 7.2　支持部が振動する振り子

(https://youtu.be/TkvWsaLRoBc)

──────────────────────────────

以下の項では，その様子を理論的に考えてみよう．

7.4.2　支点が振動する振り子の運動方程式

　図 7.16 は図 7.15 に示した CAD 図のモデル図である．長さ l，質量 m の単振り子の支点を y_O で上下に加振するとき，振り子の質量には重力に加え，支点の運動による慣性力が作用するので，物体の運動方程式は次式となる．

$$ml^2\ddot{\theta} = -(mg - m\ddot{y}_O)\sin\theta \times l$$

ここで，振り子の角度を微小とし，$y_O = Y\cos\omega t$ とすると

$$\ddot{\theta} + \left(\frac{g}{l} + \frac{Y\omega^2}{l}\cos\omega t\right)\theta = 0$$

上式では，左辺第2項の復元力モーメントの係数が時間と共に変化する．このように係数が周期的に変化することによって生じる振動は**係数励振振動**（parametrically excited oscillation）と呼ばれる．

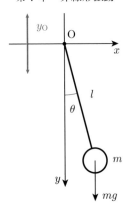

図 7.16　支持部が振動する振り子のモデル図

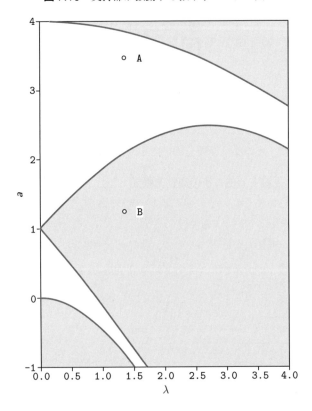

図 7.17　マシューの式の安定判別図

ここで，$\omega t = 2\tau + \pi$, $4\frac{g}{l\omega^2} = a$, $4\frac{Y}{l} = 2q$ とおくと，

$$\frac{d^2\theta}{d\tau^2} + (a - 2q\cos 2\tau)\theta = 0 \tag{7.27}$$

上式のように，一般化した式は**マシュー（Mathieu）の式**と呼ばれる．マシュー の式の解は動画 7.2 で示されたように，a と q の値によって，振り子が動かな い安定な場合と振り子が暴れ出す不安定な場合がある．式 (7.27) に関して，そ の境界を求めることは相当なページ数を要するため，ここではその安定判別図 のみを図 7.17 に示す．図中において，着色された部分は不安定な領域であり それ以外は安定な領域である．また，動画 7.2 で示した支持部の振動数が小さ な場合は A であり，振動数が大きな場合は B である．それぞれ，安定及び不 安定な領域にあることがわかる．

マシューの式 (7.27) の時刻歴応答を計算してみよう．$q = 1.37$ とし，$a = 1.25, 3.4$ の 2 つの場合について，code_7-5.py を実行して時刻歴応答を求めた 結果が図 7.18 である．ここで，$a = 3.4$ は動画で示した支持部の振動数が小さ い場合であり，$a = 1.25$ は動画 7.2 で示した支持部の振動数が大きい場合であ る．式 (7.27) では減衰を考慮していないため，動画と図 7.18 には違いがある

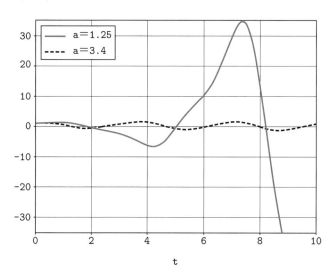

図 7.18　マシューの式の解（code_7-5.py）

が, 図 7.18 では, 安定と不安定な状態を再現できているといえる.

　図 7.19 は code_7-5.py のソースコードの一部を示している. 16, 17 行目で 2 つの a を設定し, 22, 23 行目で時刻歴応答が求められる.

```
16   a1=1.25
17   a2=3.4
18   q=1.37
19   x0 = [1,0] #初期条件
20   t = np.linspace(0, 10, 100)
21
22   sol1 = odeint(func, x0, t, args=(a1,q))
23   sol2 = odeint(func, x0, t, args=(a2,q))
```

図 7.19　code_7-5.py のソースコードの一部

7.5　振 動 輸 送

　通常, 振動はじゃまものとして扱われがちだが, 一方で, 振動をうまく利用し, 私たちの生活に役立てることも可能である. その代表例が振動輸送である. 振動輸送は工場内で食品や機械部品の搬送などに広く利用されている. ここでは, 物体が振動輸送されるときの運動について考えてみよう.

7.5.1　動画による確認——振動輸送

　図 7.20 (a), (b) は, それぞれ, 振動輸送を再現する装置の写真とその簡略図である. 図 7.20 (b) に示されるように, 偏心質量が取り付けられたモータはプラスチック製の板で作られた輸送面の下に取り付けられ, その輸送面は 2 つの板ばねで支持されている. 板ばねは地面に垂直な方向に対して傾いた方向に取り付けられているため, モータが回転すると, 輸送面は図に示す方向に振動する. 輸送面上に消しゴムを置いたとき, 消しゴムはどのように輸送されるかを予想してみよう.

　その答えは QR コード 7.3 をスマートフォンで読み取ると, 動画で見ることができる.

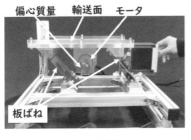

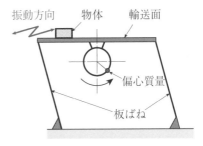

(a) 写真　　　　　　　　　　　　(b) 簡略図

図 7.20　振動輸送の装置

動画 7.3

　輸送面，モータ及び板ばねは 1 自由度系と見なすことができ，モータの回転数を振動系の固有円振動数に合わせると，輸送面を図 7.20 (b) に示す振動方向に共振させることができる．輸送面上においた消しゴムには慣性力や摩擦力が加わるが，慣性力が摩擦力よりも大きくなると，消しゴムは輸送面上をすべる．それが繰り返されることで消しゴムは輸送される．右側のみに輸送される様子は非常に興味深い現象である．

QR コード 7.3　振動輸送

(https://youtu.be/1o18go9BD3Q)

以下の項では，その様子を理論的に考えてみよう．

7.5.2　振動輸送の運動方程式

　図 7.21 は振動輸送のモデル図である．動画 7.3 とは異なり，図中で輸送面は地面に対して，角度 β だけ傾いている．その角度 β を物体と輸送面との摩擦角よりも小さくすると，物体は輸送面を上昇させることができる．輸送面は地面に対して角度 α の方向に正弦波状（$l = a \sin \omega t$）に振動する．また，x–y 座標系は静止座標系であり，ξ–η 座標系は振動台と共に運動する座標系である．

　x–y 座標系から見た ξ–η 座標系の原点 $(X_{\mathrm{T}}, Y_{\mathrm{T}})$ は

$$\left.\begin{array}{l} X_{\mathrm{T}} = l \cos \beta = a \cos \beta \sin \omega t \\ Y_{\mathrm{T}} = l \sin \beta = a \sin \beta \sin \omega t \end{array}\right\} \tag{7.28}$$

物体の運動方程式は

$$\left.\begin{array}{l} m\ddot{x} = -mg \sin \alpha - \mu R \\ m\ddot{y} = R - mg \cos \alpha \end{array}\right\} \tag{7.29}$$

ここで，m は物体の質量であり，μ, R はそれぞれ，物体と輸送面との摩擦係数及び，物体が輸送面から受ける垂直抗力である．図 7.2 に示すように，摩擦力は相対速度の符号によって変化するため，物体の運動を詳細に解くことは容易ではない．そこで，ここでは，物体が輸送面の右側もしくは左側に輸送される条件について考える．

　各座標系における物体の変位に関する関係から

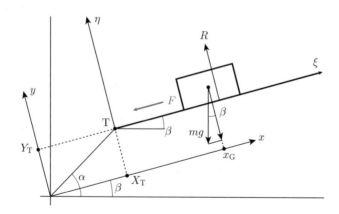

図 7.21　振動輸送のモデル図

$$\left.\begin{aligned} x &= \xi + X_{\mathrm{T}} \\ y &= \eta + Y_{\mathrm{T}} \end{aligned}\right\} \tag{7.30}$$

式 (7.28), (7.30) を式 (7.29) に代入すると,

$$\left.\begin{aligned} m\ddot{\xi} &= -m\ddot{X}_{\mathrm{T}} - mg\sin\alpha - \mu R \\ m\ddot{\eta} &= -m\ddot{Y}_{\mathrm{T}} + R - mg\cos\alpha \end{aligned}\right\} \tag{7.31}$$

物体が輸送面上にあるときは $\ddot{\eta} = 0$ より, 式 (7.31) の第 2 式より,

$$R = -ma\omega^2 \sin\beta \sin\omega t + mg\cos\alpha \tag{7.32}$$

上式を式 (7.31) の第 1 式に代入すると,

$$\ddot{\xi} = -g(\sin\alpha + \mu\cos\alpha) + a\omega^2 \sin\omega t(\cos\beta + \mu\sin\beta)$$

したがって, 物体が輸送面の右側へ輸送される条件は上式の右辺 > 0 より,

$$\frac{a\omega^2}{g}\sin\omega t > \frac{\sin\alpha + \mu\cos\alpha}{\cos\beta + \mu\sin\beta} \tag{7.33}$$

物体が輸送面の左側へすべるときは, 式 (7.29) の第 1 式の右辺第 2 項の符号が変わるのみであるから, 同様にして $\ddot{\xi}$ の式を求めると

$$\ddot{\xi} = -g(\sin\alpha - \mu\cos\alpha) + a\omega^2 \sin\omega t(\cos\beta - \mu\sin\beta)$$

したがって, 物体が輸送面の左側へ輸送される条件は上式の右辺 < 0 より,

$$\frac{a\omega^2}{g}\sin\omega t < \frac{\sin\alpha - \mu\cos\alpha}{\cos\beta - \mu\sin\beta} \tag{7.34}$$

式 (7.33), (7.34) を用いて, 物体が輸送される条件を計算してみよう. $\alpha = 0^\circ$, $\beta = 35^\circ$, $f = 50\,\mathrm{Hz}$, $a = 0.1\,\mathrm{mm}$ とした場合について, `code_7-6.py` を実行して輸送条件を求めた結果が図 7.22 である. 物体が輸送面の右側へ輸送される条件である式 (7.33) が図中に示す ① の時間であり, 左側へ輸送される条件である式 (7.34) が図中に示す ② の時間である. したがって, 1 サイクル中において, ① の時間が ② より長いため, 物体が振動により輸送面の右側へ輸送されることとなる. 動画 7.3 中の高速度カメラの映像を改めて見返すと, ② の時間に相当する物体が左側にわずかに輸送される時間があることがわかる.

図 7.23 は `code_7-6.py` のソースコードの一部を示している. 17, 18 行目の右辺は, それぞれ, $\alpha = 0$ のときの式 (7.33), (7.34) の右辺であり, それらの左辺は 20 行目である.

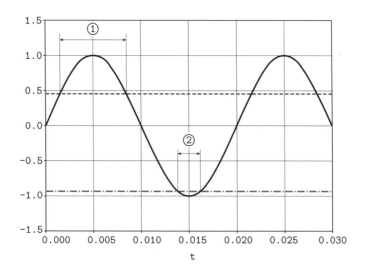

図 7.22 輸送条件を求めた結果 (code_7-6.py)

```
17  b_u=myu/(np.cos(beta)+myu*np.sin(beta))
18  b_l=-myu/(np.cos(beta)-myu*np.sin(beta))
19  t = np.linspace(0, 0.03, 100)
20  y = a*omg*omg/g*np.sin(omg*t)
```

図 7.23 code_7-6.py のソースコードの一部

第 7 章の問題

□ **1**　図 7.11 に示す振動系において，漸軟ばねを有する振動系に強制外力が加えられた場合について考える．$\beta = -0.24$, $\zeta = 0.068$, $P = 0.15$ として，図 7.12 と同様に，縦軸を X，横軸を $0.6 \leq \lambda \leq 1.5$ として，振幅応答曲線をグラフに示しなさい．

□ **2**　図に示すように，弦の中央に取り付けられた質点の横振動について考える．質点の変位 $x = 0$ のときの弦の張力 T，弦の断面積を A，縦弾性係数を E，質点の質量を m として，質点の運動方程式を求めなさい．

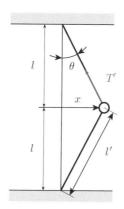

□ **3**　式 (7.25) において，$\beta = 0.33$, $\zeta = 0.125$, $P = 2.15$, $\omega_n = 0.6$ rad/s, $\omega = 1$ rad/s として時刻歴応答を求め，それをフーリエ変換し，高調波共振が発生していることを確認しなさい．

問題の略解

1.

$$\det(\boldsymbol{A} - \lambda\boldsymbol{I}) = 0$$

上式より,

$$\lambda^2 - 7\lambda + 6 = 0$$

上式から λ を求めると,

$$\lambda = 1, 6$$

が得られる. 次に, 固有ベクトル $\boldsymbol{x} = \{X_1, X_2\}^T$ を求める. ここで, T は転置行列を示す.

$$\begin{bmatrix} 5-\lambda & -2 \\ -2 & 2-\lambda \end{bmatrix} \begin{Bmatrix} X_1 \\ X_2 \end{Bmatrix} = \begin{Bmatrix} 0 \\ 0 \end{Bmatrix}$$

すなわち,

$$\left.\begin{array}{c} (5-\lambda)X_1 - 2X_2 = 0 \\ -2X_1 + (2-\lambda)X_2 = 0 \end{array}\right\}$$

となる. 上式のいずれかを用いて, $X_1 = 1$ とすると,

- $\lambda = 1$ のとき $\begin{Bmatrix} X_1 \\ X_2 \end{Bmatrix} = \begin{Bmatrix} 1 \\ 2 \end{Bmatrix}$

- $\lambda = 6$ のとき $\begin{Bmatrix} X_1 \\ X_2 \end{Bmatrix} = \begin{Bmatrix} 1 \\ -\frac{1}{2} \end{Bmatrix}$

prob_1-1.py を実行することで同じ解が得られることを確認できる.

2. 例えば prob_1-2.py のようなコードが考えられる.

3. ソースコードは prob_1-3.py であり, それを実行すると, 次の図が得られる. ソースコード中にある elev と azim はいずれも, 視線の方向が指定でき, elev は仰

角を指定する値であり，初期値は 30 である．`azim` は方位角を指定する値であり，初期値は -60 である．

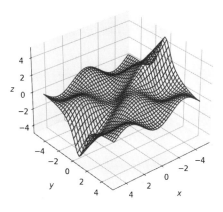

アジマン関数のグラフ

4. $-\pi$ から π までの区間に着目すると，波形は下記の式となる．

$$f(\omega t) = \begin{cases} -\dfrac{\omega t}{\pi} & \cdots -\pi \leq \omega t < 0 \\ \dfrac{\omega t}{\pi} & \cdots 0 \leq \omega t < \pi \end{cases}$$

$$A_k = \frac{2}{\pi} \int_0^\pi \frac{\omega t}{\pi} \cdot \cos k\omega t \, d(\omega t)$$

$$= -\frac{2}{(k\pi)^2}\left\{1 + (-1)^{k-1}\right\}$$

となる．ここで，$k = 1, 2, \ldots$ であり，

$$A_0 = 1$$

となる．また，偶関数より，

$$B_k = 0$$

よって，

$$f(\omega t) = \frac{1}{2} + \sum_{k=1}^\infty \left[-\frac{2}{(k\pi)^2}\left\{1 + (-1)^{k-1}\right\}\cos k\omega t\right]$$

`prob_1-4.py` を用いて，上式を計算し，グラフを作成すると，次の図が得られる．

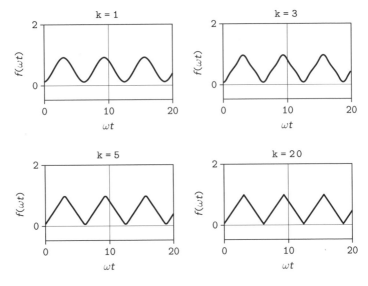

フーリエ級数による三角波のグラフ

■ 第 2 章

1. (1) $\sqrt{\dfrac{128}{2}} = 8 \, \text{rad/s}$

(2) $t = 0$ のとき，$x = 0.05 \, \text{m}$ より，

$$0.05 = A \cos(\omega_{\mathrm{n}} \times 0) + B \sin(\omega_{\mathrm{n}} \times 0)$$

$$A = 0.05 \, \text{m}$$

$t = 0$ のとき，$\dot{x} = -0.4 \, \text{m/s}$ より，

$$\dot{x} = -A\omega_{\mathrm{n}} \sin \omega_{\mathrm{n}} t + B\omega_{\mathrm{n}} \cos \omega_{\mathrm{n}} t$$

$$-0.4 = -A\omega_{\mathrm{n}} \sin(\omega_{\mathrm{n}} \times 0) + B\omega_{\mathrm{n}} \cos(\omega_{\mathrm{n}} \times 0)$$

$$B = -0.05 \, \text{m}$$

(3) $t = 0$ のとき，$x = 0.05 \, \text{m}$ より，

$$X = \sqrt{A^2 + B^2} = \sqrt{0.05^2 + (-0.05)^2}$$

$$= 0.05\sqrt{2} \, \text{m}$$

$$\tan \phi = \frac{B}{A} = -1 \quad \rightarrow \quad \phi = -\frac{\pi}{4}, \frac{3\pi}{4}$$

2. (1)　系の運動方程式は次式となる.

$$mL^2\ddot{\theta} = -mg\sin\theta \times L - kl_1\theta \times l_1 - cl_2\dot{\theta} \times l_2$$

θ が微小とすると,

$$mL^2\ddot{\theta} + cl_2^2\dot{\theta} + (mgL + kl_1^2)\theta = 0$$

(2)　$\zeta = \dfrac{cl_2^2}{2\sqrt{mL^2(mgL + kl_1^2)}}$

3. (1)　重心位置 x, y は

$$\left.\begin{array}{l} x = R\phi - h\sin\phi \\ y = R - h\cos\phi \end{array}\right\}$$

運動エネルギは

$$T = \frac{1}{2}M(\dot{x}^2 + \dot{y}^2) + \frac{1}{2}J\dot{\phi}^2$$

$\dot{x}$, $\dot{y}$ は

$$\left.\begin{array}{l} \dot{x} = R\dot{\phi} - h\dot{\phi}\cos\phi \\ \dot{y} = h\dot{\phi}\sin\phi \end{array}\right\}$$

したがって,

$$T = \frac{1}{2}M\left\{(R\dot{\phi} - h\dot{\phi}\cos\phi)^2 + (h\dot{\phi}\sin\phi)^2\right\} + \frac{1}{2}J\dot{\phi}^2$$

$$= \frac{1}{2}M\dot{\phi}^2(R^2 - 2Rh\cos\phi + h^2) + \frac{1}{2}J\dot{\phi}^2$$

ϕ が微小とすると, $\cos\phi \cong 1$ なので,

$$T = \frac{1}{2}M\left\{(R - h)^2 + J\right\}\dot{\phi}^2$$

ポテンシャルエネルギは

$$U = Mgh(1 - \cos\phi)$$

ϕ が微小とすると, $1 - \cos\phi = \frac{\phi^2}{2}$ より,

$$U = \frac{1}{2}Mgh\phi^2$$

$\frac{d}{dt}(T + U) = 0$ より,

$$\left\{M(R - h)^2 + J\right\}\ddot{\phi} + Mgh\phi = 0$$

固有円振動数 ω_n は

$$\omega_n = \sqrt{\frac{Mgh}{\{M(R-h)^2 + J\}}}$$

4. (1) 下図に示されるように，各プーリーの変位を x_1, x_2 とし，ロープに働く張力を T とすると，

$$\left.\begin{array}{l} x = 2x_1 + 2x_2 \\ kx_1 = 2T \\ kx_2 = 2T \\ m\ddot{x} = -T \end{array}\right\}$$

上式より

$$m\ddot{x} + \frac{k}{8}x = 0$$

固有円振動数 ω_n は

$$\omega_n = \sqrt{\frac{k}{8m}}$$

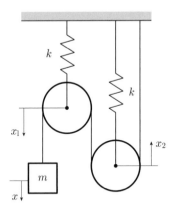

プーリーを有する振動系

第3章

1. 運動方程式は

$$m\ddot{x} + c\dot{x} + kx = F\cos\omega t$$

であり，$\zeta < 1$ より，その応答は

$$x = e^{-\zeta \omega_n t}(C \cos \omega_d t + D \sin \omega_d t) + X \cos(\omega t - \phi)$$

$t = 0$ のとき，$x = x_0, \dot{x} = 0$ であるから，式 (3.19)，式 (3.20) より，

$$\left.\begin{array}{l} C = x_0 - X \cos \phi \\[2mm] D = \dfrac{\zeta \omega_n C - X \omega \sin \phi}{\omega_d} \end{array}\right\}$$

$$X = \frac{\delta_{st}}{\sqrt{\left\{1 - \left(\dfrac{\omega}{\omega_n}\right)^2\right\}^2 + \left(2\zeta \dfrac{\omega}{\omega_n}\right)^2}}$$

Python プログラム `prob_3-1.py` を実行すると，下図に示した結果が得られる．こ
こで，`Numerical`，`Analytical` と示した結果は，それぞれ，上述した式を用いて得
られた解析解と Python の関数 `odeint` を用いて得られる数値解である．

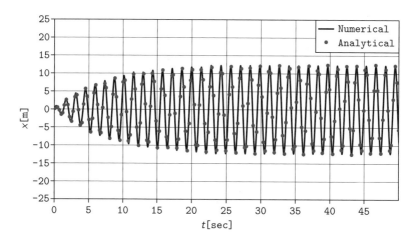

`prob_3-1.py` を用いて計算した結果

2. 系の運動方程式は次式となる．

$$m\ddot{x} + kx = f$$

ここで，

$$f = \begin{cases} -\dfrac{F}{T}t + F & \cdots 0 \le t < T \\[3mm] 0 & \cdots t \ge T \end{cases}$$

- $0 \leq t < T$ のとき，運動方程式は，

$$m\ddot{x} + kx = -\frac{F}{T}t + F$$

である．その特解を $x = X_0 + X_1 t$ とおくと，

$$X_0 = \frac{F}{k} = \delta_{\text{st}}, \quad X_1 = -\frac{\delta_{\text{st}}}{T}$$

であり，応答は

$$x = A\cos\omega_{\text{n}}t + B\sin\omega_{\text{n}}t + \delta_{\text{st}} - \frac{\delta_{\text{st}}}{T}t$$

$t = 0$ のとき，$x = x_0, \dot{x} = 0$ であるから，

$$A = -\delta_{\text{st}}, \quad B = \frac{\delta_{\text{st}}}{T\omega_{\text{n}}}$$

したがって，

$$x = \frac{\delta_{\text{st}}}{T}\left(T - t - T\cos\omega_{\text{n}}t + \frac{1}{\omega_{\text{n}}}\sin\omega_{\text{n}}t\right) \tag{A}$$

- $t \geq T$ のとき，外力 f は図 (a) と (b) で示すように，外力の和で表すことができる．それを利用して $t \geq T$ のときの応答を求める．図 (b) について，外力 f は

$$f = \frac{F}{T}t - F$$

運動方程式は，

$$m\ddot{x} + kx = \frac{F}{T}t - F$$

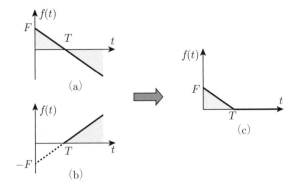

$t \geq T$ のときの外力について

であり，応答は

$$x = A\cos\omega_{\mathrm{n}}t + B\sin\omega_{\mathrm{n}}t - \delta_{\mathrm{st}} + \frac{\delta_{\mathrm{st}}}{T}t \tag{B}$$

図 (b) については，$t = T$ のとき，$x = x_0, \dot{x} = 0$ であるから，

$$\left.\begin{array}{r} A\cos\omega_{\mathrm{n}}T + B\sin\omega_{\mathrm{n}}T = 0 \\[2mm] -A\sin\omega_{\mathrm{n}}t + B\cos\omega_{\mathrm{n}}t = -\dfrac{\delta_{\mathrm{st}}}{T\omega_{\mathrm{n}}} \end{array}\right\}$$

A, B を求めて，式 (B) に代入すると，

$$x = \frac{\delta_{\mathrm{st}}}{T\omega_{\mathrm{n}}}\sin\omega_{\mathrm{n}}T\cos\omega_{\mathrm{n}}t - \frac{\delta_{\mathrm{st}}}{T\omega_{\mathrm{n}}}\cos\omega_{\mathrm{n}}T\sin\omega_{\mathrm{n}}t - \delta_{\mathrm{st}} + \frac{\delta_{\mathrm{st}}}{T}t \tag{C}$$

式 (A) と式 (C) を加えると

$$x = \frac{\delta_{\mathrm{st}}}{T\omega_{\mathrm{n}}}\big\{\sin\omega_{\mathrm{n}}t - \sin\omega_{\mathrm{n}}(t - T) - T\omega_{\mathrm{n}}\cos\omega_{\mathrm{n}}t\big\} \tag{D}$$

下図は式 (A)，式 (D) を用いて Python プログラム `prob_3-2.py` により，応答を計算した結果である．

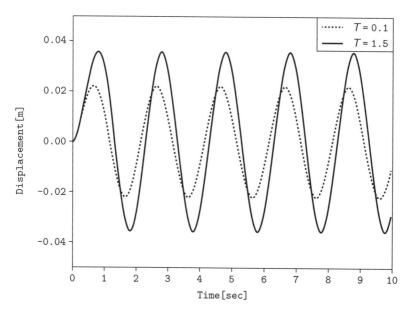

`prob_3-2.py` を用いて計算した結果

3. 系の運動方程式は次式となる.

$$m\ddot{x} = -\frac{k}{2}x \times 2 + f$$
$$m\ddot{x} + kx = f$$

ここで,

$$f = \begin{cases} \dfrac{F}{T}t & \cdots 0 \leq t < T \\ F & \cdots t \geq T \end{cases}$$

• $0 \leq t < T$ のとき, 運動方程式は,

$$m\ddot{x} + kx = \frac{F}{T}t$$

である. 演習問題 2 と同様に解くと, 応答は

$$x = A\cos\omega_{\mathrm{n}}t + B\sin\omega_{\mathrm{n}}t + \frac{\delta_{\mathrm{st}}}{T}t$$

$t = 0$ のとき, $x = 0$, $\dot{x} = 0$ であるから,

$$x = \frac{\delta_{\mathrm{st}}}{T}\left(t - \frac{1}{\omega_{\mathrm{n}}}\sin\omega_{\mathrm{n}}t\right) \tag{A}$$

• $t \geq T$ のとき, 外力は図 (a) と (b) で示す外力の和で表すことができる. 図 (b) について, 外力は

$$f = F - \frac{F}{T}t$$

運動方程式は,

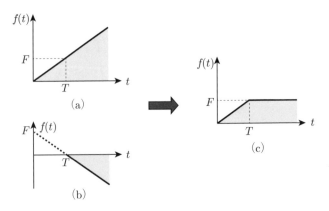

$t \geq T$ のときの外力について

$$m\ddot{x} + kx = F - \frac{F}{T}\,t$$

であり，応答は

$$x = A\cos\omega_n t + B\sin\omega_n t + \delta_{st} - \frac{\delta_{st}}{T}\,t \tag{B}$$

$t = T$ のとき，$x = 0$, $\dot{x} = 0$ であるから，

$$\left.\begin{aligned} A\cos\omega_n T + B\sin\omega_n T &= 0 \\ A\sin\omega_n T - B\cos\omega_n T &= -\frac{\delta_{st}}{T\omega_n} \end{aligned}\right\}$$

上式から A, B を求めて，式 (B) に代入すると，

$$x = -\frac{\delta_{st}}{T\omega_n}\sin\omega_n T\cos\omega_n t + \frac{\delta_{st}}{T\omega_n}\cos\omega_n T\sin\omega_n t + \delta_{st} - \frac{\delta_{st}}{T}\,t \tag{C}$$

式 (A) と式 (C) を加えると

$$x = \delta_{st}\left[1 - \frac{1}{\omega_n T}\big\{\sin\omega_n t - \sin\omega_n(t-T)\big\}\right] \tag{D}$$

次に示す図は式 (A)，式 (D) を用いて Python プログラム `prob_3-3.py` により，応答を計算した結果である．

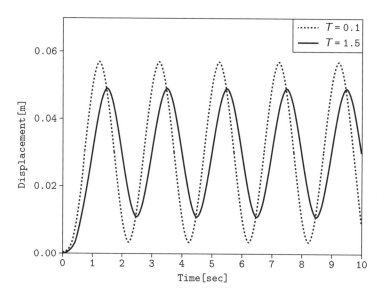

`prob_3-3.py` を用いて計算した結果

4. 式 (3.53) において，$f(\tau) = F$ であり，式 (3.52) を考慮すると

$$x(t) = \frac{F}{m\omega_\mathrm{d}} \int_0^t e^{-\zeta\omega_\mathrm{n}(t-\tau)} \sin \omega_\mathrm{d}(t - \tau)\, d\tau$$

となる．さらに，

$$x(t) = \frac{FI}{m\omega_\mathrm{d}} \tag{A}$$

とおく．ここで，

$$I = \int_0^t e^{-\zeta\omega_\mathrm{n}(t-\tau)} \sin \omega_\mathrm{d}(t - \tau)\, d\tau$$

である．$x = t - \tau$ とおくと，

$$I = \int_0^t e^{-\zeta\omega_\mathrm{n}x} \sin \omega_\mathrm{d}x\, dx$$

積分の公式から，

$$\int e^{ax} \sin bx\, dx = \frac{e^{ax}}{a^2 + b^2}(-b \cos bx + a \sin bx)$$

より，

$$I = \frac{1}{(\zeta\omega_\mathrm{n})^2 + \omega_\mathrm{d}^2} \left\{ \omega_\mathrm{d} - e^{-\zeta\omega_\mathrm{n}t}(\omega_\mathrm{d} \cos \omega_\mathrm{d}t + \zeta\omega_\mathrm{n} \sin \omega_\mathrm{d}t) \right\}$$

となる．上式を式 (A) に代入すると，

$$x = \delta_\mathrm{st} \left\{ 1 - e^{-\zeta\omega_\mathrm{n}t} \left(\cos \omega_\mathrm{d}t + \frac{\zeta}{\sqrt{1 - \zeta^2}} \sin \omega_\mathrm{d}t \right) \right\}$$

上式は式 (3.47) と同じである．

第4章

1. 運動方程式は

$$\left. \begin{array}{l} m\ddot{x}_1 = -kx_1 - 2k(x_1 - x_2) \\ m\ddot{x}_2 = -2k(x_2 - x_1) - kx_2 \end{array} \right\}$$

整理すると，次のようになる．

$$\left. \begin{array}{l} m\ddot{x}_1 + 3kx_1 - 2kx_2 = 0 \\ m\ddot{x}_2 - 2kx_1 + 3kx_2 = 0 \end{array} \right\}$$

上式を行列の形で表すと，

$$\begin{bmatrix} m & 0 \\ 0 & m \end{bmatrix} \begin{Bmatrix} \ddot{x}_1 \\ \ddot{x}_2 \end{Bmatrix} + \begin{bmatrix} 3k & -2k \\ -2k & 3k \end{bmatrix} \begin{Bmatrix} x_1 \\ x_2 \end{Bmatrix} = \begin{Bmatrix} 0 \\ 0 \end{Bmatrix}$$

Python プログラム prob_4-1.py を実行すると，以下に示した結果が得られる．

```
sqrt(k/m)
[Matrix([[1],[1]])]

sqrt(5)*sqrt(k/m)
[Matrix([[-1],[ 1]])]
```

prob_4-1.py を用いて計算した結果

2. 系の運動方程式は次式となる．

$$\left.\begin{array}{l} J\ddot{\theta}_1 = -K\theta_1 - K(\theta_1 - \theta_2) \\ J\ddot{\theta}_2 = -K\theta_2 - K(\theta_2 - \theta_1) \end{array}\right\}$$

整理すると，次のようになる．

$$\left.\begin{array}{l} J\ddot{\theta}_1 + 2K\theta_1 - K\theta_2 = 0 \\ J\ddot{\theta}_2 - K\theta_1 + 2K\theta_2 = 0 \end{array}\right\}$$

上式を行列の形で表すと，

$$\begin{bmatrix} J & 0 \\ 0 & J \end{bmatrix} \left\{\begin{array}{c} \ddot{\theta}_1 \\ \ddot{\theta}_2 \end{array}\right\} + \begin{bmatrix} 2K & -K \\ -K & 2K \end{bmatrix} \left\{\begin{array}{c} \theta_1 \\ \theta_2 \end{array}\right\} = \left\{\begin{array}{c} 0 \\ 0 \end{array}\right\}$$

Python プログラム prob_4-2.py を実行すると，下記に示した結果が得られる．

```
sqrt(k/j)
[Matrix([[1],[1]])]

sqrt(3)*sqrt(k/j)
[Matrix([[-1],[ 1]])]
```

prob_4-2.py を実施した結果

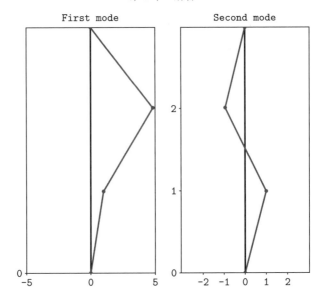

prob_4-3.py により求めた固有モード

3. 系 I_A に働くトルクを T とすると,振動系の運動方程式は次式となる.

$$
\left.
\begin{aligned}
J_1\ddot{\theta}_1 &= -K_1(\theta_1 - \theta_\mathrm{A}) \\
J_\mathrm{A}\ddot{\theta}_\mathrm{A} &= -K_1(\theta_\mathrm{A} - \theta_1) + T \\
J_\mathrm{B}\ddot{\theta}_\mathrm{B} &= -nT - K_2(\theta_\mathrm{B} - \theta_2) \\
J_2\ddot{\theta}_2 &= -K_2(\theta_2 - \theta_\mathrm{B})
\end{aligned}
\right\}
$$

$\theta_\mathrm{B} = \frac{\theta_\mathrm{A}}{n}$ であり,第 2 式を第 3 式に代入すると,

$$
\left(J_\mathrm{A} + \frac{J_\mathrm{B}}{n^2}\right)\ddot{\theta}_\mathrm{A} = -K_1(\theta_\mathrm{A} - \theta_1) - \frac{K_2}{n^2}(\theta_\mathrm{A} - n\theta_2)
$$

第 4 式は,

$$
J_2(n\ddot{\theta}_2) = -K_2(n\theta_2 - \theta_\mathrm{A})
$$

まとめると,

$$
\left.
\begin{aligned}
J_1\ddot{\theta}_1 + K_1(\theta_1 - \theta_\mathrm{A}) &= 0 \\
\left(J_\mathrm{A} + \frac{J_\mathrm{B}}{n^2}\right)\ddot{\theta}_\mathrm{A} + K_1(\theta_\mathrm{A} - \theta_1) + \frac{K_2}{n^2}(\theta_\mathrm{A} - n\theta_2) &= 0 \\
J_2(n\ddot{\theta}_2) + K_2(n\theta_2 - \theta_\mathrm{A}) &= 0
\end{aligned}
\right\}
$$

$J_{AB} = J_A + \frac{J_B}{n^2}$, $\theta_C = n\theta_2$ とおくと,

$$\left.\begin{array}{r} J_1\ddot{\theta}_1 + K_1(\theta_1 - \theta_A) = 0 \\ J_{AB}\ddot{\theta}_A - K_1(\theta_1 - \theta_A) + \dfrac{K_2}{n^2}(\theta_A - \theta_C) = 0 \\ J_2\ddot{\theta}_C - K_2(\theta_A - \theta_C) = 0 \end{array}\right\}$$

第 1 式に J_{AB} をかけ,第 2 式に J_1 をかけて,両辺の引き算を行うと,

$$J_1 J_{AB}\ddot{\theta}_x + K_1(J_{AB} + J_1)\theta_x - \frac{J_1 K_2}{n^2}\theta_y = 0$$

ここで,

$$\left.\begin{array}{r} \theta_x = \theta_1 - \theta_A \\ \theta_y = \theta_A - \theta_C \end{array}\right\}$$

第 2 式に J_2 をかけ,第 3 式に J_{AB} をかけて,両辺の引き算を行うと,

$$J_2 J_{AB}\ddot{\theta}_y - J_2 K_1\theta_x + K_2\left(\frac{J_2}{n^2} + J_{AB}\right)\theta_y = 0$$

まとめると,

$$\left.\begin{array}{r} J_1 J_{AB}\ddot{\theta}_x + K_1(J_{AB} + J_1)\theta_x - \dfrac{J_1 K_2}{n^2}\theta_y = 0 \\ J_2 J_{AB}\ddot{\theta}_y - J_2 K_1\theta_x + K_2\left(\dfrac{J_2}{n^2} + J_{AB}\right)\theta_y = 0 \end{array}\right\}$$

Python プログラム `prob_4-3.py` を実行すると,以下に示した結果が得られる.

```
Natural frequency[Hz] = [12.03015837 32.42458513]
```

`prob_4-3.py` を実施した結果

4. 運動エネルギ T とポテンシャルエネルギ U は

$$\left.\begin{array}{r} T = \dfrac{1}{2}M\dot{y}^2 + \dfrac{1}{2}m\big[\{\dot{y} + (R-r)\dot{\phi}\sin\phi\}^2 + \{(R-r)\dot{\phi}\cos\phi\}^2\big] + \dfrac{1}{2}J\dot{\theta}^2 \\ U = \dfrac{1}{2}ky^2 + mg(R-r)(1-\cos\phi) \end{array}\right\}$$

y に関して,各項を計算すると,

$$\frac{d}{dt}\left(\frac{\partial T}{\partial \dot{y}}\right) = (M+m)\ddot{y} + m(R-r)\ddot{\phi}\sin\phi + m(R-r)\dot{\phi}^2\cos\phi$$

$$\frac{\partial T}{\partial y} = 0, \quad \frac{\partial U}{\partial y} = ky$$

ϕ に関して，$J = \frac{1}{2}mr^2$ として各項を計算すると，

$$\frac{d}{dt}\left(\frac{\partial T}{\partial \dot\phi}\right) = m(R-r)\ddot{y}\sin\phi + m(R-r)\dot{y}\dot\phi\sin\phi + \frac{3}{2}m(R-r)^2\ddot\phi$$

$$\frac{\partial T}{\partial \phi} = m(R-r)\dot{y}\dot\phi\cos\phi, \quad \frac{\partial U}{\partial y} = mg(R-r)\sin\phi$$

したがって，運動方程式は次式のように求められる．

$$\left.\begin{array}{c} (M+m)\ddot{y} + m(R-r)\ddot\phi\sin\phi + m(R-r)\dot\phi^2\cos\phi + ky = F\cos\omega t \\[2mm] \dfrac{3}{2}(R-r)\ddot\phi + (\ddot{y}+g)\sin\phi = 0 \end{array}\right\}$$

▌ 第 5 章 ▌

1. J_3 に働くトルクを T とすると，振動系の運動方程式は次式となる．

$$\left.\begin{array}{c} J_1\ddot\theta_1 = -K_1(\theta_1 - \theta_4) \\ J_2\ddot\theta_2 = -K_2(\theta_2 - \theta_3) \\ J_3\ddot\theta_3 = -K_2(\theta_3 - \theta_2) - T \\ J_4\ddot\theta_4 = -K_1(\theta_4 - \theta_1) - K_3(\theta_4 - \theta_5) + nT \\ J_5\ddot\theta_5 = -K_3(\theta_5 - \theta_4) \end{array}\right\} \qquad (A)$$

ここで，$\theta_3 = n\theta_4$ であることから，第 3 式は次式となる．

$$T = -K_2(\theta_3 - \theta_2) - J_3\ddot\theta_3$$

上式を式 (A) の第 4 式に代入し，まとめると，

$$\left.\begin{array}{c} J_1\ddot\theta_1 + K_1\theta_1 - K_1\theta_4 = 0 \\ J_2\ddot\theta_2 + K_2\theta_2 - nK_2\theta_4 = 0 \\ (J_4 + n^2 J_3)\ddot\theta_4 - K_1\theta_1 - nK_2\theta_2 + (K_1 + K_3 + n^2 K_2)\theta_4 - K_3\theta_5 = 0 \\ J_5\ddot\theta_5 - K_3\theta_4 + K_3\theta_5 = 0 \end{array}\right\}$$

上式を行列の形にすると，

$$[J]\frac{d^2\{\theta\}}{dt^2} + [K]\{\theta\} = \{0\}$$

ここで，

$$[J] = \begin{bmatrix} J_1 & 0 & 0 & 0 \\ 0 & J_2 & 0 & 0 \\ 0 & 0 & (J_4 + n^2 J_3) & 0 \\ 0 & 0 & 0 & J_5 \end{bmatrix}$$

$$[K] = \begin{bmatrix} K_1 & 0 & -K_1 & 0 \\ 0 & K_2 & -nK_2 & 0 \\ -K_1 & -nK_2 & K_1 + K_3 + n^2 K_2 & -K_3 \\ 0 & 0 & -K_3 & K_3 \end{bmatrix}, \quad \{\theta\} = \begin{Bmatrix} \theta_1 \\ \theta_2 \\ \theta_4 \\ \theta_5 \end{Bmatrix}$$

Python により，固有振動数と固有モードを求めた結果を下図に示す．固有モードの図において，左端の図は固有円振動数が $\omega_n = 0$ となる場合であるが，これは軸と回転体が一体となって回転する状態を示しており，**剛体モード**（rigid body mode）と呼ばれる．一方，$\omega_n \neq 0$ の場合は，**非剛体モード**（non-rigid body mode）もしくは，**弾性モード**（elastic mode）と呼ばれ，ねじり振動の状態を示している．

ωn[rad/s] = [0.   63.2455532   64.67547898 139.82280126]

ねじり振動系の固有円振動数

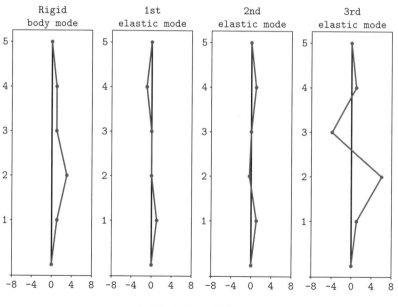

ねじり振動系の固有モード

2. 3 つの物体 m の運動方程式は次式となる.

$$\left.\begin{array}{l} m\ddot{x}_1 = -2kx_1 - k(x_1 - x_2) \\ m\ddot{x}_2 = -k(x_2 - x_1) - k(x_2 - x_3) \\ m\ddot{x}_3 = -k(x_3 - x_2) - 2kx_3 \end{array}\right\}$$

整理すると, 次のようになる.

$$\left.\begin{array}{l} m\ddot{x}_1 + 3kx_1 - kx_2 = 0 \\ m\ddot{x}_2 - kx_1 + 2kx_2 - kx_3 = 0 \\ m\ddot{x}_3 - kx_2 + 3kx_3 = 0 \end{array}\right\}$$

上式を行列の形で表すと,

$$[M]\frac{d^2\{x\}}{dt^2} + [K]\{x\} = \{0\}$$

ここで,

$$[M] = \begin{bmatrix} m & 0 & 0 \\ 0 & m & 0 \\ 0 & 0 & m \end{bmatrix}, \quad [K] = \begin{bmatrix} 3k & -k & 0 \\ -k & 2k & -k \\ 0 & -k & 3k \end{bmatrix}$$

$$\{x\} = \left\{\begin{array}{c} x_1 \\ x_2 \\ x_3 \end{array}\right\}$$

モード行列 $[\Phi]$ を用いると, モード質量行列 $[M^*]$, モード剛性行列 $[K^*]$ は,

$$[M^*] = [\Phi]^T[M][\Phi], \quad [K^*] = [\Phi]^T[K][\Phi]$$

上式を Python により計算すると, 以下の結果が得られる. ここで, 使用した Python のプログラムは **prob_5-2.py** である.

```
Angular frequency[rad/s] = [17. 30. 35.]

[Φ]= [[ 1.e+00 1.e+00  1.e+00]
 [ 2.e+00 -2.e-16 -1.e+00]
 [ 1.e+00 -1.e+00  1.e+00]]
M* =
 [[ 3.e+01  9.e-16  2.e-15]
 [ 9.e-16  1.e+01 -7.e-15]
 [ 2.e-15 -6.e-15  2.e+01]]
```

```
K* =
 [[ 9.e+03  1.e-12  9.e-13]
  [ 9.e-13  9.e+03 -5.e-12]
  [ 9.e-13 -5.e-12  2.e+04]]
```

prob_5-2.py を実施した結果

■ 第 6 章

1. 式 (6.16)，式 (6.17) において，$L = l$ であり，

$$f(x) = \begin{cases} \dfrac{2a}{l}\, x & \cdots 0 \leq x \leq \dfrac{l}{2} \\[2mm] \dfrac{2a}{l}(l - x) & \cdots \dfrac{l}{2} \leq x \leq l \end{cases}$$

$$g(x) = \left(\frac{\partial u}{\partial t}\right)_{t=0} = 0$$

$f(x)$ で示した式を式 (6.16) に代入すると，

$$A_i = \frac{2}{l} \int_0^{\frac{l}{2}} \frac{2a}{l}\, x \sin\left(i\pi\, \frac{x}{l}\right) dx + \frac{2}{l} \int_{\frac{l}{2}}^{l} \frac{2a}{l}(l - x) \sin\left(i\pi\, \frac{x}{l}\right) dx$$

$$= \frac{8a}{(i\pi)^2} \sin\left(\frac{\pi}{2}\, i\right)$$

$g(x) = 0$ であり，A_i の上式を式 (6.14) に代入すると，

$$u(x, t) = \sum_{i=1}^{\infty} \sin\left(i\pi\, \frac{x}{l}\right) \times \frac{8a}{(i\pi)^2} \sin\left(\frac{\pi}{2}\, i\right) \times \cos\omega_i t$$

$\omega_i = i\pi\, \frac{c}{l}$ より，

$$\frac{u(x, \theta)}{a} = \frac{8}{\pi^2} \sum_{i=1}^{\infty} \frac{1}{i^2} \sin\left(i\pi\, \frac{x}{l}\right) \sin\left(\frac{\pi}{2}\, i\right) \times \cos i\theta$$

ここで，

$$\theta = \pi\, \frac{ct}{l}$$

図は $\dfrac{u(x, \theta)}{a}$ の式を用いて，Python（`prob_6-1.py`）で計算した結果である.

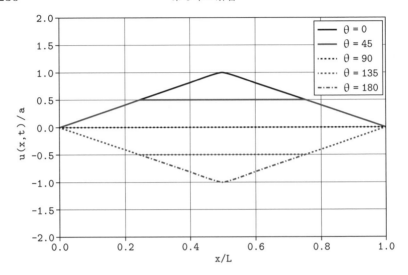

初期変位を与えたときの弦の振動

2. 両端自由はりの境界条件は次のように表される.

$x = 0$ において，曲げモーメントとせん断力がゼロであることから，

$$\left(\frac{\partial^2 u}{\partial x^2}\right)_{x=0} = 0, \quad \left(\frac{\partial^3 u}{\partial x^3}\right)_{x=0} = 0$$

また，$x = L$ においても同様に

$$\left(\frac{\partial^2 u}{\partial x^2}\right)_{x=L} = 0, \quad \left(\frac{\partial^3 u}{\partial x^3}\right)_{x=L} = 0$$

$x = 0$ における境界条件から

$$C_3 = C_1, \quad C_4 = C_2$$

上の2つの式を用い，$x = L$ における境界条件から，次の C_1, C_2 の関係を示す2つの式が得られる.

$$\left.\begin{array}{l} C_1(-\cos\lambda + \cosh\lambda) + C_2(-\sin\lambda + \sinh\lambda) = 0 \\ C_1(\sin\lambda + \sinh\lambda) + C_2(-\cos\lambda + \cosh\lambda) = 0 \end{array}\right\}$$

C_1, C_2 はゼロではないことから，

$$\begin{vmatrix} -\cos\lambda + \cosh\lambda & -\sin\lambda + \sinh\lambda \\ \sin\lambda + \sinh\lambda & -\cos\lambda + \cosh\lambda \end{vmatrix} = 0$$

これより，

$$1 - \cos\lambda \cosh\lambda = 0$$

上式は式 (6.45) と同じであることから，固有値 λ は図 6.10 と同じになる．
C_1, C_2 の関係を示す第 2 式から次式が得られる．

$$\frac{C_2}{C_1} = \frac{\sin\lambda + \sinh\lambda}{\cos\lambda - \cosh\lambda} = \alpha_i$$

式 (6.35) と同様に

$$u(x,t) = U_i(A' \cos\omega t + B' \sin\omega t)$$

ここで，

$$U_i = \cos\left(\lambda_i \frac{x}{L}\right) + \cosh\left(\lambda_i \frac{x}{L}\right) + \alpha_i\left\{\sin\left(\lambda_i \frac{x}{L}\right) + \sinh\left(\lambda_i \frac{x}{L}\right)\right\}$$

上式を用いて，`prob_6-2.py` で計算した結果を下図に示す．

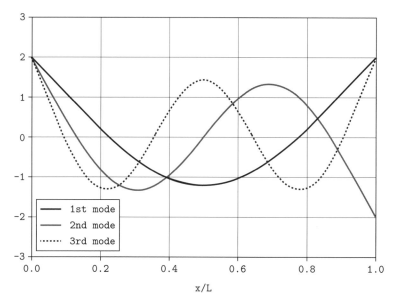

両端自由はり（`prob_6-2.py`）

3. 境界条件は次のように表される．

$x = 0$ において，変位と傾きがゼロであることから，

$$u(0,t) = 0, \quad \left(\frac{\partial u}{\partial x}\right)_{x=0} = 0 \tag{A}$$

また，$x = l$ において，曲げモーメントがゼロで，先端質量の慣性力とせん断力が等しいことから，

$$\left(\frac{\partial^2 u}{\partial x^2}\right)_{x=l} = 0, \quad EI\left(\frac{\partial^3 u}{\partial x^3}\right)_{x=l} = m\left(\frac{\partial^2 u}{\partial t^2}\right)_{x=l} \tag{B}$$

式 (A) から

$$C_3 = -C_1, \quad C_4 = -C_2 \tag{C}$$

式 (B) の第 1 式より

$$C_1(\cos\lambda + \cosh\lambda) + C_2(\sin\lambda + \sinh\lambda) = 0$$
$$C_1 = \frac{-(\sin\lambda + \sinh\lambda)}{\cos\lambda + \cosh\lambda}\,C_2 \tag{D}$$

6.2.2 項で示したように，

$$k^4 = \left(\frac{\omega}{a}\right)^2 = \omega^2\,\frac{\rho A}{EI}$$

であり，式 (B) の第 2 式を用いると，

$$C_1\{-\sin\lambda + \sinh\lambda - \mu\lambda(\cos\lambda - \cosh\lambda)\}$$
$$+ C_2\{\cos\lambda + \cosh\lambda - \mu\lambda(\sin\lambda - \sinh\lambda)\} = 0 \tag{E}$$

ここで，

$$\mu = \frac{m}{\rho Al}$$

である．式 (D) と式 (E) より，

$$\frac{1 + \cos\lambda\cosh\lambda + \mu\lambda(\cos\lambda\sinh\lambda - \sin\lambda\cosh\lambda)}{\cos\lambda + \cosh\lambda}\,C_2 = 0 \tag{F}$$

C_2 がゼロではないとすると，式 (F) の分数の分子 $= 0$ より，

$$\mu\lambda + \frac{1 + \cos\lambda\cosh\lambda}{\cos\lambda\sinh\lambda - \sin\lambda\cosh\lambda} = 0 \tag{G}$$

　式 (G) は先端に質量のあるはりの振動数方程式である．`prob_6-3.py` で計算した結果を下図に示す．固有円振動数は

$$\omega_1 = 64.2\,\text{rad/s}, \quad \omega_2 = 670\,\text{rad/s}, \quad \omega_3 = 2010\,\text{rad/s}$$

と求められる．

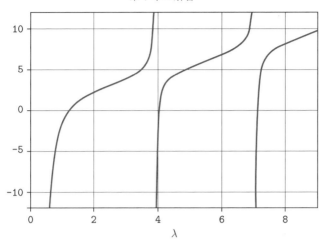

先端に質量のあるはりの振動数方程式（`prob_6-3.py`）

▌ 第7章 ▌

1. `prob_7-1.py` を実行して求めた結果が以下の図である．β が負であるため振幅応答曲線は左側に傾いた形となる．

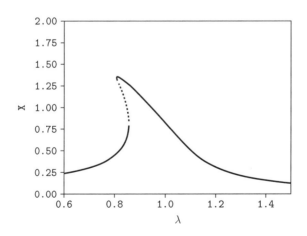

$\beta < 0$ の場合の振幅応答曲線

2. 質点の変位によって生じる張力 T' は

$$T' = T + EA\frac{\sqrt{l^2 + x^2} - l}{l}$$

また，質点に作用する復元力の水平方向成分は

$$F(x) = 2T'\sin\theta = 2\left(T + EA\frac{\sqrt{l^2 + x^2} - l}{l}\right)\frac{x}{\sqrt{l^2 + x^2}}$$

$$= 2\left[T + EA\left\{\sqrt{1 + \left(\frac{x}{l}\right)^2} - 1\right\}\right]\frac{\frac{x}{l}}{\sqrt{1 + \left(\frac{x}{l}\right)^2}}$$

$$= f\left(\frac{x}{l}\right)$$

上式を $\frac{x}{l}$ について，マクローリン展開すると

$$f\left(\frac{x}{l}\right) = f(0) + f'(0)\frac{x}{l} + \frac{f''(0)}{2!}\left(\frac{x}{l}\right)^2 + \frac{f'''(0)}{3!}\left(\frac{x}{l}\right)^3 + \cdots$$

ここで，

$$f(0) = f''(0) = 0, \quad f'(0) = 2T$$
$$f'''(0) = 6(EA - T)$$

より，

$$f\left(\frac{x}{l}\right) = \frac{2T}{l}x + \frac{EA}{l^3}\left(1 - \frac{T}{EA}\right)x^3$$

したがって，質点の運動方程式は

$$m\ddot{x} = -f\left(\frac{x}{l}\right)$$

$$= -\frac{2T}{l}x - \frac{EA}{l^3}\left(1 - \frac{T}{EA}\right)x^3$$

上式から，質点に作用する復元力は非線形であることがわかる．

3. `prob_7-2.py` を実行して求めた結果が次の上下の図である．上図は時刻歴応答であり，下図はそれをフーリエ変換した結果である．0.16 Hz 付近では主共振が発生し，0.48 Hz 付近で 3ω である高調波振動が発生していることがわかる．

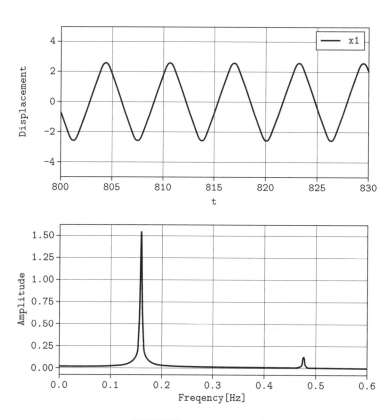

高調波振動（prob_6-2.py）

索　引

238　　　　　　　　　　　索　　引

著者略歴

佐 伯 暢 人

1992 年　新潟大学自然科学研究科（生産科学専攻）
　　　　　博士課程修了
現　　在　芝浦工業大学工学部教授（機械工学課程）
　　　　　博士（工学）

主要著書
機械振動学（共著，数理工学社）
基礎演習 機械振動学（共著，数理工学社）

新・数理／工学ライブラリ［機械工学＝6］
動画と Python で学ぶ 振動工学

2024 年 6 月 25 日ⓒ　　　　　　　　　　初 版 発 行

著　者　佐 伯 暢 人　　　　　発行者　矢 沢 和 俊
　　　　　　　　　　　　　　　印刷者　大 道 成 則

【発行】　　株式会社　数 理 工 学 社

〒151-0051　東京都渋谷区千駄ヶ谷 1 丁目 3 番 25 号
編集 ☎ (03)5474–8661（代）　　　サイエンスビル

【発売】　　株式会社　サ イ エ ン ス 社

〒151-0051　東京都渋谷区千駄ヶ谷 1 丁目 3 番 25 号
営業 ☎ (03)5474–8500（代）　振替 00170–7–2387
FAX ☎ (03)5474–8900

印刷・製本　（株)太洋社
《検印省略》

ISBN978-4-86481-110-1
PRINTED IN JAPAN

サイエンス社・数理工学社の
ホームページのご案内
https://www.saiensu.co.jp
ご意見・ご要望は
suuri@saiensu.co.jp　まで．

ライブラリ 物理の演習しよう 1

演習しよう
力　学

これでマスター！ 学期末・大学院入試問題

鈴木久男●監修／松永悟明・須田裕介●共著

数理工学社

監修のことば

　あなたは物理のテキストを読めばわかるのだけど，問題が解けないなんて悩んでいませんか？　私が学生だった頃も同様の悩みを抱えていました．そもそも物理学は，サイエンスすべての現象を説明するための学問です．こうしたことから，概念を応用して初めて「物理を理解した」といえるものなのです．物理学とは厳しい学問なんですね．

　とはいっても，物理が難しい学問であることが今のあなたにとっての悩みを解決しているわけではありません．実際何も参考にしないでじっくりと物理学の難しい問題を解くなんて簡単ではありません．現実に学期末試験や大学院入試の対策に悩んでいるのではないでしょうか．特に学期末試験や大学院入試問題は，限られた時間で解く必要があるのでなおさらです．他方このように悩んでいるのはあなただけではありません．出題側の教員にとっても悩みがあります．例えば，テストなどで全く新しいパターンの問題を出してしまうと，大多数の得点は非常に低くなってしまい，成績付けが困難になります．こうしたことから，テストではパターン化された問題の割合を多くせざるをえないのです．このようなことから，まずあなたに必要なスキルとしては，パターン化された問題を，素早く解いていくことなのです．この「ライブラリ 物理の演習しよう」では，理工系向けに，じっくり考える必要がある難問ではなく学期末試験や大学院入試で出題されやすい型にはまった問題を解くためのスキルを身につけてもらい，あなたの学習を強力にバックアップしていくことを目標としています．

　力学は，一番身近な分野でイメージしやすく，学びやすいと思っている方も多いと思いますが，実は解ける状況設定のバリエーションは，熱力学や量子力学などに比べて豊富なのです．そのため，大学入試でも見慣れない状況設定の問題で戸惑った読者も多いのではないでしょうか？　しかし，典型的な状況設定以外では，他の多くの学生は解くことができません．このようなことから試験では見慣れない状況設定の問題が出ても，あまり無理して解かなくても良いことが多いのです．本書では，力学における頻出問題をほぼ網羅しておりますので，繰り返し学習して，答えを見ないでもできるまで演習していきましょう．

　著者の松永先生は，北海道大学理学部物理学科で力学を学生目線で教えており，学生のわかりにくいところを熟知しております．また，須田先生は，物理学科の力学演習でTAとして力学などを教えておりましたが，現在は北海道大学のラーニングサポート室所属で，1年生向けの物理学を教えております．両先生の，多数の学生を相手にした経験から本書ができました．ですから皆さんも本書を信じて「繰り返し」演習していきましょう．ある日「わかった！」という瞬間が来るはずです．

　読むだけではだめですよ！　さあこれから頑張って物理の演習しよう！

2022 年 9 月　　　　　　　　　　　　　　　　監修者　北海道大学　鈴木久男

まえがき

　みなさんは子供のころブランコを漕いだり，コマを回したり，ボールを投げたり転がしたり，シーソーやヨーヨーで遊んだりしたことがあると思います．自然に身についたこれらの経験則が，力学を学ぶことにより体系的に理解することができるようになります．（古典）力学はニュートンの運動の3法則を基礎とした論理体系で，惑星の運動や剛体の運動を理解するだけではなく，振動・波動や流体力学を理解する基礎となります．また，解析力学は一般化座標を用いることにより座標系のとり方による運動方程式の違いを考えることなく計算を進めることができるご利益だけではなく，統計力学や量子力学へつながる道であるとともに理論を構築する強力な手段を与えてくれます．このように力学は物理学を学ぶ上で最初の重要なステップですが，数学を用いて記述されている力学の概念を本当に理解するためには様々な状況に応じた具体的な問題を解くということが欠かせません．力学の問題を解くときには，状況をよくイメージし，適切な座標系を選び運動方程式を立て，数学的な取扱いを用いて解くということになります．数学は単なる技法ではなく，物理的な意味を含んでいることが多くあり，数学的な取扱いを熟知していることは問題を解く上で重要な要素となります．

　本演習書では抽象的ではなく，状況をイメージしやすい問題を多く選びました．特に基本問題では基礎的な数学の知識で解ける問題を選び，基本事項を理解するに不可欠な問題を丁寧に説明しました．節末の演習問題は理解度を試すための問題を難度ごとに選びました．具体的にイメージしながら問題を解くことにより，物理学への理解が少しずつ深まることを願っています．

　本演習書は，北海道大学理学部物理学科で行っている力学，解析力学，GSI（Graduate Student Instructor）による力学演習の授業資料を基にしています．著者（松永悟明）は力学，解析力学の授業を担当しております．著者（須田裕介）は力学演習の GSI 講師および GSI 講師の取りまとめを担当しておりました．講義，演習においては学生の皆さんから様々な質問を受け，また物理学科の学生である遠藤仁氏，神田修平氏，西尾勇哉氏には本書のチェックをしていただきました．最後に，数理工学社の田島伸彦氏，鈴木綾子氏，西川遣治氏，仁平貴大氏には本書の執筆・校正についてきめ細かなご指摘とアドバイス，コメントをいただきました．ここに厚く感謝申し上げます．

2022 年 9 月　　　　　　　　　　　　　　　　　　　著者　松永悟明　須田裕介

●● 目　　次 ●●

演習問題解答 217

参 考 文 献 247
索　　引 248

第1章 力学を学ぶための数学

　力学の概念は数学の概念を用いて記述されます．逆に，高等学校や大学の教養課程で学ぶ数学の多くは，力学の概念を数学的に一般化したものであると考えることもできます．力学で使う大部分の概念は，運動をイメージすることにより理解できますが数学で記述することにより，より深い理解が可能となります．

　この章で学ぶ数学は力学を学ぶ上で最低限必要な部分に限定しており，力学の理解の助けになることに重点を置いています．また，この章の全てを理解しないと次に進めない訳ではありませんので，必要なときに見返すのが良いと思います．より体系的な物理数学は「演習しよう物理数学」を参照してください．

1.1 ベクトルの基本性質
——力学に必要なベクトルの性質——

> *Contents*
>
> Subsection ❶ 内積（スカラー積）
> Subsection ❷ 外積（ベクトル積）
> Subsection ❸ ベクトルの回転

> キーポイント
>
> 　内積やベクトルの回転行列はこれまでに習っていると思うが，外積は初めて習う人もいるかと思う．外積は回転運動と関係しており，物体の運動を理解する上で重要である．

　力学では実空間のベクトルだけではなく，速度空間・加速度空間・運動量空間などの位相空間のベクトルを取り扱います．ベクトルは「$\vec{A}$」のように上付き → で表記されたり，「$\boldsymbol{A}$」のようにボールド体（太字）で表記されたりします．本書ではボールド体で表記します．デカルト座標系（xyz 座標系）では，ベクトルとその成分は

$$\boldsymbol{A} = (A_x, A_y, A_z) = A_x \boldsymbol{e}_x + A_y \boldsymbol{e}_y + A_z \boldsymbol{e}_z \tag{1.1}$$

と表されます．$\boldsymbol{e}_x, \boldsymbol{e}_y, \boldsymbol{e}_z$ は x, y, z 軸方向の単位ベクトルであり，各成分は

$$\boldsymbol{e}_x = (1,0,0), \quad \boldsymbol{e}_y = (0,1,0), \quad \boldsymbol{e}_z = (0,0,1)$$

と表せます．

ベクトルの和は以下の規則に従います.

> **交換則：** $A + B = B + A$
> **結合則：** $(A + B) + C = A + (B + C)$
> **分配則：** $a(A + B) = aA + aB,\ (a + b)A = aA + bA$　$(a, b：定数)$

❶ 内積（スカラー積）

ベクトルの**内積**（スカラー積）は $A \cdot B$ と表され，以下のように定義されます.

$$A \cdot B = A_x B_x + A_y B_y + A_z B_z = \sum_{i=1}^{3} A_i B_i \tag{1.2}$$

ここで，最後の部分は，ベクトル A の成分を (A_1, A_2, A_3) と表しています. また，2 つのベクトル A と B のなす角 θ を用いると，A と B の内積は

$$A \cdot B = AB \cos\theta \quad (A = |A|,\ B = |B|)$$

と書くこともできます. xyz 座標系の各軸方向の単位ベクトルの内積は，

$$e_i \cdot e_j = \delta_{ij}$$

とまとめられます. これは各軸の単位ベクトルは互いに直交していることを表しています. 内積の計算は以下の法則に従います.

> **交換則：** $A \cdot B = B \cdot A$
> **スカラー倍：** $A \cdot (aB) = (aA) \cdot B$　$(a：定数)$
> **分配則：** $A \cdot (B + C) = A \cdot B + A \cdot C$

❷ 外積（ベクトル積）

ベクトルの**外積**（ベクトル積）は，以下のように定義します. まず，x, y, z 座標軸方向の単位ベクトルに対して，ベクトル積として次のような規則を定義します.

$$e_x \times e_y = e_z, \quad e_y \times e_z = e_x, \quad e_z \times e_x = e_y$$

$$e_y \times e_x = -e_z, \quad e_z \times e_y = -e_x, \quad e_x \times e_z = -e_y$$

これは z 軸方向を向いた右ネジを x 軸から y 軸へねじると，右ネジは z 軸方向に進むことに対応しています. 一般のベクトル A と B のベクトル積に対しては，

$$A \times B = (A_x B_y - A_y B_x)e_z + (A_y B_z - A_z B_y)e_x + (A_z B_x - A_x B_z)e_y$$

$$= \begin{vmatrix} e_x & e_y & e_z \\ A_x & A_y & A_z \\ B_x & B_y & B_z \end{vmatrix}$$

外積の大きさ $|\boldsymbol{A} \times \boldsymbol{B}|$ は，2つのベクトルのなす角 θ を用いると

$$|\boldsymbol{A} \times \boldsymbol{B}| = AB \sin \theta$$

と書けます．$\boldsymbol{A} \times \boldsymbol{B}$ の大きさは，ベクトル $\boldsymbol{A}$ とベクトル $\boldsymbol{B}$ で作る平行四辺形の面積に等しくなっています．

外積の計算は以下の法則に従います．

交換則：$\boldsymbol{A} \times \boldsymbol{B} = -\boldsymbol{B} \times \boldsymbol{A}$
結合則：$\boldsymbol{A} \times (a\boldsymbol{B}) = (a\boldsymbol{A}) \times \boldsymbol{B}$ （a：定数）
分配則：$\boldsymbol{A} \times (\boldsymbol{B} + \boldsymbol{C}) = \boldsymbol{A} \times \boldsymbol{B} + \boldsymbol{A} \times \boldsymbol{C}$

❸ ベクトルの回転

xy 平面上のベクトル $\boldsymbol{A}$ を z 軸まわりに角度 φ だけ回転させる操作は，**回転行列**を用いて

$$\begin{pmatrix} A'_x \\ A'_y \end{pmatrix} = \begin{pmatrix} \cos \varphi & -\sin \varphi \\ \sin \varphi & \cos \varphi \end{pmatrix} \begin{pmatrix} A_x \\ A_y \end{pmatrix} \tag{1.3}$$

のように表せます．ここではベクトルの x, y 成分を縦行列で表しています．回転後のベクトルの成分を A'_x, A'_y としています．

xyz 空間において，3次元ベクトル $\boldsymbol{A}$ を z 軸まわりに角度 φ 回転させる操作は，回転行列を用いて

$$\begin{pmatrix} A'_x \\ A'_y \\ A'_z \end{pmatrix} = \begin{pmatrix} \cos \varphi & -\sin \varphi & 0 \\ \sin \varphi & \cos \varphi & 0 \\ 0 & 0 & 1 \end{pmatrix} \begin{pmatrix} A_x \\ A_y \\ A_z \end{pmatrix} \tag{1.4}$$

のように表せます．

1.2 座 標 系
——デカルト座標系，極座標系，円筒座標系——

Contents

Subsection ❶ **デカルト座標系**

Subsection ❷ **2 次元極座標系**

Subsection ❸ **円筒座標系**

Subsection ❹ **3 次元極座標系**

キーポイント

　力学では座標系の選び方が大切である．対称性などに応じて適切な座標系を選ぼう．

　力学で主に使われる座標系には，**デカルト座標系**（xyz 座標系），**極座標系**，円筒座標系の 3 つがあります．対称性に応じて，その記述に最も適した座標系を選ぶことが大切です．ここではそれぞれの座標系における位置ベクトル r と各座標軸方向の単位ベクトルを示します．

❶デカルト座標系

　デカルト座標系は，図 1.1 の xyz 座標系のことです．単位ベクトルはすでに紹介したように，e_x, e_y, e_z となります．

❷2 次元極座標系

　2 次元座標系上の点の位置を表すのに，その点の位置ベクトル r の大きさ r と，r と x 軸とのなす角 θ を用いて表現するのが **2 次元極座標系**です（図 1.2）．2 次元座標系上の

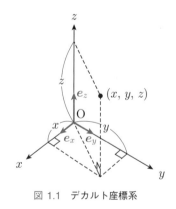

図 1.1　デカルト座標系

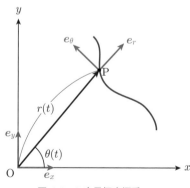

図 1.2　2 次元極座標系

点 (x, y) と 2 次元極座標系 (r, θ) との関係は，

$$x = r \cos \theta, \quad y = r \sin \theta$$

となります．デカルト座標系の**単位ベクトル** e_x, e_y を使って，r は

$$r = r \cos \theta \, e_x + r \sin \theta \, e_y$$

と表せます．これから r 方向の単位ベクトル e_r は $r = r e_r$ を満たすので，

$$e_r = \cos \theta \, e_x + \sin \theta \, e_y$$

となることがわかります．θ のみを増加させたときに r が変化する方向を θ 方向とします．この方向の単位ベクトルを e_θ と書くと

$$e_\theta = -\sin \theta \, e_x + \cos \theta \, e_y$$

となります．

これらの関係から，e_x と e_y を e_r と e_θ で表すと

$$e_x = \cos \theta \, e_r - \sin \theta \, e_\theta$$

$$e_y = \sin \theta \, e_r + \cos \theta \, e_\theta$$

が得られます．

❸ 円筒座標系

円筒座標系は，2 次元極座標系の平面に対して垂直に z 軸を加えたものです（図 1.3）．xyz 座標系とは

$$x = r \cos \theta, \quad y = r \sin \theta, \quad z = z$$

の関係があります．e_r, e_θ と e_x, e_y の関係は 2 次元極座標系と同じなので

$$e_r = \cos \theta \, e_x + \sin \theta \, e_y, \quad e_\theta = -\sin \theta \, e_x + \cos \theta \, e_y, \quad e_z = e_z$$

となります．

これらの関係から，e_x, e_y, e_z は円筒座標系の各座標軸方向の単位ベクトル e_r, e_θ, e_z を使うと，

$$e_x = \cos \theta \, e_r - \sin \theta \, e_\theta$$

$$e_y = \sin \theta \, e_r + \cos \theta \, e_\theta$$

$$e_z = e_z$$

となります．

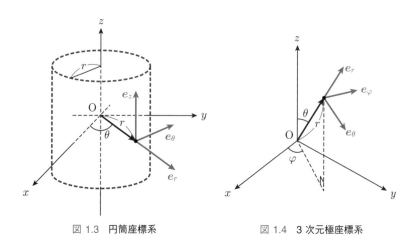

図 1.3　円筒座標系　　　　　　　　図 1.4　3 次元極座標系

❹ 3 次元極座標系

　デカルト座標系での点 (x, y, z) を，その位置ベクトル $\boldsymbol{r}$ の大きさ r，$\boldsymbol{r}$ と z 軸とのなす角 θ（**極角**といいます），$\boldsymbol{r}$ の xy 平面上への射影と x 軸とのなす角 φ（**方位角**といいます）を用いて示すのが**3 次元極座標系**です（図 1.4）．x, y, z を r, θ, φ を用いて表すと，

$$x = r \sin\theta \cos\varphi, \quad y = r \sin\theta \sin\varphi, \quad z = r \cos\theta$$

となります．これから，$\boldsymbol{r}$ は

$$\boldsymbol{r} = r \sin\theta \cos\varphi\, \boldsymbol{e}_x + r \sin\theta \sin\varphi\, \boldsymbol{e}_y + r \cos\theta\, \boldsymbol{e}_z$$

となりますので，$\boldsymbol{r}$ 方向の単位ベクトル $\boldsymbol{e}_r$ は

$$\boldsymbol{e}_r = \sin\theta \cos\varphi\, \boldsymbol{e}_x + \sin\theta \sin\varphi\, \boldsymbol{e}_y + \cos\theta\, \boldsymbol{e}_z$$

となります．$\boldsymbol{e}_\theta$ は，2 次元極座標と同じように考えると

$$\boldsymbol{e}_\theta = \cos\theta \cos\varphi\, \boldsymbol{e}_x + \cos\theta \sin\varphi\, \boldsymbol{e}_y - \sin\theta\, \boldsymbol{e}_z$$

となります．

　$\boldsymbol{e}_\varphi$ は，$\boldsymbol{e}_\theta$ と同じように

$$\boldsymbol{e}_\varphi = -\sin\varphi\, \boldsymbol{e}_x + \cos\varphi\, \boldsymbol{e}_y$$

となります．

1.3　微分・積分
——力学でよく使われる微分・積分——

Contents

キーポイント

　微分・積分は力学を理解する上で最も重要な概念の1つである．偏微分，全微分，多重積分，線積分についてよく理解することが大切である．

❶微分・偏微分・全微分

● 微分 ●　　関数 $f(x)$ の微分を

$$\frac{df(x)}{dx} \equiv \lim_{\Delta x \to 0} \frac{f(x + \Delta x) - f(x)}{\Delta x} \tag{1.5}$$

で定義し，**導関数**と呼びます．導関数は $f'(x)$ と表すこともあります．これは，x に対し関数 $f(x)$ のグラフを描いたとき，x における関数 $f(x)$ の傾きを意味します．

　微分演算では以下の公式が成り立ちます．

$f(x), g(x)$ が微分可能であるとき

$$\frac{d}{dx}\{f(x) + g(x)\} = \frac{df(x)}{dx} + \frac{dg(x)}{dx}$$

$$\frac{d}{dx}\{f(x)g(x)\} = \frac{df(x)}{dx}g(x) + f(x)\frac{dg(x)}{dx}$$

$$\frac{d}{dx}\left\{\frac{f(x)}{g(x)}\right\} = \frac{\dfrac{df(x)}{dx}g(x) - f(x)\dfrac{dg(x)}{dx}}{\{g(x)\}^2}$$

$$\frac{d}{dx}\{f(g(x))\} = \frac{df(g)}{dg}\frac{dg(x)}{dx}$$

● 偏微分 ●　　次に，x, y の2変数関数 $f(x, y)$ の x に関する**偏微分**を

$$\frac{\partial f(x, y)}{\partial x} \equiv \lim_{\Delta x \to 0} \frac{f(x + \Delta x, y) - f(x, y)}{\Delta x} \tag{1.6}$$

で定義し，**偏導関数**と呼びます．これは，y を定数とみなして x の微分を行うことを意味し，点 (x, y) における x 軸方向の傾きを意味します．

偏微分演算では以下の公式が成り立ちます.

> 関数 $f(x,y)$ の 2 階偏導関数 $\dfrac{\partial}{\partial x}\left(\dfrac{\partial f(x,y)}{\partial y}\right),\ \dfrac{\partial}{\partial y}\left(\dfrac{\partial f(x,y)}{\partial x}\right)$ が存在し, その 2 階偏導関数が連続であるとき
> $$\frac{\partial}{\partial x}\frac{\partial f(x,y)}{\partial y}\equiv\frac{\partial^2 f(x,y)}{\partial x\partial y}=\frac{\partial^2 f(x,y)}{\partial y\partial x}\equiv\frac{\partial}{\partial y}\frac{\partial f(x,y)}{\partial x}$$

● **全微分** ●　関数 $f(x,y)$ の偏導関数 $\frac{\partial f(x,y)}{\partial x},\frac{\partial f(x,y)}{\partial y}$ が存在し, その 2 階偏導関数が連続であるとき, 点 (x,y) から点 $(x+dx,y+dy)$ まで変化したときの関数 $f(x,y)$ の変化量は

$$df(x,y)\equiv\frac{\partial f(x,y)}{\partial x}\,dx+\frac{\partial f(x,y)}{\partial y}\,dy \tag{1.7}$$

で定義され, **全微分**と呼びます. これは, 全微分が (x,y) から $(x+dx,y)$ まで変化したとき関数 $f(x,y)$ の変化量 $\frac{\partial f(x,y)}{\partial x}\,dx$ と (x,y) から $(x,y+dy)$ まで変化したとき関数 $f(x,y)$ の変化量 $\frac{\partial f(x,y)}{\partial y}\,dy$ の和に等しいことを意味しています.

物理量の微分を扱う上で便利な記号である**ナブラ演算子** ∇ を定義します. デカルト座標系でのナブラ演算子は

$$\nabla\equiv\left(\frac{\partial}{\partial x},\frac{\partial}{\partial y},\frac{\partial}{\partial z}\right)$$
$$=e_x\frac{\partial}{\partial x}+e_y\frac{\partial}{\partial y}+e_z\frac{\partial}{\partial z} \tag{1.8}$$

という偏微分演算子を成分とするベクトルで表されます. ナブラ演算子はその右に書かれた量に作用します. 例えば, 関数 $f=f(x,y,z)$ に対して ∇ を作用させると, ∇f は

$$\nabla f(x,y,z)=\left(\frac{\partial f}{\partial x},\frac{\partial f}{\partial y},\frac{\partial f}{\partial z}\right)$$
$$=e_x\frac{\partial f}{\partial x}+e_y\frac{\partial f}{\partial y}+e_z\frac{\partial f}{\partial z} \tag{1.9}$$

のように計算されます.

∇ をスカラー関数

$$f=f(x,y,z)=f(\boldsymbol{r})$$

に作用させた ∇f を「f の**勾配** (gradient)」といいます. ∇f を grad f とも書きます. f の勾配 ∇f は, f の x,y,z 各軸方向の傾きを成分とするベクトルを意味しています. 力学では 3 章で示すように, ポテンシャルと力を結ぶ関係式に ∇ が使われます.

❷多重積分・線積分

1 変数関数 $f(x)$ の区間 $(a \le x \le b)$ における定積分は

$$\int_a^b f(x)\, dx \equiv \lim_{\Delta x \to 0} \sum_i f(x_i) \Delta x_i \tag{1.10}$$

と定義されます．ここで $\sum_i$ は区間 $(a \le x \le b)$ に含まれる全ての微小区間 Δx_i についての和を表します．

関数 $f(x)$ の不定積分は定積分の定義を用いて，下限を任意の定数 c，上限を変数 x とした積分

$$F(x) \equiv \int_c^x f(x)\, dx \tag{1.11}$$

と定義されます．

積分計算では以下の法則が成り立ちます．

部分積分

$$\int_a^b f(x)g'(x)\, dx = [f(x)g(x)]_a^b - \int_a^b f'(x)g(x)\, dx \quad \text{（定積分）}$$

$$\int f(x)g'(x)\, dx = f(x)g(x) - \int f'(x)g(x)\, dx \quad \text{（不定積分）}$$

置換積分：1 価の単調関数 $h(y)$ を用いて，積分変数を x から $x = h(y)$ を満たす y に置換する場合

$$\int_a^b f(x)\, dx = \int_\alpha^\beta f(h(y))\frac{dh(y)}{dy}\, dy, \quad [a = h(\alpha), b = h(\beta)] \quad \text{（定積分）}$$

$$\int f(x)\, dx = \int f(h(y))\frac{dh(y)}{dy}\, dy \quad \text{（不定積分）}$$

1 変数関数の積分を多変数関数に拡張したものを**多重積分**と呼びます．例えば，領域 S における 2 変数関数 $f(x, y)$ の定積分は

$$\iint_S f(x, y)\, dxdy \equiv \lim_{\Delta x, \Delta y \to 0} \sum_i f(x_i, y_i) \Delta x_i \Delta y_i \tag{1.12}$$

と定義されます．ここで $\sum_i$ は領域 S に含まれる全ての微小領域 $\Delta x_i \Delta y_i$ についての和を表します．3 変数以上への拡張も同様です．

力学でよく使う多重積分では，球，円柱を積分範囲に選ぶことが多いです．3 次元極座標系，円筒座標系で積分するのが便利です．例えば関数 $f = f(\boldsymbol{r})$ の全空間を範囲とした体積積分は，デカルト座標系，円筒座標系，3 次元極座標系では，それぞれ

$$\int_{-\infty}^\infty \int_{-\infty}^\infty \int_{-\infty}^\infty f(x, y, z)\, dxdydz = \int_{-\infty}^\infty \int_0^{2\pi} \int_0^\infty f(r, \theta, z) r\, drd\theta dz$$

$$= \int_0^{2\pi} \int_0^\pi \int_0^\infty f(r, \theta, \varphi) r^2 \sin\theta\, drd\theta d\varphi$$

となります.

　ある経路に沿った**線積分**を行う際に，その経路の線素から作られるベクトル $d\boldsymbol{r}$ を使います．例えば，力 $\boldsymbol{F}$ の経路 C 方向成分を，経路 C に沿って線積分する場合は，力 $\boldsymbol{F}$ と**線素ベクトル** $d\boldsymbol{r}$ との内積を使って

$$\int_C \boldsymbol{F}\cdot d\boldsymbol{r}$$

のように書きます．積分結果はスカラーになります．積分記号についている C の記号は，積分の経路が経路 C に沿っていることを表しています．経路 C が閉じている場合は

$$\oint_C \boldsymbol{F}\cdot d\boldsymbol{r}$$

のように経路が閉じていることを表している積分記号 $\oint$ を使います．

　力学では，3 章で議論するように力と仕事の関係を求めるとき線積分を使って計算します.

❸テイラー展開

　ここでは，力学の様々な場面で用いられる**テイラー展開**について紹介します.

> **テイラー展開**
>
> 　関数 $f(x)$ を次のようなべき級数で表すことを，関数 $f(x)$ の $x=a$ のまわりでのテイラー展開といいます.
>
> $$f(x) = f(a) + f'(a)(x-a) + \frac{1}{2!}f''(a)(x-a)^2 + \cdots + \frac{1}{n!}f^{(n)}(a)(x-a)^n + \cdots$$
> $$= \sum_{n=0}^{\infty} \frac{1}{n!}f^{(n)}(a)(x-a)^n$$
>
> ここで，プライムの数は微分の回数を表し，$f^{(n)}(a)$ は n 階導関数を表します.

　テイラー展開の導出や適用範囲は「演習しよう物理数学」を参照してください．テイラー展開はある点近傍の情報のみが必要になる場合によく用いられます．具体的な展開例については基本問題 1.2 を参照してください.

1.4 微分方程式
──力学でよく使われる微分方程式の解法──

キーポイント

ニュートンの運動方程式は微分方程式である．その解法を学ぶことにより，運動方程式を解くことができるようになろう．

❶常微分方程式

未知関数とその導関数を含む方程式を**微分方程式**といいます．独立変数が 1 つの場合には**常微分方程式**，独立変数が 2 つ以上の場合には**偏微分方程式**と呼びます．微分方程式に含まれる導関数の最高階のものが n 階の導関数であるとき，n 階微分方程式と呼びます．また，未知変数およびその導関数について 1 次の項しか含まないものを**線形**，線形でないものを**非線形**と呼びます．微分方程式を満たす関数を解と呼びます．微分方程式を解くということは，そのような関数を見つけることです．特に，n 階微分方程式の解で，n 個の任意定数を含む解を**一般解**，任意定数を含まない解を**特解**といいます．

❷線形 1 階常微分方程式

線形 1 階常微分方程式は

$$y'(x) + p(x)y(x) = r(x) \tag{1.13}$$

の形をしています．右辺が $r(x) = 0$ の場合を**斉次**，$r(x) \neq 0$ の場合を**非斉次**といいます．

● **斉次の場合** ● 変数分離法を用いて解くことができます．

$y'(x) + p(x)y(x) = 0$ を $y'(x) = -p(x)y(x)$ と変形して $y \neq 0$ と仮定する．ここで両辺を y で割ると

$$\frac{y'}{y} = -p(x) \tag{1.14}$$

となります．左辺が y, y' のみの関数，右辺が x のみの関数と変形することができ，これを**変数分離法**と呼びます．両辺を x で積分すると，

$$\int \frac{1}{y}\frac{dy}{dx}\,dx = \int \frac{1}{y}\,dy = \ln|y| + c$$
$$= -\int p(x)\,dx \tag{1.15}$$

となります．ここで，c は積分定数です．一般解は

$$y(x) = C\exp\{-P(x)\}, \quad \left(P(x) = \int p(x)\,dx\right) \tag{1.16}$$

となります．$y = 0$ の場合，$y' = 0$ となり，この解は $C = 0$ として，一般解に含めることができます．

●**非斉次の場合**●　定数変化法を用いて解くことができます．詳しくは「演習しよう物理数学」を参照してください．

❸ **線形 2 階常微分方程式**

線形 2 階常微分方程式は

$$y''(x) + p(x)y'(x) + q(x)y(x) = r(x) \tag{1.17}$$

の形をしています．右辺が $r(x) = 0$ の場合を**斉次**，$r(x) \neq 0$ の場合を**非斉次**といいます．

●**斉次の場合**●　この場合の重ね合わせの原理は次のようになります．

> **重ね合わせの原理（斉次）**
>
> $y''(x) + p(x)y'(x) + q(x)y(x) = 0$ について，$y_1(x), y_2(x)$ が解であるとき，それらの線形結合
>
> $$y(x) = c_1 y_1(x) + c_2 y_2(x)$$
>
> も解である．

ここからは，$p(x), q(x)$ が定数の場合の一般解の求め方の一例を示します．定数線形 2 階斉次常微分方程式

$$y''(x) + py'(x) + qy(x) = 0 \tag{1.18}$$

の一般解を求める場合，解を $y(x) = e^{\lambda x}$ と仮定し代入します．これにより，微分方程式は λ の 2 次方程式

$$\lambda^2 + p\lambda + q = 0 \tag{1.19}$$

に変換されます．この方程式を**特性方程式**と呼びます．$D = p^2 - 4q \neq 0$ の場合，特性方程式は 2 つの解を持ち，これから 2 つの一般解が求まります．$D = p^2 - 4q = 0$ の場合，特性方程式は 1 つの解（重解）$\lambda = -\frac{p}{2}$ しか持ちません．この場合，基本解の 1 つは $\exp(-\frac{p}{2}x)$ となりますが，$x\exp(-\frac{p}{2}x)$ も微分方程式を満たし，かつ $\exp(-\frac{p}{2}x)$ とは 1

次独立な解となります．これにより，

$$y(x) = c_1 \exp\left(-\frac{p}{2}x\right) + c_2 x \exp\left(-\frac{p}{2}x\right)$$

が一般解となります．

● **非斉次の場合** ●　次に，非斉次の線形 2 階常微分方程式の解について考えていきます．非斉次の場合の重ね合わせの原理は次のようになります．

> **重ね合わせの原理（非斉次）**
>
> $y''(x) + p(x)y'(x) + q(x)y(x) = r(x)$ について，$y_0(x)$ を斉次（$r(x) = 0$）の場合の一般解，$Y_0(x)$ を非斉次の場合の特解とするとき，それらの和
>
> $$y(x) = y_0(x) + Y_0(x)$$
>
> は非斉次の場合の一般解である．

　ここからは，$p(x), q(x)$ が定数の場合の一般解の求め方の一例を示します．前述の方法で定数線形 2 階斉次常微分方程式

$$y''(x) + py'(x) + qy(x) = 0$$

の一般解を求めます．特解は $r(x)$ の形を参考にして求めます．$r(x)$ が定数の場合は $Y_0(x) = C$，$r(x) = \sum_i a_i x^i$ の場合は $Y_0(x) = \sum_i C_i x^i$，$r(x) = ae^{\lambda x}$ の場合は $Y_0(x) = Ce^{\lambda x}$，$r(x) = a_1 \cos\omega x + a_2 \sin\omega x$ の場合は $Y_0(x) = C_1 \cos\omega x + C_2 \sin\omega x$ と特解を仮定して微分方程式に代入して係数を決定し特解を求めます．具体的なやり方については，2.5 節の演習問題を参考にしてください．

❹ 2 階常微分方程式

　2 階常微分方程式は，特別な場合には階数を下げ，1 階常微分方程式にすることができます．例えば，微分方程式が x, y', y'' の関数（$F(x, y', y'') = 0$）であるとき，すなわち微分方程式の中に y が含まれていないとき，$y' = p$ とおくと，微分方程式は

$$F(x, p, p') = 0 \tag{1.20}$$

の形をしており，p についての 1 階の微分方程式になっています．この場合の例題は基本問題 2.13, 2.14，演習問題 2.3.2 等にあります．

━━ 🔲**本問題 1.1** ━━━━━━━━━━━━━━━━━━（**重ね合わせの原理**）　**重要**

(1)　線形 2 階斉次常微分方程式

$$y''(x) + p(x)y'(x) + q(x)y(x) = 0$$

に関して重ね合わせの原理が成り立つことを示せ.

(2)　線形 2 階非斉次常微分方程式

$$y''(x) + p(x)y'(x) + q(x)y(x) = r(x)$$

に関して重ね合わせの原理が成り立つことを示せ.

方針　微分方程式に重ね合わされた解を代入し証明します.

【**答案**】　(1)　線形 2 階斉次常微分方程式 $y''(x) + p(x)y'(x) + q(x)y(x) = 0$ について,
$y_1(x), y_2(x)$ が解であるとき,

$$y(x) = c_1 y_1(x) + c_2 y_2(x)$$

を微分方程式に代入すると

$$\frac{d^2}{dx^2}\{c_1 y_1(x) + c_2 y_2(x)\} + p(x)\frac{d}{dx}\{c_1 y_1(x) + c_2 y_2(x)\} + q(x)\{c_1 y_1(x) + c_2 y_2(x)\}$$

$$= c_1\{y_1''(x) + p(x)y_1'(x) + q(x)y_1(x)\} + c_2\{y_2''(x) + p(x)y_2'(x) + q(x)y_2(x)\}$$

右辺の各項は 0 となり, 左辺も 0 となるから, $y(x) = c_1 y_1(x) + c_2 y_2(x)$ も微分方程式の解となり, 重ね合わせの原理が成り立つことがわかる.

(2)　線形 2 階非斉次常微分方程式 $y''(x) + p(x)y'(x) + q(x)y(x) = r(x)$ について, $y_0(x)$
を斉次 ($r(x) = 0$) の場合の一般解, $Y_0(x)$ を非斉次の場合の特解とするとき, それらの和

$$y(x) = y_0(x) + Y_0(x)$$

を微分方程式に代入すると

$$\frac{d^2}{dx^2}\{y_0(x) + Y_0(x)\} + p(x)\frac{d}{dx}\{y_0(x) + Y_0(x)\} + q(x)\{y_0(x) + Y_0(x)\}$$

$$= \{y_0''(x) + p(x)y_0'(x) + q(x)y_0(x)\} + \{Y_0''(x) + p(x)Y_0'(x) + q(x)Y_0(x)\}$$

$$= r(x)$$

ゆえに, $y(x) = y_0(x) + Y_0(x)$ も非斉次微分方程式の解であり, 重ね合わせの原理が成り立つことがわかる. ■

▌ ポイント ▌　(1)　線形 2 階斉次常微分方程式について証明しましたが, n 階の線形斉次常微分方程式に関して重ね合わせの原理が成り立ちます.

(2)　線形 2 階非斉次常微分方程式の一般解は斉次の場合の一般解と非斉次の場合の特解の線形結合ではなく, 和であることに注意してください. これは, 斉次の解は定数倍しても斉次微分方程式の解であるのに対し, 非斉次の解はそのような性質を持たないことによります.

1.5 三角関数，指数関数，対数関数，双曲関数
――力学でよく使われる関数――

> *Contents*
>
> Subsection ❶ 関数の導関数とテイラー展開
> Subsection ❷ オイラーの関係式
> Subsection ❸ 三角関数の公式

キーポイント

　力学でよく使われる関数として三角関数，指数関数，対数関数，双曲関数がある．これらの関数を学ぶことにより，運動方程式を解くことができるようになる．

❶関数の導関数とテイラー展開

　べき関数，三角関数，指数関数，対数関数，双曲関数の導関数を表 1.1 に整理しておきます．

表 1.1　べき関数，三角関数，指数関数，対数関数，双曲関数の導関数

	$f(x)$	$f'(x)$
べき関数	x^n	nx^{n-1}
三角関数	$\sin x$	$\cos x$
	$\cos x$	$-\sin x$
指数関数	e^x	e^x
対数関数	$\ln x$	$\dfrac{1}{x}$
双曲関数	$\sinh x$	$\cosh x$
	$\cosh x$	$\sinh x$

　また，$\sin x, \cos x, e^x, \sinh x, \cosh x$ の $x = 0$ まわりでのテイラー展開は以下のようになります．

$$\sin x = x - \frac{1}{3!}x^3 + \cdots = \sum_{n=0}^{\infty} \frac{(-1)^n}{(2n+1)!} x^{2n+1} \tag{1.21}$$

$$\cos x = 1 - \frac{1}{2!}x^2 + \cdots = \sum_{n=0}^{\infty} \frac{(-1)^n}{(2n)!} x^{2n} \tag{1.22}$$

$$e^x = 1 + x + \frac{1}{2!}x^2 + \cdots = \sum_{n=0}^{\infty} \frac{1}{n!} x^n \tag{1.23}$$

$$\sinh x = x + \frac{1}{3!}x^3 + \cdots = \sum_{n=0}^{\infty} \frac{1}{(2n+1)!}x^{2n+1} \tag{1.24}$$

$$\cosh x = 1 + \frac{1}{2!}x^2 + \cdots = \sum_{n=0}^{\infty} \frac{1}{(2n)!}x^{2n} \tag{1.25}$$

これより

$$\sinh x = \frac{e^x - e^{-x}}{2}$$
$$\cosh x = \frac{e^x + e^{-x}}{2} \tag{1.26}$$
$$\tanh x = \frac{\sinh x}{\cosh x} = \frac{e^x - e^{-x}}{e^x + e^{-x}}$$

と表されることがわかります.

❷オイラーの関係式

三角関数と指数関数を結びつける重要な公式に以下に示す**オイラーの関係式**があります.

$$e^{i\theta} = \cos\theta + i\sin\theta \tag{1.27}$$

この関係式から三角関数が指数関数を用いて

$$\sin\theta = \frac{e^{i\theta} - e^{-i\theta}}{2i}$$
$$\cos\theta = \frac{e^{i\theta} + e^{-i\theta}}{2} \tag{1.28}$$
$$\tan\theta = \frac{\sin\theta}{\cos\theta} = \frac{1}{i}\frac{e^{i\theta} - e^{-i\theta}}{e^{i\theta} + e^{-i\theta}}$$

と表されることがわかります.

❸三角関数の公式

よく使う三角関数に関する公式をまとめておきます.

加法定理

$$\sin(\theta_1 \pm \theta_2) = \sin\theta_1\cos\theta_2 \pm \cos\theta_1\sin\theta_2 \tag{1.29}$$

$$\cos(\theta_1 \pm \theta_2) = \cos\theta_1\cos\theta_2 \mp \sin\theta_1\sin\theta_2 \tag{1.30}$$

ド・モアブルの公式

$$(\cos\theta + i\sin\theta)^n = \cos(n\theta) + i\sin(n\theta)$$

2 倍角の公式

$$\sin(2\theta) = 2\sin\theta\cos\theta \tag{1.31}$$

$$\cos(2\theta) = \cos^2\theta - \sin^2\theta \tag{1.32}$$

3倍角の公式

$$\sin(3\theta) = 3\cos^2\theta\sin\theta - \sin^3\theta$$

$$\cos(3\theta) = \cos^3\theta - 3\cos\theta\sin^2\theta$$

4倍角の公式

$$\sin(4\theta) = 4\cos^3\theta\sin\theta - 4\cos\theta\sin^3\theta$$

$$\cos(4\theta) = \cos^4\theta - 6\cos^2\theta\sin^2\theta + \sin^4\theta$$

積和の公式

$$\sin\theta_1\sin\theta_2 = -\frac{1}{2}\{\cos(\theta_1+\theta_2) - \cos(\theta_1-\theta_2)\} \tag{1.33}$$

$$\cos\theta_1\cos\theta_2 = \frac{1}{2}\{\cos(\theta_1+\theta_2) + \cos(\theta_1-\theta_2)\} \tag{1.34}$$

$$\sin\theta_1\cos\theta_2 = \frac{1}{2}\{\sin(\theta_1+\theta_2) + \sin(\theta_1-\theta_2)\} \tag{1.35}$$

三角関数の合成

$$A\cos\theta + B\sin\theta = \sqrt{A^2+B^2}\sin(\theta+\alpha), \quad \tan\alpha = \frac{A}{B} \tag{1.36}$$

$$= \sqrt{A^2+B^2}\cos(\theta-\alpha), \quad \tan\alpha = \frac{B}{A} \tag{1.37}$$

三角関数の公式の導出は「演習しよう 物理数学」を参照してください.

⚫基本問題 1.2 ━━━━━━━━━━━━ (テイラー展開) 重要 ━━

次の関数の $x = 0$ まわりでのテイラー展開を求めよ.

(1) $\sin x$ (2) $\cos x$ (3) e^x

(4) $\sinh x$ (5) $\cosh x$

方針 テイラー展開の公式に従い計算できます.

【答案】(1) $f(x) = \sin x$ とすると $f'(x) = \cos x$, $f''(x) = -\sin x$, $f^{(3)}(x) = -\cos x$, $f^{(4)}(x) = \sin x$ と繰り返され $\sin(0) = 0$, $\cos(0) = 1$ であるので

$$f(x) = \sin x = 0 + \frac{1}{1!} 1 \cdot x + \frac{1}{2!}(-0)x^2 + \frac{1}{3!}(-1)x^3 + \cdots$$

$$= x - \frac{1}{3!}x^3 + \cdots = \sum_{n=0}^{\infty} \frac{(-1)^n}{(2n+1)!}x^{2n+1}$$

(2) $f(x) = \cos x$ とすると $f'(x) = -\sin x$, $f''(x) = -\cos x$, $f^{(3)}(x) = \sin x$, $f^{(4)}(x) = \cos x$ と繰り返されるので

$$f(x) = \cos x = 1 + \frac{1}{1!}(-0)x + \frac{1}{2!}(-1)x^2 + \frac{1}{3!}0 \cdot x^3 + \cdots$$

$$= 1 - \frac{1}{2!}x^2 + \cdots = \sum_{n=0}^{\infty} \frac{(-1)^n}{(2n)!}x^{2n}$$

(3) $f(x) = e^x$ とすると $f'(x) = e^x$, $f''(x) = e^x$ と繰り返され $f^{(n)}(0) = 1$ であるので

$$f(x) = e^x = 1 + x + \frac{1}{2!}x^2 + \frac{1}{3!}x^3 + \cdots = \sum_{n=0}^{\infty} \frac{1}{n!}x^n$$

(4) $f(x) = \sinh x$ とすると $f'(x) = \cosh x$, $f''(x) = \sinh x$ と繰り返され $\sinh(0) = 0$, $\cosh(0) = 1$ であるので

$$f(x) = \sinh x = 0 + \frac{1}{1!} 1 \cdot x + \frac{1}{2!}0 \cdot x^2 + \frac{1}{3!}1 \cdot x^3 + \cdots$$

$$= x + \frac{1}{3!}x^3 + \cdots = \sum_{n=0}^{\infty} \frac{1}{(2n+1)!}x^{2n+1}$$

(5) $f(x) = \cosh x$ とすると $f'(x) = \sinh x$, $f''(x) = \cosh x$ と繰り返されるので

$$f(x) = \cosh x = 1 + \frac{1}{1!}0 \cdot x + \frac{1}{2!}1 \cdot x^2 + \frac{1}{3!}0 \cdot x^3 + \cdots$$

$$= 1 + \frac{1}{2!}x^2 + \cdots = \sum_{n=0}^{\infty} \frac{1}{(2n)!}x^{2n} \blacksquare$$

ポイント x が 1 に比べて十分に小さいとき,

$$\sin x \simeq x, \quad \cos x \simeq 1 - \frac{x^2}{2}$$

と近似できることは, 力学の様々な問題で用いられます.

── 🔰**本問題 1.3** ────────────────── （**オイラーの関係式**） 重要 ─

テイラー展開を用いてオイラーの関係式

$$e^{i\theta} = \cos\theta + i\sin\theta$$

が成り立つことを示せ．

──

方針 オイラーの関係式にテイラー展開の公式を代入し証明します．

【答案】 $e^{i\theta}$ に指数関数のテイラー展開式 (1.23) を代入すると

$$
\begin{aligned}
e^{i\theta} &= 1 + i\theta + \frac{1}{2!}(i\theta)^2 + \frac{1}{3!}(i\theta)^3 + \frac{1}{4!}(i\theta)^4 + \frac{1}{5!}(i\theta)^5 + \cdots \\
&= \left(1 - \frac{1}{2!}\theta^2 + \frac{1}{4!}\theta^4 + \cdots\right) + i\left(\theta - \frac{1}{3!}\theta^3 + \frac{1}{5!}\theta^5 + \cdots\right) \\
&= \cos\theta + i\sin\theta
\end{aligned}
$$

となり，オイラーの関係式が導かれた．■

第2章 運動の法則

　この章では，最初は力に言及せずに運動のみを議論する運動学を紹介し，運動点の速度および加速度という概念について数学の微分を関連させて学びます．次に，加速度の概念を利用して運動の原因となる力を定義し，力と加速度を関連づけるものとして質量を定義します．これがニュートンの運動の法則であり，その応用例として，一様な重力場中の運動，摩擦力のある系の運動，および振動について学びます．力学の最初ですのでよく理解しましょう．

　また，力学の問題では一定の重力下で解く問題が多くあります．本書では一定の重力下で解く問題では，「重力加速度を g とする」として解答を考えてください．

2.1 点の運動学
―――運動点の位置，速度，加速度の関係―――

Contents

Subsection ❶ 位置と変位
Subsection ❷ 速度と加速度
Subsection ❸ 座標系と速度・加速度

キーポイント

　点の運動学では，物体に力が働く段階を考慮せず，加速度，速度，位置，時間を考慮することで，点の運動を数式で表す．

❶位置と変位

　空間での物体の位置 P の時間変化を**物体の運動**といいます．位置を表すために，基準となる原点と方向を定めた座標系を用います．例えば，直交座標系では (x, y, z) という3つの数字の組によって位置を指定することができます．また，P の位置は原点 O から引いたベクトルで表され，距離 r を用いて $\boldsymbol{r}$ と書き，これを**位置ベクトル**と呼びます．

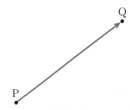

図 2.1　変位（変位ベクトル）

　図 2.1 に示すように物体が運動して，始点 P から他の終点 Q に移動する場合，点 P から点 Q までの直線距離と点 P から点 Q への向きを合わせて**変位（変位ベクトル）**といい，$\overrightarrow{PQ}$ で表します．変位は道のりと違い，その経路や所要時間を問題にしません．

❷**速度と加速度**

物体の運動を物体中の特定の点を代表にして表すと き，この点を**運動点**といいます．図 2.2 に示すように， 時刻 t に点 P にいた運動点が時刻 $t + \Delta t$ に点 Q に移 動したとします．点 P の位置ベクトルを $\boldsymbol{r}(t)$，点 Q の 位置ベクトルを $\boldsymbol{r}(t + \Delta t)$ とすると，運動点は時間 Δt の間に

$$\overrightarrow{\text{PQ}} = \Delta \boldsymbol{r}(t) = \boldsymbol{r}(t + \Delta t) - \boldsymbol{r}(t)$$

だけ変位したことになります．変位ベクトル $\Delta \boldsymbol{r}$ を所 要時間 Δt で割ったベクトルを Δt の間の**平均速度**とい います．Δt を無限に小さくすると，図 2.3(a)に示すよ

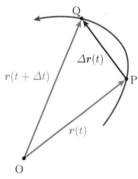

図 2.2 位置ベクトルの時間変化

うに点 Q は点 P に近づき，P における経路の接線の方向を持つベクトルとなります．こ れを時刻 t における運動点の**速度ベクトル**，または簡単に**速度**と呼び

$$\boldsymbol{v}(t) = \lim_{\Delta t \to 0} \frac{\Delta \boldsymbol{r}}{\Delta t} = \frac{d\boldsymbol{r}}{dt} \tag{2.1}$$

と表せます．

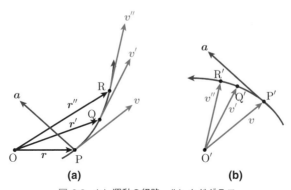

(a) **(b)**

図 2.3 (a) 運動の経路, (b) ホドグラフ

速度が時間変化する場合，点 P を通過する運動点の速度を $\boldsymbol{v}(t)$，点 Q を通過する運動 点の速度を $\boldsymbol{v}(t + \Delta t)$ とすると，運動点の速度は時間 Δt の間に

$$\Delta \boldsymbol{v}(t) = \boldsymbol{v}(t + \Delta t) - \boldsymbol{v}(t)$$

だけ変化したことになります．速度の変化 $\Delta \boldsymbol{v}$ を所要時間 Δt で割ったベクトルを Δt の 間の**平均加速度**といいます．Δt を無限に小さくすると

$$\boldsymbol{a}(t) = \lim_{\Delta t \to 0} \frac{\Delta \boldsymbol{v}}{\Delta t} = \frac{d\boldsymbol{v}}{dt} = \frac{d^2 \boldsymbol{r}}{dt^2} \tag{2.2}$$

と表せます．これを時刻 t における運動点の**加速度ベクトル**，または簡単に**加速度**と呼びます．図 2.3(a) に示す軌道上の各時刻における速度を平行移動して，図 2.3(b) に示すように始点を 1 点 O′ に集め終点をつないだ図を**ホドグラフ**（**速度図**）と呼びます．速度は経路の各点での接線の方向を向いていましたが，加速度はホドグラフの接線の方向を向いています．時間微分を文字の上につけた点で表すこともあります．例えば，1 階微分は $\dot{r}$，2 階微分は $\ddot{r}$ と表します．

❸ 座標系と速度・加速度

● デカルト座標系 ●
デカルト座標では，位置ベクトルは

$$\boldsymbol{r}(t) = x\boldsymbol{e}_x + y\boldsymbol{e}_y + z\boldsymbol{e}_z$$

速度は

$$\boldsymbol{v}(t) = \frac{d\boldsymbol{r}}{dt} = \frac{dx}{dt}\,\boldsymbol{e}_x + \frac{dy}{dt}\,\boldsymbol{e}_y + \frac{dz}{dt}\,\boldsymbol{e}_z \tag{2.3}$$

加速度は

$$\begin{aligned}
\boldsymbol{a}(t) &= \frac{dv_x}{dt}\,\boldsymbol{e}_x + \frac{dv_y}{dt}\,\boldsymbol{e}_y + \frac{dv_z}{dt}\,\boldsymbol{e}_z \\
&= \frac{d^2x}{dt^2}\,\boldsymbol{e}_x + \frac{d^2y}{dt^2}\,\boldsymbol{e}_y + \frac{d^2z}{dt^2}\,\boldsymbol{e}_z
\end{aligned} \tag{2.4}$$

と表せます．

● 2 次元極座標系 ●
2 次元極座標では，位置ベクトルは

$$\boldsymbol{r}(t) = r\boldsymbol{e}_r$$

速度は

$$\begin{aligned}
\boldsymbol{v}(t) &= v_r\boldsymbol{e}_r + v_\theta\boldsymbol{e}_\theta \\
&= \frac{dr}{dt}\,\boldsymbol{e}_r + r\frac{d\theta}{dt}\,\boldsymbol{e}_\theta
\end{aligned} \tag{2.5}$$

加速度は

$$\begin{aligned}
\boldsymbol{a}(t) &= a_r\boldsymbol{e}_r + a_\theta\boldsymbol{e}_\theta \\
&= \left\{ \frac{d^2r}{dt^2} - r\left(\frac{d\theta}{dt}\right)^2 \right\}\boldsymbol{e}_r + \left\{ \frac{1}{r}\frac{d}{dt}\left(r^2\frac{d\theta}{dt}\right) \right\}\boldsymbol{e}_\theta
\end{aligned} \tag{2.6}$$

と表せます（基本問題 2.4 参照）．

$\dfrac{d\theta}{dt}$ は動径が定点のまわりを回転する角度の時間変化率を表し，**角速度** ω と呼ばれます．$\dfrac{d\omega}{dt} = \dfrac{d^2\theta}{dt^2}$ は角速度の時間変化率を表し，**角加速度**と呼ばれます．

●**円筒座標系**● 円筒座標では，位置ベクトルは

$$\boldsymbol{r}(t) = r\boldsymbol{e}_r + z\boldsymbol{e}_z$$

速度は

$$\boldsymbol{v}(t) = v_r\boldsymbol{e}_r + v_\theta\boldsymbol{e}_\theta + v_z\boldsymbol{e}_z$$
$$= \frac{dr}{dt}\boldsymbol{e}_r + r\frac{d\theta}{dt}\boldsymbol{e}_\theta + \frac{dz}{dt}\boldsymbol{e}_z \tag{2.7}$$

加速度は

$$\boldsymbol{a}(t) = a_r\boldsymbol{e}_r + a_\theta\boldsymbol{e}_\theta + a_z\boldsymbol{e}_z$$
$$= \left\{\frac{d^2r}{dt^2} - r\left(\frac{d\theta}{dt}\right)^2\right\}\boldsymbol{e}_r + \left\{\frac{1}{r}\frac{d}{dt}\left(r^2\frac{d\theta}{dt}\right)\right\}\boldsymbol{e}_\theta + \frac{d^2z}{dt^2}\boldsymbol{e}_z \tag{2.8}$$

と表せます.

●**3次元極座標系**● 3次元極座標では，位置ベクトルは

$$\boldsymbol{r}(t) = r\boldsymbol{e}_r$$

速度は

$$\boldsymbol{v}(t) = v_r\boldsymbol{e}_r + v_\theta\boldsymbol{e}_\theta + v_\varphi\boldsymbol{e}_\varphi$$
$$= \frac{dr}{dt}\boldsymbol{e}_r + r\frac{d\theta}{dt}\boldsymbol{e}_\theta + r\sin\theta\frac{d\varphi}{dt}\boldsymbol{e}_\varphi \tag{2.9}$$

加速度は

$$\boldsymbol{a}(t) = a_r\boldsymbol{e}_r + a_\theta\boldsymbol{e}_\theta + a_\varphi\boldsymbol{e}_\varphi$$
$$= \left\{\frac{d^2r}{dt^2} - r\left(\frac{d\varphi}{dt}\right)^2\sin^2\theta - r\left(\frac{d\theta}{dt}\right)^2\right\}\boldsymbol{e}_r$$
$$+ \left\{r\frac{d^2\theta}{dt^2} + 2\frac{dr}{dt}\frac{d\theta}{dt} - r\left(\frac{d\varphi}{dt}\right)^2\sin\theta\cos\theta\right\}\boldsymbol{e}_\theta$$
$$+ \left\{\frac{1}{r\sin\theta}\frac{d}{dt}\left(\frac{d\varphi}{dt}r^2\sin^2\theta\right)\right\}\boldsymbol{e}_\varphi \tag{2.10}$$

と表せます（演習問題 2.1.4 参照）.

基本問題 2.1   （速度と加速度）重要

(1) 時刻 t において，位置 $r(t)$ にいる物体の速度 $v(t)$ と加速度 $a(t)$ が，それぞれ
   どのように表されるか答えよ．

(2) 1 次元運動をする物体を考える．物体の位置を x とし，図 2.4 でその時間変化
   が表されるとき，物体の速度，加速度はそれぞれどのように変化するか説明せよ．

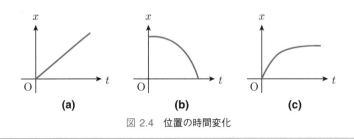

(a)   (b)   (c)

図 2.4   位置の時間変化

方針   速度は位置の，加速度は速度の，それぞれ微分で表されます．
1 次元運動において，これらはグラフの傾きに対応しています．

【答案】 (1)   物体の速度 $v(t)$，加速度 $a(t)$ はそれぞれ

$$v(t) = \frac{dr}{dt}$$

$$a(t) = \frac{dv}{dt} = \frac{d^2 r}{dt^2}$$

と表される．

(2) (a)   グラフの傾きが一定なので，この物体の速度は一定だと考えられる．速度が一定な
ので，加速度は常に 0 となる．

(b)   グラフの傾き，すなわち速度は 0 から徐々に小さく（負方向に大きく）なっている．し
たがって，加速度は常に負方向に働いている．

(c)   グラフの傾き，すなわち速度は正の値から 0 に向かって単調減少する．このとき，加速
度は初め負の値を持ち，徐々に 0 に向かっていく．■

━━ 基本問題 2.2 ━━━━━━━━━━━━━━━（等加速度直線運動）重要 ━━

　x 軸に沿って一定の加速度 $\boldsymbol{a}$ で運動する点の 1 次元運動を考える．運動点の初速度を $\boldsymbol{v}_0$，初期位置を $\boldsymbol{x}_0$ として，以下の問に答えよ．

(1) 時刻 t での運動点の速度 $\boldsymbol{v}(t)$ を求めよ．

(2) 時刻 t での運動点の位置 $\boldsymbol{x}(t)$ を求めよ．

(3) 加速度が時間に依存するとき，$\boldsymbol{v}(t)$, $\boldsymbol{x}(t)$ を求めよ．

方針　加速度を積分することで速度を，速度を積分することで加速度を，それぞれ求めることができます．

【答案】　(1)　加速度 $\dfrac{d\boldsymbol{v}}{dt} = \boldsymbol{a}$ を 0 から t まで時間積分すれば

$$\int_0^t \frac{d\boldsymbol{v}}{dt'}\, dt' = \boldsymbol{v}(t) - \boldsymbol{v}_0$$

$$\int_0^t \boldsymbol{a}\, dt' = \boldsymbol{a}t$$

となるので

$$\boldsymbol{v}(t) = \boldsymbol{v}_0 + \boldsymbol{a}t$$

となる．

　(2)　同様に，速度 $\dfrac{d\boldsymbol{x}}{dt} = \boldsymbol{v}_0 + \boldsymbol{a}t$ を 0 から t まで時間積分すれば

$$\int_0^t \frac{d\boldsymbol{x}}{dt'}\, dt' = \boldsymbol{x}(t) - \boldsymbol{x}_0$$

$$\int_0^t (\boldsymbol{v}_0 + \boldsymbol{a}t')\, dt' = \boldsymbol{v}_0 t + \frac{1}{2}\boldsymbol{a}t^2$$

となるので

$$\boldsymbol{x}(t) = \boldsymbol{x}_0 + \boldsymbol{v}_0 t + \frac{1}{2}\boldsymbol{a}t^2$$

となる．

　(3)　加速度が一定の場合とは異なり，$\boldsymbol{a}$ に関する積分が実行できない．したがって

$$\boldsymbol{v}(t) = \boldsymbol{v}_0 + \int_0^t \boldsymbol{a}\, dt'$$

$$\boldsymbol{x}(t) = \boldsymbol{x}_0 + \boldsymbol{v}_0 t + \int_0^t \left(\int_0^{t'} \boldsymbol{a}\, dt'' \right) dt'$$

となる．■

┃ ポイント ┃　不定積分を用いても同様の式を求めることができます．その場合，初期条件を用いて任意定数を定めます．

基本問題 2.3 ━━━━━━━━━（円運動とホドグラフ） 重要

位置ベクトル $r(t)$ が次のように表される運動を考える.

$$r(t) = \begin{pmatrix} x \\ y \end{pmatrix} = \begin{pmatrix} A\cos\omega t \\ A\sin\omega t \end{pmatrix}, \quad (A, \omega：定数)$$

(1) この位置ベクトルで表される運動点の速度 $v(t)$ と加速度 $a(t)$ をそれぞれ求めよ.

(2) x, y の式から t を消去し軌道を求めよ. 軌道を図示し, 時刻 t における運動点の速度ベクトル $v(t)$ と加速度ベクトル $a(t)$ をその中に描き込め.

(3) ホドグラフ（速度図）を図示し, 時刻 t における運動点の加速度ベクトル $a(t)$ をその中に書き込め.

(4) 位置ベクトルと速度ベクトル, 速度ベクトルと加速度ベクトルがそれぞれ直交することを示せ.

(5) 定数 A と ω の単位を, 国際単位系（SI）の組立単位で答えよ.

方針 ベクトルが直交することは内積を計算することで示すことができます.

【答案】 (1) 速度 $v(t)$ と加速度 $a(t)$ は次のようになる.

$$v(t) = \frac{dr}{dt} = \begin{pmatrix} -A\omega\sin\omega t \\ A\omega\cos\omega t \end{pmatrix}$$

$$a(t) = \frac{dv}{dt} = \begin{pmatrix} -A\omega^2\cos\omega t \\ -A\omega^2\sin\omega t \end{pmatrix}$$

(2) $\cos^2\omega t + \sin^2\omega t = 1$ より, 物体の軌道は

$$x^2 + y^2 = A^2$$

と表せる. これを図 2.5 に示す.

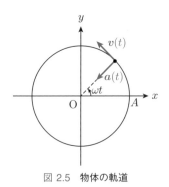

図 2.5　物体の軌道

(3) $v_x^2 + v_y^2 = (A\omega)^2$ と表せるので，ホドグラフを図 2.6 に示す．

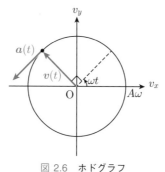

図 2.6 **ホドグラフ**

(4) $\boldsymbol{r}(t)$ と $\boldsymbol{v}(t)$ の内積をとると

$$\boldsymbol{r}(t) \cdot \boldsymbol{v}(t) = -A^2\omega \cos\omega t \sin\omega t + A^2\omega \cos\omega t \sin\omega t = 0$$

となるので，$\boldsymbol{r}(t)$ と $\boldsymbol{v}(t)$ は直交している．同様に，$\boldsymbol{v}(t)$ と $\boldsymbol{a}(t)$ の内積をとると

$$\boldsymbol{v}(t) \cdot \boldsymbol{a}(t) = A^2\omega^3 \cos\omega t \sin\omega t - A^2\omega^3 \cos\omega t \sin\omega t = 0$$

となるので，$\boldsymbol{v}(t)$ と $\boldsymbol{a}(t)$ は直交している．

(5) 三角関数は無次元量なので，位置ベクトルより，A の単位は m だということがわかる．同様に速度ベクトルより，$A\omega$ の単位は m/s となる．したがって，ω の単位は 1/s だとわかる．■

▇基本問題 2.4 ━━━━━━━━（2 次元極座標における速度と加速度）重要

2 次元座標系上の点 (x, y) と 2 次元極座標系 (r, θ) との関係は，

$$x = r \cos \theta$$
$$y = r \sin \theta$$

である．

(1) 極座標系 (r, θ) の単位ベクトル $\boldsymbol{e}_r, \boldsymbol{e}_\theta$ をデカルト座標系 (x, y) の単位ベクトル $\boldsymbol{e}_x, \boldsymbol{e}_y$ で表せ．

(2) 速度ベクトル $\boldsymbol{v}$ の r, θ 方向の各成分を求めよ．

(3) 加速度ベクトル $\boldsymbol{a}$ の r, θ 方向の各成分を求めよ．

【方針】 時間微分に対して，$\boldsymbol{e}_r, \boldsymbol{e}_\theta$ も変化することに注意しましょう．

【答案】 (1) $\boldsymbol{r} = r \cos \theta \, \boldsymbol{e}_x + r \sin \theta \, \boldsymbol{e}_y$ と表される．$\boldsymbol{e}_r, \boldsymbol{e}_\theta$ は $\boldsymbol{r}$ を r, θ でそれぞれ偏微分した方向を向き，大きさが 1 のベクトルである．したがって

$$\boldsymbol{e}_r = \frac{\partial \boldsymbol{r}}{\partial r} = \cos \theta \, \boldsymbol{e}_x + \sin \theta \, \boldsymbol{e}_y$$
$$\boldsymbol{e}_\theta = \frac{1}{r} \frac{\partial \boldsymbol{r}}{\partial \theta} = -\sin \theta \, \boldsymbol{e}_x + \cos \theta \, \boldsymbol{e}_y$$

となる．

(2) $\boldsymbol{e}_r, \boldsymbol{e}_\theta$ を時間微分すると，$\dot{\boldsymbol{e}}_r = \dot{\theta} \boldsymbol{e}_\theta, \dot{\boldsymbol{e}}_\theta = -\dot{\theta} \boldsymbol{e}_r$ だとわかる．したがって，$\boldsymbol{r} = r \boldsymbol{e}_r$ であるから，これを時間微分すると

$$\boldsymbol{v} = \frac{dr}{dt} \boldsymbol{e}_r + r \frac{d\theta}{dt} \boldsymbol{e}_\theta$$

となる．

(3) 速度 $\boldsymbol{v}$ を時間微分すると

$$\boldsymbol{a} = \left\{ \frac{d^2 r}{dt^2} - r \left(\frac{d\theta}{dt} \right)^2 \right\} \boldsymbol{e}_r + \left\{ 2 \frac{dr}{dt} \frac{d\theta}{dt} + r \frac{d^2 \theta}{dt^2} \right\} \boldsymbol{e}_\theta$$
$$= \left\{ \frac{d^2 r}{dt^2} - r \left(\frac{d\theta}{dt} \right)^2 \right\} \boldsymbol{e}_r + \left\{ \frac{1}{r} \frac{d}{dt} \left(r^2 \frac{d\theta}{dt} \right) \right\} \boldsymbol{e}_\theta$$

となる．■

▌ポイント▌ デカルト座標系の単位ベクトル $\boldsymbol{e}_x, \boldsymbol{e}_y$ は時間に依存しません．したがって，速度ベクトルや加速度ベクトルは座標成分のみを微分した形になります．一方，極座標系の単位ベクトル $\boldsymbol{e}_r, \boldsymbol{e}_\theta$ は時間に依存するため，今回のような計算が必要になります．

── (墓)本問題 2.5 ─────────────────────────────────────── (放物運動) ─

位置ベクトル $\boldsymbol{r}(t)$ が次のように表される運動を考える.

$$\boldsymbol{r}(t) = \begin{pmatrix} x \\ y \end{pmatrix} = \begin{pmatrix} x_0 + v_0 t \\ y_0 - \frac{1}{2}gt^2 \end{pmatrix}$$

(1) 時刻 t における速度 $\boldsymbol{v}(t)$ を求めよ.

(2) 時刻 t における加速度 $\boldsymbol{a}(t)$ を求めよ.

(3) 軌道を図示し,速度ベクトル,加速度ベクトルを描き込め.

──

方針 微分によって速度,加速度を求め,それらを図示します.

【答案】(1) 速度 $\boldsymbol{v}(t)$ は次のようになる.

$$\boldsymbol{v}(t) = \frac{d\boldsymbol{r}}{dt} = \begin{pmatrix} v_0 \\ -gt \end{pmatrix}$$

(2) 加速度 $\boldsymbol{a}(t)$ は次のようになる.

$$\boldsymbol{a}(t) = \frac{d\boldsymbol{v}}{dt} = \begin{pmatrix} 0 \\ -g \end{pmatrix}$$

(3) x と y から t を消去することで軌道が求められる.

$$y = -\frac{g}{2v_0^2}(x - x_0)^2 + y_0$$

軌道および速度ベクトル $\boldsymbol{v}(t)$,加速度ベクトル $\boldsymbol{a}(t)$ を図 2.7 に示す.

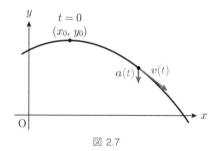

図 2.7 ■

演 習 問 題

=== A ===

2.1.1 位置が次のように表される運動を考える.

$$\begin{pmatrix} x \\ y \\ z \end{pmatrix} = \begin{pmatrix} A\cos\omega t \\ A\sin\omega t \\ v_0 t \end{pmatrix}, \quad (A, \omega, v_0 : 定数)$$

(1) 速度と加速度をそれぞれ求めよ.

(2) どのような運動か説明せよ.

2.1.2 位置が次のように表される運動を考える.

$$\begin{pmatrix} x \\ y \end{pmatrix} = \begin{pmatrix} a\cos\omega t \\ b\sin\omega t \end{pmatrix}, \quad (a, b, \omega : 定数)$$

この運動がどのような軌道を作るか答えよ. また, その速度と加速度を求めよ.

=== B ===

2.1.3 物体を地面から斜めに投げ上げたときに, 再び地面に着くまでの到達距離 L と時間 T から, 初速度 $\boldsymbol{v}_0$ を求める公式を作れ. ただし, 空気抵抗は考えないものとする.

2.1.4 3 次元座標系上の点 (x, y, z) と 3 次元極座標系 (r, θ, φ) との関係は,

$$x = r\sin\theta\cos\varphi, \quad y = r\sin\theta\sin\varphi, \quad z = r\cos\theta$$

である.

(1) 速度が次のように表せることを示せ.

$$\boldsymbol{v}(t) = \frac{dr}{dt}\,\boldsymbol{e}_r + r\frac{d\theta}{dt}\,\boldsymbol{e}_\theta + r\sin\theta\frac{d\varphi}{dt}\,\boldsymbol{e}_\varphi$$

(2) 加速度が次のように表せることを示せ.

$$\begin{aligned}
\boldsymbol{a}(t) = {} & \left\{ \frac{d^2 r}{dt^2} - r\left(\frac{d\varphi}{dt}\right)^2\sin^2\theta - r\left(\frac{d\theta}{dt}\right)^2 \right\}\boldsymbol{e}_r \\
& + \left\{ r\frac{d^2\theta}{dt^2} + 2\frac{dr}{dt}\frac{d\theta}{dt} - r\left(\frac{d\varphi}{dt}\right)^2\sin\theta\cos\theta \right\}\boldsymbol{e}_\theta \\
& + \left\{ \frac{1}{r\sin\theta}\frac{d}{dt}\left(\frac{d\varphi}{dt}r^2\sin^2\theta\right) \right\}\boldsymbol{e}_\varphi
\end{aligned}$$

2.2 ニュートンの運動の 3 法則と力
──力と運動の法則──

Contents

キーポイント

加速度の概念を使用して運動の原因となる力を定義する．また，力と加速度を関係づける量として質量を定義する．

❶運動の第 1 法則（慣性の法則）

物体に力が働いていない（外力 $f = 0$）場合，物体は静止した状態を保つか，等速直線運動を続けるかのどちらかであり，これを**慣性の法則**（第 1 法則）と呼びます．これは後述する運動の第 2 法則の特別な場合に過ぎないと思うかもしれませんが，慣性の法則が成り立つ座標系を**慣性系**と呼ぶため，運動の第 1 法則は慣性系を定義する法則であると考えることができます．

❷運動の第 2 法則（運動の法則）

物体の運動変化の困難さを示す指標として質量（慣性質量）を導入します．"2 つの物体の質量の比は，同じ力が働いた場合にそれぞれが得る加速度の比の逆数である" ことから**質量**は定義されます．質量が m で大きさの無視できる物体を質量が m の**質点**と呼びます．

"質点に力が働くとき，慣性系に対する質点の加速度は力と同じ向きで，その大きさは力の大きさに比例し，質量に反比例する" ということを**運動の法則**（第 2 法則）と呼び，質点に働く力を f として，

$$ma = f, \quad a = \frac{dv}{dt} \tag{2.11}$$

と表され，この式は**運動方程式**と呼ばれます．

運動の第 2 法則は，運動量

$$p \equiv mv = m\frac{dr}{dt} \tag{2.12}$$

を定義して

$$\frac{d\boldsymbol{p}}{dt} = \boldsymbol{f} \tag{2.13}$$

と書き直すことができます．相対論のように質量が時間的に変化する場合でも (2.13) は成立するので，第 2 法則は厳密にはこの形で定義されます．

❸運動の第 3 法則（作用・反作用の法則）

質点 A が質点 B に力を及ぼすとき，質点 A は質点 B から大きさが等しく反対向きの力を受けます．これを，**作用・反作用の法則**（第 3 法則）と呼びます．質点 A が質点 B に及ぼす力を $\boldsymbol{F}_{\mathrm{AB}}$ として，作用・反作用の法則を式で表すと

$$\boldsymbol{F}_{\mathrm{AB}} = -\boldsymbol{F}_{\mathrm{BA}} \tag{2.14}$$

となります．一方の力を作用と呼ぶと，他方の力は反作用と呼びます．例えば，あなたが壁の目の前に立ち，壁を手で押す場合，押す力を作用と呼び，壁から押し返される力を反作用と呼びます．

❹合力と力の釣合い

質点にいくつかの力が働いている場合，ベクトルの和としての力

$$\boldsymbol{F} = \boldsymbol{F}_1 + \boldsymbol{F}_2 + \boldsymbol{F}_3 + \cdots \tag{2.15}$$

が質点に働くこととなります．質点に働く力の和 $\boldsymbol{F}$ を**合力**と呼びます．初速度 $\boldsymbol{0}$ の質点に働く合力が $\boldsymbol{0}$ になるとき，質点は釣り合っているといいます．

❺力の種類

● **自然界の力** ● 皆さんが日常的に体験している，質量があることによって物体間に働く**万有引力**（重力）や電荷間や磁石間に働く**電磁気力**の他に，陽子や中性子間に働く**強い力**，原子核の崩壊現象にかかわる**弱い力**があります．以上の重力，電磁気力，強い力，弱い力の 4 つを自然界の 4 つの力と呼びます．

● **垂直抗力と張力** ● 質点の運動において滑らかな面から受ける力を**垂直抗力**または**束縛力**と呼びます．また，ロープを物体につけて引っ張ると，ロープが物体を引く力が生まれます．これをロープの**張力**と呼びます．

● **摩擦力** ● 物体を粗い面に置いて面に平行な力で押しても動かないことや動いていた物体が減速しやがて止まってしまうことがあります．このような現象にかかわる面に平行な力を**摩擦力**と呼びます．垂直抗力と摩擦力を合わせて**抗力**と呼びます．つまり，抗力の面に垂直な成分を**垂直抗力**と呼び，平行な成分を**摩擦力**と呼びます．静止している場合の摩擦力を**静止摩擦力**，動いている場合の摩擦力を**動摩擦力**と呼びます．

● **（空気）抵抗** ● 　流体の中で移動を妨げる力も**抗力**または**抵抗力**と呼びます．特に，空気による抗力を**空気抵抗**と呼びます．

● **復元力（ばねの力）** ● 　固体に力を加えると一般に変形しますが，力を取り去ると元に戻る場合があります．この元に戻ろうとする力を**復元力**と呼びます．力学では，ばねの復元力を題材にした問題が多く取り上げられています．

◉本問題 2.6 　　　　　　　　　　　　　　　　　　　　（慣性の法則）

図 2.8 に示すように，慣性系 S(O, x, y) と S'(O', x', y') がある．x, x' 軸は同一直線上にあり，y, y' 軸はそれぞれ平行を保つものとする．O' は S 上を常に一定の速度 $\boldsymbol{V} = (V, 0)$ で移動しており，時刻 $t = 0$ で O と O' は一致しているものとする．このとき，慣性系 S において以下のような運動をする質点がある．

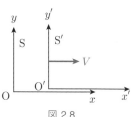

$$\begin{cases} x = Vt \\ y = -\dfrac{1}{2}gt^2 \end{cases}$$

(1) S' から見たときの質点の運動 (x', y') を求めよ．

(2) S から見たときの質点の速度と加速度を求めよ．

(3) S' から見たときの質点の速度と加速度を求めよ．

図 2.8

方針 　S' から見たとき，質点は x 軸方向に静止していることに注意しましょう．

【答案】 (1) 　$\boldsymbol{r} = (x, y)$ と $\boldsymbol{r}' = (x', y')$ は $\boldsymbol{r}' = \boldsymbol{r} - \boldsymbol{V}t$ の関係にある．したがって

$$\begin{cases} x' = 0 \\ y' = -\frac{1}{2}gt^2 \end{cases}$$

(2) 　S から見たときの速度と加速度は次のようになる．

$$\boldsymbol{v}(t) = \frac{d\boldsymbol{r}}{dt} = \begin{pmatrix} V \\ -gt \end{pmatrix}, \quad \boldsymbol{a}(t) = \frac{d\boldsymbol{v}}{dt} = \begin{pmatrix} 0 \\ -g \end{pmatrix}$$

(3) 　S' から見たときの速度と加速度は次のようになる．

$$\boldsymbol{v}'(t) = \frac{d\boldsymbol{r}'}{dt} = \begin{pmatrix} 0 \\ -gt \end{pmatrix}, \quad \boldsymbol{a}'(t) = \frac{d\boldsymbol{v}'}{dt} = \begin{pmatrix} 0 \\ -g \end{pmatrix} \quad ∎$$

基本問題 2.7 ──────────────（力の釣合い（おもり））─

図 2.9 に示すように，天井から軽くて丈夫な糸 2 本で質量 m のおもりがつるされている．それぞれの糸が水平面となす角はそれぞれ α, β であった．それぞれの糸の張力の大きさ T_1, T_2 を求めよ．

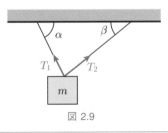

図 2.9

方針　おもりは静止しているので，力の釣合いを考えます．

【答案】おもりには鉛直下向きに重力 mg が働いており，糸の張力と釣り合っている．

垂直方向の力の釣合い：

$$T_1 \sin \alpha + T_2 \sin \beta = mg$$

水平方向の力の釣合い：

$$T_1 \cos \alpha = T_2 \cos \beta$$

これら 2 つの式から，T_1, T_2 について解くと

$$T_1 = \frac{mg \cos \beta}{\sin(\alpha + \beta)}$$
$$T_2 = \frac{mg \cos \alpha}{\sin(\alpha + \beta)} \quad \blacksquare$$

基本問題2.8　　　　　　　　　　　　　　　　　　　　　（力の釣合い（滑車））

図 2.10, 2.11 のような複数の滑車からなる系が2つある．それぞれ滑車の1つに質量 m のおもりがつるされている．このとき，系全体が釣り合うために必要なロープの端を引く力の大きさ F を求めよ．ただし，滑車とロープの質量や摩擦は無視できるものとする．

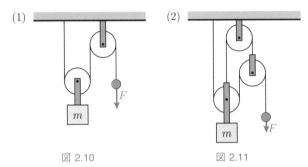

図 2.10　　　　　図 2.11

方針　動滑車の力の釣合いを考えます．

【答案】（1）　おもりには重力 mg が働いている．ロープの張力はいたるところで一定の F なので，動滑車にかかる力は図 2.12 のようになる．したがって，力の釣合いより

$$2F = mg, \quad \therefore \quad F = \frac{1}{2}mg$$

（2）　同様に，動滑車にかかる力を考える．図 2.13 に示す右の動滑車の力の釣合いより

$$F' = 2F$$

左の動滑車の力の釣合いより

$$F' + 2F = mg$$

したがって，F' を消去して F について解くと

$$F = \frac{1}{4}mg$$

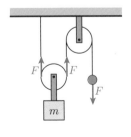

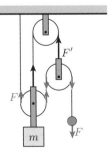

図 2.12　　　　　　　　図 2.13

演習問題

A

2.2.1 慣性系 S 上で以下のような運動をする質点がある.

$$\begin{cases} x = ut + a\cos\omega t \\ y = vt + a\sin\omega t \\ z = -\dfrac{1}{2}gt^2 \end{cases}$$

このとき，ある慣性系 S′ 上では質点の運動を円筒座標 (r', θ', z') で表すと簡単に記述できる．そのような慣性系 S′ の一例を示し，S′ 上の円筒座標 (r', θ', z') で質点の運動を表せ．

2.2.2 図 2.14 に示すように滑らかな水平面上で 2 つのおもり 1, 2 を一定の加速度 a で引く．おもりの質量を m_1, m_2 とするとき，ロープにかかる力 F_1 と F_2 を求めよ．

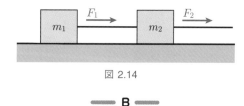

図 2.14

B

2.2.3 図 2.15 に示すように水平面に対して角度 θ だけ傾いた滑らかな斜面（質量 M）がある．この斜面を水平なはかりの上に置き，横にずれることがないように固定する．さらに，斜面上に質量 m の質点を置き，質量が無視できるストッパーで固定する．

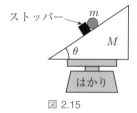

図 2.15

(1) ストッパーがあるとき，はかりにかかる力を求めよ．
(2) ストッパーを外すと，質点は斜面上を滑り落ち始めた．このときはかりにかかる力を求めよ．

2.2.4 滑車を含む系について，以下の問に答えよ．ただし，滑車とロープの質量や摩擦は無視できるものとする．

(1) 図 2.16 のように人が乗っている箱がロープの一端につるされており，中の人はロープの他端を下向きに力 F で引いている．箱と中の人を合わせた質量は m である．箱が静止しているとき，力 F を求めよ．

図 2.16

(2) 図 2.17 のような 4 つの滑車からなる系がある．滑車の 1 つに質量 m のおもりがつるされている．このとき，系全体が釣り合うために必要なロープの端を引く力の大きさ F を求めよ．

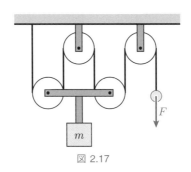

図 2.17

2.3　一様な重力場中の運動
──地表付近での物体の運動──

キーポイント

　ニュートンの運動の 3 法則の具体例として，日常的に経験の多い地表付近での物体の運動を取り上げる．空気抵抗の役割を理解するとともに，微分方程式の解法も理解しよう．

❶ 放物体の運動

　いま質点が一様な重力の下で運動し，$-z$ 軸方向に重力加速度 g がかかっているとします．このとき，空気抵抗を無視すると，運動方程式は，

$$m\frac{d^2x}{dt^2}=0,\quad m\frac{d^2y}{dt^2}=0,\quad m\frac{d^2z}{dt^2}=-mg \tag{2.16}$$

となります．（現実の）大気中の運動には必ず空気抵抗があります．基本問題 2.13, 2.14 では，空気抵抗のある問題も扱います．

❷ 流体の抵抗

　固体が流体の中を運動する際にも摩擦力が働きます．固体に接する流体は常に固体表面に粘着し，一方で流体内部では粘性のために隣接する流体同士が相対運動を減らそうとする力を及ぼし合うために，固体は流体に引きずられることになります．この力を**粘性抵抗**と呼びます．また，物体の運動によって流体の運動が引き起こされると，結果として圧力が運動する物体の前面では上昇し，後面では低下します．これにより，物体は流体から運動を妨げられる向きに力を受けます．これを**圧力抵抗**と呼びます．粘性抵抗と圧力抵抗を合わせたものが，物体が流体から受ける**抵抗**です．静止した流体中を速さ v で運動する物体について，この物体が受ける抵抗を F とすると，

$$F=k_1v \quad （v が十分小さいとき） \tag{2.17}$$

$$F=k_2v^2 \quad （v が十分大きいとき） \tag{2.18}$$

が主な寄与となります．ここで，k_1, k_2 は物体の形により決まり，v にはよらない正の定数です．例えば，ここで雨について考えてみると，微小な霧雨の場合には (2.17) が成り立ち，普通大の雨粒が**終端速度**に達した頃には (2.18) が成り立ちます．ここで，終端速度とは重力と抵抗力が釣り合い，物体の加速度が 0 になったときの物体の速度のことです．

━━ 基本問題 2.9 ━━━━━━━━━━━━━━━━━━━ （鉛直投げ上げ）重要 ━━

鉛直上向き方向を z 軸正方向とし，$z = 0$ から初速 v_0（> 0）で質点を鉛直方向に投げ上げる運動を考える．地面との衝突や空気抵抗は考えないものとして，以下の問に答えよ．

(1)　運動方程式を書き下せ．

(2)　運動方程式を解き，$z(t)$ のグラフを描け．

方針　重力は鉛直下向きに働いています．

【答案】(1)　運動方程式は次のようになる．

$$m\frac{d^2z}{dt^2} = -mg$$

(2)　運動方程式を整理すると

$$\frac{d^2z}{dt^2} = -g$$

となるので，これを時間で不定積分する．

$$v(t) = -gt + C$$

C は積分定数であり，$v(0) = v_0$ より，$C = v_0$ となる．再び不定積分すると

$$z(t) = -\frac{1}{2}gt^2 + v_0t + C'$$

$z(0) = 0$ より，$C' = 0$．以上より，運動方程式の解は

$$z(t) = -\frac{1}{2}gt^2 + v_0t$$

このとき，z-t グラフは次の通り．

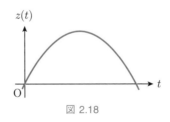

図 2.18

■ ポイント ■　任意定数（積分定数）を含んだ微分方程式の解を，その微分方程式の**一般解**と呼びます．

基本問題 2.10 （斜方投射）重要

　鉛直上向きを y 軸正方向，水平方向を x 軸正方向とする．$t = 0$ に原点から，x 軸正方向より角度 θ をなす方向に速さ v_0 で質点を発射した．空気抵抗は考えないものとして，以下の問に答えよ．

(1) 運動方程式を書き下せ．

(2) 運動方程式を解け．

(3) 質点の軌道を求め，グラフにせよ．

(4) 地面と衝突する時刻を求めよ．（地面は水平面と考えて良い．）

(5) (4) のときの質点の飛距離を求めよ．

> **方針** 重力が鉛直下向きに働いているのは先程と同じです．今回は 2 次元ベクトルで考えます．

【答案】(1) 運動方程式は次のようになる．

$$m\frac{d^2\boldsymbol{r}}{dt^2} = -mg\boldsymbol{e}_y$$

これを成分ごとに書き下すと

$$m\frac{d^2x}{dt^2} = 0$$

$$m\frac{d^2y}{dt^2} = -mg$$

(2) 運動方程式の両辺を m で割り，時間積分すると

$$v_x(t) = C_x$$

$$v_y(t) = -gt + C_y$$

となる．初速度は $v_x(0) = v_0\cos\theta$, $v_y(0) = v_0\sin\theta$ なので，

$$C_x = v_0\cos\theta, \quad C_y = v_0\sin\theta$$

再び時間積分して

$$x(t) = (v_0\cos\theta)t + C_x'$$

$$y(t) = -\frac{1}{2}gt^2 + (v_0\sin\theta)t + C_y'$$

初期位置は原点なので，$C_x' = C_y' = 0$. 以上より，運動方程式の解は

$$x(t) = (v_0\cos\theta)t$$

$$y(t) = -\frac{1}{2}gt^2 + (v_0\sin\theta)t$$

となる．

(3) 運動方程式の解から t を消去して，軌道を求める．

$$y = -\frac{g}{2(v_0 \cos\theta)^2}x^2 + (\tan\theta)x$$

このとき，x-y グラフは次の通り．

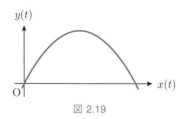

図 2.19

(4) $y = 0$ となる時刻 $t \neq 0$ を求めれば良い．

$$t = \frac{2v_0 \sin\theta}{g}$$

(5) (4) のときの t を $x(t)$ に代入する．

$$x = \frac{2v_0^2 \sin\theta \cos\theta}{g}$$
$$= \frac{v_0^2 \sin 2\theta}{g} \quad \blacksquare$$

▌ **ポイント** ▌ (5) $\sin 2\theta = 1$，つまり $\theta = \dfrac{\pi}{4}$ のとき，x は最大値 $\dfrac{v_0^2}{g}$ になります．

基本問題 2.11 ━━━━━━━━━━━（斜面での斜め投げ上げ）重要

物体を，水平面と角度 θ をなす斜面に向けて，斜面に対しての角度 α，初速 v_0 で投げ上げる（図 2.20）．ただし，$\alpha + \theta < \frac{\pi}{2}$ であり，また，空気抵抗の影響は無視できるものとする．重力加速度を g として以下の問に答えよ．

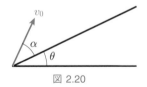

図 2.20

(1) 斜面に再び落ちるまでの時間 T と斜面に沿った到達距離 L を求めよ．

(2) 到達距離を最大にするための角度 α はいくらか？　　　　　　　　　　（北海道大学）

方針　軸のとり方を工夫して運動方程式を立てます．

【答案】(1)　投げ上げ点を原点として，斜面に沿って x 軸，斜面の垂直上方に y 軸をとる．すると，運動方程式の成分は

$$m\frac{d^2 x}{dt^2} = -mg\sin\theta$$

$$m\frac{d^2 y}{dt^2} = -mg\cos\theta$$

運動方程式を時間積分すると

$$v_x(t) = -gt\sin\theta + C_x$$

$$v_y(t) = -gt\cos\theta + C_y$$

となる．初速度は $v_x(0) = v_0\cos\alpha$, $v_y(0) = v_0\sin\alpha$ なので，

$$C_x = v_0\cos\alpha, \quad C_y = v_0\sin\alpha$$

再び時間積分して

$$x(t) = -\frac{1}{2}gt^2\sin\theta + (v_0\cos\alpha)t + C_x'$$

$$y(t) = -\frac{1}{2}gt^2\cos\theta + (v_0\sin\alpha)t + C_y'$$

初期位置は原点なので，$C_x' = C_y' = 0$. 以上より，運動方程式の解は

$$x(t) = -\frac{1}{2}gt^2\sin\theta + (v_0\cos\alpha)t \tag{2.19}$$

$$y(t) = -\frac{1}{2}gt^2\cos\theta + (v_0\sin\alpha)t \tag{2.20}$$

となる．再び斜面に落ちるとき，$y = 0$ であるから

$$-\frac{1}{2}gT^2\cos\theta + (v_0\sin\alpha)T = 0$$

したがって，斜面に再び落ちるまでの時間は

$$T = \frac{2v_0 \sin \alpha}{g \cos \theta}$$

斜面に沿った到達距離は $L = x(t)$ なので

$$L = -\frac{1}{2} g \left(\frac{2v_0 \sin \alpha}{g \cos \theta} \right)^2 \sin \theta + v_0 \cos \alpha \left(\frac{2v_0 \sin \alpha}{g \cos \theta} \right)$$

となる.

(2)

$$L = -\frac{1}{2} g \left(\frac{2v_0 \sin \alpha}{g \cos \theta} \right)^2 \sin \theta + v_0 \cos \alpha \left(\frac{2v_0 \sin \alpha}{g \cos \theta} \right)$$

$2 \sin \alpha \cos \alpha = \sin 2\alpha, \sin^2 \alpha = \dfrac{1 - \cos 2\alpha}{2}$ より

$$L = \frac{v_0^2}{g \cos^2 \theta} \left(2 \sin \alpha \cos \alpha \cos \theta - 2 \sin^2 \alpha \sin \theta \right)$$

$$= \frac{v_0^2}{g \cos^2 \theta} \left(\sin 2\alpha \cos \theta + (\cos 2\alpha - 1) \sin \theta \right)$$

$\sin(\alpha + \beta) = \sin \alpha \cos \beta + \cos \alpha \sin \beta$ より

$$L = \frac{v_0^2}{g \cos^2 \theta} \left(\sin(2\alpha + \theta) - \sin \theta \right)$$

L が最大になるのは

$$2\alpha + \theta = \frac{\pi}{2}, \quad \text{したがって} \quad \alpha = \frac{\pi}{4} - \frac{\theta}{2} \quad \blacksquare$$

▌ ポイント ▌　(2)　$\theta = 0$ のとき，$\alpha = \dfrac{\pi}{4}$ となり，基本問題 2.10(5) の結果と一致します.

基本問題2.12　　　　　　　　　　　　　　　　　　　　　**（ダーツ）** 重要

　図2.21のように，水平距離d，高さhのところにぶら下がっているダーツボードに向かって速さv_0でダーツを投げた．ダーツを投げた位置を原点とし，図の水平方向右向きにx軸，鉛直上方にy軸をとる．(1)〜(3)では，ダーツとダーツボードは永久的に落下するとする．

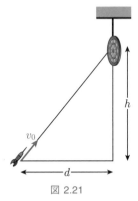

図 2.21

(1)　t秒後のダーツの座標を求めよ．

(2)　ダーツボードは，ダーツを投げた時刻に落下を始めた．t秒後のダーツボードの座標を求めよ．

(3)　ダーツボードにダーツが当たるときの時刻を求め，ダーツの速度にかかわらずダーツはダーツボードに当たることを示せ．

(4)　ダーツを投げた高さに地面がある状況を考える．このときダーツボードが地面に衝突する前にダーツが当たるためにv_0が満たすべき条件を求めよ．

方針　斜方投射と自由落下の式を組み合わせて証明します．

【答案】　(1)　投げたダーツの角度をθとすると

$$\tan\theta = \frac{h}{d}$$

となる．初速度は$(v_0\cos\theta, v_0\sin\theta)$であるから$t$秒後のダーツの位置は

$$\left(v_0 t\cos\theta, v_0 t\sin\theta - \frac{1}{2}gt^2\right)$$

となる．

　(2)　$t=0$でのダーツボードの位置は(d, h)である．加速度$(0, -g)$の等加速度運動をするのでt秒後のダーツボードの位置は

$$\left(d, h - \frac{1}{2}gt^2\right)$$

となる．

(3)　ダーツとダーツボードの水平方向の距離が一致する条件

$$v_0 t \cos\theta = d$$

から時刻

$$t = \frac{d}{v_0 \cos\theta}$$

が求まる．このとき，ダーツの y 座標は

$$d\frac{\sin\theta}{\cos\theta} - \frac{1}{2}g\left(\frac{d}{v_0\cos\theta}\right)^2 = h - \frac{1}{2}g\left(\frac{d}{v_0\cos\theta}\right)^2$$

となりダーツボードの y 座標と一致し，ダーツの速度にかかわらず常にダーツボードに当たる．

(4)　ダーツボードが地面に衝突する前にダーツが当たるためには，衝突したときの y 座標が正である必要があることから

$$y = h - \frac{1}{2}g\left(\frac{d}{v_0\cos\theta}\right)^2 > 0$$

より

$$v_0^2 > \frac{g}{2h}\frac{d^2}{\cos^2\theta} = \frac{g(h^2 + d^2)}{2h}$$

となる．したがって，v_0 が満たすべき条件は

$$v_0 > \sqrt{\frac{g(h^2 + d^2)}{2h}}$$

である．■

▌ポイント▐　ダーツがダーツボードに当たるということは，ある時刻においてダーツとダーツボードの座標が一致するということです．(4) では地面に衝突しない v_0 の条件を求めましたが，崖の上などボードの下に地面がない場合にいかなる速度でダーツを投げてもダーツがダーツボードに当たります．

基本問題2.13 ━━━━━（**速度に比例する空気抵抗のある落体**）**重要**

鉛直下向き方向を z 軸正方向とし，$z = 0$ の点から初速 0 で物体が落下するモデルを考える．ただし，質量 m の物体には速度 v に比例する空気抵抗 kv が働くものとする．

(1) 物体の運動方程式を書き下せ．

(2) 十分時間が経ったとき，物体の速度はどうなるか．運動方程式を解くことなく，予想されることを述べよ．

(3) 運動方程式を解き，物体の速度を求めよ．また，(2) の予想が正しいか確かめよ．

(4) 時刻 t が十分小さいとき，空気抵抗がないときの速度に近似されることを示せ．

(5) v-t グラフを描け．

方針 鉛直下方向を正にとります．
物体には鉛直下向きの重力 mg と鉛直上向きの空気抵抗力 kv が働きます．

【答案】 (1) 物体には重力と空気抵抗が働く．このとき，運動方程式は

$$m\frac{dv}{dt} = mg - kv$$

となる．

(2) 物体は初速 0 から重力によって加速する．しかし，速度が大きくなるにつれて空気抵抗も大きくなる．このとき，空気抵抗は物体の速度を減速させるように働く．したがって，十分時間が経ったとき，重力による加速と空気抵抗による減速が釣り合う値に物体の速度は収束すると予想できる．

$$m\frac{dv}{dt} = mg - kv = 0$$
$$\therefore \ v = \frac{mg}{k}$$

(3) 運動方程式に変数分離法を用いる．

$$\frac{dv}{g - \frac{k}{m}v} = dt$$

について時間積分すると

$$-\frac{m}{k}\ln\left(g - \frac{k}{m}v(t)\right) = t + C$$
$$\therefore \ v(t) = -C'e^{-\frac{k}{m}t} + \frac{mg}{k}$$

このとき，$C' = \frac{m}{k}e^{-\frac{k}{m}C}$ とおいた．初期条件は $t = 0$ で $v(0) = 0$ なので，$C' = \frac{mg}{k}$ となる．したがって，速度は

$$v(t) = \frac{mg}{k}\left(1 - e^{-\frac{k}{m}t}\right)$$

さらに，時間積分を実行して

$$x(t) = \frac{mg}{k}t + \frac{m^2 g}{k^2}e^{-\frac{k}{m}t} + C''$$

初期条件は $t = 0$ で $x(0) = 0$ なので，$C'' = -\frac{m^2 g}{k^2}$ となる．したがって，位置について

$$x(t) = \frac{m^2 g}{k^2}\left(-1 + \frac{k}{m}t + e^{-\frac{k}{m}t}\right)$$

が求まる．

　なお，速度 $v(t)$ に対して $t \to \infty$ とすると

$$\lim_{t \to \infty} v(t) = \frac{mg}{k}$$

となり，(2) の結果と一致する．

　(4)　t が十分小さいとき，

$$e^{-\frac{k}{m}t} \simeq 1 - \frac{k}{m}t$$

と近似できる．このとき，物体の速度は

$$v(t) \simeq gt$$

となるので，空気抵抗がないときの速度に近似される．

　(5)　$v\text{-}t$ グラフは次のようになる．

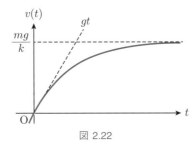

図 2.22

▌ **ポイント** ▌　十分時間が経ったときの物体の速度を**終端速度**と呼びます．

── **基本問題 2.14** ────────（**速度の 2 乗に比例する空気抵抗のある落体**）──

　　鉛直下向きを z 軸正方向とし，初速度 $v_0 = 0$ で質量 m の雨粒が落ちるモデルを考える．雨粒には速さの 2 乗 v^2 に比例する空気抵抗 kv^2 が働くものとする．

(1)　雨粒の運動方程式を書き下せ．

(2)　雨粒の時刻 t での速度を求めよ．また $t \to \infty$ での速度を答えよ．

(3)　t が十分小さいとき，雨粒の速度が空気抵抗がないときのものに近似されることを示せ．

(4)　v-t グラフを描け．

> **方針**　鉛直下方向を正にとります．
> 　物体には鉛直下向きの重力 mg と鉛直上向きの空気抵抗力 kv^2 が働きます．

【答案】(1)　物体には重力と速さの 2 乗に比例する空気抵抗が働く．このとき，運動方程式は

$$m\frac{dv}{dt} = mg - kv^2$$

となる．

(2)　変数分離法を用いる．

$$\frac{dv}{g - \frac{k}{m}v^2} = dt$$

$$\therefore \ -\frac{1}{2}\frac{m}{k}\sqrt{\frac{k}{mg}}\left(\frac{1}{v - \sqrt{\frac{mg}{k}}} - \frac{1}{v + \sqrt{\frac{mg}{k}}}\right)dv = dt$$

時間積分をすると

$$-\frac{1}{2}\sqrt{\frac{m}{kg}}\ln\left|\frac{v - \sqrt{\frac{mg}{k}}}{v + \sqrt{\frac{mg}{k}}}\right| = t + C$$

$$\therefore \ \frac{v - \sqrt{\frac{mg}{k}}}{v + \sqrt{\frac{mg}{k}}} = C'e^{-2\sqrt{\frac{kg}{m}}\,t}$$

ただし，$C' = \pm e^{-2\sqrt{\frac{kg}{m}}C}$ とした．初期条件として $t = 0$ で $v = 0$ なので，$C' = -1$ となる．したがって，これを v について解けば

$$v(t) = \sqrt{\frac{mg}{k}}\,\frac{e^{\sqrt{\frac{kg}{m}}\,t} - e^{-\sqrt{\frac{kg}{m}}\,t}}{e^{\sqrt{\frac{kg}{m}}\,t} + e^{-\sqrt{\frac{kg}{m}}\,t}}$$

$$= \sqrt{\frac{mg}{k}}\tanh\sqrt{\frac{kg}{m}}\,t$$

が得られる．

　　なお，$t \to \infty$ とすると

$$\lim_{t \to \infty} v(t) = \sqrt{\frac{mg}{k}}$$

となる.

(3) t が十分小さいとき,

$$\tanh \sqrt{\frac{kg}{m}}\, t \simeq \sqrt{\frac{kg}{m}}\, t$$

と近似できる. このとき, 物体の速度は

$$v(t) \simeq gt$$

となるので, 空気抵抗がないときの速度に近似される.

(4) v-t グラフは次のようになる.

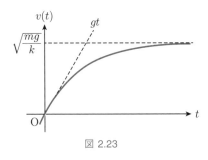

図 2.23 ■

▌ **ポイント** ▌ 基本問題 2.13 と同様に, 今回の場合も運動方程式から物体の終端速度を推測することができます. 実際に (2) の結果と一致することを確かめてみましょう.

━━━━━━━━━━━ 演習問題 ━━━━━━━━━━━
━━━ A ━━━

2.3.1 質量 M の標的が位置 $\boldsymbol{r}_1$ から初速 0 で落下を始めた．それと同時に，位置 $\boldsymbol{r}_2$ $(\neq \boldsymbol{r}_1)$ から初速度 $\boldsymbol{v}_0$ で質量 m のボールを発射する．ボールを標的と衝突させるために必要な $\boldsymbol{v}_0$ に関する条件を求めよ．ただし，空気抵抗は考えず，ボールと標的はそれぞれ永久的に落下を続けることができるものとする．

2.3.2 質量 m の球を，時刻 $t = 0$ で初期位置 $(x_0, y_0, z_0) = (0, 0, 0)$ から初速度 $\boldsymbol{v}_0 = (U_0, 0, W_0)$ で打ち出す．鉛直上方を z 軸の正方向とし，重力加速度の大きさを g とする．考えている時間内には球が地面に到達することはないものとして，以下の問に答えよ．

(1) 空気抵抗は無視できるものとして，時刻 t のときの球の速度ベクトルの方向と z 軸とのなす角度 θ を求めよ．

(2) 速度に比例する抵抗力（粘性抵抗力）を受ける場合の球の運動を考えよう．抵抗力の比例定数は $b \, (> 0)$ であり，高度に依存しないとする．

　a. x 軸方向，y 軸方向，z 軸方向の運動方程式を書け．

　b. x 軸方向，y 軸方向の運動方程式を解き，十分時間が経ったときの速度の x, y 成分を求めよ．

　c. 十分時間が経ったときの z 軸方向の速度（終端速度）を求めよ．

　d. 時刻 t のときの球の位置 (x, y, z) を求めよ．　　　　　　（立教大学）

2.4 摩擦力のある系の運動
——静止摩擦と動摩擦——

Contents

Subsection ❶ 摩擦力
Subsection ❷ 静止摩擦
Subsection ❸ 運動摩擦

キーポイント

　固体同士の間で働く静止摩擦と動摩擦を理解し，摩擦のある系の取扱い
を学ぼう．

❶摩擦力
　固体が他の固体や流体（液体または気体）に接触して運動する際に，接触面の各点で
は，垂直抗力の他に，運動を妨げる方向に力を受けます．固体と固体の場合は，相対的な
運動が無くても，状況に応じて接触面に平行な力が働きます．また，固体の表面を固体
が転がる場合においても，運動を妨げる方向の力が現れます．これらの力を総称して**摩
擦力**と呼びます．

❷静止摩擦
　斜面に物体を置いても滑り落ちない場合や平面の上の物体を横向きに押しても動かな
い場合など，固体と固体が相対的に運動せずに接触しているときにも，一般に摩擦力が
働きます．これを**静止摩擦力**と呼びます．その大きさと向きは，接触面の垂直抗力の大
きさ N だけでは決まらずに，他の全ての力との兼ね合いで力の釣合いの条件から決定さ
れます．静止摩擦力の大きさ F_s に対しては常に，

$$F_s \leq \mu_s N \tag{2.21}$$

という不等式が成立します．μ_s は**静止摩擦係数**と呼ばれ，各々の固体の種類や性質に依
存する定数です．

❸運動摩擦
　固体が他の固体と接触してその上を滑るときに働く摩擦力は，相対速度と逆向きで，そ
の大きさ F_k は N に比例し，

$$F_k = \mu_k N \tag{2.22}$$

と表されます．ここで，μ_k は**動摩擦係数**と呼ばれ，固体を構成する物質や接触面の粗さ

などにより決まる正の定数です. μ_s と μ_k の間には,

$$\mu_s > \mu_k \tag{2.23}$$

の関係があり, 特に両物体がまさに滑り始めようとしている状態では, それを止めよう
とする向きにちょうど $\mu_s N$ に等しい大きさの摩擦力が働き, これを**最大静止摩擦力**と呼
びます.

本問題 2.15 ——（摩擦のある面での物体の停止と滑り出し）重要

(1)　質量 m の物体が, 水平な床の上を初速 v_0 で滑り出し, L だけ進んで止まっ
た. 床の動摩擦係数を求めよ.

(2)　次にこの物体を水平面から角度 θ 上方に引く. 床と物体間の静止摩擦係数を
μ_s として, 運動を起こさせるのに必要な最小の引く力の大きさとそのときの角
度を求めよ.

方針　(1)　初速度と終速度の関係式から動摩擦係数を求めます.

(2)　物体を斜めに引く場合は, 垂直方向と水平方向に分解して考えます.

【答案】　(1)　質量 m の物体が, 水平な床から受ける垂直抗力は mg となるので, 動摩擦係数を
μ_k とすると動摩擦力は $\mu_k mg$ となる. したがって, 物体は加速度 $\mu_k g$ で減速する. 一定加速度
a の場合, 初速度 v_i と終速度 v_f と移動距離 L の間には

$$v_f^2 = v_i^2 + 2aL \tag{2.24}$$

であるので,

$$0 = v_0^2 - 2\mu_k gL$$

したがって,

$$\mu_k = \frac{v_0^2}{2gL}$$

となる.

(2)　引く力の大きさを T とし, 垂直抗力を N とすると, 垂直方向の力の釣合いの式は

$$N + T\sin\theta = mg$$

水平方向の釣合いの式は

$$\mu_s N = T\cos\theta$$

となる. これより,

$$T = \frac{\mu_s mg}{\cos\theta + \mu_s \sin\theta}$$

となる. T が最小になるのは分母が最大になるときである. 三角関数の合成 (1.36) を用いると,

分母は

$$\cos\theta + \mu_s \sin\theta = \sqrt{1+\mu_s^2}\sin(\theta+\alpha)$$

と書ける.(ただし,α は $\tan\alpha = \frac{1}{\mu_s}$ を満たす定数.)よってその最大値は

$$\sqrt{1+\mu_s^2}$$

である.さらにこのとき,

$$\theta + \alpha = \frac{\pi}{2}$$

なので,

$$\tan\alpha = \tan\left(\frac{\pi}{2}-\theta\right) = \frac{1}{\tan\theta} = \frac{1}{\mu_s}$$

より,T が最小になる角度は

$$\theta = \tan^{-1}\mu_s$$

で,最小の引く力の大きさは

$$T_{\min} = \frac{\mu_s mg}{\sqrt{1+\mu_s^2}}$$

となる.■

▌**ポイント**▐ x 軸上の運動で一定の加速度 a がかかるとき,時刻 t における位置 $x(t)$ と速度 $v(t)$ は初期位置 x_i と初速度 v_i を用いて

$$x(t) = x_i + v_i t + \frac{1}{2}at^2 \tag{2.25}$$

$$v(t) = v_i + at \tag{2.26}$$

となる.(2.26) より

$$t = \frac{v(t) - v_i}{a}$$

であり,これを (2.25) に代入すると

$$x(t) = x_i + v_i\frac{v(t)-v_i}{a} + \frac{1}{2}a\left(\frac{v(t)-v_i}{a}\right)^2$$
$$2a(x(t)-x_i) = 2v_i v(t) - 2v_i^2 + v^2(t) - 2v_i v(t) + v_i^2$$
$$v^2(t) = v_i^2 + 2a(x(t)-x_i)$$

という式が得られ,(2.24) と一致している.

基本問題 2.16　　　　　　　　　　　（摩擦のある斜面上の運動）　重要

　水平面に対して角度 θ だけ傾いた斜面がある．今，斜面上の原点 O より，質点が斜面に沿って下向きに初速 v_0 で運動し始めた．質点と斜面の間の動摩擦係数を μ_k とし，空気抵抗は考えないものとして，以下の問に答えよ．

(1)　運動方程式を書き下せ．

(2)　運動方程式を解き，質点の位置と速度を求めよ．

(3)　質点が静止するために必要な条件を答えよ．

(4)　質点が静止する位置を求めよ．

方針　質点に働く重力を斜面に垂直方向と水平方向に分解して考えます．

【答案】(1)　質点が斜面から受ける垂直抗力は $mg\cos\theta$ となる．斜面に沿って下向きを x 軸とすれば運動方程式は次のようになる．

$$m\frac{d^2x}{dt^2} = mg\sin\theta - \mu_k mg\cos\theta$$

(2)　運動方程式を時間積分すると

$$v(t) = g(\sin\theta - \mu_k\cos\theta)t + C$$

$t=0$ で $v(0)=v_0$ であるから，$C=v_0$ となる．再び $v(t)$ を時間積分すると

$$x(t) = \frac{1}{2}g(\sin\theta - \mu_k\cos\theta)t^2 + v_0 t + C'$$

$t=0$ で $x(0)=0$ なので，$C'=0$．以上より，質点の位置と速度は

$$x(t) = \frac{1}{2}g(\sin\theta - \mu_k\cos\theta)t^2 + v_0 t$$

$$v(t) = g(\sin\theta - \mu_k\cos\theta)t + v_0$$

(3)　質点が静止するための必要条件は，質点が減速することなので

$$m\frac{d^2x}{dt^2} = mg\sin\theta - \mu_k mg\cos\theta < 0$$

$$\therefore\quad \tan\theta < \mu_k$$

が物体が静止するための条件となる．

(4)　物体が静止するとは，$v(t)=0$ となることである．$v(t)=0$ となる時刻 t は

$$t = \frac{v_0}{g(\mu_k\cos\theta - \sin\theta)}$$

これを $x(t)$ の式に代入すれば，質点が静止する位置が求められる．

$$x = \frac{v_0^2}{2g(\mu_k\cos\theta - \sin\theta)}\quad\blacksquare$$

演 習 問 題

━━ A ━━

2.4.1 図 2.24 に示すように,粗い水平面に置かれた質量 M の物体が,滑車に架けられ他端に質量 m のおもりにつながれた紐で引かれている.最初,物体は静止していた.物体と斜面の間の静止摩擦係数を μ_s,動摩擦係数を μ_k とし,空気抵抗は考えないものとして,以下の問に答えよ.

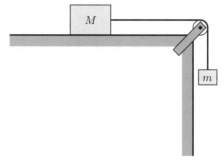

図 2.24

(1) 物体が動き出す条件を求めよ.

(2) 動き出し以降の運動方程式を書き下せ.

(3) 運動方程式を解き,物体の動き出してからの距離と速度および紐の張力を求めよ.

2.4.2 図 2.25 に示すように,滑らかな水平面に置かれた質量 M の物体 1 の上に質量 m の物体 2 が置かれている.最初,両物体は静止していた.物体間の静止摩擦係数を μ_s,動摩擦係数を μ_k とし,空気抵抗は考えないものとして,以下の問に答えよ.

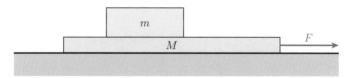

図 2.25

(1) 物体 1 を力 F_1 で引いたとき,物体 2 が物体 1 に対して動き出す条件を求めよ.

(2) 動き出し以降の運動方程式を書き下せ.

(3) 次に,水平面と物体 1 の間に静止摩擦係数 μ_s',動摩擦係数 μ_k' がある場合を考える.物体 1 を力 F_2 で引いたとき,物体 2 が物体 1 に対して動き出す条件を求めよ.

2.4.3 図 2.26 に示すように，水平面から角度 θ の方向に大きさ F の力を加えて質量 M の板が垂直な壁から落ちるのを防ごうとしている．板と壁の間の静止摩擦係数を μ_{s} とし，以下の問に答えよ．

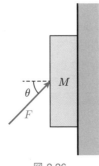

図 2.26

(1) 板が静止しているときの力の大きさ F の最小値，およびその角度 θ を求めよ．

(2) 板を静止させられる角度 θ の範囲を求めよ．

2.5 振 動
──ばねや振り子と単振動の関係──

Contents

Subsection ❶ 復元力（フックの法則）
Subsection ❷ 単振り子

キーポイント

振動現象は自然界によく見られる現象の 1 つである．ここでは，その基礎現象としてフックの法則に従うばねにつながれている質点と振り子の運動を考えよう．

❶復元力（フックの法則）

図 2.27 のように，ばね定数 k のばねにつながれた質点の運動を考えます．ばねの他端は固定された壁につながれています．ばねに沿って x 軸を定め，ばねの固定端の x 座標を 0 とします．ばねが自然長のときの質点の座標を x_0 とすると，質点が x の位置にあるときのばねの伸びは $x - x_0$ であるため，次の力が質点に働きます．

$$F = -k(x - x_0) \tag{2.27}$$

$x - x_0$ を質点の自然長からの**変位**と呼び，変位を減らそうとする向きに働く力を**復元力**と呼びます．また，(2.27) は**フックの法則**と呼ばれています．質点の質量を m とすると，質点の運動方程式は

$$m\frac{d^2x}{dt^2} = -k(x - x_0) \tag{2.28}$$

となり，解は

$$x(t) - x_0 = A \cos\left(\sqrt{\frac{k}{m}}\, t + \alpha\right) \tag{2.29}$$

の単振動となります．ここで，A は振幅，α は位相定数です．また，振動の周期は

$$T = 2\pi\sqrt{\frac{m}{k}} \tag{2.30}$$

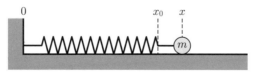

図 2.27　ばねの単振動

❷単振り子

私たちが見慣れた振動の 1 つに振り子があります．図 2.28 のように質量 m の質点が，他端を固定された長さ l の紐につながれた振り子があります．重力加速度を g とすると，糸と垂直方向の重力の成分は

$$F = -mg\sin\theta \tag{2.31}$$

となります．方位方向の運動方程式は

$$ml\frac{d^2\theta}{dt^2} = -mg\sin\theta \tag{2.32}$$

となり，振り子の揺れ角が小さいとき，$\sin\theta \simeq \theta$ と近似できるので，解は

$$\theta = \theta_0\cos\left(\sqrt{\frac{g}{l}}\,t + \alpha\right) \tag{2.33}$$

の単振動となります．ここで，θ_0 は最大振れ角，α は位相定数です．また，振動の周期は

$$T = 2\pi\sqrt{\frac{l}{g}} \tag{2.34}$$

となります．

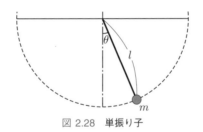

図 2.28　単振り子

基本問題 2.17 ─────────────────────── (単振動) 重要

滑らかな水平面上に置かれた質量 m の物体に，ばね定数 k の弦巻きばねがつながっており，ばねの他端が固定されている状況での運動を考える．物体には下向きに大きさ mg の重力も働いているが面からの垂直抗力と釣り合っており考えなくて良い．このとき，以下の問に答えよ．

(1) 物体の変位を $x(t) - x_0$ と与えるとき，運動方程式を求め，その後の運動はどのようなものか述べよ．

(2) 初期条件として，時刻 $t = 0$ において，物体を $x(0) = a$ の位置から静かに放した（初速度 0）とき，(1) で求めた運動方程式の一般解はどのようになるか求めよ．

> **方針**　ばねの振動は 1 次元の運動として運動方程式を立てよう.

【答案】　(1)　初速度に x 成分しかないので, その後の運動も x 軸上にあるため, x 成分に関しての 1 次元の運動方程式

$$m\frac{d^2x(t)}{dt^2} = -k\left(x(t) - x_0\right)$$

を解けば良い. 今, 変位を表す変数 $r(t)$ を

$$r(t) = x(t) - x_0$$

と導入すると,

$$\frac{d^2r(t)}{dt^2} = -\frac{k}{m}r(t)$$

であり, これの一般解は

$$r(t) = A\sin\omega t + B\cos\omega t$$

である. ここで, A, B は任意の定数, $\omega = \sqrt{\frac{k}{m}}$ である. よって,

$$x(t) = A\sin\omega t + B\cos\omega t + x_0$$

が求まり, この物体は $x = x_0$ を中心とした単振動をする.

(2)　初期条件は,

$$x(0) = a, \quad v(0) = \left.\frac{dx(t)}{dt}\right|_{t=0} = 0$$

であるので,

$$A = 0, \quad B = a - x_0$$

である. よって解は

$$x(t) = (a - x_0)\cos\omega t + x_0$$

となる. つまり, この物体は, 振幅 $a - x_0$, 角振動数 $\omega = \sqrt{\frac{k}{m}}$ (振動数 $\nu = \frac{1}{2\pi}\sqrt{\frac{k}{m}}$), 周期 $T = 2\pi\sqrt{\frac{m}{k}}$ の単振動をする. ∎

▌ポイント▌　(1)　単振動の微分方程式は振り子の微小振動 (基本問題 2.18) など様々な系で現れます. 単振動の一般解は

$$x(t) = A\sin\omega t + B\cos\omega t$$
$$x(t) = C\cos(\omega t + \delta)$$
$$x(t) = c_1 e^{i\omega t} + c_2 e^{-i\omega t}$$

のような形に書くことができます.

🔵本問題2.18 ━━━━━━━━━━━━━━━ （単振り子）重要 ━━

　長さ L のひもに質量 m のおもりをくくり付け，水平軸につるした．この振り子
をひもが緩まないように微小な角度 θ_0 だけ傾けて時刻 $t = 0$ で静かに放した．

(1)　振れ角を θ で表すとき，おもりの運動方程式を書き下せ．

(2)　θ が微小な角であるとき，運動方程式を解いておもりがどのような運動をする
　　か調べよ．

(3)　おもりの周期 T を，角振動数 ω を用いて表せ．

━━

方針　極座標を用いて θ に関する運動方程式を立てよう．

【答案】　(1)　極座標を用いれば質点の加速度は $L\dfrac{d^2\theta}{dt^2}$ と書ける．したがって，運動方程式は次
のようになる．

$$mL\frac{d^2\theta}{dt^2} = -mg\sin\theta$$

(2)　θ が微小角のとき，$\sin\theta \simeq \theta$ と近似できる．このとき，運動方程式は

$$mL\frac{d^2\theta}{dt^2} = -mg\theta$$

$$\therefore\quad \frac{d^2\theta}{dt^2} = -\frac{g}{L}\theta$$

となり，これは単振動の運動方程式そのものである．したがって，一般解は

$$\theta(t) = A\sin\omega t + B\cos\omega t$$

となる．ここで，A, B は任意の定数，角振動数は $\omega = \sqrt{\dfrac{g}{L}}$ である．初期条件は

$$\theta(0) = \theta_0, \quad \frac{d\theta}{dt}(0) = 0$$

なので，$A = 0, B = \theta_0$ となる．以上より，おもりの運動は

$$\theta(t) = \theta_0\cos\omega t$$

に従う単振動となる．

(3)　周期 T において，$\omega T = 2\pi$ が成り立つので

$$T = \frac{2\pi}{\omega}$$

となる．今回の単振り子では

$$T = 2\pi\sqrt{\frac{L}{g}}$$

が成り立つ．■

演 習 問 題

A

2.5.1 質量 m の質点を，一端を壁に固定したばね定数 k のばねに取り付け，水平面上に置く．今，自然長から長さ x_0 だけ質点を手で引き，時刻 $t = 0$ に静かに手を放した．このとき，質点には床からの摩擦力 $-\beta \frac{dx}{dt}$（$\beta > 0$）が働いているものとする．ばねの自然長の位置を原点とした 1 次元座標系を考え，以下の問に答えよ．ただし，$\omega_0^2 = \frac{k}{m}, \gamma = \frac{\beta}{2m}$ とする．

(1) 運動方程式を書き下せ．

(2) (a) $\gamma < \omega_0$，(b) $\gamma > \omega_0$，(c) $\gamma = \omega_0$ のそれぞれのとき，時刻 t での質点の位置について，一般解を求めよ．

(3) (2) で求めた解について，グラフの概略を描け．

2.5.2 質量 m の質点を，一端を壁に固定したばね定数 k のばねに取り付け，水平面上に置く．今，質点が摩擦力 $-\beta \dot{x}$（$\beta > 0$）を受けて振動する減衰振動を考える．ばねの自然長の位置を原点とした 1 次元座標系 x に対し，$\omega_0^2 = \frac{k}{m}, \gamma = \frac{\beta}{2m}$ としたとき，$\gamma < \omega_0$ の場合の実数一般解は

$$x(t) = Ae^{-\gamma t}\cos\left(\sqrt{\omega_0^2 - \gamma^2}\, t + \varphi\right)$$

となる．これを用いて以下の問に答えよ．

(1) $\dot{x}(t_0) = 0$ となるとき，

$$\tan(\Omega t_0 + \varphi) = -\frac{\gamma}{\Omega}$$

となることを示せ．ただし，$\Omega = \sqrt{\omega_0^2 - \gamma^2}$ とおいた．

(2) $\dot{x} = 0$ を満たす時刻を $t_0 = 0$ から順に $t_0 < t_1 < t_2 < \cdots$ とすると，

$$t_{n+1} - t_n = \frac{\pi}{\Omega}$$

となることを示せ．

(3) $x_n \equiv x(t_n)$ としたとき，

$$\frac{x_{n+1}}{x_n} = -e^{-\frac{\pi\gamma}{\Omega}}$$

となることを示せ．

(4) このとき

$$-\frac{2\pi\gamma}{\Omega} = 2\ln\left|\frac{x_{n+1}}{x_n}\right|$$

が成り立つことを示せ．これを**対数減衰度**という．

━━━ **B** ━━━

2.5.3 質量 m の質点を，一端を壁に固定したばね定数 k のばねに取り付け，水平面上に置く．今，自然長から長さ x_0 だけ質点を手で引き，時刻 $t = 0$ に静かに手を放した．このとき，質点には床からの摩擦力 $-\beta \frac{dx}{dt}$ $(\beta > 0)$ が働いており，そこに外力 $f_0 \cos \omega t$ を加えた系を考える．$\omega_0^2 = \frac{k}{m}, \gamma = \frac{\beta}{2m}, f = \frac{f_0}{m}$ として，以下の問に答えよ．

(1) 運動方程式を書き下せ．

(2) (1) の運動方程式の特解が $x(t) = C \cos(\omega t - \varphi)$ の形で書けると予想する．運動方程式に代入し，定数 C, φ を求めよ．

(3) $\gamma < \omega_0$ として，(1) の運動方程式の一般解を求めよ．

(4) 摩擦力がない場合 $(\beta = 0)$ を考える．初期条件を $x(0) = 0, \frac{dx}{dt}(0) = 0$ としたとき，$\omega \to \omega_0$ の極限で質点の運動はどうなるか．グラフの概略を描け．

2.5.4 大きなバケツに密度 ρ の水を張り，図 2.29 のように質量 m，底面積 S，高さ $2l$ で密度一定の円筒を部分的に沈めた．鉛直下向き方向を z 軸の正方向にとり，$z = 0$ の水の高さにあわせる．円筒の重心座標を z とし，$z = 0$ で円筒を静かに置くと，円筒は動かなくなった．なお，以下では円筒は傾かないとし，空気抵抗や水位の変化は考えないとせよ．

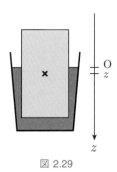

図 2.29

(1) 円筒の力の釣合いの式を書き下せ．

(2) $z = 0$ の点から微小長さ L だけ円筒を沈めて静かに手を放した．円筒の重心が単振動を行うことを示し，振動数 ω_0 を求めよ．

(3) (2) において強制力 $f(t) = f_0 \sin \omega t$ が働くとき，運動方程式の特解を求めよ．

(4) (3) のとき，円筒の重心の運動を求めよ．

第3章 保 存 則

　この章では，運動量，角運動量，エネルギーを定義し，それらの保存則がニュートンの運動方程式から導かれることを示します．

3.1　運動量，角運動量，エネルギーの保存則と仕事
　　　──ニュートンの運動方程式と運動量，力のモーメントと
　　　　角運動量，エネルギーと仕事の関係──

Contents

Subsection ❶ 運動量保存則
Subsection ❷ 力積
Subsection ❸ ベクトルのモーメント
Subsection ❹ 角運動量保存則
Subsection ❺ 運動エネルギーと仕事
Subsection ❻ 保存力，位置エネルギー
Subsection ❼ 力学的エネルギー保存則

キーポイント

　ニュートンの運動の第2法則を積分することにより，運動量と力積の関係が得られる．また，力のモーメントを積分することにより，角運動の変化量が得られる．エネルギーの概念を理解するために，力学におけるエネルギーがどのようなものであるかを見る．特に重要なのがエネルギーの変換であり，様々な形を持つエネルギーの変換法則を用いて，エネルギー保存の法則を理解しよう．

❶運動量保存則

　運動の第2法則は，運動量

$$p \equiv mv \tag{3.1}$$

を定義して

$$\frac{dp}{dt} = f \tag{3.2}$$

が成り立つことを意味します．$f = 0$ である場合，p は一定のベクトルとなります．すな

わち，力が働かないときは運動量は一定に保たれます．これを**運動量保存則**と呼びます．このときには，質点は等速直線運動を行います．

❷力積

(3.2) を時刻 t_i から t_f まで積分すると

$$p(t_f) - p(t_i) = \int_{t_i}^{t_f} f(t)\, dt \tag{3.3}$$

となります．右辺のベクトル量を**力積**と呼びます．(3.3) は "ある時間内での運動量の変化は，その時間内に作用した力積に等しい"ということを意味しています．

❸ベクトルのモーメント

点 O から r だけ離れた位置にベクトル A があるとき，A の点 O に関する（O まわりの）**モーメント M** を次の式で定義します．

$$M \equiv r \times A \tag{3.4}$$

同一のベクトル A であっても，基準点の選び方によって各々のモーメントは異なるため，どの点に関するモーメントを考えているのかは常に明確にする必要があります．

❹角運動量保存則

運動量のモーメントのことを特に**角運動量**と呼びます．質点の運動量を p，原点に関する角運動量を l とすれば，

$$l = r \times p = r \times m\frac{dr}{dt} \tag{3.5}$$

となります．その時間変化率は

$$\frac{dl}{dt} = \frac{d}{dt}(r \times p) = \frac{dr}{dt} \times p + r \times \frac{dp}{dt} \tag{3.6}$$

となります．$\frac{dr}{dt}$ と p は平行なベクトルであるから，右辺第1項は 0 となります．したがって，

$$\frac{dl}{dt} = r \times f \tag{3.7}$$

が成り立ちます．(3.7) の右辺は**力のモーメント**ですから，質点の角運動量の時間変化率は力のモーメントに等しくなります．特に力のモーメントが 0 に等しいときには（力の和が 0 でなくても）角運動量は一定に保たれます．これを**角運動量保存則**と呼びます．例えば，中心力の場合 $f = f(r)e_r$ と書けるので，(3.7) は 0 になり，角運動量は保存されます．原点に関する角運動量を極座標で表すと

$$l = m\{re_r \times (\dot{r}e_r + r\dot{\theta}e_\theta)\} = mr^2\dot{\theta}(e_r \times e_\theta) \tag{3.8}$$

となり，角運動量が保存することは，向き $e_r \times e_\theta$ も大きさ $mr^2\dot{\theta}$ も，それぞれ一定であることを意味します．

❺運動エネルギーと仕事

力 $\boldsymbol{f}$ の下で運動する質量 m の質点の速度を $\boldsymbol{v}$ とすると，質点の運動は (3.1) から運動方程式

$$m\frac{d\boldsymbol{v}}{dt} = \boldsymbol{f} \tag{3.9}$$

になります．方程式 (3.9) に従う質点の軌道を考えると，点 $\boldsymbol{r}_1$（時刻 t_1，速度 $\boldsymbol{v}_1$）から点 $\boldsymbol{r}_2$（時刻 t_2，速度 $\boldsymbol{v}_2$）まで移動するとき，

$$\begin{aligned}
\int_{\boldsymbol{r}_1}^{\boldsymbol{r}_2} m\frac{d\boldsymbol{v}}{dt} \cdot d\boldsymbol{r} &= m\int_{t_1}^{t_2} \frac{d\boldsymbol{v}}{dt} \cdot \boldsymbol{v}\, dt \\
&= \frac{m}{2}\int_{t_1}^{t_2} \frac{d}{dt}\left(\boldsymbol{v}^2\right) dt \\
&= \frac{m}{2}v_2^2 - \frac{m}{2}v_1^2
\end{aligned} \tag{3.10}$$

となります．これより，

$$K_2 - K_1 = W \quad \left(\because \quad K = \frac{1}{2}mv^2, W = \int_{\boldsymbol{r}_1}^{\boldsymbol{r}_2} \boldsymbol{f} \cdot d\boldsymbol{r}\right) \tag{3.11}$$

であり K を質点の**運動エネルギー**と呼びます．また W は質点が $\boldsymbol{r}_1$ から $\boldsymbol{r}_2$ まで運動する間に力 $\boldsymbol{f}$ が質点にした**仕事**と呼ばれます．(3.11) は，質点が仕事 W をされた結果，その質点の運動エネルギーが K_1 から K_2 まで変化したことを表しています．

❻保存力，位置エネルギー

質点に働く力 $\boldsymbol{f}$ がデカルト座標系で

$$\boldsymbol{f} = -\mathrm{grad}\, U \equiv \left(-\frac{\partial U}{\partial x}, -\frac{\partial U}{\partial y}, -\frac{\partial U}{\partial z}\right) \tag{3.12}$$

と表されるとき，$\boldsymbol{f}$ を**保存力**と呼び，U をその**ポテンシャル**と呼びます．このとき，質点は**ポテンシャルエネルギー**（または**位置エネルギー**）U を持つといいます．例えば，一様な重力場のポテンシャルは，重力加速度を g とし，重力の方向を $-y$ 軸方向にとると，質量 m の質点に対して $U = mgy$ と表され，ばね定数 k のばねの力によるポテンシャルは運動方向を x 軸方向として，$f_x = -kx$ から $U = \frac{1}{2}kx^2$ となります．

力がポテンシャル U で表されるとき，

$$f_x = -\frac{\partial U}{\partial x}, \quad f_y = -\frac{\partial U}{\partial y}, \quad f_z = -\frac{\partial U}{\partial z} \tag{3.13}$$

であるから，

$$\frac{\partial f_y}{\partial z} = \frac{\partial f_z}{\partial y}, \quad \frac{\partial f_z}{\partial x} = \frac{\partial f_x}{\partial z}, \quad \frac{\partial f_x}{\partial y} = \frac{\partial f_y}{\partial x} \tag{3.14}$$

という条件を満足しなければなりません．また，この条件を満たしていれば力が保存力となります．

❼力学的エネルギー保存則

力 $\boldsymbol{f}$ が保存力であるときには，(3.11) の仕事 W は

$$
\begin{aligned}
W &= \int_{\boldsymbol{r}_1}^{\boldsymbol{r}_2} \boldsymbol{f} \cdot d\boldsymbol{r} \\
&= -\int_{\boldsymbol{r}_1}^{\boldsymbol{r}_2} \left(\frac{\partial U}{\partial x} dx + \frac{\partial U}{\partial y} dy + \frac{\partial U}{\partial z} dz \right) \\
&= -\int_{U(\boldsymbol{r}_1)}^{U(\boldsymbol{r}_2)} dU \\
&= U(\boldsymbol{r}_1) - U(\boldsymbol{r}_2)
\end{aligned}
\tag{3.15}
$$

となり，W は質点の軌道によらないことがわかります．また (3.11) は，

$$
K_1 + U_1 = K_2 + U_2 = E \quad (= \text{一定}) \tag{3.16}
$$

と書くことができ，質点の持つ運動エネルギー K と位置エネルギー U の和 E（全エネルギー）は保存されます．これを**力学的エネルギー保存則**と呼びます．力学的エネルギー保存則は，

$$
\begin{aligned}
&\frac{1}{2} mv^2 + U = E \\
&v = |\boldsymbol{v}| = \left| \frac{d\boldsymbol{r}}{dt} \right|
\end{aligned}
\tag{3.17}
$$

と表され，これは運動方程式を時間で 1 回積分したものであり，$\boldsymbol{r}$ に対する時間 t の 1 階微分方程式となります．それ故，力学的エネルギー保存則を直接用いると簡単に運動を決定できる場合が多くあります．例えば，重力方向を $-y$ 軸方向として一様な重力場中で高さ h から質量 m の質点を落下させる状況を考え，高さ y の点での質点の速さ v を求める場合，力学的エネルギー保存則から，

$$
\frac{1}{2} mv^2 + mgy = mgh
$$

となり，

$$
v = \sqrt{2g(h - y)}
$$

を得ることができます．

━━ ⓤ**本問題 3.1** ━━━━━━━━━━━━━━（**運動量保存則**）〔重要〕━━

　滑らかな床の上を速さ v で滑っている箱に垂直（鉛直）に雨が降り注ぐ．箱の質量を M，たまった水の質量を m として，雨が降り注いだ後の箱の速さを求めよ．

〔**方針**〕　雨が降り注ぐ前後で運動量保存則を用います．

【答案】雨が降り注いだ後の箱の速さを v' とする．雨が降り注ぐ前後で運動量保存則を用いると

$$Mv = (M + m)v'$$

となるので

$$v' = \frac{M}{M + m}v \quad ■$$

━━ ⓤ**本問題 3.2** ━━━━━━━━━━━（**力のモーメント・角運動量**）〔重要〕━━

　質量 m の質点が力 $\boldsymbol{F}$ を受けて運動している．質点の位置 $\boldsymbol{r}$ と運動量 $\boldsymbol{p}$ のベクトル積 $\boldsymbol{L} = \boldsymbol{r} \times \boldsymbol{p}$ について，以下の問に答えよ．
(1)　質点の運動方程式を書き下せ．
(2)　力のモーメント $\boldsymbol{N} = \boldsymbol{r} \times \boldsymbol{F}$ に対して次の式が成り立つことを示せ．

$$\frac{d\boldsymbol{L}}{dt} = \boldsymbol{N}$$

(3)　$\boldsymbol{L}$ は角運動量と呼ばれる物理量である．角運動量はどのようなときに保存するのか説明せよ．

〔**方針**〕　角運動量の性質を外積の計算から理解します．

【答案】　(1)　運動方程式は次のようになる．

$$m\frac{d^2\boldsymbol{r}}{dt^2} = \boldsymbol{F}$$

運動量 $\boldsymbol{p}$ を用いることで次のように書くこともできる．

$$\frac{d\boldsymbol{p}}{dt} = \boldsymbol{F}$$

(2)　$\boldsymbol{L}$ の微分を計算する．$\frac{d\boldsymbol{r}}{dt} \times \boldsymbol{p} = \boldsymbol{0}$ であることに注意して

$$\frac{d\boldsymbol{L}}{dt} = \frac{d}{dt}(\boldsymbol{r} \times \boldsymbol{p}) = \frac{d\boldsymbol{r}}{dt} \times \boldsymbol{p} + \boldsymbol{r} \times \frac{d\boldsymbol{p}}{dt} = \boldsymbol{r} \times \boldsymbol{F} = \boldsymbol{N}$$

以上より，示せた．

(3)　$\boldsymbol{N} = \boldsymbol{0}$ のとき，角運動量 $\boldsymbol{L}$ は保存する．このような状態になるのは，質点に外力が働いていないとき（$\boldsymbol{F} = \boldsymbol{0}$），外力が原点で働いているとき（$\boldsymbol{r} = \boldsymbol{0}$），そして質点の位置ベクトルと外力ベクトルが平行のときである．■

基本問題 3.3 ━━━━━━━━━━━━━━━━━━━━━ **(保存力)** 重要

xy 平面上で運動する質点に働く力 $\boldsymbol{F}$ の 2 次元デカルト座標系成分がそれぞれ

$$F_x = 2axy, \quad F_y = ax^2, \quad (a：定数)$$

とする．$\boldsymbol{F}$ が保存力であることを示し，力のポテンシャルを求めよ．

方針 保存力ならば $\dfrac{\partial F_x}{\partial y} = \dfrac{\partial F_y}{\partial x}$ が成立することを利用します．

【答案】 $\boldsymbol{F}$ について，

$$\frac{\partial F_x}{\partial y} = 2ax$$

$$\frac{\partial F_y}{\partial x} = 2ax$$

なので，$\boldsymbol{F}$ は保存力である．よって力のポテンシャルを U とすると，

$$F_x = -\frac{\partial U}{\partial x} = 2axy \tag{3.18}$$

$$F_y = -\frac{\partial U}{\partial y} = ax^2 \tag{3.19}$$

であるので，(3.18) を解くと，

$$U = -ax^2 y + f(y), \quad (f(y) は y の任意関数)$$

である．よって (3.19) から，

$$\frac{\partial f(y)}{\partial y} = 0$$

$$\therefore \quad f(y) = 一定$$

が求まり，力のポテンシャルは

$$U = -ax^2 y + 一定$$

である．∎

基本問題 3.4 ―――――――――――――――――――――――**（仕事と経路 1）**

質点に働く外力を $\boldsymbol{F}$ としたとき，仕事 W は

$$W = \int_C \boldsymbol{F} \cdot d\boldsymbol{r}, \quad （C：質点の経路）$$

として定義される．この式から仕事の単位を国際単位系（SI）で導け．

方針　力の単位と変位ベクトルの単位より仕事の単位を求めます．

【答案】　運動方程式

$$m\boldsymbol{a} = \boldsymbol{F}$$

より，力 $\boldsymbol{F}$ の単位は $\mathrm{kg \cdot m/s^2}$．積分の微小ベクトル $d\boldsymbol{r}$ は変位ベクトルであるから単位は m．したがって，仕事 W の単位は $\mathrm{kg \cdot m^2/s^2}$ であることがわかる．■

コラム　国際単位系（**SI**）

　国際単位系（**SI**）は国際的に統一された単位系として，世界で使われています．この単位系は 7 つの基本単位から構成されており，物理量の単位はそれらの組み立て単位として表されます．ここでは，7 つの基本単位を表にまとめておきます．

表 3.1　国際単位系（SI）の 7 つの基本単位

長さ	m	メートル
質量	kg	キログラム
時間	s	秒
温度	K	ケルビン
電流	A	アンペア
光度	cd	カンデラ
物質量	mol	モル

基本問題 3.5 ━━━━━━━━━━━━━━━━ （仕事と経路 2）━

(1) 質量 m の質点を xy 平面上で原点から点 B: (x_0, y_0) まで移動させる．このとき途中の経路として，図 3.1 のように経路 1: O → A → B と経路 2: O → B を通る場合をそれぞれ考え，$-y$ 軸方向に働く重力が質点にする仕事を求めよ．

(2) 仕事が途中の経路によらず，始点 r_i と終点 r_f のみによって決まるような力を保存力という．力 $\boldsymbol{F}(\boldsymbol{r})$ が保存力となる条件を求めよ．

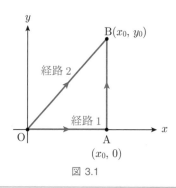

図 3.1

方針 力の単位と変位ベクトルの単位より仕事の単位を求めます．

【答案】 (1) 経路 1 のとき，重力のする仕事は次のように計算できる．

$$W_1 = \int_{O \to A} (-mg)\boldsymbol{e}_y \cdot d\boldsymbol{r} + \int_{A \to B} (-mg)\boldsymbol{e}_y \cdot d\boldsymbol{r}$$

$$= \int_0^{x_0} 0\, dx + \int_0^{y_0} (-mg)\, dy$$

$$= -mgy_0$$

また，経路 2 のとき，重力のする仕事は次のように計算できる．

$$W_2 = \int_{O \to B} (-mg)\boldsymbol{e}_y \cdot d\boldsymbol{r}$$

$$= \int_{O \to B} \{0\, dx + (-mg)\, dy\}$$

$$= \int_0^{y_0} (-mg)\, dy$$

$$= -mgy_0$$

したがって，経路 1 と 2 で重力のする仕事は変わらない．

(2) 同一の始点・終点を持つ任意の 2 つの経路 C_1, C_2 を考える. 力 $\boldsymbol{F}$ が保存力である場合,

$$\int_{\boldsymbol{r}_1 \to \boldsymbol{r}_2 (C_1)} \boldsymbol{F} \cdot d\boldsymbol{r} = \int_{\boldsymbol{r}_1 \to \boldsymbol{r}_2 (C_2)} \boldsymbol{F} \cdot d\boldsymbol{r}$$

が成り立つ. このとき, $\boldsymbol{r}_1$ から C_1 を通って $\boldsymbol{r}_2$ に行き, そこから C_2 を逆走して $\boldsymbol{r}_1$ に戻るような閉経路 C を考える. すると

$$\int_{\boldsymbol{r}_1 \to \boldsymbol{r}_2 (C_1)} \boldsymbol{F} \cdot d\boldsymbol{r} - \int_{\boldsymbol{r}_1 \to \boldsymbol{r}_2 (C_2)} \boldsymbol{F} \cdot d\boldsymbol{r} = 0$$

$$\therefore \int_{\boldsymbol{r}_1 \to \boldsymbol{r}_2 (C_1)} \boldsymbol{F} \cdot d\boldsymbol{r} + \int_{\boldsymbol{r}_2 \to \boldsymbol{r}_1 (C_2)} \boldsymbol{F} \cdot d\boldsymbol{r} = 0$$

$$\therefore \int_C \boldsymbol{F} \cdot d\boldsymbol{r} = 0$$

と変形できる. ここで, ストークスの定理より, 閉経路 C を境界とする面領域を S とすると

$$\iint_S \nabla \times \boldsymbol{F} \cdot d\boldsymbol{S} = \int_C \boldsymbol{F} \cdot d\boldsymbol{r} = 0$$

が成り立つ. この積分が任意の閉経路に対して恒等的に成り立つためには

$$\nabla \times \boldsymbol{F} = \boldsymbol{0}$$

が必要なので, これが力 $\boldsymbol{F}(\boldsymbol{r})$ が保存力となるための条件となる. ∎

▌ **ポイント** ▌ (2) ストークスの定理とは,「閉経路 C を境界とする面領域を S とすると, ベクトル場 $\boldsymbol{A}$ の回転の S における面積分と $\boldsymbol{A}$ の C における線積分の間に

$$\iint_S \nabla \times \boldsymbol{A} \cdot d\boldsymbol{S} = \oint_C \boldsymbol{A} \cdot d\boldsymbol{r}$$

の関係が成り立つ」という定理です. 詳しくは「演習しよう物理数学」を参照してください.

基本問題 3.6 ━━━━━━━━━━━（力学的エネルギー保存則）　重要

　質点に，位置だけに依存する力 $\boldsymbol{F}(\boldsymbol{r})$ が働いている．この質点を時刻 t_i から t_f の間に任意の経路 C を通って点 $\boldsymbol{r}_\mathrm{i}$ から点 $\boldsymbol{r}_\mathrm{f}$ まで移動させるとき，以下の問に答えよ．

(1)　この間に力 $\boldsymbol{F}(\boldsymbol{r})$ が質点にした仕事 W を求めよ．

(2)　運動方程式

$$m\dot{\boldsymbol{v}} = \boldsymbol{F}(\boldsymbol{r})$$

を用いて，時刻 t_i と t_f の間での質点の運動エネルギーの変化が仕事 W と等しいことを示せ．

(3)　力 $\boldsymbol{F}(\boldsymbol{r})$ が保存力であるとする．この力 $\boldsymbol{F}(\boldsymbol{r})$ をポテンシャル $U(\boldsymbol{r})$ を用いて表せ．

(4)　力 $\boldsymbol{F}(\boldsymbol{r})$ が保存力の場合，力学的エネルギーが保存することを示せ．

　方針　保存力の仕事が始点と終点だけで決まることを利用して，ポテンシャルを定義します．

【答案】　(1)　力 $\boldsymbol{F}$ が質点にした仕事 W は次のようになる．

$$W = \int_{\boldsymbol{r}_\mathrm{i}}^{\boldsymbol{r}_\mathrm{f}} \boldsymbol{F} \cdot d\boldsymbol{r}$$

(2)　運動エネルギーは $\frac{1}{2}mv^2$ と定義される．

$$\begin{aligned}
\frac{1}{2}mv^2(t_\mathrm{f}) - \frac{1}{2}mv^2(t_\mathrm{i}) &= \frac{m}{2}\int_{v^2(t_\mathrm{i})}^{v^2(t_\mathrm{f})} dv^2 \\
&= m\int_{\boldsymbol{v}(t_\mathrm{i})}^{\boldsymbol{v}(t_\mathrm{f})} \boldsymbol{v} \cdot d\boldsymbol{v} \\
&= \int_{t_\mathrm{i}}^{t_\mathrm{f}} m\frac{d\boldsymbol{r}}{dt} \cdot \frac{d\boldsymbol{v}}{dt}\, dt \\
&= \int_{\boldsymbol{r}_\mathrm{i}}^{\boldsymbol{r}_\mathrm{f}} m\frac{d\boldsymbol{v}}{dt} \cdot d\boldsymbol{r} \\
&= \int_{\boldsymbol{r}_\mathrm{i}}^{\boldsymbol{r}_\mathrm{f}} \boldsymbol{F} \cdot d\boldsymbol{r} \\
&= W
\end{aligned}$$

以上より，示せた．

(3)　$\boldsymbol{F}$ が保存力であるとき，その仕事 W は経路によらず始点と終点のみで決まる．このとき，ポテンシャル $U(\boldsymbol{r})$ は次のように定義される．

$$\begin{aligned}
U(\boldsymbol{r}_\mathrm{f}) - U(\boldsymbol{r}_\mathrm{i}) &= -W \\
&= -\int_{\boldsymbol{r}_\mathrm{i}}^{\boldsymbol{r}_\mathrm{f}} \boldsymbol{F} \cdot d\boldsymbol{r}
\end{aligned}$$

一方，数学的に次の計算が成り立つ.

$$U(\boldsymbol{r}_{\mathrm{f}}) - U(\boldsymbol{r}_{\mathrm{i}}) = \int_{\boldsymbol{r}_{\mathrm{i}}}^{\boldsymbol{r}_{\mathrm{f}}} dU$$

$$= \int_{\boldsymbol{r}_{\mathrm{i}}}^{\boldsymbol{r}_{\mathrm{f}}} \nabla U \cdot d\boldsymbol{r}$$

以上 2 つの等式が恒等的に成り立つことから，保存力 $\boldsymbol{F}$ とポテンシャル U について関係式

$$\boldsymbol{F} = -\nabla U$$

が成り立つ.

(4) ここまでの議論から

$$\frac{1}{2}mv^2(t_{\mathrm{f}}) - \frac{1}{2}mv^2(t_{\mathrm{i}}) = W$$

$$= -\{U(\boldsymbol{r}_{\mathrm{f}}) - U(\boldsymbol{r}_{\mathrm{i}})\}$$

が成り立つ. これを整理すると

$$\frac{1}{2}mv^2(t_{\mathrm{f}}) + U(\boldsymbol{r}_{\mathrm{f}}) = \frac{1}{2}mv^2(t_{\mathrm{i}}) + U(\boldsymbol{r}_{\mathrm{i}})$$

したがって，力学的エネルギー

$$\frac{1}{2}mv^2 + U$$

が保存することを示せた. ∎

基本問題 3.7   **（鉛直ばねとエネルギー）** **重要**

　　ばね定数 k のばねを垂直につるし，自然長の位置を原点として，鉛直下向きを x 軸にとる．今，質量 m の質点を垂直につるしたばねの先につなげた．質点をばねの自然長の位置から x_0 だけ下に引き，静かに手を放したとき，次の問に答えよ．

(1)　質点の位置 x を用いて位置エネルギー $U(x)$ を求めよ．

(2)　力学的エネルギー保存則を用いて質点の最大振幅を求めよ．

(3)　質点の速さが最大になった瞬間に質点の動きを手で止めた．手が質点にした仕事を求めよ．

方針　質点にはばねの弾性力だけでなく，重力も働いていることに注意します．

【答案】　(1)　鉛直下向きを正としているので，質点に働く力 F は

$$F(x) = mg - kx$$

と表すことができる．したがって，原点を基準としたときの位置エネルギー $U(x)$ は

$$U(x) = -\int_0^x F(x')\,dx'$$
$$= \frac{1}{2}kx^2 - mgx$$

となる．この式を整理すると位置エネルギーは

$$U(x) = \frac{1}{2}k\left(x - \frac{mg}{k}\right)^2 - \frac{(mg)^2}{2k}$$

と書けるので，質点は $x = \dfrac{mg}{k}$ を中心に単振動していることがわかる．

　　(2)　初期条件は $x = x_0, v = 0$ なので，力学的エネルギー保存則

$$\frac{1}{2}mv^2 + \frac{1}{2}kx^2 - mgx = \frac{1}{2}kx_0^2 - mgx_0$$

が成り立つ．質点の最大振幅を求めるためには，$v = 0$ のときの質点の位置を求めれば良い．力学的エネルギー保存則の式に $v = 0$ を代入し整理すると

$$(x - x_0)\left\{x - \left(-x_0 + \frac{2mg}{k}\right)\right\} = 0$$

つまり，質点は $x = \dfrac{mg}{k}$ を中心に $x = x_0$ から $x = -x_0 + \dfrac{2mg}{k}$ の間を単振動しているので，振動の最大振幅は

$$\left|x_0 - \frac{mg}{k}\right|$$

と表すことができる．

(3) 質点の速さは振動の中心 $x = \dfrac{mg}{k}$ で最大値となり，そのとき位置エネルギーは

$$U(x) = -\frac{(mg)^2}{2k}$$

となる．つまり，力学的エネルギー保存則より，そのときの速さを $v_{\max}$ とすれば

$$\frac{1}{2}mv_{\max}^2 - \frac{(mg)^2}{2k} = \frac{1}{2}kx_0^2 - mgx_0$$

$$\therefore \quad \frac{1}{2}mv_{\max}^2 = \frac{1}{2}kx_0^2 - mgx_0 + \frac{(mg)^2}{2k}$$

の運動エネルギーを質点は持っている．この質点を手で止めた，すなわち運動エネルギーを 0 にするような仕事を手は行ったので，手が質点にした仕事 W は

$$W = -\frac{1}{2}kx_0^2 + mgx_0 - \frac{(mg)^2}{2k}$$

となる．■

▌ **ポイント** ▌ ばねのように $-x$ の復元力が働く系において，復元力以外に一定の力 mg が加わった場合，図 3.2 に示すようにばね定数 k のばねの放物線型の位置エネルギー kx^2 に破線の部分の $-mgx$ の位置エネルギーが加わることになります．その結果，質点は平衡位置が $\dfrac{mg}{k}$ にずれ，ずれた点を基準にして単振動を行うことがわかります．

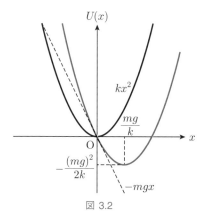

図 3.2

基本問題 3.8 ━━━━━━━━━━━━ （振り子とエネルギー保存則）━

　図 3.3(a) のように，質量も太さも無視できる長さ $2l$ の糸の先に質量 m のおもり（質点 P）を付けた振り子が，固定点 O から鉛直下方向に垂れている．また，O から水平方向に距離 l 離れた位置 O′ には太さの無視できる釘がある．この質点 P に $\overrightarrow{\text{OO}'}$ 方向に速さ v_0 の初速度を与え運動を開始させる．このとき，振り子の糸は釘に引っかかった後もたわまず，質点 P は釘のまわりを円運動し，限界到達点に至ったとする．その運動の軌跡を図 3.3(b) に示す．重力加速度は鉛直下向きに大きさ g とし，空気抵抗や糸に生じる摩擦は考えないものとする．

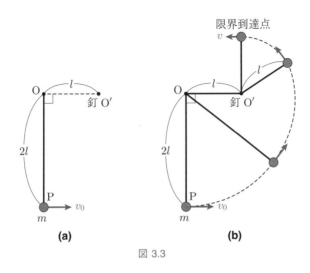

図 3.3

(1)　力学的エネルギー保存則から，限界到達点における質点 P の速さ v を求めよ．

(2)　質点が限界到達点にあるときの糸の張力の大きさ S を求めよ．

(3)　質点が限界到達点に至るために最低限必要な v_0 を g と l を用いて表せ．

（北海道大学）

方針　糸につながれた質点の振動は，張力と力学的エネルギーの保存則を活用します．

【答案】　(1)　限界到達点における質点の速さを v とすると，力学的エネルギー保存則より

$$\frac{1}{2}mv^2 + 3lmg = \frac{1}{2}mv_0^2$$

であるので，

$$v^2 = v_0^2 - 6gl \tag{3.20}$$

となる．したがって

$$v = \sqrt{v_0^2 - 6gl}$$

となる．

(2) 遠心力は $\dfrac{mv^2}{l}$ であるから，張力 S を用いると

$$m\frac{v^2}{l} - mg - S = 0$$

よって

$$S = \frac{m}{l}(v^2 - gl)$$

(3.20) を代入して

$$S = \frac{m}{l}(v_0^2 - 7gl) \tag{3.21}$$

となる．

(3) 質点が限界到達点に至るための初速度が最も小さいとき，限界到達点における糸の張力は 0 であるので，限界到達点では (3.21) より

$$v_0^2 = 7gl$$

となる．したがって

$$v_0 = \sqrt{7gl}$$

となる．■

▌ **ポイント** ▌ (3) 糸につるされた振り子が回転するための条件は糸の張力の大きさが 0 以上になることです．

基本問題 3.9　　　　　　　　　　　　　　　　　　（摩擦力のした仕事）重要

　水平面に対して角度 θ だけ傾いた斜面を考え，斜面に沿って下向きに x 軸をとる．斜面上の原点 O より，質点が斜面に沿って下向きに初速 v_0 で運動を始めた．質点と斜面の間の動摩擦係数を μ として以下の問に答えよ．

(1)　質点が原点 O から斜面に沿って距離 l だけ下る間に，重力と動摩擦力が始点にした仕事をそれぞれ求めよ．

(2)　(1) で距離 l だけ下ったときの質点の運動エネルギーを求めよ．

(3)　質点が止まる条件を求めよ．また，そのときの停止位置を力学的エネルギーと仕事の関係から求めよ．

方針　重力は，質点の進行方向成分のみを考えることで計算が簡単になります．

【答案】　(1)　重力の質点の進行方向成分は $mg\sin\theta$ であるから，重力が質点にする仕事 W_1 は
$$W_1 = mgl\sin\theta$$
となる．また，質点に働く動摩擦力は $-\mu mg\cos\theta$ であるから，動摩擦力が質点にする仕事 W_2 は
$$W_2 = -\mu mgl\cos\theta$$
となる．

(2)　重力の位置エネルギーの基準を原点にとる．初期条件において質点の力学的エネルギーは $\frac{1}{2}mv_0^2$ なので，動摩擦力によって質点がされた仕事が力学的エネルギーの差となることを踏まえれば
$$\left(\frac{1}{2}mv^2 - mgl\sin\theta\right) - \frac{1}{2}mv_0^2 = -\mu mgl\cos\theta$$
したがって，距離 l だけ下ったときの質点の運動エネルギーは
$$\frac{1}{2}mv^2 = \frac{1}{2}mv_0^2 + mgl(\sin\theta - \mu\cos\theta)$$

(3)　質点がされる仕事が負になるとき，質点は静止する．したがって，質点が止まる条件は
$$W_1 + W_2 = mgl\sin\theta - \mu mgl\cos\theta < 0, \qquad \therefore \quad \tan\theta < \mu$$
となる．

　質点の静止位置を L とすると，そのとき質点の運動エネルギーは 0 となるので
$$0 = \frac{1}{2}mv_0^2 + mgL(\sin\theta - \mu\cos\theta)$$
が成り立つ．したがって，質点の静止位置は
$$L = \frac{v_0^2}{2g(\mu\cos\theta - \sin\theta)}$$
条件 $\tan\theta < \mu$ より，確かに $L > 0$ である．■

ポイント　基本問題 2.16 と設定は同じ問題です．結果が一致することを確認しましょう．

基本問題 3.10 ══════════ （**1 次元ポテンシャル中の質点の運動**）

1 次元ポテンシャル

$$U(x) = -\frac{a}{x} + \frac{b}{2x^2}, \quad (a, b > 0)$$

のもと，$x = x_1$ と $x = x_2$ の間を往復運動する質点を考える．ただし，$0 < x_1 < x_2$ とする．質点の質量を m，力学的エネルギーを E とし，下記の問に答えよ．

(1) 1 次元ポテンシャル $U(x)$ を図示せよ．さらに，E について，質点が往復運動するための条件を求めよ．

(2) 往復運動の周期 T が

$$T = 2\sqrt{\frac{m}{2}} \int_{x_1}^{x_2} \frac{dx}{\sqrt{E - U(x)}}$$

で与えられることを示せ．

(3) 周期 T が

$$T = 2\sqrt{\frac{m}{2|E|}} \int_{x_1}^{x_2} \frac{x \, dx}{\sqrt{(x - x_1)(x_2 - x)}}$$

で与えられることを示せ．

(4) (3) の式において変数変換 $x = x_1 + (x_2 - x_1)\sin^2\theta$ を行い積分し，周期 T が

$$T = \sqrt{\frac{m}{2|E|^3}} \pi a$$

で与えられることを示せ．さらに，(1) で求めた E についての条件を利用し，T の取り得る範囲を求めよ．

(5) 質点が $U(x)$ の極小点 $x = x_0$ 近傍で微小振動する場合，往復運動を調和振動子として近似することができる．$U(x)$ を $x - x_0$ の 2 次まで展開し，

$$U(x) = -\frac{a^2}{2b} + \frac{a^4(x - x_0)^2}{2b^3}$$

を導け．さらに，運動方程式を作り，固有振動数 ω_0，周期 T_0 を求めよ．

（岡山大学）

方針 微小区間を移動する時間を積分することによって，1 次元ポテンシャル中の周期を求めます．

【答案】 (1) 1 次元ポテンシャルは

$$U(x) = -\frac{a}{x} + \frac{b}{2x^2}, \quad (a, b > 0) \tag{3.22}$$

であり，図 3.4 のようになる．微分すると

$$\frac{dU(x)}{dx} = \frac{a}{x^2} - \frac{b}{x^3}$$

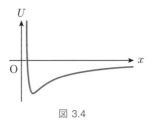

図 3.4

となり，U の極小点は $x = \dfrac{b}{a}$ で，極小値は $U = -\dfrac{a^2}{2b}$ である．$x \to 0$ で $U \to \infty$，$x \to \infty$ で $U \to 0$ であるから，質点が往復運動をするためには E は

$$-\frac{a^2}{2b} < E < 0 \tag{3.23}$$

を満たす必要がある．

(2)　エネルギー保存則より

$$E = \frac{1}{2}m\left(\frac{dx}{dt}\right)^2 + U(x)$$

であるから

$$dt = \sqrt{\frac{m}{2}}\frac{dx}{\sqrt{E - U(x)}}$$

となる．x_1 から x_2 まで動く時間は，x_2 から x_1 まで動く時間と等しいので，周期は

$$T = 2\sqrt{\frac{m}{2}}\int_{x_1}^{x_2}\frac{dx}{\sqrt{E - U(x)}}$$

となる．

(3)　1 次元ポテンシャルは (3.22) であり，$x = x_1$ と $x = x_2$ において運動エネルギーは 0 となるから

$$
\begin{aligned}
\sqrt{E - U(x)} &= \sqrt{E + \frac{a}{x} - \frac{b}{2x^2}} \\
&= \sqrt{\frac{E}{x^2}\left(x^2 + \frac{ax}{E} - \frac{b}{2E}\right)} \\
&= \sqrt{\frac{E}{x^2}(x - x_1)(x - x_2)}
\end{aligned}
$$

の関係がある．これより，

$$x_1 + x_2 = -\frac{a}{E}, \quad x_1 x_2 = -\frac{b}{2E}$$

が成り立つ．E は負であるから，

$$T = 2\sqrt{\frac{m}{2|E|}}\int_{x_1}^{x_2}\frac{x\,dx}{\sqrt{(x - x_1)(x_2 - x)}}$$

となる．

(4) 変数変換 $x = x_1 + (x_2 - x_1)\sin^2\theta$ を行うと

$$\frac{dx}{d\theta} = 2(x_2 - x_1)\sin\theta\cos\theta$$

であり，$x = x_1$ で $\theta = 0$，$x = x_2$ で $\theta = \frac{\pi}{2}$ であるから

$$T = 2\sqrt{\frac{m}{2|E|}}\int_0^{\frac{\pi}{2}} 2\{x_1 + (x_2 - x_1)\sin^2\theta\}\,d\theta$$

$$= 2\sqrt{\frac{m}{2|E|}}\left\{x_1\pi + 2(x_2 - x_1)\int_0^{\frac{\pi}{2}}\frac{1 - \cos 2\theta}{2}\,d\theta\right\}$$

$$= \sqrt{\frac{m}{2|E|}}\,(x_1 + x_2)\pi$$

$$= \sqrt{\frac{m}{2|E|^3}}\,\pi a$$

となる．T の取り得る範囲は (3.23) より

$$\frac{2\pi}{a^2}\sqrt{mb^3} < T$$

(5) $U(x)$ を $x - x_0$ の 2 次までテイラー展開すると，

$$U(x) = U(x_0) + U'(x_0)(x - x_0) + \frac{U''(x_0)}{2}(x - x_0)^2$$

となる．$x_0 = \dfrac{b}{a}$ であるから

$$U(x_0) = -\frac{a^2}{2b}, \quad U'(x_0) = 0, \quad U''(x_0) = \frac{a^4}{b^3}$$

したがって，

$$U(x) = -\frac{a^2}{2b} + \frac{a^4(x - x_0)^2}{2b^3}$$

となる．

$$F(x) = -\frac{dU(x)}{dx} = -\frac{a^4(x - x_0)}{b^3}$$

となるから，運動方程式は

$$m\frac{d(x - x_0)^2}{dt} = -\frac{a^4(x - x_0)}{b^3}$$

となり，固有振動数 ω_0 は

$$\omega_0 = a^2\frac{1}{\sqrt{mb^3}}$$

周期 T_0 は

$$T_0 = \frac{2\pi}{a^2}\sqrt{mb^3}$$

となる．■

┃ポイント┃ (2) 微小区間 dx を通過するのにかかる時間は，微小区間 dx を速さで割ったものになります．これを積分することにより周期が求まります．

━━━━━━━━━ **演習問題** ━━━━━━━━━

━━ **A** ━━

3.1.1 一部区間だけ摩擦があり，他は滑らかな水平面がある．今，水平面上を運動する質量 m の質点が，滑らかな区間から摩擦のある区間に入り，再び滑らかな区間に入った．質点が通過した摩擦のある区間の距離は l で，摩擦のある区間に入る前後の質点の速さはそれぞれ v_1, v_2 であった．

(1) 質点が摩擦のある水平面から受けた動摩擦力の大きさを求めよ．

(2) 摩擦のある水平面の動摩擦係数を求めよ．

3.1.2 保存力の定義を以下のように与える．

保存力の定義：保存力とは，質点が任意の 2 点間を移動したときに力のした仕事が，途中の経路などによらず，始点と終点のみによるもの．

これに基づき以下の問に答えよ．

(1) 保存力と非保存力の具体的な例をそれぞれ 1 つずつ挙げよ．

(2) 始点 P，終点 Q のある曲線 C に沿った積分

$$\varphi = \int_C \boldsymbol{F}(\boldsymbol{r}') \cdot d\boldsymbol{r}'$$

を考える．$\boldsymbol{F}(\boldsymbol{r})$ が保存力の場合，終点 Q を固定し，始点 P の座標を $\boldsymbol{r}$ とすると，積分 φ は $\boldsymbol{r}$ の関数とみなせる．そのとき，

$$F_x(\boldsymbol{r}) = -\frac{\partial \varphi(\boldsymbol{r})}{\partial x}$$

を示せ．簡単のために空間を 2 次元，$\boldsymbol{r} = (x, y)$ として良い．

(3) 逆に，力の場 $\boldsymbol{F}(\boldsymbol{r})$ が，あるスカラー関数 $\varphi(\boldsymbol{r})$ を用いて

$$\boldsymbol{F}(\boldsymbol{r}) = -\text{grad}\,\varphi(\boldsymbol{r})$$

で表される場合には $\boldsymbol{F}(\boldsymbol{r})$ は保存力であることを示せ．

(4) 2 次元空間での力の場

$$\boldsymbol{F}_1(x, y) = G\left(\frac{-y}{x^2 + y^2}, \frac{x}{x^2 + y^2}\right)$$

について，$\boldsymbol{F}_1$ が保存力かどうか理由をつけて判定せよ．ただし G は正の定数とする．

(九州大学　改)

━━ **B** ━━

3.1.3 (1) 分子間に働くファンデルワールス力によるポテンシャルは，2 つの分子間の距離を x とすると

$$U(x) = U_0\left\{\left(\frac{x_0}{x}\right)^{12} - 2\left(\frac{x_0}{x}\right)^6\right\}, \quad (U_0, x_0 : 定数)$$

と表されることが知られている．2 つの分子間の距離が安定点 x_0 から微小距離

Δx だけずれたときに働く力が，フックの法則に従うことを示せ．

(2)　次のポテンシャルの下で運動する粒子に働く力を求めよ．

$$U(\boldsymbol{r}) = -\frac{A}{r}e^{-\kappa r}, \quad (A, \kappa : \text{定数}), \quad r = |\boldsymbol{r}| = \sqrt{x^2 + y^2 + z^2}$$

3.1.4 鉛直上向き方向を x 軸正方向とし，$t = 0$ に $x = 0$ の点から初速 v_0 で物体を上向きに投げ上げる．まず，空気抵抗が働かない場合を考える．

(1)　空気抵抗が働かない場合の最高到達点 h を，力学的エネルギーを用いて求めよ．

以下，物体には速度 v に比例する空気抵抗 $-kv$（$k > 0$）が働くものとする．

(2)　物体の運動方程式を書き下せ．

(3)　運動方程式を解き，時刻 t における物体の速度と位置を求めよ．

(4)　物体の最高到達点 h' を求めよ．

(5)　h と h' は $h > h'$ の関係にある．力学的エネルギーと仕事の観点から，この結果を説明せよ．

3.1.5 ばね定数 k のばねを天井からつるし，質量 m の質点を取り付けた系を考える．今，時刻 $t = 0$ で釣合いの位置から上向きに x_0 だけ質点を押し上げ，下向きに速さ v_0 を与えて放した．座標軸として，ばねの自然長の位置を原点とし，鉛直上向きを正とする x 軸を考え，以下の問に答えよ．

(1)　質点の運動方程式を書き下せ．

(2)　釣合いの位置での座標 x' を求めよ．

(3)　質点の速度が最大になるときの質点の位置を求めよ．

(4)　質点の速度の最大値を求めよ．

3.1.6 質量 m の質点を，一端を壁に固定したばね定数 k のばねに取り付け，水平面上に置く．質点は床から摩擦力 $-2m\gamma\dot{x}$ を受けており，$\gamma^2 = \dfrac{k}{m}$ という関係を満たしている．今，自然長から長さ x_0 だけ質点を手で引き，時刻 $t = 0$ に静かに手を放したところ，ばねの自然長の位置を原点とした 1 次元座標系において，時刻 $t = 0$ 以降の質点の運動が

$$x(t) = x_0 e^{-\gamma t}(1 + \gamma t)$$

と表された．以下の問に答えよ．

(1)　時刻 $t = 0$ と $t = \infty$ における質点の力学的エネルギーの差を求めよ．

(2)　時刻 $t = 0$ から $t = \infty$ までに摩擦力が質点にした仕事を，質点の経路に沿って積分して求めよ．

3.1.7 ばね定数 k, 自然長 l_0 のばね 1, ばね 2 を図 3.5(a) のように質量 m のおもりにつけて全長が $2l$ になるように引き伸ばして固定し, 摩擦のない水平な床の上に置いた. 以下の問に答えよ.

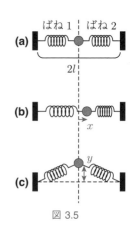

(1) 図 3.5(b) のように平衡位置からおもりをばねの長さ方向に x だけ変位させたとき, ばね 1, ばね 2 の自然長 l_0 からの伸びを答えよ. また, この伸びに起因するポテンシャルエネルギー U を求めよ.

(2) (1) の結果から, おもりに働く力 F を求めよ.

(3) (1) の状態から手を放し, おもりを振動させたときの角振動数 ω を求めよ.

(4) 次におもりを平衡位置に戻した後, 図 3.5(c) のようにばねの長さ方向と垂直に y だけ変位させた.
(1) と同様に考えてポテンシャルエネルギー U を求め, y^4 に比例する非調和項が存在することを示せ. さらに, このポテンシャルによる運動が調和振動となるための条件を示せ. (島根大学　改)

図 3.5

3.1.8 図 3.6 のような緩やかに変化する斜面を考える. 水平方向の距離を x, 斜面の高さを $h(x)$ とする. この斜面に沿って質量 m の小物体が充分にゆっくりと滑り下りた. 小物体と斜面の間の動摩擦係数を μ' とする.

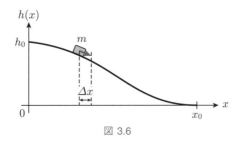

図 3.6

(1) 斜面の途中で, 小物体が斜面に沿ってわずかに, 水平方向の距離で Δx だけ移動した. この間に摩擦力がした仕事の大きさを求めよ.

(2) 小物体が斜面に沿って, $x = 0$ から $x = x_0$ まで移動し, h が h_0 だけ変化した. このとき, 摩擦力がした全仕事の大きさを求めよ. (首都大学東京)

3.1.9 図 3.7 のように重さを無視できる長さ l の剛体棒に，質量 m のおもりをつけた振り子がある．鉛直下方に x 軸をとり，x 軸から反時計回りに角度 θ をとる．重力加速度の大きさを g とし，糸の質量や伸びは無視できるものとする．また振り子の運動は図の xy 平面上に限られるとする．ポテンシャルエネルギーの原点はおもりが最下端にあるときとする．次の問に答えよ．

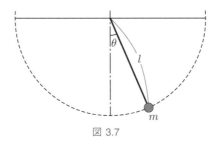

図 3.7

(1) 振り子の力学的エネルギー E を，$\theta, \dot{\theta}, m, l, g$ を用いて表せ．

(2) 力学的エネルギー E が保存することから $\left(\frac{dE}{dt} = 0\right)$，おもりの運動方程式を導け．

(3) 次にこの問題を角運動量の観点から見る．糸の固定点 O のまわりのおもりの角運動量ベクトル $\boldsymbol{L} = (L_x, L_y, L_z)$ を $\dot{\theta}, m, l$ を用いて表せ．

(4) おもりに働く O 点まわりの力のモーメントベクトル $\boldsymbol{N} = (N_x, N_y, N_z)$ を θ, m, l, g を用いて表せ．

(5) 角運動量の時間変化と力のモーメントの関係から，おもりの運動方程式を求め，それが (2) で求めたものと同一であることを示せ．

(6) (2) の運動方程式を θ が微小の場合について解き，初期条件 $t = 0$ で $\theta = 0$，$\dot{\theta} = \omega_0$ を与えたときの解を求めよ．　　　　　　　　　　（立教大学　改）

3.1.10 演習問題 3.1.9 の続きとして，以下の問に答えよ．

(1) 初めの角速度 ω_0 が小さいときには，振り子は振動運動をするが，ω_0 が大きくなると回転運動をする．振り子が回転するのに必要な ω_0 の大きさを求めよ．

(2) 振り子が振動運動する場合の最大振幅 α が

$$\alpha = 2\sin^{-1}\left(\frac{\omega_0}{2}\sqrt{\frac{l}{g}}\right)$$

と表されることを示せ．

(3) 振り子が振動運動する場合の周期を**第 1 種完全楕円積分**

$$K(k) = \int_0^{\frac{\pi}{2}} \frac{d\varphi}{\sqrt{1 - k^2\sin^2\varphi}}$$

を用いて表せ．

(4) 振り子の最大振幅 α が小さいとき，振り子の周期を α の 2 次の項まで求めよ．

第4章 中心力と惑星の運動

　この章では，ある1点に向かい，大きさがその点との距離のみに依存する力，すなわち中心力が働く質点の運動を調べます．古典物理学で使われる質点間に働く基本的な力は，電気的クーロン力および万有引力です．ここでは，中心力の例として惑星の運動を調べ，中心力が働く場合の質点の運動を理解します．

4.1　中心力が働く質点の運動（ケプラーの3法則）
——万有引力（中心力）のもとで起こる惑星運動の法則——

Contents

Subsection ❶ 中心力
Subsection ❷ ケプラーの3法則

キーポイント

　中心力が働く場合の運動を極座標で表すことにより，角運動量が保存することを理解し，中心力の代表例としてケプラーが発見した3法則が万有引力から導出されることを学ぶ．

❶中心力

　中心力が働く質点の運動は，ポテンシャルによって簡単に記述できます．原点からの距離を r としたとき，力が $f(r)\boldsymbol{e}_r$ と表せる場合の力を**中心力**と呼びます．ポテンシャル U も r のみで決まり，質点の運動方程式は，

$$\boldsymbol{f}(r) = m\frac{d^2}{dt^2}\boldsymbol{r} = -\frac{\partial U(r)}{\partial \boldsymbol{r}} = -\frac{\boldsymbol{r}}{r}\frac{\partial U(r)}{\partial r} \tag{4.1}$$

となります．運動方程式を動径方向と方位方向成分に分けて書くと，

$$m\left\{\frac{d^2 r}{dt^2} - r\left(\frac{d\theta}{dt}\right)^2\right\} = f(r) \tag{4.2}$$

$$m\frac{1}{r}\frac{d}{dt}\left(r^2\frac{d\theta}{dt}\right) = 0 \tag{4.3}$$

となります．この形で書くと力の方位方向成分が0となって，大変簡単な形になります．これが極座標を使う利点です．(4.3) を解くと，$r^2\dot{\theta} = h$（一定）が得られます．h は積分定数で，(3.8) より mh が角運動量の大きさであることがわかります．

❷ケプラーの 3 法則

ケプラーは，惑星の運行の解析から，次の 3 つの法則を発見しました.

1. 惑星は，太陽を 1 つの焦点とする楕円の軌道を進む.
2. 惑星と太陽を結ぶ線分が，単位時間に掃く面積は一定である.
3. 公転周期の 2 乗と軌道長径の 3 乗の比は，全惑星で共通である.

これら 3 法則は，ニュートンの運動の法則から導くことができます. そのためには，極座標表示の運動方程式が便利です. 惑星の位置を，太陽を中心とする極座標 (r, θ) で表します. 惑星の質量を m，太陽の質量を M とすると，惑星の運動方程式は，

$$m(\ddot{r} - r\dot{\theta}^2) = -\frac{GMm}{r^2} \tag{4.4}$$

$$m\frac{1}{r}\frac{d}{dt}(r^2\dot{\theta}) = 0 \tag{4.5}$$

となります. (4.5) より，角運動量保存則（L は定数）

$$mr^2\dot{\theta} = L \tag{4.6}$$

が導かれます. $r^2\dot{\theta} = \frac{L}{m} = h$（定数）は，単位時間に惑星と太陽を結ぶ線分が掃く面積の 2 倍です. よって，**ケプラーの第 2 法則**が導かれました.

ケプラーの第 1 法則は，太陽を原点とした極座標で表すと，

$$r = \frac{l}{1 + \varepsilon\cos\theta} \tag{4.7}$$

$$\varepsilon < 1, \quad l = \frac{h^2}{GM}, \quad \varepsilon = \sqrt{1 + \frac{2Eh^2}{G^2M^2m}} \tag{4.8}$$

となります. ここで，E は力学的エネルギーを意味します. l は図 4.1 に示すように，$\theta = \frac{\pi}{2}$ のときの太陽と惑星の距離，ε は離心率と呼ばれ，(4.7) は軌道長半径 $a = \frac{l}{(1-\varepsilon^2)}$ の，原点を焦点の 1 つとする楕円を表します. また，$\varepsilon = 0$ の場合，円を表します. 公転周期の 2 乗と軌道長径の 3 乗の比 $\frac{T^2}{a^3}$ は

$$\frac{T^2}{a^3} = \frac{4\pi^2}{GM} \tag{4.9}$$

となります. これは，太陽の質量 M のみで決まる全惑星共通の量であり，**ケプラーの第 3 法則**を意味します.

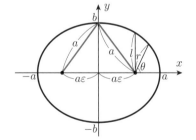

図 4.1 **楕円軌道の諸量**

(4.7) は円錐曲線と呼ばれ，次のように表します.

$$E < 0, \quad \varepsilon < 1, \quad 楕円 \tag{4.10}$$

$$E = 0, \quad \varepsilon = 1, \quad 放物線 \tag{4.11}$$

$$E > 0, \quad \varepsilon > 1, \quad 双曲線 \tag{4.12}$$

基本問題 4.1 ────────────────────── (中心力)

　質量 M の質点 A と，質量 m の質点 a がある．A から見た a の位置ベクトルを r $(r \equiv |r|)$ と書く．a が受ける万有引力のポテンシャルを導け．

> **方針**　ポテンシャルは受ける力を積分することによって求めることができます．

【答案】　a の受ける万有引力は，$\boldsymbol{F}(\boldsymbol{r}) = -\dfrac{GMm}{r^3}\boldsymbol{r}$ である．ポテンシャル $U(\boldsymbol{r})$ は，

$$U(\boldsymbol{r}) = -\int d\boldsymbol{r}' \cdot \boldsymbol{F}(\boldsymbol{r}')$$

である．この積分は経路によらず，位置ベクトルの絶対値の積分として以下のように計算できる．

$$U(r) = \int_{\infty}^{r} dr' \frac{GMm}{r'^2} = -\frac{GMm}{r}$$

ただし，ポテンシャルの基準を無限遠点にとった．■

基本問題 4.2 ──────────── (円錐面に束縛された質点の運動)　重要

　半頂角 45° 底面半径 $2R_0$ の円錐面を考える．円錐面は，図 4.2 に示すように頂点を下にして軸が鉛直になるように置かれている．円錐面の頂点には小さな穴が開けてあり，両端に質量 m の質点 1，質点 2 が取り付けられた細い糸が通してある．穴の直径は十分に小さく，摩擦，糸の質量，太さ，伸びは全て無視できるものとする．重力加速度を g として，以下の問に答えよ．

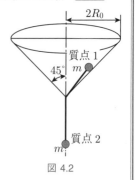

図 4.2

(1) 質点 1 が円錐面上を半径 R_0，速度 v_0 で水平に等速円運動をしている．このときの質点 1 の速度 v_0 を求めよ．

(2) (1) の状態で急に糸が切れると，質点 1 は円錐面を上昇していく．

　　a. 質点 1 が頂点から高さ H の位置に達した瞬間の，円錐面の軸まわりの質点 1 の角速度と，質点 1 の速度の鉛直方向成分を，v_0 を含む式で表せ．

　　b. 質点 1 が円錐面の上端から外に飛び出るかどうかを，理由とともに答えよ．

（東京大学　改）

> **方針**　円錐に束縛された質点の運動は角運動量保存則とエネルギー保存則を用いることにより，見通しが良くなります．

【答案】 (1) 質点 1 は, 糸の張力 T と遠心力と重力が釣り合っているので

$$m\frac{v_0^2}{R_0}\sin 45° - T - mg\cos 45° = 0$$

質点 2 は, 糸の張力と重力が釣り合っているので

$$T - mg = 0$$

となる. 両辺より T を消去して

$$v_0 = \sqrt{(1+\sqrt{2})gR_0} \tag{4.13}$$

となる.

(2) a. 質点 1 の角速度を ω とすると, 角運動量保存則より

$$R_0 v_0 = H(H\omega) \tag{4.14}$$

が成り立つ. これより

$$\omega = \frac{R_0 v_0}{H^2}$$

となる. 質点 1 の速度の鉛直方向成分を v_h とすると速度の動径方向成分も同じ大きさとなる. 力学的エネルギーの保存則より

$$\frac{1}{2}mv_0^2 + mgR_0 = \frac{1}{2}m(H\omega)^2 + mv_h^2 + mgH$$

が成り立つ. これより ω を消去して

$$v_h = \sqrt{\frac{1}{2}v_0^2 - g(H-R_0) - \frac{1}{2}\left(\frac{R_0 v_0}{H}\right)^2} \tag{4.15}$$

となる.

b. 質点 1 が円錐面の上端から外に飛び出るかどうかは, $H = 2R_0$ において v_h^2 が正の値を持つかどうかで判定することができる. (4.15) の 2 乗に $H = 2R_0$ を代入すると

$$v_h^2 = \frac{3}{8}v_0^2 - gR_0$$

となる. (4.13) を代入して

$$v_h^2 = \frac{3\sqrt{2}-5}{8}gR_0$$

これが負となるので, 質点 1 が円錐面の上端から外に飛び出ることはない. ■

▌ **ポイント** ▌ (2) b. 速度の鉛直方向成分が 0 になるところまでしか質点は上昇しません.

基本問題 4.3 ━━━━━━（**万有引力・有効ポテンシャル**）重要

　質量 M の太陽のまわりを質量 m の惑星が公転している．太陽が原点に固定されているとみなしたとき，惑星の運動は太陽を極（$r = 0$）とする極座標系 (r, θ) での運動として記述できる．

(1)　惑星には万有引力 $\boldsymbol{F}$ が働く．このときの惑星の運動方程式を極座標を用いて書き下せ．ただし，万有引力定数を G とする．

(2)　惑星の角運動量 $\boldsymbol{L}$ を求めよ．

(3)　面積速度一定の法則が成り立つことを説明せよ．

(4)　次のエネルギー保存則を導け．ただし E は積分定数であり，$h = \frac{|\boldsymbol{L}|}{m}$ とおいた．

$$\frac{1}{2}m\dot{r}^2 + \frac{mh^2}{2r^2} - G\frac{Mm}{r} = E \tag{4.16}$$

(5)　(4.16) において

$$U(r) \equiv \frac{mh^2}{2r^2} - G\frac{Mm}{r}$$

を有効ポテンシャルと呼ぶ．有効ポテンシャルの物理的意味を答えよ．

(6)　有効ポテンシャル $U(r)$ のグラフを描き，$E < 0$ と $E \geq 0$ のそれぞれの場合で，惑星の運動についてグラフからわかることをいえ．

方針　速度，加速度を極座標表示して運動方程式を立てます．その後は r と θ の微分方程式とみなして計算します．

【**答案**】　(1)　万有引力は中心力なので θ 方向成分は 0 である．したがって，運動方程式は

$$m(\ddot{r} - r\dot{\theta}^2) = -G\frac{Mm}{r^2}$$

$$m\frac{1}{r}\frac{d}{dt}(r^2\dot{\theta}) = 0$$

となる．

(2)　角運動量は $\boldsymbol{L} = \boldsymbol{r} \times \boldsymbol{p}$ であるから

$$\begin{aligned}
\boldsymbol{L} &= \boldsymbol{r} \times m\boldsymbol{v} \\
&= r\boldsymbol{e}_r \times m(\dot{r}\boldsymbol{e}_r + r\dot{\theta}\boldsymbol{e}_\theta) \\
&= mr^2\dot{\theta}(\boldsymbol{e}_r \times \boldsymbol{e}_\theta)
\end{aligned}$$

となる．

(3)　面積速度は $\dfrac{d\boldsymbol{S}}{dt} = \dfrac{1}{2}(\boldsymbol{r} \times \boldsymbol{v})$ と定義できる．これより，角運動量 $\boldsymbol{L}$ を用いて

$$\frac{d\boldsymbol{S}}{dt} = \frac{1}{2m}\boldsymbol{L}$$

と書ける．今，万有引力は中心力なので，惑星の角運動量は保存する．したがって，面積速度は一定である．

(4)　角運動量保存則より，$|\boldsymbol{L}| = mr^2\dot{\theta}$ は一定である．つまり，$h = \frac{|\boldsymbol{L}|}{m} = r^2\dot{\theta}$ は定数であることに注意する．

r 方向成分の運動方程式に $dr = \dot{r}\,dt$ をかけて積分する．

$$\int m\ddot{r}\dot{r}\,dt - \int mr\dot{\theta}^2\,dr + \int G\frac{Mm}{r^2}\,dr = 0$$

各項の積分を計算する．第1項は $\ddot{r}\dot{r} = \frac{1}{2}\frac{d}{dt}(\dot{r}^2)$ より

$$m\int \ddot{r}\dot{r}\,dt = \frac{m}{2}\int d\dot{r}^2 = \frac{1}{2}m\dot{r}^2 + C$$

第2項は

$$\int mr\dot{\theta}^2\,dr = mh^2\int \frac{1}{r^3}\,dr = -\frac{mh^2}{2r^2} + C'$$

第3項は

$$\int G\frac{Mm}{r^2}\,dr = -G\frac{Mm}{r} + C''$$

以上をまとめると

$$\frac{1}{2}m\dot{r}^2 + \frac{mh^2}{2r^2} - G\frac{Mm}{r} = E$$

が成り立つ．ただし，積分定数はまとめて E とおいた．

(5)　$\frac{1}{2}m\dot{r}^2$ があたかも惑星の運動エネルギーであるかのように，惑星の運動を r 方向のみの1次元運動だとみなせば，(4.16) は運動エネルギーと有効ポテンシャル $U(r)$ の保存則のように見える．

$$\frac{1}{2}m\dot{r}^2 + U(r) = E$$

すなわち，有効ポテンシャルとは，惑星の運動を r 方向のみの運動という観点で置き換えたときに惑星が従うポテンシャルエネルギーである．

(6)　$U(r)$ のグラフは次のようになる．

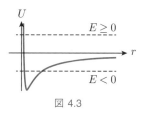

図 4.3

$\frac{1}{2}m\dot{r}^2 > 0$ より，惑星は $E - U(r) > 0$ すなわち $E > U(r)$ の範囲でのみ運動することができる．したがって，$E \geq 0$ のとき惑星は無限遠（$r \to \infty$）まで到達することができるが，$E < 0$ のときは惑星は r が有限の範囲の中にトラップされる．■

▌ **ポイント** ▌　(6)　$E \geq 0$ のときの運動は惑星の双曲線運動を，$E < 0$ のときの運動は惑星の楕円運動を，それぞれ意味します．また，E の値が有効ポテンシャルのちょうど極値にあるとき，惑星は円運動をします．

基本問題 4.4

基本問題 4.3 の続きとして，以下の問に答えよ．

(1)　$\dot{r} = \frac{h}{r^2}\frac{dr}{d\theta}$ を示し，$u = \frac{1}{r}$ とおいて，次式が成立することを示せ．

$$\left(\frac{du}{d\theta}\right)^2 = \frac{2E}{mh^2} + 2\frac{GM}{h^2}u - u^2$$

(2)　適当に定数をおくことで，次の関係が成立することを示せ．

$$d\theta = \pm\frac{du}{\sqrt{A^2 - (u-B)^2}}$$

また，このときの $A\ (>0), B$ を明記せよ．

(3)　微分方程式を解き，r の極方程式

$$r = \frac{l}{1 + \varepsilon\cos(\theta + \alpha)}$$

を導け．ただし，α は積分定数であり，$l = \frac{1}{B}, \varepsilon = \frac{A}{B}$ とおいた．この極方程式は円錐曲線の標準形であり，ε は離心率と呼ばれる．

(4)　この極方程式が楕円を表しているとき，長半径を a とする．面積速度一定の法則から，楕円運動する惑星の公転周期が $a^{\frac{3}{2}}$ に比例することを示せ．

【答案】　(1)　$h = r^2\dot{\theta}$ より

$$\frac{h}{r^2} = \frac{d\theta}{dt} = \frac{d\theta}{dr}\frac{dr}{dt}$$

よって

$$\frac{dr}{dt} = \frac{h}{r^2}\frac{dr}{d\theta}$$

が成り立つ．

この結果を基本問題 4.3 の (4.16) に代入すると

$$\frac{1}{2}m\frac{h^2}{r^4}\left(\frac{dr}{d\theta}\right)^2 + \frac{mh^2}{2r^2} - G\frac{Mm}{r} = E$$

ここで $u = \frac{1}{r}$ より，

$$\frac{du}{d\theta} = \frac{du}{dr}\frac{dr}{d\theta} = -u^2\frac{dr}{d\theta}$$

であるから

$$\frac{mh^2}{2}\left(\frac{du}{d\theta}\right)^2 + \frac{mh^2}{2}u^2 - GMmu = E$$

これを整理すれば

$$\left(\frac{du}{d\theta}\right)^2 = \frac{2E}{mh^2} + 2\frac{GM}{h^2}u - u^2$$

が得られる．

(2) 先の結果より

$$\left(\frac{du}{d\theta}\right)^2 = -\left(u - \frac{GM}{h^2}\right)^2 + \frac{2E}{mh^2} + \frac{G^2M^2}{h^4} > 0$$

ここで

$$A^2 = \frac{2E}{mh^2} + \frac{G^2M^2}{h^4} > 0, \quad B = \frac{GM}{h^2}$$

とおいて整理すれば，微分方程式

$$d\theta = \pm\frac{du}{\sqrt{A^2 - (u-B)^2}}$$

が成り立つ.

(3) 先の微分方程式の符号 $\pm$ は θ の正方向の取り方によって自由に選ぶことができる．そこで今回は $-$ を採用する．$X = \frac{u-B}{A}$ として，微分方程式を整理し，積分すると

$$\int d\theta = \int \frac{-1}{\sqrt{1-X^2}}\, dX$$

$$\therefore \quad \theta + \alpha = \cos^{-1} X, \qquad \therefore \quad X = \cos(\theta + \alpha)$$

を得る．ただし，α は積分定数である．ここで，$X = \frac{u-B}{A}$, $u = \frac{1}{r}$ であるから，$r = \frac{1}{AX+B}$ が成り立つので

$$r = \frac{1}{A\cos(\theta+\alpha)+B}, \qquad \therefore \quad r = \frac{l}{1+\varepsilon\cos(\theta+\alpha)}$$

ただし，$l = \frac{1}{B}$, $\varepsilon = \frac{A}{B}$ とした.

(4) 極方程式が楕円を表しているとき，楕円の長半径 a と短半径 b は

$$a = \frac{l}{1-\varepsilon^2}$$

$$b = \frac{l}{\sqrt{1-\varepsilon^2}} = \sqrt{al}$$

と表される．楕円の面積は πab であるから，惑星の公転周期を T とすれば，面積速度一定の法則より，惑星の面積速度は $\frac{\pi ab}{T}$ となる．したがって

$$\frac{\pi ab}{T} = \frac{\pi a^{\frac{3}{2}} l^{\frac{1}{2}}}{T} = 一定$$

より

$$T \propto a^{\frac{3}{2}}$$

が成り立つ. ∎

┃ ポイント ┃ 基本問題 4.3, 4.4 の議論によって，運動方程式と万有引力の法則からケプラーの法則が導かれたことになります.

基本問題 4.5 ━━━━━━━━━━━━━━━━ （惑星の運動の定数）

　ケプラーの3法則を導出する際に現れた定数 A を，惑星の全エネルギー E を用いて表せ．ただし，ポテンシャルエネルギーの基準を無限遠点にとる．楕円軌道の条件 $\varepsilon < 1$ は，どのようなときに成立するか．

方針　惑星の全エネルギーを計算することにより，ケプラーの3法則を導出する際に現れた定数を求めます．その後は r と θ の微分方程式とみなして計算します．

【答案】　惑星の運動エネルギーは，

$$\frac{1}{2}m\dot{r}^2 + \frac{1}{2}m(r\dot{\theta})^2 = \frac{1}{2}m\left(\frac{L}{m}\frac{1}{r^2}\frac{dr}{d\theta}\right)^2 + \frac{1}{2}m\frac{1}{r^2}\left(\frac{L}{m}\right)^2$$
$$= \frac{1}{2}\frac{L^2}{m}\frac{1}{l^2}(1 + \varepsilon^2 + 2\varepsilon\cos\theta)$$

と計算できる．惑星のポテンシャルエネルギーは $-\frac{GMm}{r}$ である．よって，全エネルギー E は

$$E = \frac{1}{2}\frac{L^2}{m}\frac{1}{l^2}(1 + \varepsilon^2 + \varepsilon\cos\theta) - \frac{GMm}{r}$$
$$= \frac{1}{2}\frac{GMm}{l}(\varepsilon^2 - 1)$$

と書ける．よって，$A = \frac{\varepsilon}{l}$ は

$$A = \frac{\sqrt{1 + \dfrac{2El}{GMm}}}{l}$$

と与えられる．

　楕円軌道の条件 $\varepsilon < 1$ は，$E < 0$ のときに成立する．これは，惑星が無限遠に到達する程のエネルギーを持たないことを意味する．■

演 習 問 題

=== A ===

4.1.1 地球の質量を M，半径を R_0 とするとき，以下の問に答えよ．ただし，万有引力
定数を G とし，地球の自転の影響を考えず，密度が一様であるとする．

(1) 地表からの高さ x の位置に質量 m の質点がある．質点に働く重力加速度を
求めよ．

(2) 地表付近で重力加速度を定数として良い理由を答えよ．

=== B ===

4.1.2 図 4.4 のように，滑らかな台を水平
に置き，中心に空いている穴にひも
を通した．ひもの両端にはそれぞれ
球 A および球 B が結んである．そ
れぞれの質量は m_A および m_B であ
る．球 A を速さ v_A，半径 r_A で等
速円運動させたとき，球 B が静止し
た．球やひもと台との間の摩擦は無
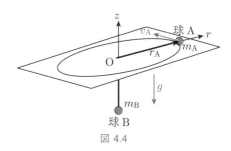
図 4.4

視できる．重力加速度を g として，下記の問に答えよ．

(1) ひもの張力を T として，球 A の r 方向および球 B の z 軸方向の運動方程
式をそれぞれ求めよ．

(2) 球 A の速さ v_A を重力加速度 g を用いて表せ．

次に，密度 ρ の液体が入った水槽をゆっくり持ち上げ，図 4.5 のように球 B を
中に沈め，静止させた．このとき，球 A は速さ v'_A，半径 r'_A の等速円運動に変化
した．球 B の体積を V_B として下記の問に答えよ．

(3) 球 B に働く浮力の大きさ F_B を求めよ．

(4) ひもの張力 T' を求めよ．

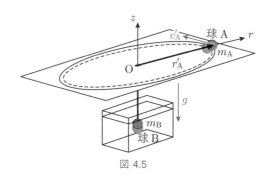
図 4.5

(5)　球 A の変化前の速さ v_A，半径 r_A と，変化後の速さ v'_A，半径 r'_A の関係式を求めよ．

(6)　球 A の速さ v'_A と半径 r'_A を重力加速度 g を用いて表せ．

　さらに，図 4.6 のように，球 A と同じ大きさの球 C を台の上に置き，球 A と弾性衝突させたところ，一時的に球 A が静止した．

(7)　球 C の質量 m_C と衝突後の速さ v'_C をそれぞれ求めよ．　　　（北海道大学）

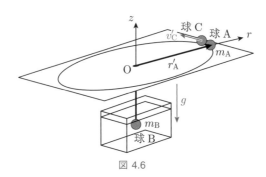

図 4.6

4.1.3 地球と金星が同一平面上の同心円軌道を回っているとし，軌道半径をそれぞれ R_E, R_V とする（$R_E > R_V$）．図 4.7 のように，金星探査機が点 A で地球から出発し，点 B で金星に到達するとする．探査機が点 A を遠日点，点 B を近日点とする楕円軌道を通るとき，探査機の地球から金星までの所要時間は何年か．ただし，地球の公転周期を 1 年とし，探査機が地球を出発して金星に到着するまでの間，太陽以外からの万有引力は無視できるものとする．

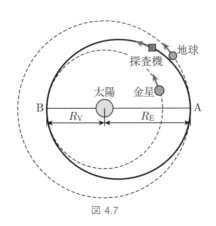

図 4.7

4.1.4 太陽系外から飛来する質量 m を持つ質点の運動を，次のような模型で考える．ま
ず，太陽は常に座標原点 O にあり，質量 M を持つとする．したがって質点は，
太陽による中心力ポテンシャル $V(r) = -\frac{\alpha}{r}$（$\alpha = GMm$，G は万有引力定数）中
を運動すると見なせる．また，角運動量ベクトルが保存するため，その向きを z
軸とすると，質点は xy 平面上を運動する．質点は無限遠から x 軸に平行に飛来
し，無限遠で座標 $(\infty, b, 0)$，速度 $(-v_0, 0, 0)$ であったとする（b, v_0 は正の定数）．
このとき，質点は図 4.8 のように近日点 P で太陽に最も接近した後，飛び去る．
以下のようにして，太陽から近日点 P までの距離を求めよ．

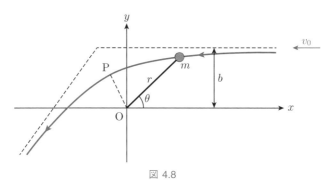

図 4.8

(1) 無限遠での座標と速度を用い，質点のエネルギー E と角運動量の大きさ l
を m, b, v_0 を用いて表せ．

(2) 質点の角運動量を 2 次元極座標で表せ．r, θ は図 4.8 に示したように定義す
る．また，前問の結果と比較し，角速度 $\dot{\theta}$ を r, b, v_0 を用いて表せ．

(3) 質点の全エネルギーを 2 次元極座標で表すと，

$$E = \frac{1}{2}m\dot{r}^2 + U(r)$$

のように動径方向の運動エネルギーと，有効ポテンシャル $U(r)$ の和として書
ける．ここで，$\dot{r}$ は r の時間微分を表す．具体的な $U(r)$ の表式を m, r, l, α を
用いて示せ．また，その概形を r の関数として図示せよ．

(4) ここまでの結果を用い，太陽から近日点 P までの距離を m, b, v_0, α を用い
て表せ．また，近日点 P での質点の速度の大きさを求めよ．

(北海道大学　改)

4.1.5 初速 v_0 で質量 m のロケットを打ち出すときの各種宇宙速度を考える．ただし，
地球上での空気抵抗は考えず，地球は球とみなし，地球の公転軌道は真円である
とする．（明記しない限り速度は<u>地球から見た</u>ものとする．）

(1) 地球表面から水平方向にロケットを打ち出し，地球の地表すれすれを回り
続けることのできる v_0 の最低値を**第一宇宙速度**と呼ぶ．万有引力定数を G，

地球の質量を M，地球の半径を R として，第一宇宙速度 v_1 を求めよ.

(2)　地球表面から水平方向にロケットを打ち出し，地球の重力を振りきることのできる（無限遠で運動エネルギーが 0 以上になる）v_0 の最低値を**第二宇宙速度**と呼ぶ. 第二宇宙速度 v_2 を求めよ.

(3)　地球表面から地球の公転方向にロケットを打ち上げ，太陽の重力を振りきることのできる v_0 の最低値を**第三宇宙速度**と呼ぶ. 太陽の質量を M_S，地球の公転半径を R_E として，以下の手法で第三宇宙速度 v_3 を求めよ.

　a.　太陽から見た地球の公転速度 v_E を求めよ.

　b.　一旦，地球のポテンシャルを考えないものとする. 太陽から見た太陽の重力を振り切るために必要なロケットの初速度 v_{S0} を求めよ.

　c.　R_E が十分大きいため，ロケットが公転軌道から脱出したとき，ロケットは地球の重力を振り切っていると考えることができる. すなわち，先ほど求めた v_{S0} を地球の重力を振り切ったときにロケットが持っていれば，ロケットは太陽の重力を振り切ることができる. v_{S0} が太陽から見た速度であることに注意して，第三宇宙速度 v_3 を求めよ.

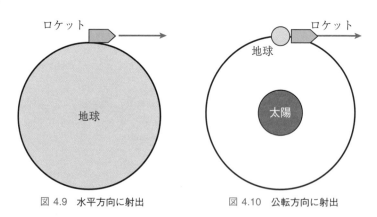

図 4.9　水平方向に射出　　　　　　図 4.10　公転方向に射出

第5章 相 対 運 動

　この章では，ある座標系からそれに対し運動している座標系へ移ったとき，運動方程式がどのような変換を受けるかを議論します．重要なケースとして，一定の方向に運動している座標系への移行，および回転運動をしている座標系への移行を取り上げます．

5.1　座標系の移行
──慣性系と慣性力，回転座標系とコリオリ力──

Contents

キーポイント

　慣性系に対して一定の方向に運動している座標系への移行により生じる見かけ上の力である慣性力，および，慣性系に対して一定の角速度で回転している座標系への移行により生じる見かけ上の力である遠心力とコリオリ力について学ぶ．

❶ 座標系とその相対運動

　2つのデカルト座標系 S 系（O-xyz）と S′ 系（O′-$x'y'z'$）を考えます．質点の位置 P を S 系で見たときの位置ベクトルは

$$\boldsymbol{r} = x\boldsymbol{e}_x + y\boldsymbol{e}_y + z\boldsymbol{e}_z \tag{5.1}$$

で表されます．ただし，$\boldsymbol{e}_x, \boldsymbol{e}_y, \boldsymbol{e}_z$ は S 系の x, y, z 軸方向の単位ベクトルです．同じ質点の位置 P を S′ 系から見ると

$$\boldsymbol{r}' = x'\boldsymbol{e}_{x'} + y'\boldsymbol{e}_{y'} + z'\boldsymbol{e}_{z'} \tag{5.2}$$

で表されます．ここで，S 系から見た S′ 系の原点 O′ の位置ベクトルは

$$\boldsymbol{r}_{O'} = x_{O'}\boldsymbol{e}_x + y_{O'}\boldsymbol{e}_y + z_{O'}\boldsymbol{e}_z \tag{5.3}$$

となるので，

$$\boldsymbol{r} = \boldsymbol{r}' + \boldsymbol{r}_{O'} \tag{5.4}$$

つまり,

$$xe_x + ye_y + ze_z = x'e_{x'} + y'e_{y'} + z'e_{z'} + x_{O'}e_x + y_{O'}e_y + z_{O'}e_z \tag{5.5}$$

となります. S 系に対する S′ 系の運動には, 原点 O′ の移動と座標軸 $e_{x'}, e_{y'}, e_{z'}$ の回転があります.

❷慣性系に対して等速直線運動している座標系

今 S′ 系は S 系に対して回転せずに一定速度 V で動いているものとします. このとき, $e_{x'}, e_{y'}, e_{z'}$ は e_x, e_y, e_z と平行である必要はないですが, 向きは時間が経っても変わりません. このようなときは, 座標系を改めて $e_{x'} \parallel e_x, e_{y'} \parallel e_y, e_{z'} \parallel e_z$ と選んでも一般性を失わず議論することが可能です. 時刻 $t = 0$ において, O′ の位置が S 系から見て $r_{O'}(0)$ であるとすると, 時刻 t のとき

$$r_{O'}(t) = Vt + r_{O'}(0) \tag{5.6}$$

となります. したがって, 同じ質点の S 系と S′ 系における位置座標の間の関係は,

$$r(t) = r'(t) + Vt + r_{O'}(0) \tag{5.7}$$

です. 質点の速度は

$$\text{S 系: } v \equiv \dot{r}, \quad \text{S′ 系: } v' \equiv \dot{r}' \tag{5.8}$$

なので, (5.7) を時間微分して得られる

$$\dot{r}(t) = \dot{r}'(t) + V \tag{5.9}$$

に (5.8) を代入して

$$v = v' + V \tag{5.10}$$

となります. V は一定であるので運動方程式は変わりません. よって, S′ 系も慣性系となります.

❸慣性系に対して並進加速運動している座標系

次に, S′ 系は S 系に対して回転せずに加速度 α で並進運動しているものとします. $\ddot{r}_{O'} = \alpha$ となることから, 慣性系 S での運動方程式

$$m\ddot{r} = F \tag{5.11}$$

は

$$m(\ddot{r}' + \ddot{r}_{O'}) = F \tag{5.12}$$

$$\therefore \ m\ddot{r}' = F - m\alpha \tag{5.13}$$

となります. これが非慣性系 S′ での運動方程式であり, $-m\alpha$ を**慣性力**と呼びます.

❹慣性系に対して回転している座標系

慣性系 S に対して回転している座標系 S′ から見た質点の運動を考えます．S′ 系の原点 O′ を回転軸上にとり，S 系の原点はどこにとっても良いので O′ と一致した位置にするように選びます．ここでは純粋な回転のみの場合を考え，S′ 系は S 系に対して角速度 $\boldsymbol{\omega}$ で回転しているが並進運動はしていないものとします．$\boldsymbol{\omega}$ の向きと S 系や S′ 系の座標軸の向きは必ずしも一致している必要は無いですが，座標軸は特に理由が無い限り自由に選べるため $\boldsymbol{\omega}$ と z 軸と z' 軸を一致させて考えていくことが多いです（ただし以下の議論は座標軸の選び方によらずに一般的に成り立つ議論です）．座標系の相対的な並進運動は無く，$\boldsymbol{r}_{O'} = \boldsymbol{0}$ であるとすると

$$\boldsymbol{r}' = \boldsymbol{r} \tag{5.14}$$

であり，

$$x\boldsymbol{e}_x + y\boldsymbol{e}_y + z\boldsymbol{e}_z = x'\boldsymbol{e}_{x'} + y'\boldsymbol{e}_{y'} + z'\boldsymbol{e}_{z'} \tag{5.15}$$

と書けます．両辺を時間微分すると，

$$\dot{x}\boldsymbol{e}_x + \dot{y}\boldsymbol{e}_y + \dot{z}\boldsymbol{e}_z = \dot{x}'\boldsymbol{e}_{x'} + \dot{y}'\boldsymbol{e}_{y'} + \dot{z}'\boldsymbol{e}_{z'} + x'\dot{\boldsymbol{e}}_{x'} + y'\dot{\boldsymbol{e}}_{y'} + z'\dot{\boldsymbol{e}}_{z'} \tag{5.16}$$

となります．S′ 系は回転しているので，

$$\dot{\boldsymbol{e}}_{x'} = \boldsymbol{\omega} \times \boldsymbol{e}_{x'}, \quad \dot{\boldsymbol{e}}_{y'} = \boldsymbol{\omega} \times \boldsymbol{e}_{y'}, \quad \dot{\boldsymbol{e}}_{z'} = \boldsymbol{\omega} \times \boldsymbol{e}_{z'} \tag{5.17}$$

であるから，

$$\dot{x}\boldsymbol{e}_x + \dot{y}\boldsymbol{e}_y + \dot{z}\boldsymbol{e}_z = \dot{x}'\boldsymbol{e}_{x'} + \dot{y}'\boldsymbol{e}_{y'} + \dot{z}'\boldsymbol{e}_{z'} + \boldsymbol{\omega} \times (x'\boldsymbol{e}_{x'} + y'\boldsymbol{e}_{y'} + z'\boldsymbol{e}_{z'}) \tag{5.18}$$

が得られます．これをそれぞれの座標系での速度の関係式として書けば，

$$\boldsymbol{v} = \boldsymbol{v}' + \boldsymbol{\omega} \times \boldsymbol{r}' \tag{5.19}$$

となります．加速度の表式を得るため (5.18) の両辺をさらに時間で微分します．簡単のため等速回転の場合を考えると，$\dot{\boldsymbol{\omega}} = \boldsymbol{0}$ より

$$\ddot{x}\boldsymbol{e}_x + \ddot{y}\boldsymbol{e}_y + \ddot{z}\boldsymbol{e}_z = \ddot{x}'\boldsymbol{e}_{x'} + \ddot{y}'\boldsymbol{e}_{y'} + \ddot{z}'\boldsymbol{e}_{z'} + 2\boldsymbol{\omega} \times (\dot{x}'\boldsymbol{e}_{x'} + \dot{y}'\boldsymbol{e}_{y'} + \dot{z}'\boldsymbol{e}_{z'})$$
$$+ \boldsymbol{\omega} \times \{\boldsymbol{\omega} \times (x'\boldsymbol{e}_{x'} + y'\boldsymbol{e}_{y'} + z'\boldsymbol{e}_{z'})\} \tag{5.20}$$

となります．これを異なる座標系での加速度の関係式として書けば

$$\ddot{\boldsymbol{r}} = \ddot{\boldsymbol{r}}' + 2\boldsymbol{\omega} \times \boldsymbol{v}' + \boldsymbol{\omega} \times (\boldsymbol{\omega} \times \boldsymbol{r}') \tag{5.21}$$

であり，$\boldsymbol{a} = \ddot{\boldsymbol{r}}$ からニュートンの運動方程式を用いて

$$m\{\ddot{\boldsymbol{r}}' + 2\boldsymbol{\omega} \times \boldsymbol{v}' + \boldsymbol{\omega} \times (\boldsymbol{\omega} \times \boldsymbol{r}')\} = \boldsymbol{F} \tag{5.22}$$

となります．したがって，S′ 系からみた運動方程式は

$$m\ddot{\boldsymbol{r}}' = \boldsymbol{F} - 2m\boldsymbol{\omega} \times \boldsymbol{v}' - m\boldsymbol{\omega} \times (\boldsymbol{\omega} \times \boldsymbol{r}') \tag{5.23}$$

となり，この式は右辺に $\boldsymbol{F}$ 以外の項を含むため，回転している座標系は慣性系ではありません．右辺第 2, 3 項が回転しているために生じる慣性力であり，第 2 項を**コリオリ力**，第 3 項を**遠心力**と呼びます．

基本問題 5.1　　　　　　　　　（**非慣性系の運動方程式**）　重要

　慣性系 $S(O, x, y, z)$ において質量 m の質点に外力 $\boldsymbol{F}$ が働いて運動している．この運動を，以下の非慣性系 $S'(O', x', y', z')$ から見たときの質点の運動方程式を求めよ．ただし，時刻 $t = 0$ において S と S' は一致しているとする．

(1)　各座標軸を平行に保ったまま一定の加速度 $\boldsymbol{\alpha}$ で加速する系．

(2)　原点 $O = O'$ を中心に z 軸のまわりに一定の角速度 ω で回転する系．

> **方針**　慣性系 S から見た質点の位置ベクトル $\boldsymbol{r}$ と非慣性系 S' から見た質点の位置ベクトル $\boldsymbol{r}'$ の関係式を作り，それを微分します．

【答案】　(1)　慣性系 S から見た質点の位置ベクトルを

$$\boldsymbol{r} = x\boldsymbol{e}_x + y\boldsymbol{e}_y + z\boldsymbol{e}_z$$

非慣性系 S' から見た質点の位置ベクトルを

$$\boldsymbol{r}' = x'\boldsymbol{e}_x + y'\boldsymbol{e}_y + z'\boldsymbol{e}_z$$

とする．ここで，慣性系 S と非慣性系 S' でデカルト座標系の単位ベクトルはそれぞれ同一であることに注意する．$\overrightarrow{OO'} = \boldsymbol{r}_0$ とおくと，$\boldsymbol{r}$ と $\boldsymbol{r}'$ の関係は

$$\boldsymbol{r} = \boldsymbol{r}' + \boldsymbol{r}_0$$

と書くことができる．慣性系 S での運動方程式

$$m\ddot{\boldsymbol{r}} = \boldsymbol{F}$$

より，$\ddot{\boldsymbol{r}}_0 = \boldsymbol{\alpha}$ であることに注意して

$$m(\ddot{\boldsymbol{r}}' + \ddot{\boldsymbol{r}}_0) = \boldsymbol{F}, \qquad \therefore \quad m\ddot{\boldsymbol{r}}' = \boldsymbol{F} - m\boldsymbol{\alpha}$$

これが非慣性系 S' での運動方程式となる．

(2)　同様に，

$$\boldsymbol{r} = x\boldsymbol{e}_x + y\boldsymbol{e}_y + z\boldsymbol{e}_z, \quad \boldsymbol{r}' = x'\boldsymbol{e}_{x'} + y'\boldsymbol{e}_{y'} + z'\boldsymbol{e}_{z'}$$

とおく．ただし，今回はそれぞれの系で単位ベクトルは同一ではないことに注意する．今，$\boldsymbol{r} = \boldsymbol{r}'$ であり，これを慣性系 S から見て微分する．（ただし，z 軸は常に一致しているので，z 軸成分の表記は省略する．）すると

$$\dot{x}\boldsymbol{e}_x + \dot{y}\boldsymbol{e}_y = \dot{x}'\boldsymbol{e}_{x'} + \dot{y}'\boldsymbol{e}_{y'} + x'\dot{\boldsymbol{e}}_{x'} + y'\dot{\boldsymbol{e}}_{y'}$$

慣性系 S から見た $\boldsymbol{e}_{x'}, \boldsymbol{e}_{y'}$ は極座標系の単位ベクトル $\boldsymbol{e}_r, \boldsymbol{e}_\theta$ と同じ関係にある．すなわち，

$$\dot{\boldsymbol{e}}_{x'} = \omega\boldsymbol{e}_{y'}, \quad \dot{\boldsymbol{e}}_{y'} = -\omega\boldsymbol{e}_{x'}$$

が成り立つ．したがって

$$\dot{x}\boldsymbol{e}_x + \dot{y}\boldsymbol{e}_y = \dot{x}'\boldsymbol{e}_{x'} + \dot{y}'\boldsymbol{e}_{y'} + \omega(x'\boldsymbol{e}_{y'} - y'\boldsymbol{e}_{x'}) = \dot{x}'\boldsymbol{e}_{x'} + \dot{y}'\boldsymbol{e}_{y'} + \omega(\boldsymbol{e}_{z'} \times \boldsymbol{r}')$$

これをもう一度微分する．今，慣性系 S での速度，加速度をそれぞれ $\boldsymbol{v}, \boldsymbol{a}$，非慣性系での速度，

加速度を $\bm{v}'$, $\bm{a}'$ と表すことにすれば，最終的に

$$\bm{a} = \bm{a}' + 2\omega\bm{e}_{z'} \times \bm{v}' + \omega^2\bm{e}_{z'} \times (\bm{e}_{z'} \times \bm{r}')$$

を得る．したがって，慣性系 S での運動方程式 $m\bm{a} = \bm{F}$ より，非慣性系 S′ での運動方程式は

$$m\bm{a}' = \bm{F} - 2m\omega\bm{e}_{z'} \times \bm{v}' - m\omega^2\bm{e}_{z'} \times (\bm{e}_{z'} \times \bm{r}')$$

として求められる．■

基本問題5.2 ────────────────────────（円運動）

原点 O から長さ l の糸につながれている質量 m の質点を考える．質点が xy 平面上を角速度 ω で等速円運動しているとして，以下の問に答えよ．

(1) O から見た質点の位置ベクトルを $\bm{r}$ とする．O から見た質点の運動方程式を書き下し，質点の受ける張力（向心力）f の表式がどうなるか答えよ．

(2) 原点と z 軸が一致しており，z 軸を回転軸として，質点が常に静止しているように見える回転系 (x', y', z') を考える．この系において質点に働く遠心力を求め，質点の運動方程式を書き下せ．

方針 等速円運動をしている質点の位置ベクトルから，加速度ベクトルを求めます．

【答案】 (1) 質点に働く張力を f とすれば，O から見た質点の運動方程式は以下のようになる．

$$m\ddot{\bm{r}} = -f\bm{e}_r$$

ただし，$\bm{e}_r$ は動径方向の単位ベクトルである．

今，質点が等速円運動をしていることから，$\bm{r}$ は

$$\bm{r} = l\cos\omega t\,\bm{e}_x + l\sin\omega t\,\bm{e}_y$$

と書き下せる．これを 2 階微分すると

$$\ddot{\bm{r}} = -\omega^2 l(\cos\omega t\,\bm{e}_x + \sin\omega t\,\bm{e}_y) = -\omega^2 l\bm{e}_r$$

となる．したがって，運動方程式より

$$f = m\omega^2 l$$

(2) 遠心力は $-m\bm{\omega} \times (\bm{\omega} \times \bm{r}')$ で求めることができる．今回の場合，

$$\bm{\omega} = \omega\bm{e}_z, \quad \bm{r}' = \bm{r} = l\bm{e}_r$$

であるから

$$-m\bm{\omega} \times (\bm{\omega} \times \bm{r}') = m\omega^2 l\bm{e}_r$$

となる．したがって，質点の運動方程式は

$$m\bm{a}' = -f\bm{e}_r + m\omega^2 l\bm{e}_r$$

なお，(1) の結果より，右辺は釣り合って $\bm{0}$ となる．■

基本問題 5.3 ━━━━━━━━━━━━━━ (遠心力)

図 5.1 に示すように，半径 a の円輪の上に質量 m の小さい物体が滑らかに束縛されている．円の直径 AB を回転軸とし，そのまわりに円輪を一定の角速度 ω で回転させる．座標系として，円輪を含み，円輪と一緒に回転する回転座標系をとる．円輪を含む平面を考え，原点を円輪の中心 O，直径 AB からの角度を θ とする．ただし，物体には $\overrightarrow{\text{BA}}$ 方向に重力加速度 g が働くものとする．

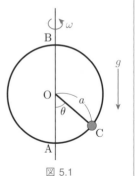

図 5.1

(1) 回転座標系における θ 方向の物体の運動方程式を立てよ．

(2) (1)で立てた運動方程式を用い，物体の平衡位置（力の釣合いの位置）を求めよ．

(3) $\omega^2 > \frac{g}{a}$ のとき，(2)で求めた平衡位置が安定かどうかを答えよ．

(4) $\omega^2 < \frac{g}{a}$ のとき，(2)で求めた平衡位置が安定かどうかを答えよ．

方針 回転半径が θ に依存しているため，遠心力も θ に依存することに注意します．

【答案】 (1) 物体には重力 mg と回転半径 $a\sin\theta$ での遠心力 $m\omega^2 a\sin\theta$ が働く．したがって，回転座標系における θ 方向の物体の運動方程式は

$$ma\ddot{\theta} = -mg\sin\theta + m\omega^2 a\sin\theta\cos\theta$$

となる．

(2) 平衡位置では

$$-mg\sin\theta + m\omega^2 a\sin\theta\cos\theta = 0$$

$$\therefore \quad -m\sin\theta(g - \omega^2 a\cos\theta) = 0$$

となる．まず，

$$\sin\theta = 0$$

のとき，明らかに釣合いの式は成り立つので，$\theta = 0, \pi$ は平衡位置である．

次に，$\sin\theta \neq 0$ のとき，釣合いの式を整理すると

$$\cos\theta = \frac{g}{\omega^2 a}$$

が得られる．これが平衡位置になるが，必要条件として

$$\frac{g}{\omega^2 a} \leq 1$$

を満たす場合でなければ解は存在しない．したがって，条件

$$\frac{g}{a} \leq \omega^2$$

を満たす場合にのみ，3 つ目の平衡位置

$$\theta = \cos^{-1} \frac{g}{\omega^2 a}$$

が存在する．

(3)

$$F = -mg \sin \theta + m\omega^2 a \sin \theta \cos \theta$$

とおく．平衡位置が安定かどうかは平衡位置まわりでの微分 $\frac{dF}{d\theta}$ の正負を調べればわかる．

$$\frac{dF}{d\theta} = -mg \cos \theta + m\omega^2 a(\cos^2 \theta - \sin^2 \theta)$$

$$= -mg \cos \theta + m\omega^2 a(2 \cos^2 \theta - 1)$$

$\frac{g}{a} < \omega^2$ より，$\theta = 0$ のとき，

$$\frac{dF}{d\theta} = -mg + m\omega^2 a > 0$$

すなわち，$\theta = 0$ は不安定だとわかる．同様に，$\theta = \pi$ のとき，

$$\frac{dF}{d\theta} = mg + m\omega^2 a > 0$$

となり，$\theta = \pi$ も不安定となる．一方，3 つ目の平衡位置である $\cos \theta = \frac{g}{\omega^2 a}$ については，$\frac{g}{a} < \omega^2$ より

$$\frac{dF}{d\theta} = m\omega^2 a \left\{ \left(\frac{g}{\omega^2 a} \right)^2 - 1 \right\} < 0$$

となる．したがって，この平衡位置は安定である．

(4) 平衡位置は $\theta = 0, \pi$ の 2 つのみだが，どちらも不安定であった (3) とは異なり，$\theta = 0$ のとき $\frac{dF}{d\theta} < 0$ となる．したがって，$\theta = 0$ は安定．一方，$\theta = \pi$ は (3) と同様，不安定のままである．■

基本問題 5.4 ━━━━━━━━━━━━━ (コリオリ力・ナイルの曲線) ━━

地球は自転と公転をしている非慣性系である．公転の影響は無視できるとして地球上で観測される質量 m の質点の運動を考えてみよう．ただし，地球は球体であるとし，半径を R，自転の角速度を ω，観測地点（原点）の地心緯度（北緯と考えて良い）を θ とする．また，観測座標系は地表に対する接平面の南方を x 軸，東方を y 軸，接平面に上向きに垂直な方向を z 軸とする右手系を考える．

(1) 質点に働くコリオリ力を求めよ．

(2) 重力以外の外力は働かず，遠心力は無視できるものとする．地球の重力の大きさを mg としたときの質点の運動方程式を成分表記せよ．

(3) z 軸上の高さ L の地点から質点を静かに落とす．このときの落下地点を求めよ．ただし，質点の z 軸方向以外の速度は十分小さいものとし，地表面は平坦であるとする．

(4) 地球は角速度 $\omega = 7.3 \times 10^{-5}\,\mathrm{rad/s^{-1}}$ で回転している．札幌は北緯 $\theta = 43°$ にあり，重力加速度は $g = 9.8\ \mathrm{m/s^2}$ である．実験室の系として，高さ $L = 3.0\ \mathrm{m}$ から物体を落下させる実験を考える．このとき，(3) で求めた式を用いて落下地点を計算せよ．

方針 回転軸に対して，観測座標系が斜めになっています．まずは地球の角速度ベクトルを明らかにします．

【答案】 (1) 観測座標系から見たとき，地球の角速度ベクトル $\boldsymbol{\omega}$ は

$$\boldsymbol{\omega} = -\omega \cos\theta\, \boldsymbol{e}_x + \omega \sin\theta\, \boldsymbol{e}_z = \omega\, \boldsymbol{e}_\omega$$

と書くことができる．このとき，質点の位置を $\boldsymbol{r}$ とすれば，コリオリ力 $\boldsymbol{F}_\mathrm{c}$ は

$$\boldsymbol{F}_\mathrm{c} = -2m\boldsymbol{\omega} \times \frac{d\boldsymbol{r}}{dt}$$
$$= 2m\omega \sin\theta \frac{dy}{dt}\, \boldsymbol{e}_x - 2m\omega \left(\sin\theta \frac{dx}{dt} + \cos\theta \frac{dz}{dt}\right) \boldsymbol{e}_y + 2m\omega \cos\theta \frac{dy}{dt}\, \boldsymbol{e}_z$$

となる．

(2) 質点には重力とコリオリ力が働く．このとき，運動方程式は

$$m\frac{d^2x}{dt^2} = 2m\omega \sin\theta \frac{dy}{dt}$$
$$m\frac{d^2y}{dt^2} = -2m\omega \left(\sin\theta \frac{dx}{dt} + \cos\theta \frac{dz}{dt}\right)$$
$$m\frac{d^2z}{dt^2} = -mg + 2m\omega \cos\theta \frac{dy}{dt}$$

と成分表記することができる．

(3) 条件より，運動方程式は

$$m\frac{d^2x}{dt^2} = 0, \quad m\frac{d^2y}{dt^2} = -2m\omega\cos\theta\frac{dz}{dt}, \quad m\frac{d^2z}{dt^2} = -mg$$

と書き換えることができる．第 3 式と初期条件から

$$\frac{dz}{dt} = -gt$$

$$\therefore \quad z = L - \frac{1}{2}gt^2$$

が得られるので，地表面への落下時刻を t_1 とすると

$$t_1 = \sqrt{\frac{2L}{g}}$$

となる．この時刻における x 座標と y 座標を求めれば良い． x 軸方向には加速度が働いていないため，初期条件を踏まえれば，質点は x 軸方向には移動しない． y 軸方向は，運動方程式第 2 式が

$$m\frac{d^2y}{dt^2} = 2m\omega gt\cos\theta$$

となることから，初期条件より

$$y = \frac{1}{3}\omega gt^3\cos\theta$$

に沿って移動する．したがって，落下地点は

$$y = \frac{1}{3}\omega g\left(\frac{2L}{g}\right)^{\frac{3}{2}}\cos\theta$$

となる．

(4) 与えられた数値を (3) の結果に代入すると，落下地点は

$$y = 8.4 \times 10^{-5}\,\text{m}$$

となることがわかる．これにより，コリオリ力下では，物体は真下に落下しないことがわかった． ∎

▌ **ポイント** ▌ (4) 「真下に落下しない」とはいえ，そのズレは $0.084\,\text{mm}$ 程度です．今回の問題設定で起こるようなズレは，あまり大きなものではないということは理解しておきましょう．

演習問題

A

5.1.1 以下の現象を，慣性系から見る立場と非慣性系から見る立場の双方からそれぞれ説明せよ．

(1) 一定の加速度で前方に運動する電車内でつり革が傾く．

(2) エレベーターの中で体重計の上に人が乗っている．エレベーターが上昇し始めるとき，体重計の目盛りが止まっているときより増える．

(3) 水を入れたバケツを鉛直面に沿って回転させても水が落ちてこない．

(4) 宇宙空間から見たときに赤道から北極まで直進する船を，地球上から見たときの船の動き．

5.1.2 一定の加速度 α で上昇するエレベーターの中を考え，次の問題に答えよ．

(1) 質量 m の質点を，原点から角度 θ，速さ v_0 で投げたときの質点の軌道を求めよ．

(2) 長さ l のひもに質量 m の質点をつるした振り子が，微小な振れ幅 θ で振動するときの振り子の周期 T を求めよ．

5.1.3 図 5.2 のように，台 A，物体 B（質量 M），物体 C（質量 m）からなる系を考える．はじめに物体 B を手で押さえ，物体 B，C が静止している状態から静かに手を放したところ，物体 B は台 A の斜面上を，物体 C は物体 B の水平面上をそれぞれ滑り始めた．ただし，台 A は水平面上に固定されており，台 A と物体 B の

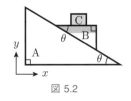

図 5.2

間に摩擦はなく，物体 B と物体 C の間の動摩擦係数を μ とする．

(1) 水平面上で静止している観測者から見た物体 B の運動方程式を書き下せ．

(2) 物体 B 上から見た物体 C の運動方程式を書き下せ．

(3) 物体 B に対する物体 C の加速度を求めよ．

5.1.4 一端を O に固定した長さ l のひもによって，質量 m の質点がつり下げられている．今，鉛直方向に対して垂直な方向に初速度 v_0 を質点に与えたところ，ひもはたるまずに円運動を始めた．ひもの伸び縮みは考えないものとし，以下の問に答えよ．

(1) ひもの張力を T とする．ひもの振れ角を θ とした場合の極座標を用いて，質点の運動方程式を書き下せ．

(2) 質点を原点とし，質点から O へ向かう方向を Y 軸，質点の速度方向を X 軸とした非慣性系を考える．この非慣性系における質点の運動方程式を書き下せ．

(3) ひもがたるむことなく質点が一回転する初速度 v_0 の条件を求めよ．

==== **B** ====

5.1.5 質量の大きなおもりを長いひもでつるした振り子は，ほとんど減衰せずに振動を続ける．この振動を地表に固定した座標系から見ると，地球の自転の影響をうけて振り子の振動面が回転するように見える．今，振り子の振幅に比べてひもの長さ L が十分長く，平面上での運動と考えることができるものとする．また，振り子の振動に比べて，地球の自転は十分に遅い．このとき，おもりの質量を m，ひもの張力を T，振り子の存在する地点の緯度を θ，地球の自転の角速度を ω_E として，以下の問に答えよ.

(1) おもりの運動方程式を求めよ.

(2) 振動面の回転の周期 T を求めよ．ただし，振動面は必ず原点を通るものとする.

5.1.6 地球上の地心緯度 θ の地点で質量 m の物体が受ける重力は，遠心力の影響により北極点で受ける重力とは向きも大きさも異なる．北極点で質量 m の物体が受ける重力を mg_0 とし，地球を半径 R の球，自転の角速度を ω としたとき，地心緯度（北緯として良い）θ の地点で物体が受ける重力加速度ベクトル $\boldsymbol{g}$ を求めよ.

第6章 二体系と多体系

　この章では，二体系，および多体系の運動方程式について解説します．二体系の具体例として，中心力問題と衝突問題を取り上げます．多体系での運動法則は剛体の理解にも深くかかわっています．また，複数の質点がばねでつながれている連成系の振動について考えます．連成系は基準振動と呼ばれる単振動に分解することができ，運動はその単純な重ね合わせとなっていることがわかります．基準振動は，振動・波動現象における最も重要な概念の1つです．

6.1　二体系の運動
——二体系の運動法則（換算質量と衝突問題）——

> *キーポイント*
>
> 　2つの質点間で作用・反作用として働く力を相互作用と呼び，二体系で成り立つ法則から多体系の運動法則の基礎を学ぶ．例として，2つの質点が衝突する系を考えてみる.

❶二体系と換算質量

　最も簡単な2つの粒子が力を及ぼし合う系を考えます．2個の質点に番号をつけ，それぞれの質量を m_1, m_2，位置ベクトルをそれぞれ $\boldsymbol{x}_1(t), \boldsymbol{x}_2(t)$ としたとき，運動方程式は，

$$m_1 \frac{d^2}{dt^2} \boldsymbol{x}_1(t) = \boldsymbol{F}_1^{\mathrm{E}} + \boldsymbol{F}_{2 \to 1}^{\mathrm{I}} \tag{6.1}$$

$$m_2 \frac{d^2}{dt^2} \boldsymbol{x}_2(t) = \boldsymbol{F}_2^{\mathrm{E}} + \boldsymbol{F}_{1 \to 2}^{\mathrm{I}} \tag{6.2}$$

で表されます．ここで，$\boldsymbol{F}_1^{\mathrm{E}}, \boldsymbol{F}_2^{\mathrm{E}}$ はそれぞれ質点1，2が外から受けている力（外力），$\boldsymbol{F}_{2 \to 1}^{\mathrm{I}}, \boldsymbol{F}_{1 \to 2}^{\mathrm{I}}$ はそれぞれ質点1が質点2から受ける力と質点2が質点1から受ける力（内力）です．簡単のため，外力が働かず，両者の間の内力だけが働く系を考えます．また，内力は電荷間のクーロン力や万有引力と同様に，両座標の差で決まるものとします．作用・反作用の法則と上の仮定から，

$$\frac{d^2}{dt^2} (m_1 \boldsymbol{x}_1(t) + m_2 \boldsymbol{x}_2(t)) = 0 \tag{6.3}$$

が得られ, 各粒子の運動量 $p_1 = m_1\dot{x}_1$, $p_2 = m_2\dot{x}_2$ の和は

$$\frac{d}{dt}\left(p_1 + p_2\right) = 0 \tag{6.4}$$

であり, 保存していることがわかります. 運動量保存則は, 内力の形に関係無く常に成り立ちます. 運動量保存則を, 2粒子の質量中心 (重心座標) を使い別の表現で表すこともできます. 質量中心は, 各質量を重みにして平均をとった位置座標

$$X_{\mathrm{G}} = \frac{m_1 x_1 + m_2 x_2}{m_1 + m_2} \tag{6.5}$$

であり, これを, 運動量保存の式に代入して, 質量中心の等速運動を表す方程式

$$\frac{d^2}{dt^2} X_{\mathrm{G}} = 0 \tag{6.6}$$

が得られます. つまり, 内力は質量中心の運動にはかかわりません. 両座標の差である相対座標 r は,

$$r = x_1 - x_2 \tag{6.7}$$

と書かれるので, 運動方程式

$$\mu \frac{d^2}{dt^2} r(t) = F(r) \tag{6.8}$$

を満たします. ここで, μ は

$$\mu = \frac{m_1 m_2}{m_1 + m_2} \tag{6.9}$$

であり, **換算質量**と呼ばれます.

❷ 衝突問題

● **衝突における運動量と角運動量** ● 　質量が m_1, m_2 の粒子がそれぞれ初速度 v_{i1}, v_{i2} を与えられて互いに近づき衝突する運動を考えます. ただし, これらの粒子には外力は働いてないものとします. 一般に, 2粒子の距離が近づくにつれて粒子間の力 $F_{1\to2}$, $F_{2\to1}$ は刻々と変化し, それによってそれぞれの運動量も変化しますが, 全運動量 P は保存するため常に一定となります. 衝突後は2粒子が互いに遠く離れたときの速度を v_{f1}, v_{f2} とすると,

$$P = m_1 v_{\mathrm{i1}} + m_2 v_{\mathrm{i2}} = m_1 v_{\mathrm{f1}} + m_2 v_{\mathrm{f2}} \tag{6.10}$$

となります. 実際にこれはあらゆる衝突において成立していることが確かめられており, このことが作用・反作用の法則が自然界が持つ基本法則の1つであることの実験的な証明になっています. 角運動量に関しても, 外力がなければたとえ衝突が激しくとも, 任意に選んだ原点まわりの全角運動量や質量中心の角運動量および相対運動の角運動量が保存します.

●**運動エネルギー** ●　　外力がないときに，衝突の前後で運動量や角運動量が保存することはニュートンの運動方程式と作用・反作用の法則から証明できましたが，運動エネルギーが保存するかどうかは自明ではありません．実際は，全運動エネルギーは保存する場合も保存しない場合もあります．衝突の前後で

$$\frac{1}{2}m_1 v_{i1}^2 + \frac{1}{2}m_2 v_{i2}^2 = \frac{1}{2}m_1 v_{f1}^2 + \frac{1}{2}m_2 v_{f2}^2 = 一定 \tag{6.11}$$

のように全運動エネルギーが保存する場合を**弾性衝突**，保存しない場合を**非弾性衝突**と呼びます．

=== 🐢**基本問題 6.1** ===========================（**換算質量**）　重要 ==

質量 m_1, m_2 の 2 物体が，互いに及ぼし合う力だけのもとに運動している．物体 2 の運動を物体 1 から見ると，物体 2 の質量が $\mu = \frac{m_1 m_2}{m_1 + m_2}$ になったように見えることを示せ．μ のことをこの 2 物体の**換算質量**という．

方針　　それぞれの物体の運動方程式から相対座標を用いた運動方程式を立てます．

【答案】　物体の位置ベクトルを $\boldsymbol{r}_1, \boldsymbol{r}_2$ とする．物体 1 が物体 2 に及ぼす力を $\boldsymbol{F}$ とすれば，運動方程式は

$$\begin{cases} m_1 \dfrac{d^2 \boldsymbol{r}_1}{dt^2} = -\boldsymbol{F} & (6.12) \\[2mm] m_2 \dfrac{d^2 \boldsymbol{r}_2}{dt^2} = \boldsymbol{F} & (6.13) \end{cases}$$

となる．$\frac{(6.13)}{m_2} - \frac{(6.12)}{m_1}$ を作ると，

$$\frac{d^2 \boldsymbol{r}_2}{dt^2} - \frac{d^2 \boldsymbol{r}_1}{dt^2} = \left(\frac{1}{m_1} + \frac{1}{m_2} \right) \boldsymbol{F} \tag{6.14}$$

となる．そこで $\boldsymbol{r}_2 - \boldsymbol{r}_1 = \boldsymbol{r}$（物体 1 から物体 2 の位置ベクトル），$\frac{1}{m_1} + \frac{1}{m_2} = \frac{1}{\mu}$ すなわち

$$\mu = \frac{m_1 m_2}{m_1 + m_2}$$

とおけば，(6.14) は

$$\mu \frac{d^2}{dt^2} \boldsymbol{r} = \boldsymbol{F} \tag{6.15}$$

となる．この式は，物体 2 の運動を物体 1 から見ると，あたかも質量 μ の物体が運動しているように見えるということを示している．
方程式 (6.15) はまた

$$\mu \frac{d^2}{dt^2} (-\boldsymbol{r}) = -\boldsymbol{F}$$

と書くこともできる．この式からわかるように，物体 2 から物体 1 の運動を見たときにも上とまったく同じことがいえる．■

━━●基本問題 6.2 ━━━━━━━━━━━━━━━━━━━━━（反発係数）━━

　質量 m_1 の質点 1 と質量 m_2 の質点 2 が 1 次元衝突し，質点 1 の速度が v_1 から v_1' に，質点 2 の速度が v_2 から v_2' に変化したとする．このとき，反発係数は以下で定義される．

$$e = -\frac{v_1' - v_2'}{v_1 - v_2}$$

(1)　弾性衝突（$e = 1$）のとき，運動エネルギーの和が保存されることを示せ．

(2)　完全非弾性衝突（$e = 0$）のとき，質点はどのような運動をするか．衝突後の質点の速度に着目して説明せよ．

━━ **方針** ━━　反発係数の式に与えられた数値を代入し，何が言えるのか考えます．

【答案】　(1)　$e = 1$ のとき，反発係数の式を整理すると

$$v_1 + v_1' = v_2 + v_2' \tag{6.16}$$

また，運動量保存則が成り立つので

$$m_1 v_1 + m_2 v_2 = m_1 v_1' + m_2 v_2'$$

$$\therefore \quad m_1 v_1 - m_1 v_1' = -(m_2 v_2 - m_2 v_2') \tag{6.17}$$

(6.16) と (6.17) の両辺をそれぞれ掛け合わせると

$$m_1 v_1^2 - m_1 v_1'^2 = -(m_2 v_2^2 - m_2 v_2'^2)$$

$$\therefore \quad \frac{1}{2} m_1 v_1^2 + \frac{1}{2} m_2 v_2^2 = \frac{1}{2} m_1 v_1'^2 + \frac{1}{2} m_2 v_2'^2$$

したがって，運動エネルギーの総和は保存する．

　(2)　$e = 0$ のとき，反発係数の式より

$$v_1' = v_2'$$

すなわち，2 つの質点は衝突後，同じ速度で合体したまま移動する．■

演 習 問 題

=== A ===

6.1.1 xy 平面上で，質点 1（質量 m_1）が x 軸負方向から速度 $\boldsymbol{v}_1 = v_1\boldsymbol{e}_x$ で運動し，原点で静止した質点 2（質量 m_2）に衝突した．衝突後，質点 1, 2 は速度 $\boldsymbol{v}_1'$, $\boldsymbol{v}_2'$ で散乱した．以下の問に答えよ．

(1) 衝突前後での運動量保存則の式を書き下せ．

(2) 衝突前後で質点 1, 2 がそれぞれ受ける力積を求めよ．

=== B ===

6.1.2 運動方程式が以下で与えられる質点 1, 2 の運動を考える．

$$m_1 \frac{d^2\boldsymbol{r}_1}{dt^2} = \boldsymbol{K}_{12}$$

$$m_2 \frac{d^2\boldsymbol{r}_2}{dt^2} = -\boldsymbol{K}_{12}$$

(1) 質点 2 に対する質点 1 の相対座標 $\boldsymbol{r}_{12}$ についての運動方程式を書き下せ．

(2) これまで，地球（質点 1）と太陽（質点 2）の運動を考える際，太陽の座標を原点に固定して考えてきた．(1) で得た運動方程式を利用して，この近似が妥当であることを説明せよ．

6.1.3 質量 m の 2 つの質点 1, 2 の弾性衝突を考える．衝突以外に質点は外力を受けないものとして，以下の問に答えよ．

(1) 質点の速度が $\boldsymbol{v}$ であるとき，質点の運動量 $\boldsymbol{p}$ は

$$\boldsymbol{p} = m\boldsymbol{v}$$

と書ける．衝突前後で 2 つの質点の運動量の和が保存することを示せ．

(2) 衝突前，質点 1 は x 軸負方向から速度 $\boldsymbol{v}_0 = v_0\boldsymbol{e}_x$ で運動し，質点 2 は原点で静止しているものとする．衝突後の質点 1, 2 の速度 $\boldsymbol{v}_1$, $\boldsymbol{v}_2$ を，以下のそれぞれの場合に関して求めよ．

a. 質点 1, 2 が x 軸上を 1 次元運動する場合．

b. 2 次元平面の場合．衝突後の質点 2 の進行方向と x 軸正方向のなす角は φ であったとする．

6.1.4 図 6.1 に示すように，質量 m の質点 1, 2 の 1 次元運動を考える．初めに質点 2 を静止させておき，質点 1 を速度 v（>0）で衝突させる．衝突後，質点 1 と質点 2 の速度はそれぞれ v_1, v_2 となった（$v_1 \leq v_2$）．このときに以下の問に答えよ．

図 6.1

(1) 衝突前後の速度の関係（v, v_1, v_2 の関係）を求めよ．

(2) 衝突後の質点 1 の速度 v_1 として，$v_1 > 0, v_1 = 0, v_1 < 0$ の 3 通りの結果が考えられる．この 3 つの結果がそれぞれどのような場合に実現するか説明せよ．（ヒント：衝突には，弾性衝突の場合と非弾性衝突の場合がある．）

6.1.5 同じ質量 m を持つ質点 1 と 2 が相互作用を及ぼし合いながら散乱する．まず重心系で考える．図 6.2 に示すように重心 O を原点にし粒子 1 の極座標を (r, θ) と表す．無限遠での粒子初速度を v_0，衝突パラメーターを b，散乱角度を Θ_{cm} とする．2 粒子間のポテンシャルエネルギーは $U = \frac{\alpha}{2r}$ とする．（参考：衝突パラメーターとは力の中心から入射粒子が進む直線に下した垂線の長さ．）

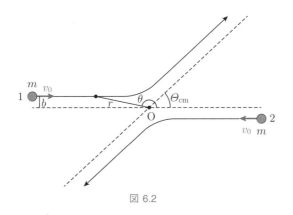

図 6.2

(1) 系の全角運動量の大きさ L を b を用いて表せ．

(2) 系の全運動エネルギー T を r, θ およびそれらの時間微分を用いて表せ．

(3) θ および r に関する運動方程式を求めよ．

　これらの方程式より全角運動量および全エネルギーが保存される．これらの保存則を用いて以下の問に答えよ．

(4) 2粒子間の最近接距離 R を求めよ.

(5) $\dfrac{d\theta}{dt}$ および $\dfrac{dr}{dt}$ を求め,軌道方程式（$\dfrac{dr}{d\theta}$ に対する方程式）を求めよ.

(6) 散乱角度 Θ_{cm} を求める積分式を書け.

　次に同じ質量を持つ質点1と2の散乱における重心系での散乱角度 Θ_{cm} と,実験室系（粒子2が最初静止している座標系）での散乱角度 Θ_{lab} との関係を求める.図6.3に示すように,重心系での散乱平面を xy 平面,実験室系での散乱平面を $x'y'$ 平面とし,それぞれの系での粒子1の散乱後の速度ベクトルを (v_x, v_y),(v'_x, v'_y) とする.重心系での粒子1の無限遠での初速度ベクトルは $(v_0, 0)$ である.

(7) 実験室系での速度成分 v'_x, v'_y と重心系での速度成分 v_x, v_y の関係式を書け.

(8) Θ_{lab} と Θ_{cm} の関係式を求めよ. （九州大学　改）

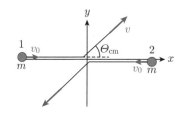
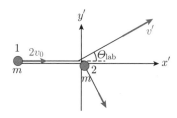

(a) 重心系 　　　　　　**(b)** 実験室系

図 6.3

6.2 多体系の運動
――多体系の運動法則――

キーポイント

二体系の議論を一般化して，N 個の質点が相互作用する系を考える．

❶多体系と質量中心

多数の粒子からなる系で，粒子 i に対する運動方程式は

$$m_i \frac{d^2}{dt^2} \boldsymbol{x}_i(t) = \boldsymbol{F}_i^{\mathrm{E}} + \sum_{j=1, j \neq i}^{N} \boldsymbol{F}_{j \to i}^{\mathrm{I}} \tag{6.18}$$

となります．ここで外力は，粒子 i の座標で決まる関数

$$\boldsymbol{F}_i^{\mathrm{E}} = \boldsymbol{F}_i^{\mathrm{E}}(\boldsymbol{x}_i) \tag{6.19}$$

であり，内力は粒子 i と粒子 j の両座標の差で決まる関数

$$\boldsymbol{F}_{j \to i}^{\mathrm{I}} = \boldsymbol{F}_{j \to i}^{\mathrm{I}}(\boldsymbol{x}_i - \boldsymbol{x}_j) \tag{6.20}$$

とします．外力のない N 個の粒子がある系では，質量中心の座標は

$$\boldsymbol{X}_{\mathrm{G}} = \frac{1}{M_{\mathrm{total}}} \sum_{i=1}^{N} m_i \boldsymbol{x}_i \tag{6.21}$$

$$M_{\mathrm{total}} = \sum_{i=1}^{N} m_i \tag{6.22}$$

となります．作用・反作用の法則から $\boldsymbol{F}_{i \to j}^{\mathrm{I}} = -\boldsymbol{F}_{j \to i}^{\mathrm{I}}$ となることより，質量中心は等速運動を表す方程式

$$M_{\mathrm{total}} \frac{d^2}{dt^2} \boldsymbol{X}_{\mathrm{G}} = 0 \tag{6.23}$$

を満たします．つまり，質量中心は全質量 M_{total} を持つ自由粒子として運動します．

❷多体系の運動量

各質点の運動量 $\boldsymbol{p}_i$ の総和を質点系の（全）**運動量**といいます．これを $\boldsymbol{P}$ とすれば，

$$\boldsymbol{P} = \sum \boldsymbol{p}_i = \sum m_i \frac{d\boldsymbol{r}_i}{dt} = \frac{d}{dt}\left(\sum m_i \boldsymbol{r}_i\right) = \frac{d}{dt}\left(M_{\mathrm{total}} \boldsymbol{r}_{\mathrm{G}}\right) = M_{\mathrm{total}} \frac{d\boldsymbol{r}_{\mathrm{G}}}{dt} \tag{6.24}$$

と書き表すことができます．例えば，質点 i に働く力を，質点 j からの力 $\boldsymbol{F}_{j \to i}$ と外力 $\boldsymbol{F}_i$

とに分けたとき，

$$\frac{d\boldsymbol{p}_i}{dt} = \sum_{j(\neq i)} \boldsymbol{F}_{j \to i} + \boldsymbol{F}_i \tag{6.25}$$

が成り立ちます．全ての質点について和をとれば，右辺第 1 項の和は

$$\sum_i \left(\sum_{j(\neq i)} \boldsymbol{F}_{j \to i} \right) = \sum_{i \neq j} \sum \boldsymbol{F}_{j \to i} = \frac{1}{2} \sum_{i \neq j} \sum (\boldsymbol{F}_{j \to i} + \boldsymbol{F}_{i \to j}) = \boldsymbol{0} \tag{6.26}$$

となるから，(6.25) の和は (6.24) より

$$\sum \frac{d\boldsymbol{p}_i}{dt} = \frac{d\boldsymbol{P}}{dt} = M_{\text{total}} \frac{d^2 \boldsymbol{r}_{\text{G}}}{dt^2} = \sum \boldsymbol{F}_i \tag{6.27}$$

となります．すなわち，重心という点は質点系の全質量と等しい質量を持つ点が，外力の総和に等しい 1 つの力を受けたときに行う運動とまったく同じ運動をします．特に外力の和が $\boldsymbol{0}$ に等しい場合には，系の運動量は一定に保たれます．これを**運動量保存則**と呼びます．このとき，系の重心は等速直線運動を行います．

❸ 多体系の角運動量

質点 i の運動量を $\boldsymbol{p}_i$，原点に関する角運動量を $\boldsymbol{l}_i$ とすれば，

$$\boldsymbol{l}_i = \boldsymbol{r}_i \times \boldsymbol{p}_i = \boldsymbol{r}_i \times m \frac{d\boldsymbol{r}_i}{dt} \tag{6.28}$$

となります．これらの角運動量ベクトルの総和をこの質点系の（全）**角運動量**と呼びます．これを $\boldsymbol{L}$ と書くと，その時間変化率は

$$\frac{d\boldsymbol{L}}{dt} = \frac{d}{dt} \left(\sum \boldsymbol{r}_i \times \boldsymbol{p}_i \right) = \sum \frac{d\boldsymbol{r}_i}{dt} \times \boldsymbol{p}_i + \sum \boldsymbol{r}_i \times \frac{d\boldsymbol{p}_i}{dt} \tag{6.29}$$

となります．$\frac{d\boldsymbol{r}_i}{dt}$ と $\boldsymbol{p}_i$ は平行なベクトルであるから，右辺第 1 項は $\boldsymbol{0}$ となります．第 2 項は，運動方程式によって，

$$\sum \boldsymbol{r}_i \times \left(\sum_{j(\neq i)} \boldsymbol{F}_{j \to i} + \boldsymbol{F}_i \right) = \sum_{i \neq j} \sum \boldsymbol{r}_i \times \boldsymbol{F}_{j \to i} + \sum \boldsymbol{r}_i \times \boldsymbol{F}_i \tag{6.30}$$

と書けます．質点間の相互作用の力が質点を結ぶ直線の方向に働くものとすれば，

$$\begin{aligned}
\sum_{i \neq j} \sum \boldsymbol{r}_i \times \boldsymbol{F}_{j \to i} &= \frac{1}{2} \left(\sum_{i \neq j} \sum \boldsymbol{r}_i \times \boldsymbol{F}_{j \to i} + \sum_{i \neq j} \sum \boldsymbol{r}_j \times \boldsymbol{F}_{i \to j} \right) \\
&= \frac{1}{2} \sum_{i \neq j} \sum (\boldsymbol{r}_i - \boldsymbol{r}_j) \times \boldsymbol{F}_{j \to i} = \boldsymbol{0} \quad (\because \ (\boldsymbol{r}_i - \boldsymbol{r}_j) \mathbin{/\!/} \boldsymbol{F}_{j \to i})
\end{aligned} \tag{6.31}$$

となることから，

$$\frac{d\boldsymbol{L}}{dt} = \sum \boldsymbol{r}_i \times \boldsymbol{F}_i \tag{6.32}$$

が成り立ちます．すなわち，質点系の角運動量の時間変化率は外力のモーメントの総和に等しくなります．特に外力のモーメントの和が $\boldsymbol{0}$ に等しいときには（外力の和が $\boldsymbol{0}$ でなくても）系の角運動量は一定に保たれます．これを**角運動量保存則**と呼びます．

基本問題 6.3━━━（運動量と力積・運動量保存則・ガスの噴射）重要

質量 m の質点が速度 v で運動するとき，質点の運動量を $p = mv$ と定義する.

(1) 質量 m の質点が外力 $F(t)$ を受けながら運動しているとする．時刻 t_0 から t_1 までの運動量の変化（力積）を求めよ.

(2) 2 つの質点（m_1, m_2）の衝突を考える．相互作用以外に外力が働いていないとき，運動量保存則が成り立つことを示せ.

(3) 運動量保存則は物体の質量が変化する場合であっても成立する．質量 m, 速度 v で運動するロケットが，質量 δm （>0）のガスをロケットに対して相対速度 $-U$ で噴出したとき，ロケットの速度はどうなるか．ただし，ロケットは 1 次元運動をしているものとする.

(4) 一般に運動量保存則が成立する条件をまとめよ.

方針 運動量は運動方程式から導くことができます．まずは運動方程式を立てます.

【答案】 (1) 質点の加速度を a とすると，運動方程式は $ma(t) = F(t)$ となる．これを時刻 t_0 から t_1 まで時間積分すると

$$mv(t_1) - mv(t_0) = \int_{t_0}^{t_1} F(t') \, dt'$$

が得られる．上式の右辺が力積である.

(2) 2 つの質点の相互作用には，作用・反作用の法則が成り立つ．したがって，運動方程式はそれぞれ $m_1 a_1(t) = F(t), m_2 a_2(t) = -F(t)$ となる．この 2 式の和をとると

$$m_1 a_1(t) + m_2 a_2(t) = 0$$

これを時刻 t_0 から t_1 までで時間積分して整理すると

$$m_1 v_1(t_0) + m_2 v_2(t_0) = m_1 v_1(t_1) + m_2 v_2(t_1)$$

この結果は任意の時刻 t_0, t_1 で成り立つので，運動量保存則が成り立つ.

(3) ガス噴出後のロケットの速度を v' とする．運動量保存則より

$$mv = (m - \delta m)v' + \delta m(v' - U)$$

これを整理すると

$$v' = v + \frac{\delta m}{m}U$$

(4) 系に内力だけが働くとき運動量保存則が成り立つ．一方，系に外力が働くとき力積に応じて運動量は変化する．■

■ ポイント ■ (2) 物体の衝突，(3) 物体の分離，どちらも内力だけが働く運動なので，運動量保存則が成り立ちます.

基本問題 6.4　　　　　　　　　　　　　　　　　　　　　　　（鎖）　重要

　図 6.4 に示すように，一様な線密度 ρ の鎖を鉛直
上方に引き上げることを考える．鎖の各部分は引き
上げられる前には床面に静止しており，端から順序
よく鉛直上方の運動を開始する．ただし，鎖の輪の
大きさは十分小さいとし，輪が立ち上がることによ
る運動の効果は無視できるとする．重力加速度の大
きさを g とし，引き上げられた鎖の長さが全長より
短い場合に以下の問に答えよ．

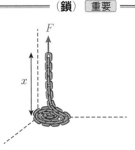

図 6.4

(1)　ある時刻 t に引き上げられた鎖の長さが $x(t)$，速度が $\dot{x}(t)$ となっている．こ
　　のとき，鎖の運動量の上向き成分 $p(t)$ を求めよ．

(2)　微小な時間間隔 Δt に長さが $x(t)$ から $x(t+\Delta t)$ に変化する．その際の運動量
　　の変化 Δp を Δt の 1 次までの範囲で求めよ．

(3)　鉛直上方に力 F で鎖を引き上げることを考える．この力と鎖に働く重力を考
　　慮に入れ，運動方程式を書き下せ．

(4)　引き上げる力は長さに比例して $F = 2\rho g x(t)$ とする．(3) の微分方程式の解
　　をべき型 $x(t) = kt^n$ と仮定して定数 k と n を定めよ．ただし，時刻 $t = 0$ で
　　$x(0) = \dot{x}(0) = 0$ とする．　　　　　　　　　　　　　　　　　　　（広島大学）

方針　重力下の鎖は質量が時間とともに増加する物体であると考えることでうまく議論で
きます．

【答案】　(1)　運動量は鎖の質量に鎖の速度をかけ合わせた量であるから

$$p(t) = \rho x(t)\dot{x}(t)$$

となる．

(2)

$$x(t+\Delta t) \simeq x(t) + \dot{x}(t)\Delta t$$
$$\dot{x}(t+\Delta t) \simeq \dot{x}(t) + \ddot{x}(t)\Delta t$$

であるので，

$$\Delta p = p(t+\Delta t) - p(t)$$
$$= \rho x(t+\Delta t)\dot{x}(t+\Delta t) - \rho x(t)\dot{x}(t)$$
$$\simeq \rho(\dot{x}^2(t) + x(t)\ddot{x}(t))\Delta t$$

となる．

(3)　鎖に働く重力を考慮に入れ，運動方程式は

$$F - g\rho x(t) = \rho(\dot{x}^2(t) + x(t)\ddot{x}(t))$$

となる.

(4)　微分方程式の解をべき型 $x(t) = kt^n$ と仮定すると，

$$\dot{x}(t) = knt^{n-1}, \quad \ddot{x}(t) = kn(n-1)t^{n-2}$$

となる. これを微分方程式に代入して

$$gkt^n = k^2\{n^2 + n(n-1)\}t^{2(n-1)}$$

となる. 両辺の t の指数に注目して，

$$n = 2(n-1)$$

より, $n = 2$ となる. また $k = \dfrac{g}{6}$ となる. ∎

┃ ポイント ┃　一定の速さ v で引き上げる場合,

$$F = \rho(gx(t) + v^2)$$

となります.

また, 一定の力 F で引き上げる場合, 初期条件を $x = x_0, \dot{x} = 0$ とすると

$$\frac{d}{dt}(\rho x(t)\dot{x}(t)) = \dot{x}(t)\frac{d}{dx}(\rho x(t)\dot{x}(t)) = F - \rho x(t)g$$

$\dfrac{x(t)}{\rho}$ を両辺にかけて

$$x(t)\dot{x}(t)\frac{d}{dx}(x(t)\dot{x}(t)) = \frac{1}{2}\frac{d}{dx}(x(t)\dot{x}(t))^2 = \frac{F}{\rho}x(t) - x^2(t)g$$

積分して

$$\frac{1}{2}(x(t)\dot{x}(t))^2 = \frac{F}{2\rho}x^2(t) - \frac{g}{3}x^3(t) + C$$

初期条件より

$$\frac{1}{2}(x(t)\dot{x}(t))^2 = \frac{F}{2\rho}(x^2(t) - x_0^2) - \frac{g}{3}(x^3(t) - x_0^3)$$

より

$$\dot{x}(t) = \frac{1}{x(t)}\sqrt{\frac{F}{\rho}(x^2(t) - x_0^2) - \frac{2g}{3}(x^3(t) - x_0^3)}$$

となります.

演習問題

━━ A ━━

6.2.1 ロケットは，積載した燃料を燃焼させ，発生した燃焼ガスを噴射する反作用によって推進する．そのため，ロケットの質量は時間が経つにつれて減少する．いまロケットが，時刻 $t = 0$ に燃焼を開始し，重力に逆らって鉛直上方に上昇する場合を考える．時刻 $t = 0$ でのロケットの質量は M_0，速さは 0 であり，燃焼ガスはロケットから見て一定の速さ ω で，鉛直下向きに噴射されるとする．また，ロケットの高度にかかわらず，重力加速度の大きさ g は一定であるとする．

(1) 時刻 t におけるロケットの質量を M，ロケットが上昇する速さを V とする．図 6.5 のように，微小時間 dt が経過する間に，ロケットは質量 $-dM > 0$ の燃焼ガスを噴射し，時刻 $t + dt$ でのロケットの質量は $M + dM$，ロケットの速さは $V + dV$ になった．「時刻 $t + dt$ でのロケットの運動量と燃焼ガスの運動量の和」は「時刻 t でのロケットの運動量」と「時間 dt の間にロケットと燃焼ガスが重力から受けた力積」との和に等しいことを用い，次の関係式を求めよ．ただし，2次以上の微小量は無視せよ．

$$MdV = -\omega dM - Mgdt \tag{6.33}$$

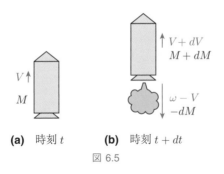

(a) 時刻 t **(b)** 時刻 $t + dt$

図 6.5

(2) 重力加速度が無視できる場合を考える $(g = 0)$．(6.33) を用いて，ロケットの質量が $\frac{M_0}{2}$ になったときの，ロケットの速さを求めよ．

　以下では，重力加速度が無視できない場合を考える $(g \neq 0)$．簡単のために，ロケットが単位時間に噴射する燃焼ガスの質量 μ は一定であるとする．

(3) 時刻 $t = 0$ において，ロケットが上昇を開始するために，燃焼ガスの速さ ω が満たすべき条件を求めよ．

(4) 前問の条件が満たされている場合を考える．ロケットの質量が $\frac{M_0}{2}$ になったときの，ロケットの速さを求めよ．

(北海道大学)

6.2.2 図 6.6 のように単位長さあたりの質量が ρ の鎖が 1 箇所にとぐろを巻いて置かれ
ているとする．その一端を鉛直方向に一定の速さ V で引き上げたとする．その
ために必要な外力 F は時間とともに変化する．引き上げられた鎖はまっすぐ上
に移動するものとして，以下の問に答えよ．ただし，重力の加速度を g とする．

(1) 端の高さが l となったときの，鎖の力学的エネルギー $E(l)$ を書け．ただし，
位置エネルギーは引き上げる前の状態を基準とし，鎖は十分長いとする．

(2) 引き上げ始めてから端の高さが l となるまでに，外力がした仕事 $W(l)$ を求
めよ．

(3) $W(l)$ と $E(l)$ の大きさを比較せよ．その差がどうして生じたか，設問の仮
定との関係に注意して説明せよ． 　　　　　　　　　　　　　　　（九州大学）

図 6.6

6.3　連 成 振 動
――基準振動と呼ばれる単振動に分解――

Contents

――――――キーポイント――――――
　複数個の振動子が連結した連成振動は基準振動と呼ばれる単振動に分解することができ，運動はその単純な重ね合わせとして記述できる.

❶連成振動の運動方程式

　相互に作用する複数の振動子からなる振動運動を**連成振動**と呼びます. N 個の振動子の平衡位置からの変位を $x_1, x_2, \ldots, x_N$ とすると，連成振動は以下の連立微分方程式で表されます.

$$\begin{cases} \dfrac{d^2 x_1}{dt^2} = a_{11}x_1 + a_{12}x_2 + \cdots + a_{1N}x_N \\[2mm] \dfrac{d^2 x_2}{dt^2} = a_{21}x_1 + a_{22}x_2 + \cdots + a_{2N}x_N \\[1mm] \quad\vdots \\[1mm] \dfrac{d^2 x_N}{dt^2} = a_{N1}x_1 + a_{N2}x_2 + \cdots + a_{NN}x_N \end{cases} \tag{6.34}$$

これを行列で表すと

$$\frac{d^2}{dt^2} \begin{pmatrix} x_1 \\ x_2 \\ \vdots \\ x_N \end{pmatrix} = \begin{pmatrix} a_{11} & a_{12} & \cdots & a_{1N} \\ a_{21} & a_{22} & \cdots & a_{2N} \\ \vdots & \vdots & \ddots & \vdots \\ a_{N1} & a_{N2} & \cdots & a_{NN} \end{pmatrix} \begin{pmatrix} x_1 \\ x_2 \\ \vdots \\ x_N \end{pmatrix} \tag{6.35}$$

となります.

$$\boldsymbol{x} = \begin{pmatrix} x_1 \\ x_2 \\ \vdots \\ x_N \end{pmatrix}, \quad A = \begin{pmatrix} a_{11} & a_{12} & \cdots & a_{1N} \\ a_{21} & a_{22} & \cdots & a_{2N} \\ \vdots & \vdots & \ddots & \vdots \\ a_{N1} & a_{N2} & \cdots & a_{NN} \end{pmatrix}$$

とおくと，連立微分方程式は次のように表されます.

$$\frac{d^2 \boldsymbol{x}}{dt^2} = A\boldsymbol{x} \tag{6.36}$$

❷対角化と基準振動

　物理的考察から連成振動を単振動に分解することができる**基準振動**を見つけることができることもありますが，行列 A の対角化を行うことにより基準振動を見つけることもできます．行列の対角化を行うためには，行列の固有値・固有ベクトルを求めます．行列 A に対して，スカラー λ，ベクトル $\boldsymbol{v}$ が固有値方程式

$$A\boldsymbol{v} = \lambda\boldsymbol{v} \tag{6.37}$$

を満たすとき，λ を行列 A の**固有値**，$\boldsymbol{v}$ を**固有ベクトル**と呼びます．単位行列を I として，**固有値方程式**は

$$(A - \lambda I)\boldsymbol{v} = \boldsymbol{0} \tag{6.38}$$

と書けます．行列 $A - \lambda I$ が逆行列を持つ場合，(6.38) の左からその逆行列をかけると $\boldsymbol{v} = \boldsymbol{0}$ となり，$\boldsymbol{v}$ は固有ベクトルになれません．したがって，$A - \lambda I$ が逆行列を持たないという条件から，固有値 λ を求める**特性方程式**

$$\det(A - \lambda I) = 0 \tag{6.39}$$

が得られます．ここで求められた固有値 λ_i を固有値方程式 (6.38) に代入すると固有ベクトル $\boldsymbol{v}_i$ が得られます．固有ベクトル $\boldsymbol{v}_i$（$i = 1, 2, \ldots, N$）を並べた行列を U とすると，

$$U^{-1}AU = A', \quad U = (\boldsymbol{v}_1, \boldsymbol{v}_2, \ldots, \boldsymbol{v}_N), \quad A' = \begin{pmatrix} \lambda_1 & 0 & \cdots & 0 \\ 0 & \lambda_2 & \cdots & 0 \\ \vdots & \vdots & \ddots & \vdots \\ 0 & 0 & \cdots & \lambda_N \end{pmatrix} \tag{6.40}$$

となり，行列 A を対角化することができます．

　この対角化を利用して，連立微分方程式 (6.36) は

$$\begin{aligned} U^{-1}\frac{d^2\boldsymbol{x}}{dt^2} &= \frac{d^2}{dt^2}U^{-1}\boldsymbol{x} \\ &= U^{-1}AUU^{-1}\boldsymbol{x} \\ &= A'U^{-1}\boldsymbol{x} \end{aligned} \tag{6.41}$$

と変形されます．

$$\boldsymbol{Q} = U^{-1}\boldsymbol{x} \tag{6.42}$$

とおくと，(6.41) は

$$\frac{d^2}{dt^2}\boldsymbol{Q} = A'\boldsymbol{Q} \tag{6.43}$$

と表され，A' は対角行列であるので，独立した単振動の微分方程式

$$
\begin{cases}
\dfrac{d^2 Q_1}{dt^2} = \lambda_1 Q_1 \\[2mm]
\dfrac{d^2 Q_2}{dt^2} = \lambda_2 Q_2 \\[1mm]
\quad\vdots \\[1mm]
\dfrac{d^2 Q_N}{dt^2} = \lambda_N Q_N
\end{cases}
\tag{6.44}
$$

に分離されます．このように，連成振動の連立微分方程式を分離する座標 $\boldsymbol{Q}$ のことを**基準座標**，基準振動の単振動を**基準振動**と呼びます．

　この問題は全ての質点が調子を合わせて単振動を行うような運動を求めることで解くこともできます．そのために，

$$
x_i = A_i \cos(\omega t + \alpha) \quad (i = 1, 2, \ldots, N)
\tag{6.45}
$$

とおいて，連立微分方程式 (6.34) に代入すると (6.38) と同様の方程式が得られ，運動を求めることができます．

本問題 6.5 ━━━━━━━━━━━━━━━━━━━ (連成振動 (二体系)) 重要 ━

図 6.7 のような質量 m の 2 つの質点をばね定数 k と k' のばねでつないだ 1 次元系を考える.

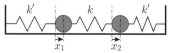

図 6.7

(1) 釣合いの位置からの質点の変位 x_1, x_2 についての運動方程式を求めよ.

(2) $q_1 \equiv x_1 + x_2$, $q_2 \equiv x_1 - x_2$ とおき, (1) で求めた運動方程式を q_1, q_2 についての運動方程式に書き直せ.

(3) q_1, q_2 についての運動方程式を解き, それを用いて x_1, x_2 の一般解を求めよ.

━━ 方針 ━━ 変数変換によって運動方程式を簡単な形 (解ける形) にします.

【答案】 (1) 運動方程式は次のようになる.

$$m\frac{d^2 x_1}{dt^2} = -k'x_1 + k(x_2 - x_1), \quad m\frac{d^2 x_2}{dt^2} = -k'x_2 + k(x_1 - x_2)$$

(2) 2 つの運動方程式の和, 差をとることで, 次のような運動方程式を得ることができる.

$$m\frac{d^2 q_1}{dt^2} = -k'q_1, \quad m\frac{d^2 q_2}{dt^2} = -(k' + 2k)q_2$$

(3) 次のように角振動数 ω_1, ω_2 をおく.

$$\omega_1 = \sqrt{\frac{k'}{m}}, \quad \omega_2 = \sqrt{\frac{k' + 2k}{m}}$$

(2) で得られた運動方程式は単振動のものと同様であるので, q_1, q_2 の一般解は

$$q_1 = A_1 \sin(\omega_1 t + \varphi_1), \quad q_2 = A_2 \sin(\omega_2 t + \varphi_2)$$

となる. このとき, A_1, A_2, φ_1, φ_2 は積分定数である. 以上より, $x_1 = \frac{1}{2}(q_1 + q_2)$, $x_2 = \frac{1}{2}(q_1 - q_2)$ であるから, これらを用いて x_1, x_2 の一般解を求めると

$$x_1 = \frac{1}{2}\{A_1 \sin(\omega_1 t + \varphi_1) + A_2 \sin(\omega_2 t + \varphi_2)\}$$

$$x_2 = \frac{1}{2}\{A_1 \sin(\omega_1 t + \varphi_1) - A_2 \sin(\omega_2 t + \varphi_2)\}$$

となる. ∎

━━ ポイント ━━ 行列の対角化を用いないで運動方程式を解く方法です. 質点の数が少ない場合は, 今回のような簡単な計算で解くこともできます.

基本問題 6.6 ────────────（対角化と基準振動）重要

基本問題 6.5 において，$Q_1 \equiv \frac{q_1}{\sqrt{2}}, Q_2 \equiv \frac{q_2}{\sqrt{2}}$ とした Q_1, Q_2 を一般に基準座標といい，その振動を基準振動という．これにより，連成振動は行列の固有値問題に帰着する．

(1) $\boldsymbol{x} \equiv (x_1, x_2)^{\mathrm{T}}$ と $\boldsymbol{Q} \equiv (Q_1, Q_2)^{\mathrm{T}}$ に対し，$\boldsymbol{Q} = U\boldsymbol{x}$ となる行列 U を求めよ．

(2) 基本問題 6.5(1) で求めた x_1, x_2 についての運動方程式を行列表示し

$$\ddot{\boldsymbol{x}} = A\boldsymbol{x}$$

の形で表せ．

(3) A を対角化した行列 A' に対して

$$\ddot{\boldsymbol{Q}} = A'\boldsymbol{Q}$$

となることを示せ．

(4) 2 つの質点の力学的エネルギーの和 E が基準座標を用いて

$$E = \left(\frac{1}{2}m\dot{Q}_1^2 + \frac{1}{2}m\omega_1^2 Q_1^2\right) + \left(\frac{1}{2}m\dot{Q}_2^2 + \frac{1}{2}m\omega_2^2 Q_2^2\right)$$

と表されることを示せ．ただし，ω_1, ω_2 は基準角振動数である．

(5) (1) で求めた変換の逆変換から，x_1, x_2 は基準振動 Q_1, Q_2 の重ね合わせとして表されることがわかる．このときの各基準振動の物理的な意味を説明せよ．

方針 基本問題 6.5 で行ったのと同様の計算を，今回は行列を用いて行います．

【答案】 (1) 行列 U は $\boldsymbol{Q} = U\boldsymbol{x}$ として定義される．

$$\boldsymbol{Q} = \frac{1}{\sqrt{2}} \begin{pmatrix} 1 & 1 \\ 1 & -1 \end{pmatrix} \begin{pmatrix} x_1 \\ x_2 \end{pmatrix}$$

と書けることから

$$U = \frac{1}{\sqrt{2}} \begin{pmatrix} 1 & 1 \\ 1 & -1 \end{pmatrix}$$

となる．

(2) 運動方程式を行列表示すると

$$\begin{pmatrix} \ddot{x}_1 \\ \ddot{x}_2 \end{pmatrix} = \begin{pmatrix} -(k+k') & k \\ k & -(k+k') \end{pmatrix} \begin{pmatrix} x_1 \\ x_2 \end{pmatrix}$$

となる．すなわち

$$A = \begin{pmatrix} -(k+k') & k \\ k & -(k+k') \end{pmatrix}$$

である．

(3) U には逆行列 U^{-1} が存在し，以下のようになる．

$$U^{-1} = \frac{1}{\sqrt{2}} \begin{pmatrix} 1 & 1 \\ 1 & -1 \end{pmatrix}$$

このとき，$\ddot{\boldsymbol{x}} = A\boldsymbol{x}$ より

$$U\ddot{\boldsymbol{x}} = UAU^{-1}U\boldsymbol{x}$$

したがって，$UAU^{-1} = A'$ とおけば

$$\ddot{\boldsymbol{Q}} = A'\boldsymbol{Q}$$

が成り立つ．このとき

$$A' = UAU^{-1} = \begin{pmatrix} -k' & 0 \\ 0 & -(2k+k') \end{pmatrix}$$

である．

(4) 力学的エネルギー E は運動エネルギー K とポテンシャルエネルギー U の和として書ける．運動エネルギーは

$$\begin{aligned} K &= \frac{1}{2}m\dot{x}_1^2 + \frac{1}{2}m\dot{x}_2^2 \\ &= \frac{1}{2}m\dot{x}_1^2 + \frac{1}{2}m\dot{x}_2^2 + \frac{1}{2}m\dot{x}_1\dot{x}_2 - \frac{1}{2}m\dot{x}_1\dot{x}_2 \\ &= \frac{1}{2}m\left\{\frac{1}{2}(\dot{x}_1^2 + 2\dot{x}_1\dot{x}_2 + \dot{x}_2^2)\right\} + \frac{1}{2}m\left\{\frac{1}{2}(\dot{x}_1^2 - 2\dot{x}_1\dot{x}_2 + \dot{x}_2^2)\right\} \\ &= \frac{1}{2}m\dot{Q}_1^2 + \frac{1}{2}m\dot{Q}_2^2 \end{aligned}$$

ポテンシャルエネルギーは

$$\begin{aligned} U &= \frac{1}{2}k'x_1^2 + \frac{1}{2}k'x_2^2 + \frac{1}{2}k(x_2-x_1)^2 \\ &= \frac{1}{2}m\omega_1^2 x_1^2 + \frac{1}{2}m\omega_1^2 x_2^2 + \frac{1}{4}m(\omega_2^2 - \omega_1^2)(x_2-x_1)^2 \\ &= \frac{1}{2}m\omega_1^2 \frac{1}{2}(x_1+x_2)^2 + \frac{1}{2}m\omega_2^2 \frac{1}{2}(x_1-x_2)^2 \\ &= \frac{1}{2}m\omega_1^2 Q_1^2 + \frac{1}{2}m\omega_2^2 Q_2^2 \end{aligned}$$

したがって，$E = K + U$ より，力学的エネルギー E を Q_1, Q_2 のみで表すことができた．

(5) Q_1 は 2 つの質点の同位相振動（同じ方向に同じ大きさの振動），Q_2 は逆位相振動（向かい合わせの方向に同じ大きさの振動）を表している．■

▌**ポイント**▌ 基本問題 6.5 の解答と比べると難しい方法に見えるかもしれませんが，こちらの方が一般に適用できる方法です．まずは簡単な問題で慣れておきましょう．

━━ **基本問題 6.7** ━━━━━━━━━━━━━━━━━━━━━━━━━━━━━━ **（うなり）** ━━

2 つの質点 P_1, P_2 の連成振動の釣合いの位置からの変位 x_1, x_2 は一般に

$$x_1(t) = \frac{1}{\sqrt{2}} \Big\{ A_1 \cos(\omega_1 t + \varphi_1) + A_2 \cos(\omega_2 t + \varphi_2) \Big\}$$

$$x_2(t) = \frac{1}{\sqrt{2}} \Big\{ A_1 \cos(\omega_1 t + \varphi_1) - A_2 \cos(\omega_2 t + \varphi_2) \Big\}$$

と表される．ここで，ω_1, ω_2 は基準角振動数，A_1, A_2, φ_1, φ_2 は適当な定数である．
これを用いて次の問に答えよ．

(1)　時刻 $t = 0$ のときに，P_1 を平衡位置から x_0 だけずらし，一方 P_2 は平衡位置
　　に置いて静かに手を放した．その後の時間発展を求めよ．

(2)　2 つの基準角振動数が $|\omega_1 - \omega_2| \ll \omega_1, \omega_2$ のとき，「うなり」と呼ばれる現象が
　　起こる．どのような現象か説明せよ．また，うなりの振動数を求めよ．

方針　初期条件から，A_1, A_2, φ_1, φ_2 を求めます．時間発展を求めたら三角関数の公式を
用いて整理します．

【答案】　(1)　初期条件は

$$x_1(0) = x_0, \quad x_2(0) = 0, \quad \dot{x}_1(0) = \dot{x}_2(0) = 0$$

となる．これを用いると

$$A_1 = A_2 = \frac{x_0}{\sqrt{2}}, \quad \varphi_1 = \varphi_2 = 0$$

が得られる．したがって，P_1, P_2 の時間発展は

$$x_1(t) = \frac{x_0}{2} (\cos \omega_1 t + \cos \omega_2 t) = x_0 \cos \left(\frac{\omega_1 - \omega_2}{2} t \right) \cos \left(\frac{\omega_1 + \omega_2}{2} t \right)$$

$$x_2(t) = \frac{x_0}{2} (\cos \omega_1 t - \cos \omega_2 t) = -x_0 \sin \left(\frac{\omega_1 - \omega_2}{2} t \right) \sin \left(\frac{\omega_1 + \omega_2}{2} t \right)$$

となる．

(2)　質点 P_1 に着目して説明する．P_1 の時間発展は 2 つの振動 $\cos \left(\frac{\omega_1 - \omega_2}{2} t \right)$ と $\cos \left(\frac{\omega_1 + \omega_2}{2} t \right)$
の積で表される．$|\omega_1 - \omega_2| \ll \omega_1, \omega_2$ のとき，前者の振動は後者の振動に比べてゆっくり振動
する．つまり，小さい時間間隔で見れば $\cos \left(\frac{\omega_1 - \omega_2}{2} t \right)$ はほぼ定数であり，P_1 は一定の振幅で
$\cos \left(\frac{\omega_1 + \omega_2}{2} t \right)$ の振動をしているように見える．しかし，実際には振幅も $\cos \left(\frac{\omega_1 - \omega_2}{2} t \right)$ でゆっく
り振動している．このように「うなり」とは 2 つの振動の重ね合わせにより，振幅がゆっくり時
間変化するような振動が生まれることである．

振幅が 0 の状態から次第に大きくなり再び 0 に戻るまでの時間をうなりの周期と呼ぶ．した
がって，うなりの周期は $\frac{2\pi}{|\omega_1 - \omega_2|}$ となるので，うなりの振動数はその逆数として

$$\frac{|\omega_1 - \omega_2|}{2\pi}$$

となる．■

演 習 問 題
━━━ A ━━━

6.3.1 二原子分子の運動を，同じ質量 m の 2 つの質点が質量を無視できるばね定数 k，自然長 l のばねでつながれている 1 次元系のモデルとして考える．各質点の座標を x_1, x_2 $(x_1 < x_2)$ として以下の問に答えよ．ただし，運動は x 軸方向のみに限られるものとする．

(1) x_1, x_2 についての運動方程式を求めよ．

(2) 求めた運動方程式は適当に座標変換することで，対称行列 A を用いて次のように表せる．

$$\ddot{\boldsymbol{y}} = -\omega_0^2 A \boldsymbol{y}, \quad \omega_0 \equiv \sqrt{\frac{k}{m}}$$

対称行列 A を求めよ．

(3) 行列 A を対角化し，対角化によって得られた行列 A' を用いて，運動方程式を $\ddot{\boldsymbol{Q}} = -\omega_0^2 A' \boldsymbol{Q}$ の形に変形して，基準座標 $\boldsymbol{Q} = (Q_1, Q_2)^{\mathrm{T}}$ の一般解を求めよ．

(4) 質点の座標 x_1, x_2 を基準座標 Q_1, Q_2 を用いて表せ．

━━━ B ━━━

6.3.2 図 6.8 のような，質量 m の 3 つの質点をばね定数 k のばねでつないだ 1 次元系を考える．

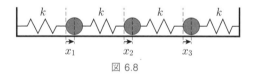

図 6.8

(1) 釣合いの位置からの質点の変位 x_1, x_2, x_3 についての運動方程式を求めよ．また，運動方程式を $\ddot{\boldsymbol{x}} = -\frac{k}{m} A \boldsymbol{x}$ と表した場合の行列 A を求めよ．

(2) (1) で求めた行列を対角化し，基準座標 Q_1, Q_2, Q_3 についての運動方程式を求めよ．

(3) 基準座標についての運動方程式を解け．

(4) 質点の変位 x_1, x_2, x_3 を基準座標 Q_1, Q_2, Q_3 の和で表せ．

第7章 剛 体

　今までは，大きさを持たない質点の運動を取り扱ってきました．この章では，有限な大きさを持ち，かつ形の変化しない物体，「剛体」の運動を議論します．大きさを持つ物体の運動として，新たに物体の回転運動が問題となります．剛体の運動はヨーヨーやビリヤードの球など日常的に体験する物体の運動を説明することができます．

7.1　剛体の釣合いと重心の運動
──大きさを持つ物体の取り扱い方──

Contents

Subsection ❶ 剛体の釣合い
Subsection ❷ 剛体の重心と重心の運動方程式

キーポイント

　剛体の釣合いの条件は，剛体に働く力の和と重心まわりの外力のモーメントの和が $\mathbf{0}$ になることである．また，重心の運動方程式は重心に全ての質量が集まった質点の運動方程式に一致する．

❶剛体の釣合い
　質点の釣合いは，初速度 0 の質点に働く力の和が $\mathbf{0}$ になることで定義されました．剛体の場合も初速度 0 の重心に働く力の和が $\mathbf{0}$ になる必要があります．さらに，次の外力のモーメントの総和が $\mathbf{0}$ になる必要があります．

$$\frac{d\mathbf{L}}{dt} = \sum_i \mathbf{r}_i \times \mathbf{F}_i \tag{7.1}$$

❷剛体の重心と重心の運動方程式
　剛体の重心の位置ベクトル $\mathbf{r}_{\mathrm{G}}$ を次のように定義します．

$$\mathbf{r}_{\mathrm{G}} \equiv \frac{1}{M} \iiint \rho(\mathbf{r})\,\mathbf{r}\,d^3\mathbf{r} \tag{7.2}$$

ここで，M は剛体の全質量，$\rho(\mathbf{r})$ は剛体の質量密度です．剛体の重心の運動は，重心の位置ベクトル $\mathbf{r}_{\mathrm{G}}$ と剛体の全質量 M を用いて次のように記述できます．

$$M\frac{d^2\mathbf{r}_{\mathrm{G}}}{dt^2} = \sum_i \mathbf{F}_i \tag{7.3}$$

基本問題 7.1 ━━━━━━━━ （剛体の釣合い 1） 重要

図 7.1 のように質量 m，長さ l の棒が，水平な床から鉛直な壁に立てかけられている．棒が滑り出さないとき，棒の床に対する最小の角度 θ を求めよ．ただし，床と壁の静止摩擦係数をともに μ であるとする．

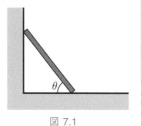

図 7.1

方針 重心の釣合いと力のモーメントの釣合いから剛体の釣合いの条件を求めます．

【答案】 床と壁からの垂直抗力を N_1, N_2 とする．床と壁から働く摩擦力の大きさは，滑り出す直前に μN_1, μN_2 となるから，重力加速度を g として，水平方向の釣合いの式は

$$N_2 - \mu N_1 = 0$$

垂直方向の釣合いの式は

$$N_1 + \mu N_2 = Mg$$

となる．これより，

$$N_1 = \frac{Mg}{1+\mu^2}, \quad N_2 = \frac{\mu Mg}{1+\mu^2}$$

が得られる．反時計回りを正の方向にとった棒と床の接点のまわりの力のモーメントの釣合いの式

$$Mg\frac{l}{2}\cos\theta - N_2 l \sin\theta - \mu N_2 l \cos\theta = 0$$

に，N_1, N_2 を代入して

$$\tan\theta = \frac{1-\mu^2}{2\mu}$$

となり，

$$\theta = \tan^{-1}\frac{1-\mu^2}{2\mu}$$

が得られる．■

基本問題 7.2 ━━━━━━━━━━━━ （剛体の釣合い 2） 重要 ━

　図 7.2 のように点 P の釘にかけられた長さ L のひもの両
端に質量 m, 半径 a の一様な球が 1 つずつつなげられてお
り, 互いに接触した状態で静止している. ひも, 釘, 球の表
面の摩擦は無視できるものとする.

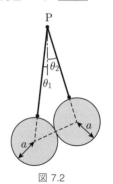

(1)　ひもの張力を T, 一方の球につなげられたひもが鉛直
　　方向となす角度を θ_1, もう一方の球につなげられたひも
　　が鉛直方向となす角度を θ_2 とする. 2 つの球を 1 つの系
　　とみなし, この系に対する水平方向と垂直方向の力の釣
　　合いの式をそれぞれ書け. ただし 2 つの球の接点に働く
　　抗力は互いに打ち消し合うためにここでは考えないもの
　　とする.

図 7.2

(2)　上問を解いて張力 T を θ_1 の関数として書き表せ.

(3)　$\sin\theta_1$ を L と a を用いて表せ.　　　　　　　　　　（首都大学東京）

方針　2 つの球を一体と考えて, 力と力のモーメントの釣合いから解きます.

【答案】　(1)　水平方向の力の釣合いは

$$T\sin\theta_1 = T\sin\theta_2$$

垂直方向の力の釣合いは

$$T(\cos\theta_1 + \cos\theta_2) = 2mg$$

となる.

(2)　上式より $\theta_1 = \theta_2$ となり,

$$T = \frac{mg}{\cos\theta_1}$$

となる.

(3)　θ_1 側のひもの長さを L_1 とすると, 点 P まわりの力のモーメントの釣合いの式は

$$mg(L_1 + a)\sin\theta_1 = mg(L - L_1 + a)\sin\theta_2$$

したがって,

$$L_1 = \frac{L}{2}$$

二等辺三角形であるので

$$\sin\theta_1 = \frac{a}{\frac{L}{2} + a}　　\blacksquare$$

基本問題 7.3 ————————————————————（**剛体の重心の運動方程式**）

剛体に一様な力 $\boldsymbol{F}$ が働くとき，重心の位置ベクトル $\boldsymbol{r}_{\mathrm{G}}$ の従う運動方程式を求めよ．

方針 各点の運動方程式を足し合わせることにより，重心の従う運動方程式を求めます．

【**答案**】 剛体を質量 $\rho(\boldsymbol{r}_i)\Delta V_i$（$\Delta V_i$ は微小体積），位置 $\boldsymbol{r}_i$ の質点の集まりとみなす．各質点の運動方程式を足し合わせると

$$\sum_i \rho(\boldsymbol{r}_i)\Delta V_i \ddot{\boldsymbol{r}}_i = \boldsymbol{F}$$

を得る．微小体積の和を積分に置き換えると

$$\iiint \rho(\boldsymbol{r})\ddot{\boldsymbol{r}}\, d^3\boldsymbol{r} = \boldsymbol{F}$$

重心の位置ベクトルの定義 (7.2) を使うと，

$$M\ddot{\boldsymbol{r}}_{\mathrm{G}} = \boldsymbol{F}$$

を得る．■

基本問題 7.4 ━━━━━━━━━━━━━━━━━━ （重心の計算）

次の剛体の重心を求めよ．剛体の質量は M とし，密度 ρ は一様なものとする．

(1) 底辺 a，高さ h の左右対称な二等辺三角形．

(2) 底面の半径 r，高さ h の円錐．

方針 重心の定義に従って積分します．

【答案】 (1) 剛体の面積は $\frac{ah}{2}$ なので，面密度は

$$\rho = \frac{2M}{ah}$$

となる．底辺に x 軸，中心軸に y 軸が来るように座標軸を設定して，重心を計算する．このとき，対称性より重心は y 軸上になる．

$$\begin{aligned}
\boldsymbol{r}_{\mathrm{G}} &= \frac{1}{M} \iint \rho \boldsymbol{r} \, dx dy \\
&= \frac{2}{ah} \int_0^h \left(-\frac{a}{h} y + a \right) y \boldsymbol{e}_y \, dy \\
&= \frac{h}{3} \boldsymbol{e}_y
\end{aligned}$$

したがって，重心の位置は，中心軸に沿って底辺から高さ $\frac{h}{3}$ の位置になる．

(2) 剛体の体積は $\frac{\pi r^2 h}{3}$ なので，密度は

$$\rho = \frac{3M}{\pi r^2 h}$$

となる．底面に xy 平面，中心軸に z 軸が来るように座標軸を設定して，重心を計算する．このとき，対称性より重心は z 軸上になる．

$$\begin{aligned}
\boldsymbol{r}_{\mathrm{G}} &= \frac{1}{M} \iiint \rho \boldsymbol{r} \, dx dy dz \\
&= \frac{3}{\pi r^2 h} \int_0^h \pi \left(-\frac{r}{h} z + r \right)^2 z \boldsymbol{e}_z \, dz \\
&= \frac{h}{4} \boldsymbol{e}_z
\end{aligned}$$

したがって，重心の位置は，中心軸に沿って底面から高さ $\frac{h}{4}$ の位置になる．■

ポイント 積分の計算の仕方は無数にありますが，対称性をうまく利用すると計算が簡単になります．

7.1.1 2つの剛体 A, B がある．A, B の質量はそれぞれ M_A, M_B であり，重心は位置 r_A, r_B にあるとする．このとき，A, B を合わせて1つの物体とみなしたときの全体の重心 r_G が以下のように書けることを示せ．

$$r_G = \frac{M_A}{M_A + M_B} r_A + \frac{M_B}{M_A + M_B} r_B$$

コラム　惑星・彗星の諸量

ティコ ブラーエの観測結果をもとにヨハネス ケプラーは4章で示したケプラーの3法則を発見しました．ケプラーの3法則はニュートンの万有引力の発見に大きな寄与をしました．ここでは，惑星の諸量を表 7.1 にまとめておきます．

表 7.1　惑星の諸量

AU：天文単位（1 AU ＝ 149,597,870.7 km）

	水星	金星	地球	火星	木星	土星	天王星	海王星
軌道の長半径（AU）	0.39	0.72	1.00	1.52	5.2	9.6	19.2	30.1
離心率	0.206	0.007	0.017	0.093	0.049	0.056	0.046	0.010
公転周期（太陽年）	0.24	0.62	1.00	1.9	11.9	29.5	84.0	164.8
赤道半径（km）	2439	6052	6378	3396	71492	60268	25559	24764
質量（地球＝1）	0.055	0.815	1.000	0.107	317.8	95.2	14.5	17.2
体積（地球＝1）	0.056	0.857	1.00	0.151	1321	764	63	58
密度（g/cm³）	5.43	5.24	5.51	3.93	1.33	0.69	1.27	1.64
脱出速度（km/s）	4.25	10.4	11.2	5.02	59.5	34.5	21.3	23.5

これより，ケプラーの第3法則が成り立っていることがわかります．また，有名な周期彗星の諸量を表 7.2 にまとめておきます．

表 7.2　周期彗星の諸量

	ハレー彗星	エンケ彗星	ホームズ彗星	池谷–張彗星
軌道の長半径（AU）	17.9	2.22	3.63	51.1
離心率	0.968	0.848	0.430	0.990
公転周期（太陽年）	75.9	3.30	6.90	365.5

彗星の軌道は非常に扁平した楕円軌道であることがわかります．

7.2 剛体の回転運動と慣性モーメント
──慣性モーメントと回転エネルギー──

Contents

キーポイント
回転軸のまわりの慣性モーメントを求め，回転軸まわりの剛体の運動エネルギーが剛体の回転エネルギーであることを学ぶ．

❶固定軸を持つ剛体の回転運動

ある回転軸まわりの剛体の回転運動を考えます．回転運動のベクトルを $\boldsymbol{\omega}$ とし，位置ベクトルの原点を回転軸内にとると，剛体内の1点 $\boldsymbol{r}$ の速度は

$$\dot{\boldsymbol{r}} = \boldsymbol{\omega} \times \boldsymbol{r} \tag{7.4}$$

と書けます．

剛体の回転運動の角運動量は，微小体積 ΔV_i の角運動量の和で表せます．それを積分に置き換えると，以下のようになります．

$$\begin{aligned}
\boldsymbol{L} &= \sum_i \boldsymbol{r}_i \times \rho(\boldsymbol{r}_i)\Delta V_i \dot{\boldsymbol{r}}_i \\
&= \iiint \boldsymbol{r} \times \rho(\boldsymbol{r})\dot{\boldsymbol{r}}\, d^3\boldsymbol{r} \\
&= \iiint \boldsymbol{r} \times \rho(\boldsymbol{r})(\boldsymbol{\omega} \times \boldsymbol{r})\, d^3\boldsymbol{r} \\
&= \iiint \rho(\boldsymbol{r})(\boldsymbol{\omega}|\boldsymbol{r}|^2 - \boldsymbol{r}(\boldsymbol{r}\cdot\boldsymbol{\omega}))\, d^3\boldsymbol{r}
\end{aligned} \tag{7.5}$$

回転軸が固定軸の場合，固定軸まわりの角運動量の大きさ L_ω は (7.5) の回転軸方向成分であるので，回転軸方向の単位ベクトル $\boldsymbol{n}_\omega$ を用いて

$$L_\omega = \iiint \rho(\boldsymbol{r})|\boldsymbol{r} - (\boldsymbol{r}\cdot\boldsymbol{n}_\omega)\boldsymbol{n}_\omega|^2\, \omega\, d^3\boldsymbol{r} \tag{7.6}$$

と表せます．ここで，$|\boldsymbol{r} - (\boldsymbol{r}\cdot\boldsymbol{n}_\omega)\boldsymbol{n}_\omega|$ は微小体積の位置 $\boldsymbol{r}$ と回転軸との距離です．

❷**慣性モーメント**

回転軸まわりの**慣性モーメント** I を次のように定義します. ただし, 位置ベクトルの原点を回転軸の中にとりました.

$$I \equiv \iiint \rho(\boldsymbol{r}) |\boldsymbol{r} - (\boldsymbol{r} \cdot \boldsymbol{n}_\omega) \boldsymbol{n}_\omega|^2 \, d^3\boldsymbol{r} \tag{7.7}$$

回転軸方向の単位ベクトル $\boldsymbol{n}_\omega$ が一定なら, I も一定です. I を使うと, L_ω とその時間微分は以下のように簡単に表せます.

$$L_\omega = I\omega, \quad \dot{L}_\omega = I\dot{\omega} \tag{7.8}$$

簡単な剛体の慣性モーメントを表7.3に示します.

表 7.3 **簡単な均質な剛体の質量中心を通る軸に関する慣性モーメント**

剛体の形状	大きさ	回転軸の位置	I_G
棒	長さ $2a$	棒に垂直	$\dfrac{1}{3}Ma^2$
長方形板	2 辺 $2a, 2b$	(a) 辺 a に平行	$\dfrac{1}{3}Mb^2$
		(b) 板に垂直	$\dfrac{1}{3}M(a^2 + b^2)$
直方体	3 稜 $2a, 2b, 2c$	稜 b, c に垂直	$\dfrac{1}{3}M(b^2 + c^2)$
円環	半径 r	(a) 円の面に垂直	Mr^2
		(b) 円の直径	$\dfrac{1}{2}Mr^2$
円盤	半径 r	(a) 板に垂直	$\dfrac{1}{2}Mr^2$
		(b) 板の直径	$\dfrac{1}{4}Mr^2$
円柱体	半径 r	円柱軸	$\dfrac{1}{2}Mr^2$
球殻	半径 r	直径	$\dfrac{2}{3}Mr^2$
球	半径 r	直径	$\dfrac{2}{5}Mr^2$

❸平行軸の定理

質量 M の剛体を考えます．この剛体の，重心を通る回転軸まわりの慣性モーメントを I_{G} とします．この回転軸と平行で，距離 h だけ離れた回転軸 H まわりの慣性モーメント I は

$$I = I_{\mathrm{G}} + Mh^2 \tag{7.9}$$

と与えられます．これを**平行軸の定理**といいます．

❹直交軸の定理

剛体が薄い板（平面）であるとします．このとき，互いに直交し剛体上の原点 O で交わる 3 つの回転軸 x, y, z を考えます．x 軸と y 軸を剛体の平面上にとったとき，それぞれの軸まわりの慣性モーメント I_x, I_y, I_z の間に

$$I_z = I_x + I_y \tag{7.10}$$

が成り立ちます．これを**直交軸の定理**といいます．

❺回転エネルギー

剛体の**回転エネルギー** K は，微小体積 ΔV_i の運動エネルギーの和で表せます．この微小体積の速度が $\dot{\boldsymbol{r}} = \boldsymbol{\omega} \times \boldsymbol{r}$ であり，運動エネルギーが $\frac{1}{2}\rho(\boldsymbol{r}_i)\Delta V_i|\dot{\boldsymbol{r}}_i|^2$ であることを使うと

$$
\begin{aligned}
K &= \sum_i \frac{1}{2}\rho(\boldsymbol{r}_i)\Delta V_i|\dot{\boldsymbol{r}}_i|^2 \\
&= \sum_i \frac{1}{2}\rho(\boldsymbol{r}_i)\Delta V_i|\boldsymbol{\omega} \times \boldsymbol{r}_i|^2 \\
&= \sum_i \frac{1}{2}\rho(\boldsymbol{r}_i)\Delta V_i|\boldsymbol{r}_i - (\boldsymbol{r}_i \cdot \boldsymbol{n}_\omega)\boldsymbol{n}_\omega|^2|\boldsymbol{\omega}|^2 \\
&= \frac{1}{2}\iiint \rho(\boldsymbol{r})|\boldsymbol{r} - (\boldsymbol{r} \cdot \boldsymbol{n}_\omega)\boldsymbol{n}_\omega|^2|\boldsymbol{\omega}|^2\,d^3\boldsymbol{r}
\end{aligned}
\tag{7.11}
$$

を得ます．慣性モーメント I を使うと簡単に表すことができて次式を得ます．

$$K = \frac{1}{2}I|\boldsymbol{\omega}|^2 \tag{7.12}$$

基本問題 7.5 ＝＝＝＝＝＝＝＝＝＝＝＝＝（平行軸の定理・直交軸の定理）＝

質量 M の剛体を考え，以下の問に答えよ．

(1)　剛体の重心を通る回転軸 z まわりの慣性モーメントを I_G とする．z 軸と平行で，距離 h だけ離れた z' 軸まわりの慣性モーメント I が次のように表されることを示せ．

$$I = I_\mathrm{G} + Mh^2$$

これを**平行軸の定理**という．

(2)　考えている剛体が薄い板（平面）であるとする．このとき，互いに直交し剛体上の原点 O で交わる 3 つの回転軸 x, y, z を考える．x 軸と y 軸を剛体の平面上にとったとき，それぞれの軸まわりの慣性モーメント I_x, I_y, I_z の間に次の関係が成り立つことを示せ．

$$I_z = I_x + I_y$$

これを**直交軸の定理**という．

方針　慣性モーメントの定義に基づいて証明します．

【答案】(1)　重心を位置ベクトルの原点にとり，重心から回転軸 H へ向かう，回転軸と垂直なベクトルを $\boldsymbol{h}$ と書く．$\boldsymbol{n}_\omega$ は両回転軸で共通であり，かつ $\boldsymbol{h} \cdot \boldsymbol{n}_\omega = 0$ であることを使うと

$$\begin{aligned}
I &= \iiint \rho(\boldsymbol{r}) |(\boldsymbol{r}-\boldsymbol{h}) - \{(\boldsymbol{r}-\boldsymbol{h}) \cdot \boldsymbol{n}_\omega\}\boldsymbol{n}_\omega|^2 \, d^3\boldsymbol{r} \\
&= \iiint \rho(\boldsymbol{r}) |\boldsymbol{r} - \boldsymbol{h} - (\boldsymbol{r} \cdot \boldsymbol{n}_\omega)\boldsymbol{n}_\omega|^2 \, d^3\boldsymbol{r} \\
&= \iiint \rho(\boldsymbol{r}) \left\{ |\boldsymbol{r} - (\boldsymbol{r} \cdot \boldsymbol{n}_\omega)\boldsymbol{n}_\omega|^2 + |\boldsymbol{h}|^2 - 2\boldsymbol{h} \cdot \boldsymbol{r} \right\} d^3\boldsymbol{r}
\end{aligned}$$

となる．重心を原点にとったことから

$$\iiint \rho(\boldsymbol{r})\boldsymbol{r} \, d^3\boldsymbol{r} = \boldsymbol{0}$$

であることを使うと

$$I = \iiint \rho(\boldsymbol{r}) \left\{ |\boldsymbol{r} - (\boldsymbol{r} \cdot \boldsymbol{n}_\omega)\boldsymbol{n}_\omega|^2 + |\boldsymbol{h}|^2 \right\} d^3\boldsymbol{r} = I_\mathrm{G} + Mh^2$$

を得る．

(2)　考えている剛体が xy 平面上にある板であるから，慣性モーメントを計算する際の積分領域に z 方向は含まれない．したがって，次式が得られる．

$$\begin{aligned}
I_z &= \iint \rho(\boldsymbol{r})(x^2 + y^2) \, d^2\boldsymbol{r} \\
&= \iint \rho(\boldsymbol{r})x^2 \, d^2\boldsymbol{r} + \iint \rho(\boldsymbol{r})y^2 \, d^2\boldsymbol{r} \\
&= I_x + I_y \qquad \blacksquare
\end{aligned}$$

基本問題 7.6 ━━━━━━━━━━━ （剛体の慣性モーメント）　重要

(1)　質量 M で，長さが $2a$ の一様な細い棒の回転運動を考える．次のように回転軸をとった場合の慣性モーメントを求めよ．

　　a.　棒の中心を通って，棒に垂直な回転軸をとった場合

　　b.　棒の端を通って，棒に垂直な回転軸をとった場合

(2)　質量 M，半径 a の薄い円盤を考える．円盤の中心を原点とし，円盤の面内に x 軸，y 軸をとり，これに垂直に z 軸をとる．回転軸を次のようにとるとき，円盤の慣性モーメントを求めよ．

　　a.　回転軸として z 軸をとった場合

　　b.　回転軸として x 軸をとった場合

(3)　質量 M，半径 a の薄い球殻の，中心を通る回転軸まわりの慣性モーメントを求めよ．

(4)　質量 M，半径 a の球の，中心を通る回転軸まわりの慣性モーメントを求めよ．

方針　慣性モーメントの定義，平行軸の定理，直交軸の定理を利用します．

【答案】 (1)　a.　棒の線密度は $\rho = \dfrac{M}{2a}$ となるので，慣性モーメントは

$$I = \int_{-a}^{a} \rho x^2 \, dx = \frac{1}{3} M a^2$$

となる．

　　b.　平行軸の定理より，慣性モーメントは

$$I = I_{\mathrm{G}} + M a^2 = \frac{4}{3} M a^2$$

となる．

(2)　a.　円盤の面密度は $\rho = \dfrac{M}{\pi a^2}$ となるので，慣性モーメントは

$$\begin{aligned}
I &= \iint \rho(x^2 + y^2) \, dxdy \\
&= \frac{M}{\pi a^2} \int_0^{2\pi} d\theta \int_0^a r \, r^2 \, dr \\
&= \frac{1}{2} M a^2
\end{aligned}$$

となる．

　　b.　円盤の対称性より，$I_x = I_y$ が成り立つ．直交軸の定理より，$I_z = I_x + I_y = 2I_x$ であるから，慣性モーメントは

$$I = \frac{1}{2} I_z = \frac{1}{4} M a^2$$

となる．

(3) 一様な薄い球殻の面密度は $\frac{M}{4\pi a^2}$ と書ける. このとき, 3 次元極座標を用いれば, 球殻の密度は r に関するデルタ関数 $\delta(r)$ を用いて $\rho = \frac{M}{4\pi a^2}\delta(a)$ と書ける. したがって, 慣性モーメントは

$$I = \iiint \rho(r\sin\theta)^2\,d^3\boldsymbol{r}$$
$$= \frac{M}{4\pi a^2}\int_0^{2\pi}d\varphi\int_0^{\pi}(a\sin\theta)^2\,a^2\sin\theta\,d\theta$$
$$= \frac{Ma^2}{2}\left[\frac{1}{3}\cos^3\theta - \cos\theta\right]_0^{\pi}$$
$$= \frac{2}{3}Ma^2$$

となる.

【別解】 x 軸まわりの慣性モーメント I_x は

$$I_x = \iiint \rho(y^2 + z^2)\,d^3\boldsymbol{r}$$

となる. $I_x = I_y = I_z = I$ となるので

$$3I = I_x + I_y + I_z = \rho\iiint 2(x^2 + y^2 + z^2)\,d^3\boldsymbol{r}$$

となる. $x^2 + y^2 + z^2 = a^2$ であるので,

$$I = 2\frac{1}{3}\rho a^2(4\pi a^2) = \frac{2}{3}Ma^2$$

(4) 一様な剛体球の密度は $\rho = \frac{3M}{4\pi a^3}$ である. したがって, 慣性モーメントは

$$I = \iiint \rho|\boldsymbol{r} - (\boldsymbol{r}\cdot\boldsymbol{n}_\omega)\boldsymbol{n}_\omega|^2\,d^3\boldsymbol{r}$$
$$= \frac{3M}{4\pi a^3}\int_{-a}^{a}\int_0^{\sqrt{a^2-z^2}}2\pi r\,r^2\,dr dz$$
$$= \frac{2}{5}Ma^2$$

となる.

【別解 1】 x 軸まわりの慣性モーメント I_x は

$$I_x = \iiint \rho(y^2 + z^2)\,d^3\boldsymbol{r}$$

となる. $I_x = I_y = I_z = I$ となるので

$$3I = I_x + I_y + I_z = \rho\iiint 2(x^2 + y^2 + z^2)\,d^3\boldsymbol{r}$$

となる. $x^2 + y^2 + z^2 = r^2$ であるので,

$$I = 2\frac{1}{3}\rho\int_0^a r^2(4\pi r^2)\,dr = \frac{2}{5}Ma^2$$

【別解 2】 球は (3) で求めた球殻の集まりである. r と $r+dr$ に含まれる球殻の質量は $\rho(4\pi r^2)\,dr$ であるので

$$I = \frac{2}{3}\rho\int_0^a r^2(4\pi r^2)\,dr = \frac{2}{5}Ma^2 \quad \blacksquare$$

基本問題 7.7 ━━━━━━━━━━━━━━━━━━（剛体のエネルギー）━━

　質量 M の剛体を考える．剛体を構成要素に分解し，それぞれの質量を m_i，位置
ベクトルを $\boldsymbol{r}_i$，働く力を $\boldsymbol{F}_i$ で表す．次の問に答えよ．

(1)　$\boldsymbol{r}_G$ を重心の位置ベクトルとする．重心の運動方程式を立てよ．

(2)　構成要素のそれぞれの重心からの位置ベクトルを $\boldsymbol{r}'_i$ で表す．このとき，次が
　　成り立つことを示せ.

$$\sum_i m_i \boldsymbol{r}'_i = \boldsymbol{0}$$

(3)　質量 M の剛体がポテンシャル中を平面運動しているとき，その力学的エネル
　　ギー E は

$$E = \frac{1}{2}M\dot{\boldsymbol{r}}_G^2 + \frac{1}{2}I_G\omega^2 + \sum_i U_i(\boldsymbol{r}_i)$$

　　と書けることを示せ．ただし，I_G は重心を通る回転軸のまわりの慣性モーメン
　　ト，ω は角速度，$U_i(\boldsymbol{r}_i)$ は剛体の i 番目の構成要素に外部から働くポテンシャル
　　エネルギーである．

方針　剛体を構成要素に分けることで，積分を離散的な和として扱うことができます．

【答案】　(1)　i 番目の構成要素の運動方程式は

$$m_i\ddot{\boldsymbol{r}}_i = \boldsymbol{F}_i$$

と書ける．この式の両辺の和をとると

$$\sum_i m_i\ddot{\boldsymbol{r}}_i = \sum_i \boldsymbol{F}_i$$

となり，重心の定義より

$$\sum_i m_i\boldsymbol{r}_i = M\boldsymbol{r}_G$$

であるから，重心の運動方程式は

$$M\ddot{\boldsymbol{r}}_G = \sum_i \boldsymbol{F}_i$$

となる．

(2)　$\boldsymbol{r}_i = \boldsymbol{r}_G + \boldsymbol{r}'_i$ が成り立つ．重心の定義より

$$\begin{aligned}
M\boldsymbol{r}_G &= \sum_i m_i\boldsymbol{r}_i \\
&= \sum_i m_i\boldsymbol{r}_G + \sum_i m_i\boldsymbol{r}'_i \\
&= M\boldsymbol{r}_G + \sum_i m_i\boldsymbol{r}'_i
\end{aligned}$$

$$\therefore \quad \sum_i m_i\boldsymbol{r}'_i = \boldsymbol{0}$$

(3) 剛体の運動エネルギー K は構成要素の運動エネルギーの総和に等しい．今，構成要素の重心に対する相対運動は，重心を通る回転軸まわりの回転運動になる．また，剛体の性質から，構成要素の回転運動は円運動であり，その角速度 ω は構成要素によらない．したがって，i 番目の構成要素の回転軸からの距離を R_i とすれば，

$$|\dot{\boldsymbol{r}}_i'| = R_i|\omega|$$

が成り立つ．また，重心を通る回転軸まわりの慣性モーメントは

$$I_{\mathrm{G}} = \sum_i m_i R_i^2$$

である．以上より

$$
\begin{aligned}
K &= \sum_i \frac{1}{2} m_i \dot{\boldsymbol{r}}_i^2 \\
&= \sum_i \frac{1}{2} m_i (\dot{\boldsymbol{r}}_{\mathrm{G}} + \dot{\boldsymbol{r}}_i')^2 \\
&= \frac{1}{2} \sum_i m_i \dot{\boldsymbol{r}}_{\mathrm{G}}^2 + \sum_i m_i \dot{\boldsymbol{r}}_{\mathrm{G}} \cdot \dot{\boldsymbol{r}}_i' + \frac{1}{2} \sum_i m_i \dot{\boldsymbol{r}}_i'^2 \\
&= \frac{1}{2} \sum_i m_i \dot{\boldsymbol{r}}_{\mathrm{G}}^2 + \dot{\boldsymbol{r}}_{\mathrm{G}} \cdot \left(\sum_i m_i \dot{\boldsymbol{r}}_i' \right) + \frac{1}{2} \sum_i m_i R_i^2 \omega^2 \\
&= \frac{1}{2} M \dot{\boldsymbol{r}}_{\mathrm{G}}^2 + \frac{1}{2} I_{\mathrm{G}} \omega^2
\end{aligned}
$$

となる．同様に，剛体に働くポテンシャルエネルギーは構成要素に働くポテンシャルエネルギーの総和に等しい．したがって，剛体の力学的エネルギー E は

$$E = \frac{1}{2} M \dot{\boldsymbol{r}}_{\mathrm{G}}^2 + \frac{1}{2} I_{\mathrm{G}} \omega^2 + \sum_i U_i(\boldsymbol{r}_i)$$

と書くことができる．■

▌ **ポイント** ▌ (3) 一般に，剛体の運動エネルギーは，重心の並進運動の運動エネルギーと，重心を通る回転軸まわりでの回転運動の運動エネルギーの和で記述することができます．

━━━━━━━━━━━━━━━━ **演 習 問 題** ━━━━━━━━━━━━━━━━
━━ **A** ━━

7.2.1 円筒座標 (r, θ, z) において z 軸まわりを回転する剛体を考える．剛体を微小な質点の集合と考え，それぞれの質点の質量を m_i，剛体内での位置ベクトルを $\boldsymbol{r}_i$ とする．

(1) z 軸まわりの剛体の角運動量の z 成分が

$$L_z = \sum_i m_i r_i^2 \dot{\theta}_i$$

と表されることを示せ．

(2)

$$\frac{dL_z}{dt} = I\ddot{\theta}$$

と書ける I が存在することを示し，I の表式を求めよ．

(3) 剛体が角速度 $\dot{\theta} = \omega$ で回転しているときに，剛体の回転による運動エネルギー T を求めよ．

7.2.2 長さ L の剛体棒 AB がある．端点 A からの距離を x として線密度が

$$\rho(x) = ax^2 + b$$

で与えられるとき，棒の質量 M，重心 x_G，A を通り棒に垂直な軸まわりの慣性モーメント I_A をそれぞれ求めよ．なお，x_G，I_A の表式に M を用いても良い．

7.2.3 図 7.3 に示されているような，底面の中心角が $\varPhi$ となるように高さ h，半径 a の円筒から一部を切り取った質量 M の一様な立体を考える．元の円筒の中心軸を回転軸として，この立体の慣性モーメントを計算せよ．

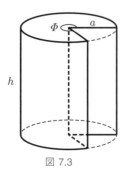

図 7.3

7.2.4 質量 M，半径 R の天体を考える．この天体の慣性モーメントが I であるとき，$\frac{I}{MR^2}$ を慣性モーメント比と呼び，天体内部の密度分布を調べる指標となる．

(1) 密度が一様な球である天体の慣性モーメントを求め，慣性モーメント比を計算せよ．

(2) 地球と木星の四大衛星の慣性モーメント比はそれぞれ以下の表のように見積もられている．各天体の密度分布を定性的に推定せよ．

表 7.4

天体	地球	イオ	エウロパ	ガニメデ	カリスト
慣性モーメント比	0.33	0.378	0.330	0.3105	0.406

コラム 歳差運動

　コマが高速で回転しながら回転軸がゆっくりと回転する様子を見たことがあると思います．このように自転している物体の回転軸がある軸のまわりに回転する現象を**歳差運動**と呼びます．歳差運動は首ふり運動やすりこぎ運動と呼ばれることもあります．一般に，剛体の角運動量を $\boldsymbol{L}$，力のモーメントを $\boldsymbol{N}$ とすると，回転の運動方程式は $\frac{d\boldsymbol{L}}{dt} = \boldsymbol{N}$ となります．例えば，図 7.4 に示すように支点が動かない質量 M のコマが鉛直軸から θ だけ傾いているとします．支点からコマの重心までの距離を l とすれば，支点まわりの重力のモーメントの大きさは $N = Mgl\sin\theta$ となり，その方向は鉛直軸とコマの軸に垂直な方向になります．支点のまわりのコマの角運動量を $\boldsymbol{L}$ とすれば，$d\boldsymbol{L} = \boldsymbol{N}\,dt$ となり，$dL = Mgl\sin\theta\,dt$ となります．高速でコマが回転しいる場合は，角運動量はコマの回転軸の方向と一致していると近似でき，角運動量空間を半径 $L\sin\theta$ で回転運動しています．歳差運動の角速度を Ω とすると，$dL = (L\sin\theta)\Omega\,dt$ であり，コマの自転の角速度を ω，回転軸まわりの慣性モーメントを I とすると $\Omega = \frac{Mgl}{L} = \frac{Mgl}{I\omega}$ となります．したがって，コマの自転が速ければ速いほど歳差運動の回転は遅くなります．

　このような歳差運動はコマの運動だけではなく，磁場中の電子のスピン（電子スピン共鳴）や原子核のスピン（核磁気共鳴）でも起こり，物理学を理解するうえで重要な役割を果たしています．

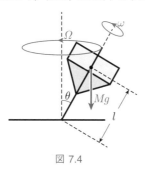

図 7.4

7.3　固定軸を持つ剛体の運動
——回転のしにくさを表す慣性モーメントと
振り子や固定滑車の回転運動——

キーポイント

　固定軸まわりの回転の運動方程式を立て，慣性モーメントが回転のしに
くさを表す量であることを学ぶ.

❶固定軸を持つ剛体の運動方程式

　剛体が固定軸のまわりを角速度 ω で回転する場合を考えます. 固定軸を z 軸とし，外力 $\sum \boldsymbol{F}_i$ によるモーメントを $\boldsymbol{N}$ とすると角運動量の式の z 成分は

$$\frac{dL_z}{dt} = \sum_i (x_i F_{yi} - y_i F_{xi}) = N_z \tag{7.13}$$

となります. また，

$$L_z = \sum_i m_i (x_i \dot{y}_i - y_i \dot{x}_i) \tag{7.14}$$

ですが，固定軸を z 軸とした円筒座標 (r_i, φ_i) より

$$\frac{dx_i}{dt} = -r_i \sin \varphi_i \frac{d\varphi_i}{dt} = -r_i \omega \sin \varphi_i \tag{7.15}$$

$$\frac{dy_i}{dt} = r_i \cos \varphi_i \frac{d\varphi_i}{dt} = r_i \omega \cos \varphi_i \tag{7.16}$$

を用いると，

$$L_z = \sum_i (m_i r_i^2) \omega = I\omega \tag{7.17}$$

となります. ここで I は剛体の固定軸まわりの慣性モーメントです. N_z を改めて N と書いて，固定軸を持つ剛体の運動方程式は

$$I\frac{d\omega}{dt} = I\frac{d^2\varphi}{dt^2} = N \tag{7.18}$$

となります.

❷撃力を受けた固定軸を持つ剛体の回転運動

z 軸を固定軸に持つ剛体に撃力 $\sum_i \boldsymbol{F}_i'$ が働くとき，固定軸を持つ剛体の運動方程式は

$$I\frac{d\omega}{dt} = \sum_i (x_i F_{yi}' - y_i F_{xi}') \tag{7.19}$$

となります．撃力の働く短い時間を Δt とし，この間に剛体の角速度が ω_1 から ω_2 に変わったとすると

$$I\omega_2 - I\omega_1 = \sum_i \left(x_i \int_0^{\Delta t} F_{yi}'\, dt - y_i \int_0^{\Delta t} F_{xi}'\, dt \right) \tag{7.20}$$

となります．

撃力が固定軸と垂直な面内にある場合，固定軸と撃力の作用線との垂直距離を l_i として

$$I\omega_2 - I\omega_1 = \sum_i l_i \int_0^{\Delta t} F_i'\, dt \tag{7.21}$$

となります．

基本問題 7.8 ──────────────────────（アトウッド装置）重要

　図 7.5 のように，半径 R，質量 M の滑車に質量の無視できるロープで質量 m_1 と m_2 （$m_1 > m_2$）のおもりがつるされているとして，以下の問に答えよ．ただし，滑車とロープの間には摩擦があり，滑らないものとする．

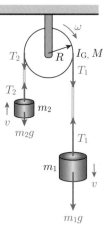

図 7.5

(1)　滑車の慣性モーメントも明らかにし，滑車両端のロープの張力を求め，滑車およびおもりの運動方程式を書き下せ．

(2)　おもり m_1 の加速度を求めよ．

方針　滑車の慣性モーメントを求め，滑車の回転の運動方程式を立てます．

【答案】(1)　滑車の慣性モーメントは $\frac{1}{2}MR^2$ である．ロープの張力を T_1, T_2，m_1 の下向き，m_2 の上向きの速度を v，滑車の角速度を v の向きに一致する向きにとると m_1 の運動方程式は

$$m_1 \frac{dv}{dt} = m_1 g - T_1 \tag{7.22}$$

m_2 の運動方程式は

$$m_2 \frac{dv}{dt} = T_2 - m_2 g \tag{7.23}$$

滑車の運動方程式は

$$\frac{1}{2}MR^2 \frac{d\omega}{dt} = (T_1 - T_2)R \tag{7.24}$$

$v = R\omega$ が成り立つので （(7.22) + (7.23)）× R + (7.24) より

$$\left(\frac{1}{2}M + m_1 + m_2 \right) R \frac{dv}{dt} = (m_1 - m_2)gR$$

$$\therefore \quad \frac{dv}{dt} = \frac{2(m_1 - m_2)g}{M + 2(m_1 + m_2)}$$

(7.22) に代入して

$$T_1 = \frac{M + 4m_2}{M + 2(m_1 + m_2)}m_1 g$$

(7.23) に代入して

$$T_2 = \frac{M + 4m_1}{M + 2(m_1 + m_2)}m_2 g$$

滑車の回転の運動方程式は

$$\frac{1}{2}MR^2\frac{d\omega}{dt} = \frac{m_1 - m_2}{M + 2(m_1 + m_2)}MgR$$

m_1 の運動方程式は

$$m_1\frac{dv}{dt} = \frac{2(m_1 - m_2)}{M + 2(m_1 + m_2)}m_1 g$$

m_2 の運動方程式は

$$m_2\frac{dv}{dt} = \frac{2(m_1 - m_2)}{M + 2(m_1 + m_2)}m_2 g$$

(2) おもり m_1 の加速度は

$$\frac{2(m_1 - m_2)g}{M + 2(m_1 + m_2)} \quad \blacksquare$$

ポイント おもりの加速度は滑車の半径によらずおもりと滑車の質量のみに依存します.

基本問題 7.9 ━━━━━━━━━━━━━━━━━━━━━ （剛体振り子）　重要 ━━

　図 7.6 のように，質量 M，固定軸のまわりの慣性モーメント I，固定軸から重心
までの距離 l の物理振り子がある．

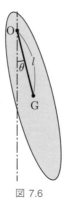

図 7.6

(1)　剛体振り子が微小振動するときの周期を求めよ．

(2)　相当単振り子の長さ（物理振り子と同じ周期で振動する単振り子の長さ）を求
　　めよ．

━━━━

方針　慣性モーメントを使い，剛体振り子の運動方程式を作ります．

【答案】　(1)　振り子の運動方程式は

$$I\frac{d^2\theta}{dt^2} = -Mgl\sin\theta$$

微小振動の場合

$$I\frac{d^2\theta}{dt^2} = -Mgl\theta$$

周期は

$$T = 2\pi\sqrt{\frac{I}{Mgl}}$$

(2)　相当単振り子の長さは

$$\frac{I}{Ml}$$

となります．■

ポイント　質量 M，長さ L の剛体棒の端を固定軸として振動させる場合，慣性モーメント
が $\frac{ML^2}{3}$，重心までの距離が $\frac{L}{2}$ となるので，相当単振り子の長さは $\frac{2L}{3}$ となります．

━━ 🏅本問題7.10 ━━━━━━━━━━━━━━━━━━━━━━━ **（棒振り子）** ━━

　　長さ L，質量 m の一様な棒 AB があり，端点 B に質量 M，半径 a の球体をつけ，
他端 A を水平軸につるして振り子を作った．この振り子を微小振動させたとき，その周期を求めよ．

方針　慣性モーメントを求め，単振動の式を作ります．

【答案】　まず，回転軸まわりの慣性モーメントを求める．それぞれ平行軸の定理を用いると，棒の慣性モーメントは

$$I_1 = \frac{1}{3}m\left(\frac{L}{2}\right)^2 + m\left(\frac{L}{2}\right)^2 = \frac{1}{3}mL^2$$

球体の慣性モーメントは

$$I_2 = \frac{2}{5}Ma^2 + M(L+a)^2$$

となる．したがって，棒振り子全体の慣性モーメントは

$$I = I_1 + I_2 = \frac{1}{3}mL^2 + \frac{2}{5}Ma^2 + M(L+a)^2$$

となる．鉛直下向きに対する棒振り子の角度を θ とすれば，外力のモーメントを用いて次の式が得られる．

$$I\ddot{\theta} = -\frac{L}{2}mg\sin\theta - (L+a)Mg\sin\theta$$

今，振り子の微小振動を考えているので $\sin\theta \simeq \theta$ とできる．したがって

$$I\ddot{\theta} = -\left\{\frac{L}{2}m + (L+a)M\right\}g\theta$$

上式より，振動の角振動数 ω は

$$\omega = \sqrt{\frac{1}{I}\left\{\frac{L}{2}m + (L+a)M\right\}g}$$

と得られる．以上より，最終的に振動の周期 T は

$$T = \frac{2\pi}{\omega} = 2\pi\sqrt{\frac{\frac{1}{3}mL^2 + \frac{2}{5}Ma^2 + M(L+a)^2}{\left\{\frac{L}{2}m + (L+a)M\right\}g}}$$

となる．■

基本問題 7.11 ━━━━━━━━━━━━━━━━━ （ボルダの振り子） 重要

図 7.7 のように半径 a の一様な金属球（質量 M）が，質量の無視できる長さ l の針金の先に固定されており，針金の他端が天井に固定されている振り子を考える．重力加速度の大きさは g とする．

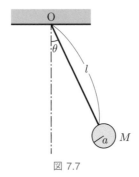

図 7.7

(1) 振り子の支点 O のまわりの慣性モーメントを I とし，振り子の運動に対する運動方程式を求めよ．

(2) もし，振り子の振幅が十分小さいならば，この振り子は単振動を行う．振動の周期 T を求めよ．

(3) 振り子の慣性モーメント I を求めよ．

(4) この振り子（ボルダの振り子）の振動の周期 T，針金の長さ l，金属球の半径 a を測定することにより，重力加速度の大きさ g を求めることができる．g を T, l, a を用いて表せ．

（岡山大学 改）

方針 平行軸の定理を用いて振り子の慣性モーメントを求めます．

【答案】 (1) 振り子の運動方程式は

$$I\frac{d^2\theta}{dt^2} = -Mg(l+a)\sin\theta$$

(2) 微小振動の場合

$$I\frac{d^2\theta}{dt^2} = -Mg(l+a)\theta$$

周期は

$$T = 2\pi\sqrt{\frac{I}{Mg(l+a)}}$$

(3)　金属球の慣性モーメントは $\frac{2}{5}Ma^2$ であるため，振り子の慣性モーメントは平行軸の定理を用いて

$$I = \frac{2}{5}Ma^2 + M(l+a)^2$$
$$= M(l+a)^2\left\{1 + \frac{2}{5}\left(\frac{a}{l+a}\right)^2\right\}$$

(4)　周期は

$$T = 2\pi\sqrt{\frac{l+a}{g}\left\{1 + \frac{2}{5}\left(\frac{a}{l+a}\right)^2\right\}}$$

となるので

$$g = 4\pi^2\frac{l+a}{T^2}\left\{1 + \frac{2}{5}\left(\frac{a}{l+a}\right)^2\right\}$$

となります．■

┃ **ポイント** ┃　(4)　$a \ll l$ の場合，周期は

$$T \simeq 2\pi\sqrt{\frac{l+a}{g}}\left\{1 + \frac{1}{5}\left(\frac{a}{l+a}\right)^2\right\}$$

と近似できます．

演 習 問 題
A

7.3.1 図 7.8 のように静止している剛体上の 1 点に力積 $\overline{F}$ の撃力を加える．撃力の作用線から重心 G に下ろした垂線 GO の長さを h とする．

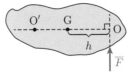

図 7.8

(1) 剛体の質量を M とする．撃力を加えた後の剛体の重心の速度を求めよ．

(2) 剛体の重心まわりの慣性モーメントを I とする．撃力を加えた後の剛体の重心まわりの回転の角速度を求めよ．

(3) 直線 GO 上の点で，撃力を加えた直後の速度が 0 である点 O′ の位置を求めよ．O′ を O に対する衝撃の中心と呼ぶ．

7.3.2 質量 M，半径 R の一様円盤が中心を通る軸のまわりに角速度 ω_0 で回転している．今，円盤の縁，円周の接線方向に，速度に比例する抵抗力（比例定数 κ）が働いたとき，円盤は止まるまでに何回転するか．

7.3.3 慣性モーメント I_1, I_2 の円盤が，中心軸が同一直線上になるように並んでいる．各円盤を，角速度 ω_1, ω_2 で回転させておいてから両方を接触させて結合する．結合後，両方の円盤は互いに滑らずに共通の角速度 ω で回転を続けた．

(1) ω を求めよ．

(2) 結合による運動エネルギーの変化量を I_1, I_2, ω_1, ω_2 を用いて表せ．

7.3.4 質量 M の剛体の運動を考える．この剛体の重心 $\boldsymbol{r}_G$ の x, y, z 軸方向成分をそれぞれ x_G, y_G, z_G とする．$-y$ 軸方向に重力が働いているとき，重力加速度を g として以下の問に答えよ．

(1) 位置エネルギーの基準を原点の高さ（$y = 0$）としたとき，剛体全体の位置エネルギー U が以下のように表されることを示せ．

$$U = Mgy_G$$

(2) z 軸まわりに働く重力によるトルク N が以下のように表されることを示せ．

$$N = -Mgx_G$$

━━━━ **B** ━━━━

7.3.5 図 7.9 のように，長さ $3L$ の一様な細い剛体棒の端から L の点を支点とする鉛直
面内での運動を考える．剛体棒の質量を M，鉛直線から反時計回りの方向にはっ
た回転位置の角度変数を θ，重力加速度を g とするとき次の問に答えよ．ただし，
空気抵抗および支点における摩擦は無視できるものとする．

はじめに，図 7.9(a) のように剛体棒のみの場合について考える．一様な細い剛
体棒の慣性モーメント I は，棒の線密度を ρ，支点からの距離を r として

$$I = \int r^2 \rho \, dr$$

となる．

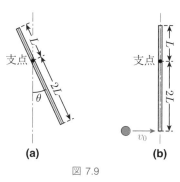

図 7.9

(1) 棒の支点のまわりの慣性モーメントが

$$I = ML^2$$

であることを示せ．

(2) 角度変数 θ を用いて系の運動エネルギー T と位置エネルギー U を表せ．た
だし，$\theta = 0$ で $U = 0$ であるとする．

(3) 棒の支点のまわりの力のモーメント N を角度変数 θ の関数として表せ．ま
た，角度変数 θ に関する運動方程式を求めよ．

(4) 時刻 $t = 0$ における初期条件を $\theta(0) = 0, \dot{\theta}(0) = \omega_0$ とする．初めの角速度
ω_0 が小さいときには，剛体棒は振動運動をするが，ω_0 が大きくなると回転運
動をする．剛体棒が回転するのに必要な ω_0 の大きさを求めよ．

次に，図 7.9(b) のようにこの剛体棒が静止しているときに，剛体棒と同じ質量
M の小物体が飛んできて剛体棒の下端に速さ v_0 で水平に衝突した．

(5) 飛んできた物体と剛体棒が一体になった場合，剛体棒が振動ではなく回転を
するために必要な衝突前の小物体の速さ v_0 の条件を求めよ．　　（北海道大学）

7.3.6 質量 M の 2 個のおもり（質点と見なせる）と質量を無視できる長さ l の 2 本の腕
とを持つ，図 7.10(a) のようなやじろべえがある．平衡位置では，腕は水平面か
ら角 α だけ下に傾いている．以下の問に答えよ．重力加速度を g とする．また，
支点における摩擦は無視する．

(1)　2 本の腕の作る平面に垂直で支点を通る軸のまわりのやじろべえの慣性モー
メントを求めよ．

(2)　やじろべえの一方のおもりを指でつまんで下方に引っ張り，2 本の腕の作る
平面上でやじろべえを図 7.10(b) のように平衡位置より初期角 θ_0 傾けた後，静
かに指をはなすとやじろべえは振動を始めた．やじろべえが角 θ 傾いていると
きの (1) と同じ軸に作用する力のモーメントを求めよ．

(3)　やじろべえの振動についての運動方程式を書き，初期角 θ_0 したがって傾き
角 θ が 1 より十分に小さいとして振動の周期を求めよ．

(4)　(3) と異なって初期角 θ_0 が比較的大きい場合を考えよう．振動しているや
じろべえの傾き角 θ が 0 になった瞬間に，図 7.10(c) のようなやじろべえがあ
る．図 7.10(c) のように 2 つのおもりそれぞれに，2 本の腕の作る面に垂直で
互いに反対の方向に同時に撃力を加えると，やじろべえは (2) の振動を続けな
がら支点を中心として水平面上で回転を始めた．撃力は各々力積 $F\Delta t$ に相当
する大きさであった．回転の角速度 $\dot{\varphi}$ を θ の関数として θ の 2 次までの近似
で表せ．

（北海道大学）

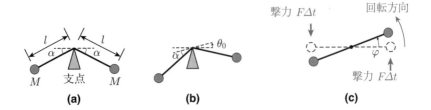

図 7.10　(a)　平衡位置におけるやじろべえの正面図
　　　　　(b)　やじろべえを初期角 θ_0 だけ傾けた状態での正面図
　　　　　(c)　振動しつつ回転しているやじろべえを上から見た図

7.3.7 ねじりばね定数 k のワイヤの一端を円盤 A の中央に固定し，もう一端を天井に固定しつり下げた回転振り子がある．円盤は常に水平を保つものとする．対称軸まわりの円盤の慣性モーメントは I であり，ワイヤの慣性モーメントは無視できる．円盤の回転振動運動と，それに伴うワイヤのねじれのみ考慮する．円盤の角変位 θ_A は図 7.11(a) のように定義され，平衡状態では $\theta_A = 0$ である．ワイヤがねじれているときも（$\theta_A \neq 0$），ワイヤの長さは変わらないものとする．

(1) 円盤を回転させると，平衡位置に戻そうとする角変位 θ_A に比例したトルク $-k\theta_A$ が円盤に働くことに注意して，θ_A が満たす運動方程式を書き表せ．また，この運動方程式を解き，θ_A が振動する解の角振動数 ω_0 を求めよ．

(2) 図 7.11(a) の回転振り子と同一の円盤とワイヤをもう一組準備し，円盤 A の中央に固定し，図 7.11(b) に示すような 2 段の回転振り子を作った．円盤 A の角変位を θ_A，円盤 B の角変位を θ_B とする．θ_A と θ_B が満たす運動方程式（連立方程式）を書き表せ．

(3) 2 つの円盤が同の角振動数で振動する基準振動が 2 つ存在し，その角振動数を ω_1, ω_2（ただし，$\omega_1 > \omega_2$）とする．上述の連立運動方程式を解き，ω_1 と ω_2 を求めよ．また，$\omega_0, \omega_1, \omega_2$ の大小関係を書き表せ．

(4) ω_2 の基準振動について，円盤 B の角振幅 α_B と円盤 A の角振幅 α_A の比 $\frac{\alpha_B}{\alpha_A}$ を求めよ．
(首都大学東京)

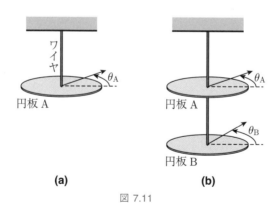

図 7.11

7.4 剛体の運動
——斜面を転がる物体やヨーヨーの運動——

Contents

Subsection ❶ 剛体の平面運動
Subsection ❷ 撃力を受けた剛体の平面運動
Subsection ❸ 固定点を持つ剛体の運動

キーポイント

　回転軸の並進運動と回転軸まわりの回転運動に分けて解く．転がる場合には，滑るか滑らないかが新たな条件となる．

❶ 剛体の平面運動
　剛体の各点がいつも定平面に平行に運動するものを**平面運動**といいます．定平面を xy 平面にとると，質量 M の剛体の重心の運動方程式は

$$M\ddot{x}_G = \sum_i F_{xi}, \quad M\ddot{y}_G = \sum_i F_{yi} \tag{7.25}$$

となります．また，重心まわりの運動は，固定軸のまわりの剛体の運動と同様に重心を通る z 軸のまわりの外力によるモーメントを N_{Gz} とすると重心を通る z 軸のまわりの剛体の運動方程式は

$$I_G \frac{d\omega}{dt} = I_G \frac{d^2\varphi}{dt^2} = N_{Gz} \tag{7.26}$$

となります．ここで I_G は重心を通る z 軸まわりの慣性モーメントです．

❷ 撃力を受けた剛体の平面運動
　平面運動を行う剛体に撃力 $\sum_i \boldsymbol{F}'_i$ が働くとき，質量 M の剛体の重心の運動方程式は

$$M\ddot{x}_G = \sum_i F'_{xi}, \quad M\ddot{y}_G = \sum_i F'_{yi} \tag{7.27}$$

重心まわりの回転の運動方程式は

$$I \frac{d\omega}{dt} = \sum_i (x_i F'_{yi} - y_i F'_{xi}) \tag{7.28}$$

となります．撃力の働く短い時間を Δt とし，この間に剛体の重心まわりの速度が $\dot{r}_{G1}$ から $\dot{r}_{G2}$ に，重心まわりの角速度が ω_1 から ω_2 に変わったとすると

$$M\dot{x}_{G2} - M\dot{x}_{G1} = \sum_i \int_0^{\Delta t} F'_{xi}\, dt \tag{7.29}$$

$$M\dot{y}_{G2} - M\dot{y}_{G1} = \sum_i \int_0^{\Delta t} F'_{yi}\, dt \tag{7.30}$$

$$I\omega_2 - I\omega_1 = \sum_i \left(x_i \int_0^{\Delta t} F'_{yi}\, dt - y_i \int_0^{\Delta t} F'_{xi}\, dt \right)$$

$$= \sum_i l_i \int_0^{\Delta t} F'_i\, dt \tag{7.31}$$

となります．ここで l_i は重心と撃力の作用線との垂直距離です．

❸ 固定点を持つ剛体の運動

剛体の 1 点が固定されている場合の回転運動の角運動量は，(7.5) で求めたように

$$\boldsymbol{L} = \iiint \rho(\boldsymbol{r})\{\boldsymbol{\omega}|\boldsymbol{r}|^2 - \boldsymbol{r}(\boldsymbol{r}\cdot\boldsymbol{\omega})\}\, d^3\boldsymbol{r} \tag{7.32}$$

となります．これを成分で表すと

$$\boldsymbol{L} = \begin{pmatrix} L_x \\ L_y \\ L_z \end{pmatrix} = \begin{pmatrix} I_{xx} & I_{xy} & I_{xz} \\ I_{yx} & I_{yy} & I_{yz} \\ I_{zx} & I_{zy} & I_{zz} \end{pmatrix} \begin{pmatrix} \omega_x \\ \omega_y \\ \omega_z \end{pmatrix} = \boldsymbol{I}\boldsymbol{\omega} \tag{7.33}$$

となります．ここで，$\boldsymbol{I}$ は**慣性モーメントテンソル**であり，

$$I_{xx} = \iiint \rho(\boldsymbol{r})(y^2 + z^2)\, d^3\boldsymbol{r}$$

$$I_{yy} = \iiint \rho(\boldsymbol{r})(z^2 + x^2)\, d^3\boldsymbol{r}$$

$$I_{zz} = \iiint \rho(\boldsymbol{r})(x^2 + y^2)\, d^3\boldsymbol{r} \tag{7.34}$$

を**慣性モーメント**

$$-I_{xy} = -I_{yx} = \iiint \rho(\boldsymbol{r})xy\, d^3\boldsymbol{r}$$

$$-I_{xz} = -I_{zx} = \iiint \rho(\boldsymbol{r})zx\, d^3\boldsymbol{r}$$

$$-I_{yz} = -I_{zy} = \iiint \rho(\boldsymbol{r})yz\, d^3\boldsymbol{r} \tag{7.35}$$

を**慣性乗積**と呼びます．適切な座標系 (x', y', z') を選ぶことによって慣性モーメントテンソルを

$$\begin{pmatrix} L'_x \\ L'_y \\ L'_z \end{pmatrix} = \begin{pmatrix} I_x & 0 & 0 \\ 0 & I_y & 0 \\ 0 & 0 & I_z \end{pmatrix} \begin{pmatrix} \omega'_x \\ \omega'_y \\ \omega'_z \end{pmatrix} \tag{7.36}$$

のように対角化することができ，このときの座標系の方向を**慣性主軸**，I_x, I_y, I_z を**主慣性モーメント**と呼びます．

本問題 7.12　　　　　　　　　　　　　　（斜面を転がる円柱）

　図 7.12 のように，角度 θ だけ傾いた斜面に質量 M，底面の半径が a の円柱を置き，静かに放した．斜面に沿って円柱が転がった距離を x，円柱の中心軸に対する回転の角速度を ω として，以下の問に答えよ．ただし，円柱と斜面の間には摩擦があり，円柱は斜面に対して滑らずに転がるものとする．

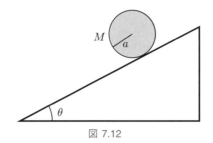

図 7.12

(1)　円柱の運動方程式を書き下せ．なお，中心軸まわりの円柱の慣性モーメントは $I = \dfrac{1}{2}Ma^2$ である．

(2)　時刻 t での距離 x を求めよ．

(3)　時刻 t までに摩擦がした仕事を求めよ．

方針　円柱には重心に重力が働きます．また，接地点には摩擦が働きます．

【答案】　(1)　円柱と斜面の間の摩擦力を F とする．x に関する重心の運動方程式は

$$M\ddot{x} = Mg\sin\theta - F$$

となる．また，回転に関する運動方程式は

$$I\dot{\omega} = Fa$$
$$\therefore\ \ \frac{1}{2}Ma^2\dot{\omega} = Fa \tag{7.37}$$

となる．

(2)　斜面に対して円柱は滑らずに転がるので

$$\ddot{x} = a\dot{\omega}$$

が成り立つ．上式と運動方程式 (7.37) を用いて，$\ddot{x}$ について整理すると

$$\ddot{x} = \frac{2}{3}g\sin\theta$$

初期条件は $x = 0$, $\dot{x} = 0$ であるから

$$\dot{x} = \frac{2}{3} g t \sin \theta$$

$$x = \frac{1}{3} g t^2 \sin \theta$$

が得られる.

(3) 力学的エネルギーの変化を考える. 初期状態の位置を重力のポテンシャルエネルギーの基準とすれば, 初期条件において力学的エネルギーは 0 である. 次に, 時刻 t における力学的エネルギーを計算する.

$$\frac{1}{2} M \dot{x}^2 + \frac{1}{2} I \omega^2 - M g x \sin \theta = \frac{1}{2} M \dot{x}^2 + \frac{1}{4} M \dot{x}^2 - M g x \sin \theta$$

$$= \frac{3}{4} M \dot{x}^2 - M g x \sin \theta$$

$$= M g x \sin \theta - M g x \sin \theta$$

$$= 0$$

したがって, 今回の系では力学的エネルギーは保存していることがわかる. すなわち, 摩擦がした仕事は 0 である. ∎

▌ **ポイント** ▌ (2) 斜面を転がる重心の運動は円柱の質量にも半径にもよらず, 円柱という形状のみで決まります.

本問題 7.13　　　　　　　　　　　　　（球面容器内の球の運動）

　図 7.13 に示すように，球 A が床に固定された半径 R の大きな球面状の容器 B の中に置かれている．球 A を平衡の位置から微小量だけずらして，放したときに起こる球 A の中心 G の振動運動を考える．ただし，球 A は容器 B の内側表面を滑らずに回転しながら紙面に沿って運動するものとする．

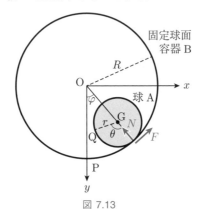

図 7.13

(1)　球面 B の中心 O と球 A の中心 G とを通る鉛直面内で，水平方向を x 軸，鉛直下向きを y 軸，球面と小球の中心同士を結ぶ線と y 軸のなす角度を φ とするとき，球 A の中心 $G(X, Y)$ の並進運動，および球 A の中心 G まわりの回転運動の各々が満たすべき方程式を書き下せ．ただし，面の抗力 N と摩擦力 F を図のようにとる．また，平衡位置で球面容器 B の底 P にあった球 A 上の点を Q とし，図のように角度 θ をとると，球 A の平衡点からの回転角は $\theta - \varphi$ となることに注意せよ．

(2)　φ は十分小さいので 1 次までの展開で近似できることを使って，線分 OG の振動運動はある長さ l の単振り子の振動運動に帰着される．長さ l を求めよ．

（大阪大学）

方針　重心の運動方程式と回転の運動方程式に，球が滑らない条件を課して解きます．

【答案】　(1)　図より φ と θ の関係は

$$\theta = \frac{R}{r}\varphi$$

これより，球 A の回転角は

$$\theta - \varphi = \frac{R - r}{r}\varphi$$

中心 G の運動方程式は

$$-M(R - r)\ddot{\varphi} = Mg\sin\varphi - F \tag{7.38}$$

球 A の回転の運動方程式は

$$\frac{2}{5}Mr^2\frac{d^2}{dt^2}(\theta - \varphi) = \frac{2}{5}Mr(R - r)\ddot{\varphi} = -rF$$

となる.

(2) 回転の運動方程式は整理すると

$$F = -\frac{2}{5}M(R - r)\ddot{\varphi}$$

となる. これを, 中心の運動方程式 (7.38) に代入して

$$-\frac{7}{5}M(R - r)\ddot{\varphi} = Mg\sin\varphi$$

となり, 整理すると

$$\ddot{\varphi} = -\frac{5g}{7(R - r)}\sin\varphi$$

となる. φ は微小量であるので

$$\ddot{\varphi} = -\frac{5g}{7(R - r)}\varphi$$

単振り子の運動方程式は

$$\ddot{\varphi} = -\frac{g}{l}\varphi$$

であるから,

$$l = \frac{7(R - r)}{5}$$

の単振り子の振動に帰着される. ∎

▌ **ポイント** ▌ 球面容器と球の回転角の関係を求めることが重要です.

基本問題 7.14　　　　（糸を巻き付けた円盤の降下（ヨーヨーの運動））

(1)　半径 R, 質量 M の一様な円盤がある. 円盤の中心を通り円盤に垂直な軸のまわりの慣性モーメント I を求めよ.

(2)　図 7.14 に示すように，(1) の円盤に巻き付けた糸の一端を天井に固定して，壁に沿わせて降下させた. このとき，円盤の重心の加速度の大きさ a と糸の張力の大きさ T はどうなるか，それぞれ求めよ. ただし，重力加速度は g とする.

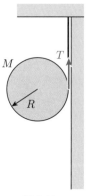

図 7.14

(3)　次に，糸を天井から外し，円盤を落下させる. 円盤を常に一定の位置にあるようにするには，糸の上端をどのように動かせば良いか.　　　　（大阪大学　改）

方針　糸の張力，重心の加速度，回転の角加速度の関係を考慮して解きます.

【答案】　(1)　円盤の面密度は

$$\rho = \frac{M}{\pi R^2}$$

となるので，慣性モーメントは

$$I = \frac{M}{\pi R^2} \int_0^{2\pi} d\theta \int_0^R r\, r^2\, dr$$
$$= \frac{1}{2} M R^2$$

となる.

(2)　鉛直下方を x 軸の正の方向とすると，x に関する重心の運動方程式は

$$Ma = Mg - T$$

となる. また，円盤の中心軸に対する回転の角速度を ω とすると，回転に関する運動方程式は

$$I\dot{\omega} = \frac{1}{2}MR^2\dot{\omega} = TR$$

となる.

$$a = R\dot{\omega}$$

が成り立つことから,

$$a = \frac{2}{3}g$$

$$T = \frac{1}{3}Mg$$

となる.

(3) 糸の上端を加速度 b で引き上げるときの運動を考える. 糸の張力を T' とすると

$$0 = Mg - T'$$

$$\dot{\omega} = \frac{2RT'}{MR^2} = \frac{2}{R}g$$

したがって,

$$b = R\dot{\omega} = 2g$$

となる. ■

▌ **ポイント** ▌ 重心の加速度と円盤の角加速度の関係を理解しましょう.

基本問題 7.15 ────────────────────────（剛体球の回転（ビリヤード））

　半径 a，質量 M の密度が一様な球の運動について考える．以下では球と床は剛体として，それぞれの変形はないものとする．水平方向に x 軸，鉛直上向きに y 軸をとり，重力加速度は g であるとする．力積は，球の重心 G を通る鉛直面（xy 面）内で働くとする．以下の問に答えよ．

(1) 球の重心を通る軸まわりの慣性モーメント I_G を a と M で表せ．また，答えに至る過程も記せ．

(2) 図 7.15 に示すように，水平な床 1 の上に静止している球の高さ h の点に，x 軸方向の力積 P を加えた．床 1 と球の間に摩擦がないとして，球が滑らずに転がるときの高さ $h = h_0$ を求めよ．

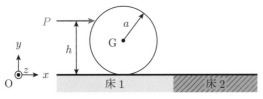

図 7.15

(3) 図 7.15 において，今度は，水平な床 1 の上に静止している球の高さ $h = \frac{3}{2}a$ の点に，x 軸方向の力積 P を加えた．球が運動をはじめた後，時刻 $t = 0$ で球と床との接触点が，水平な床 2 の上にのり，時刻 $t = t_1$ で球の重心は等速運動に移った．t_1 とそのときの球の重心の速度 v_1 を求めよ．ただし，球と床 2 の間の動摩擦係数は一定であり，μ とする．　　　　　　　　　　（東京大学　改）

方針　滑る条件，滑らない条件を考慮して解きます．

【答案】　(1)　一様な剛体球の密度は $\rho = \frac{3M}{4\pi a^3}$ である．したがって，慣性モーメントは

$$I_G = \frac{3M}{4\pi a^3} \int_{-a}^{a} \int_0^{\sqrt{a^2 - z^2}} 2\pi r\, r^2 \, dr dz = \frac{2}{5} Ma^2$$

となる．

　(2)　重心の速度を v_0 とすると，運動量保存則より

$$M v_0 = P$$

となる．また，球の重心に対する角速度を ω_0 とすると，角運動量保存則より

$$I_G \omega_0 = \frac{2}{5} Ma^2 \omega_0 = (h - a)P$$

となる．滑らないための条件は $v_0 = a\omega_0$ であるから

$$\frac{P}{M} = a \frac{5(h - a)P}{2Ma^2}$$

したがって

$$h = \frac{7}{5}a$$

(3) 初期条件は

$$Mv_0 = P$$

$$\frac{2}{5}Ma^2\omega_0 = \left(\frac{3}{2}a - a\right)P = \frac{1}{2}aP$$

となる. $h = \frac{3}{2}a$ であり $\frac{7}{5}a$ より大きいので,床 2 の摩擦力 μMg は進行方向に働く.球の重心の運動方程式は

$$M\dot{v} = \mu Mg$$

であるので,床 2 上での時刻 t における速度は

$$v = v_0 + \mu g t$$

となる.球の回転の運動方程式は

$$\frac{2}{5}Ma^2\dot{\omega} = -a\mu Mg$$

であるので,床 2 上での時刻 t における角速度は

$$\omega = \omega_0 - \frac{5\mu g}{2a}t$$

となる. $v = a\omega$ となる時刻 t_1 は

$$v_0 + \mu g t_1 = a\left(\omega_0 - \frac{5\mu g}{2a}t_1\right)$$

より,

$$t_1 = \frac{P}{14M\mu g}$$

となる.また,そのときの球の重心の速度は

$$v_1 = \frac{15P}{14M}$$

となる. ■

▌ **ポイント** ▌ (3) 摩擦のある床では滑らなくなるまで一定の摩擦力が働き,球の重心は等加速度運動,球の回転は等角加速度運動となります.

基本問題7.16　　　　　　　　　　　　　　　　（段差を乗り越える球）

　図 7.16 のように，質量 m，半径 a の球が床に対して速度 v_0 で滑らずに転がっている．この球が高さ h（$< a$）の段差に衝突し，段差を乗り越えた．乗り越えるまでに球と接触面（段差の角）は離れず，また滑らないものとして以下の問に答えよ．

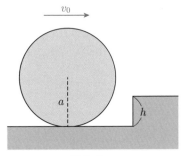

図 7.16

(1)　球が段差を乗り越えるための v_0 の条件を求めよ．

(2)　段差と衝突前後で球の力学的エネルギーが保存しないことを確かめ，理由を考察せよ．

方針　衝突前後における接触面まわりの角運動量と，段差と衝突してから乗り越えるまでの力学的エネルギーは保存します．

【答案】　(1)　球の中心軸まわりの慣性モーメントは

$$I = \frac{2}{5}ma^2$$

であるから，平行軸の定理より，接触面まわりでの慣性モーメントは

$$I' = I + ma^2 = \frac{7}{5}ma^2$$

となる．衝突直後の接触面まわりでの角速度を ω_1 とすれば，衝突前後における角運動量保存則より

$$mv_0(a - h) + I\frac{v_0}{a} = I'\omega_1$$

これを整理して

$$\omega_1 = \frac{7a - 5h}{7a}\frac{v_0}{a}$$

次に，段差を乗り越えた直後の接触面まわりでの角速度を ω_2 とすれば，衝突直後と段差を乗り越えた直後の力学的エネルギー保存則より

$$\frac{1}{2}I'\omega_1^2 + mga = \frac{1}{2}I'\omega_2^2 + mg(a + h)$$

段差を乗り越えるための条件は

$$\frac{1}{2}I'\omega_2^2 \geq 0$$

であるから

$$\frac{1}{2}I'\omega_1^2 - mgh \geq 0$$

より

$$v_0 \geq \frac{a}{7a-5h}\sqrt{70gh}$$

となる.

(2) 衝突の直前直後で重力によるポテンシャルエネルギーは変わらないので，運動エネルギーのみを比べる．衝突直前の運動エネルギーが

$$\frac{1}{2}mv_0^2 + \frac{1}{2}I\frac{v_0^2}{a^2} = \frac{7}{10}mv_0^2$$

なのに対し，衝突直後の運動エネルギーは

$$\frac{1}{2}I'\omega_1^2 = \frac{7}{10}mv_0^2\left(\frac{7a-5h}{7a}\right)^2$$

となり，明らかに減少している．したがって，衝突前後で運動エネルギーは保存していない．これは衝突時の撃力が球に仕事をしていることを意味するものである．■

基本問題 7.17 ━━━━━━━━━━（**剛体球の摩擦のある床の衝突**）［重要］━━

図 7.17 のようにとった xy 直交座標系において，y 軸に垂直な平面に向かって半径 a，質量 m の剛体球が一定の速度で衝突し，跳ね返る運動を考える．球の衝突前と衝突後の速度ベクトルをそれぞれ $(u, v), (u', v')$ とする（$u > 0, v < 0$）．また球は，球の中心を通る回転軸（xy 面に垂直とする）まわりに一定の角速度で回転しているものとし，衝突の前後の角速度をそれぞれ ω, ω' とする（$\omega > 0$）．ただし図 7.17 に示した向きを回転の正の方向とする．剛体球の中心軸まわりの慣性モーメントは $\frac{2}{5}ma^2$ で与えられるものとする．また，平面に衝突した際に球と平面との間で滑りは生じていないため，$u' = a\omega'$ が成り立っているとする．なお重力は考えず，また，運動エネルギーは衝突の前後で保存するものとする．

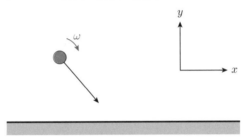

図 7.17

(1)　球の速度に関して $u > \omega a$ が成り立つとする．このとき衝突時に球には x 軸の負の方向に摩擦力が生じる．この摩擦力による力積を $-N$（$N \geq 0$）と書くとき，N を u と u' を用いて書き表せ．また，摩擦力が球の衝突時に力のモーメントを生み出し，角運動量に変化をもたらすことに注意して，N を ω と ω' を用いて書き表せ．

(2)　(1) の 2 つの式から N を消去することにより次式を示せ．

$$u' = \frac{5}{7}u + \frac{2}{7}a\omega$$

(3)　$N = 0$ の場合，u と ω との間に成り立つ関係式を求めよ．

(4)　(3) の場合，v' を求めよ．

（首都大学東京）

━━━━━━━━━━━━━━━━━━━━━━━━━━━━━━━

［方針］　運動量保存則，角運動量保存則，エネルギー保存則，滑らない条件を考慮して解きます．

【答案】　(1)　重心の x 軸方向の運動量保存則より

$$mu - N = mu'$$

であるので，

$$N = m(u - u') \tag{7.39}$$

となる. 球の角運動量保存則より

$$\frac{2}{5}ma^2\omega + aN = \frac{2}{5}ma^2\omega'$$

であるので,

$$N = \frac{2}{5}ma(\omega' - \omega) \tag{7.40}$$

となる.

(2) (7.39), (7.40) より

$$m(u - u') = \frac{2}{5}ma(\omega' - \omega)$$

および $u' = a\omega'$ より,

$$u' = \frac{5}{7}u + \frac{2}{7}a\omega$$

となる.

(3) $N = 0$ の場合,$u = u', \omega = \omega'$ より

$$u = \omega a$$

となる.

(4) エネルギー保存則より速さは変化せず $u = u'$ であり,弾性衝突であるので,

$$v' = -v$$

となる. ∎

基本問題 7.18 ━━━━━━━━━━━━━━（慣性モーメントテンソル）━━

質点系において，i 番目の質点の質量を m_i，座標を (x_i, y_i, z_i) とすると，その角運動量ベクトル $\boldsymbol{L}$，角速度ベクトル $\boldsymbol{\omega}$，慣性モーメントテンソル $\boldsymbol{I}$ との間に次のような関係がある.

$$\boldsymbol{L} = \boldsymbol{I}\boldsymbol{\omega}, \quad \boldsymbol{L} = \begin{pmatrix} L_x \\ L_y \\ L_z \end{pmatrix}, \quad \boldsymbol{\omega} = \begin{pmatrix} \omega_x \\ \omega_y \\ \omega_z \end{pmatrix}$$

$$\boldsymbol{I} = \begin{pmatrix} \sum_i m_i(y_i^2 + z_i^2) & -\sum_i m_i x_i y_i & -\sum_i m_i x_i z_i \\ -\sum_i m_i y_i x_i & \sum_i m_i(x_i^2 + z_i^2) & -\sum_i m_i y_i z_i \\ -\sum_i m_i z_i x_i & -\sum_i m_i z_i y_i & \sum_i m_i(x_i^2 + y_i^2) \end{pmatrix}$$

図 7.18 のような半径 R の円盤を考える. 円盤を剛体として取り扱い，厚さを無視して面密度を ρ（一定）とする. 図 7.18 のように，円盤の中心を通る互いに垂直な軸を x' 軸，y' 軸，z' 軸とする. z' 軸は紙面に垂直で，裏から表の方向を向く.

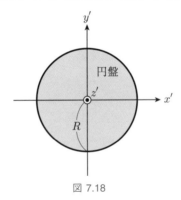

図 7.18

(1) この円盤の質量 M を求めよ.

x' 軸，y' 軸，z' 軸はこの円盤の慣性主軸である. 慣性主軸では，

$$\boldsymbol{I} = \begin{pmatrix} I_x & 0 & 0 \\ 0 & I_y & 0 \\ 0 & 0 & I_z \end{pmatrix}$$

となる.

(2) z' 軸のまわりの慣性モーメント I_z を求めよ.

(3) この問題では，x' 軸のまわりの慣性モーメントと y' 軸のまわりの慣性モーメントは同じ値をとる. x' 軸のまわりの慣性モーメント I_x を求めよ.

> **方針** 定義に従って，慣性モーメントを求めます．

【答案】 (1) 円盤の面密度は ρ であるので，円盤の質量は $\rho\pi R^2$ となる．

(2) 円盤の面密度は

$$\rho = \frac{M}{\pi a^2}$$

となるので，慣性モーメントは

$$I_z = \frac{M}{\pi a^2}\int_0^{2\pi}d\theta\int_0^a r\,r^2 dr$$
$$= \frac{1}{2}Ma^2$$

となる．

(3) 円盤の対称性より，

$$I_x = I_y$$

が成り立つ．直交軸の定理より，

$$I_z = I_x + I_y = 2I_x$$

であるから，慣性モーメントは

$$I_x = \frac{1}{2}I_z = \frac{1}{4}Ma^2$$

となる．■

基本問題 7.19

基本問題 7.18 の続きとして，以下の問に答えよ．

図 7.19(a) のように，この円盤を z' 軸が角度 θ 傾くように，棒に固定する．この棒を剛体として取り扱う．棒の質量と太さを無視する．棒は，円盤の中心を貫くものとする．

図 7.19(b) のように，この棒の向きを軸受けによって固定する．実験室系に固定された垂直座標系を xyz 系と呼び，座標を (x, y, z) とする．原点を円盤の中心に置く．棒の方向を z 軸とする．z 軸のまわりで，棒は円盤と一体となって角速度 ω_z で回転しているとする．軸受けの摩擦，空気抵抗を無視する．図 7.19(b) で y 軸は紙面に垂直で，表から裏の方向を向く．棒と一体となって回転する円盤に固定された座標系を $x'y'z'$ 系と呼び座標を (x', y', z') とする．原点を円盤の中心に置く．図 7.19(b) は，時刻 $t = 0$ での状態を表しており，そのとき y' 軸は y 軸と重なり，紙面に垂直で，表から裏の方向を向く．

時刻 $t = 0$ において，z' 軸は，xyz 系で $(\sin\theta, 0, \cos\theta)$ の方向にあり，x' 軸は，xyz 系で $(\cos\theta, 0, -\sin\theta)$ の方向にあるとする．

この系で，一般のベクトル $\boldsymbol{A}$ の xyz 系での表示を (x, y, z) とし $x'y'z'$ 系での表示を (x', y', z') とすると，(x, y, z) は $x'y'z'$ 系で次のように変換される．

$$
\begin{pmatrix} x' \\ y' \\ z' \end{pmatrix} = \begin{pmatrix} \cos\theta & 0 & -\sin\theta \\ 0 & 1 & 0 \\ \sin\theta & 0 & \cos\theta \end{pmatrix} \begin{pmatrix} \cos\varphi & \sin\varphi & 0 \\ -\sin\varphi & \cos\varphi & 0 \\ 0 & 0 & 1 \end{pmatrix} \begin{pmatrix} x \\ y \\ z \end{pmatrix}
$$

ここで φ は，z 軸のまわりの回転角を表し，$\varphi = \omega_z t$ である．

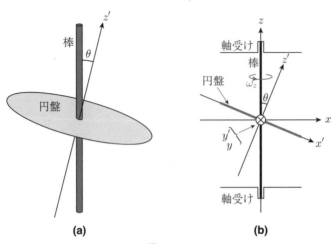

図 7.19

以後，この問題で，慣性モーメントに関する表示は (2), (3) の答えを使わずに，I_x, I_z を使うこととする.

(4) 角速度ベクトル $\boldsymbol{\omega}$ は，xyz 系で $(0, 0, \omega_z)$ と表示される. 時刻 $t = 0$ における $\boldsymbol{\omega}$ を $x'y'z'$ 系で表示せよ.

(5) 時刻 $t = 0$ における角運動量ベクトル $\boldsymbol{L}$ を $x'y'z'$ 系で表示せよ.

(6) 時刻 $t = 0$ における角運動量ベクトル $\boldsymbol{L}$ を xyz 系で表示せよ.

(7) 時刻 t における角運動量ベクトル $\boldsymbol{L}$ を xyz 系で表示せよ.

(8) 前問 (7) の結果は，角運動量ベクトル $\boldsymbol{L}$ の向きが時間とともに変化していることを示している. 棒が軸受けから受ける力のモーメントを $\boldsymbol{N}$ とすると $\frac{d\boldsymbol{L}}{dt} = \boldsymbol{N}$ である. 棒が軸受けから受ける力のモーメントの大きさを求めよ. （九州大学）

【答案】 (4) 角速度ベクトル $\boldsymbol{\omega}$ は，xyz 系で $(0, 0, \omega_z)$ と表示されるので，

$$
\begin{pmatrix} \omega'_x \\ \omega'_y \\ \omega'_z \end{pmatrix} = \begin{pmatrix} \cos\theta & 0 & -\sin\theta \\ 0 & 1 & 0 \\ \sin\theta & 0 & \cos\theta \end{pmatrix} \begin{pmatrix} \cos\varphi & \sin\varphi & 0 \\ -\sin\varphi & \cos\varphi & 0 \\ 0 & 0 & 1 \end{pmatrix} \begin{pmatrix} 0 \\ 0 \\ \omega_z \end{pmatrix}
$$

$$
= \begin{pmatrix} -\omega_z \sin\theta \\ 0 \\ \omega_z \cos\theta \end{pmatrix}
$$

となる.

(5) 時刻 $t = 0$ における角運動量ベクトル $\boldsymbol{L}$ を $x'y'z'$ 系で表すと，

$$
\boldsymbol{L} = \boldsymbol{I}\boldsymbol{\omega}'
$$

$$
= \begin{pmatrix} I_x & 0 & 0 \\ 0 & I_y & 0 \\ 0 & 0 & I_z \end{pmatrix} \begin{pmatrix} -\omega_z \sin\theta \\ 0 \\ \omega_z \cos\theta \end{pmatrix}
$$

$$
= \begin{pmatrix} -I_x \omega_z \sin\theta \\ 0 \\ I_z \omega_z \cos\theta \end{pmatrix}
$$

となる.

(6) 時刻 $t = 0$ における角運動量ベクトル $\boldsymbol{L}$ を xyz 系で表すと，

$$
\boldsymbol{L} = \begin{pmatrix} \cos\theta & 0 & \sin\theta \\ 0 & 1 & 0 \\ -\sin\theta & 0 & \cos\theta \end{pmatrix} \begin{pmatrix} -I_x \omega_z \sin\theta \\ 0 \\ I_z \omega_z \cos\theta \end{pmatrix}
$$

$$
= \begin{pmatrix} (I_z - I_x)\omega_z \sin\theta\cos\theta \\ 0 \\ \omega_z(I_x \sin^2\theta + I_z \cos^2\theta) \end{pmatrix}
$$

となる.

(7) 時刻 t における角運動量ベクトル $\boldsymbol{L}$ を xyz 系で表すと,

$$
\boldsymbol{L} = \begin{pmatrix} \cos\varphi & -\sin\varphi & 0 \\ \sin\varphi & \cos\varphi & 0 \\ 0 & 0 & 1 \end{pmatrix} \begin{pmatrix} (I_z - I_x)\omega_z \sin\theta \cos\theta \\ 0 \\ \omega_z(I_x \sin^2\theta + I_z \cos^2\theta) \end{pmatrix}
$$
$$
= \begin{pmatrix} (I_z - I_x)\omega_z \sin\theta \cos\theta \cos\varphi \\ (I_z - I_x)\omega_z \sin\theta \cos\theta \sin\varphi \\ \omega_z(I_x \sin^2\theta + I_z \cos^2\theta) \end{pmatrix}
$$

となる.

(8) 棒が軸受けから受ける力のモーメントは

$$
\boldsymbol{N} = \frac{d\boldsymbol{L}}{dt}
$$
$$
= \begin{pmatrix} -(I_z - I_x)\omega_z^2 \sin\theta \cos\theta \sin\varphi \\ (I_z - I_x)\omega_z^2 \sin\theta \cos\theta \cos\varphi \\ 0 \end{pmatrix}
$$

となるので, 棒が軸受けから受ける力のモーメントの大きさは

$$
N = (I_z - I_x)\omega_z^2 \sin\theta \cos\theta
$$

となる. ∎

演習問題

=== A ===

7.4.1 同じ半径，同じ質量の球と球殻がある．それぞれを同じ仰角の坂道の上で転がすと，どちらが速く転がるだろうか．

7.4.2 摩擦のない平面上に質量 M，半径 a の球が静止しているとする．鉛直面内で床から高さ h で水平に力積の大きさ $\overline{F}$ の撃力で突くと球はどのような運動をするか．

=== B ===

7.4.3 半径 b の円筒軸の両端に半径 a $(a > b)$ の円盤を，中心軸を一致させて取り付けた糸まきが，粗い水平面上に置かれている（図 7.20(a)）．この糸まきの質量は M，慣性モーメントは I である．糸まきに巻いた糸を張力 T で，中心軸に垂直方向に，水平面となす角 θ で引く（図 7.20(b)）．ただし張力 T が働く作用点は両端の円盤から等距離の面内にあるとする．また T は糸まきが面上を滑ることがない程度の大きさである．次の問に答えよ．

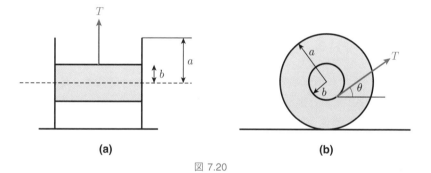

図 7.20

(1) ある角度 θ_0 で引いたとき，糸まきは動かなかった．この角度 θ_0 を求めよ．

(2) ある角度 θ で引いたとき，糸まきの重心の加速度を a, b, M, I, θ, T を用いて表せ．ただし糸まきが動いても θ, T を一定に保つように引き，糸まきが床から離れることはないとする．

(3) 角度 θ と糸まきの運動の向きの関係について述べよ． （立教大学）

7.4.4 図 7.21 に示すように水平方向に x 軸，鉛
直方向に y 軸を定め，xy 平面と垂直な中心
軸まわりに自由に回転できるよう，球殻 A
（質量 M，半径 a）を固定した．静止した
球殻 A の頂上に球殻 B（質量 m，半径 b，
$m < M$, $b < a$）をのせて静かに右側に転
がした．B は静止した状態から転がりはじ
め，最終的に A から離れた．B が A から
離れるまで，2 つの球殻の間に滑りは生じ
なかったものとする．また運動中，2 つの

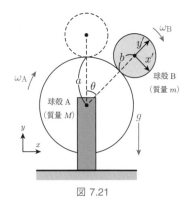

図 7.21

球殻の中心は常に xy 平面上にあり，B の回転軸は常に xy 平面と垂直であると
する．

　球殻 B が球殻 A のまわりを転がっている途中，図 7.21 のように A と B の中
心を結ぶ直線と鉛直線のなす角 θ となったとき，A, B の角速度は図 7.21 に示さ
れた向きを正として，それぞれ ω_A, ω_B であった．このとき A の中心に対する B
の中心の角速度は $\dot\theta$，角加速度は $\ddot\theta$ と書ける．転がっている間は A と B の接触
点において滑りが生じていないことから，

$$a\omega_A = (a + b)\dot\theta - b\omega_B$$

の関係が成り立つ．

　球殻 A と B の間に作用する垂直抗力を R，摩擦力を F とし，重力加速度の大
きさは g であるとする．2 つの球殻の厚さ，変形は無視でき，面密度も一様とす
る．以下の問に答えよ．

(1) 球殻 A および B について，各々の重心まわりに関する回転の運動方程式を
それぞれ示せ．

(2) 球殻 B の重心の並進運動に関しての運動方程式を，接線方向（図の x' 軸方
向）および法線方向（図の y' 軸方向）に分けて示せ．

(3) 角速度 ω_A, ω_B を $M, m, a, b, \dot\theta$ を用いて表せ．

(4) 角速度 $\dot\theta$ (> 0) を g, M, m, a, b, θ を用いて表せ．

(5) 球殻 B が A から離れるときの θ を θ_C とする．θ_C を M, m を用いて表せ．

（東京大学）

第8章 解析力学

　この章では，力学の一般化としての解析力学を取り上げます．変分原理からはじめ，ラグランジュ形式，ハミルトン形式を学びます．デカルト座標から離れて，一般化された座標で運動方程式を議論します．ラグランジュ形式は力学の問題を解くのに一般的な処方箋を与えてくれるとともに，場の理論の記述の基礎を与えてくれます．また，ハミルトン形式は量子力学の入り口に我々を導いてくれます．

8.1　ラグランジュ形式
――仮想仕事の原理や最小作用の原理を用いた運動の一般論――

Contents

Subsection ❶ 仮想仕事の原理
Subsection ❷ 変分原理
Subsection ❸ ラグランジュの運動方程式

キーポイント

　仮想仕事，変分法を用いてラグランジュの運動方程式を導く．ラグランジュの運動方程式を力学の問題に適用し，様々な力学系にラグランジュ形式が有用であることを学ぶ．

❶仮想仕事の原理
●仮想変位● 　質点に課された拘束条件を満たす仮想的な微小変位を**仮想変位**といいます．微小変位を与えたとき，各部の変位が互いに独立か，あるいはある比率に従って変位するかによって，体系の運動が決まります．

●仮想仕事の原理● 　仮想変位をさせるには体系に力が加えられ仮想的な仕事がなされます．力には重力のように初めからわかっている加えられた力と，束縛条件の釣合いの式を通して初めて決まる束縛力に分けて考えることができます．

　i 番目の質点の釣合いを考えてみます．i 番目の質点に加えられた力 $\boldsymbol{F}_i$ の成分を (X_i, Y_i, Z_i) とし，束縛力 $\boldsymbol{S}_i$ の成分を (S_{xi}, S_{yi}, S_{zi}) とすると，これらの力は釣り合うので

$$X_i + S_{xi} = 0, \quad Y_i + S_{yi} = 0, \quad Z_i + S_{zi} = 0 \tag{8.1}$$

となります.

　ここで, 仮想変位 $\delta x_i, \delta y_i, \delta z_i$ を考えると加えられた力と束縛力による仕事は

$$\delta W = \sum_i \{(X_i + S_{xi})\delta x_i + (Y_i + S_{yi})\delta y_i + (Z_i + S_{zi})\delta z_i\} \tag{8.2}$$

となります. 釣合いの状態では, (8.1) が成り立つので,

$$\delta W = 0$$

となります. 束縛力が仕事をしない場合,

$$\sum_i (X_i \delta x_i + Y_i \delta y_i + Z_i \delta z_i) = 0 \tag{8.3}$$

となります. すなわち, 任意の仮想変位 $\delta x_i, \delta y_i, \delta z_i$ に対して加えられた力の行う仕事は 0 になります. このとき, 仕事 δW を**仮想仕事**と呼び, 束縛力が仕事を行わないような体系で, 仮想仕事が 0 になることを**仮想仕事の原理**と呼びます.

●**釣合いの安定性**●　質点系に加えられた力が保存力の場合, 釣合いが安定であるかどうかを考えてみましょう. 加えられた力に対する位置エネルギーを U とするとき, 釣合いの条件は

$$\delta U = 0 \tag{8.4}$$

となります. U が極小値をとるような位置にあるとき, 質点系は安定な釣合い状態にあると呼び, U が極大値をとるような位置にあるとき, 質点系は不安定な釣合い状態にあると呼びます. また, 少しずらしても U が変わらないときには, 質点系は中立な釣合い状態にあると呼びます. 例えば, 床に置かれた球は中立な釣合い状態にあるといえます.

❷ 変分原理

●**変分法**●　$x, y, y' \left(= \frac{dy}{dx}\right)$ の関数 $f(x, y, y')$ を区間 $a \leq x \leq b$ で積分した量

$$I = \int_a^b f(x, y, y')\, dx \tag{8.5}$$

を考えます. y の関数形を少し変えても I の値が停留するような $y(x)$ について考えると, I の値が停留するために $y(x)$ の満たすべき微分方程式は,

$$\frac{d}{dx}\left(\frac{\partial f}{\partial y'}\right) - \frac{\partial f}{\partial y} = 0 \tag{8.6}$$

でなければなりません. この微分方程式を**オイラーの微分方程式**と呼びます (基本問題 8.1 参照).

● **ラグランジュの未定乗数法** ● 2つまたはそれ以上の未知関数がある場合は，未知関数を $y(x), z(x), \ldots$ とすると

$$I = \int_a^b f(x, y, z, \ldots, y', z', \ldots)\, dx \tag{8.7}$$

を極値にするような関数を求めるには

$$\frac{d}{dx}\left(\frac{\partial f}{\partial y'}\right) - \frac{\partial f}{\partial y} = 0$$

$$\frac{d}{dx}\left(\frac{\partial f}{\partial z'}\right) - \frac{\partial f}{\partial z} = 0$$

$$\cdots$$

を解けば良いことになります．また，関数が他の条件を満足しなくてはならないときがあります．例えば，積分

$$I = \int_a^b f(x, y, y')\, dx$$

を

$$\int_a^b g(x, y, y')\, dx = l \tag{8.8}$$

という範囲内で極値をとる y を求める場合，

$$\delta \int_a^b \{f(x, y, y') + \lambda g(x, y, y')\}\, dx = 0 \tag{8.9}$$

という変分の式が成り立ちます．これを解けば，$y = y(x, \lambda)$ として y を x の関数として求めることができます．このような解法を**ラグランジュの未定乗数法**と呼びます．

● **ダランベールの原理** ● 質量 m の質点に力 $\sum_i \boldsymbol{F}_i$ が働き $\boldsymbol{A}$ という加速度で運動している場合，運動の第2法則より

$$m\boldsymbol{A} = \sum_i \boldsymbol{F}_i \tag{8.10}$$

となります．この式を

$$\sum_i \boldsymbol{F}_i - m\boldsymbol{A} = \boldsymbol{0} \tag{8.11}$$

と書き換えて，$-m\boldsymbol{A}$ を仮に力のように考え，**慣性抵抗**と名づけます．そうすると，上式は力の釣合いと同じ形になります．このことを**ダランベールの原理**といいます．例えば，等速円運動をしている質点は，慣性抵抗として遠心力を考えると釣合いの式が得られます．

●**ハミルトンの原理（最小作用の原理）**●　質点系が t_1 という時刻にとる状態から t_2 という時刻にとる状態に移ることを考えます．このとき，運動エネルギーの時間積分を

$$\int_{t_1}^{t_2} T \, dt \tag{8.12}$$

として，仮想仕事の原理より

$$\int_{t_1}^{t_2} (\delta T + \delta W) \, dt = 0 \tag{8.13}$$

という関係式が導かれます．質点に働く力がポテンシャル U で表されるとき，

$$\int_{t_1}^{t_2} (\delta T - \delta U) \, dt = 0 \tag{8.14}$$

または

$$\int_{t_1}^{t_2} (\delta L) \, dt = 0$$
$$L = T - U \tag{8.15}$$

となります．L は**ラグランジアン**と呼ばれます．

　このことは，**ハミルトンの原理（最小作用の原理）**と呼ばれ，質点系が t_1 という時刻にとる状態から t_2 という時刻にとる状態に移るのに，経路の関数であるラグランジアンを同じ時間内で積分したものが極値になるような運動が実際に起きる運動であることを意味します．

❸ ラグランジュの運動方程式

●**一般化座標**●　直交座標 (x, y, z) や極座標 (r, θ, φ) などを，**一般化座標**

$$q_i \quad (i = 1, 2, \ldots, N)$$

を用いて表し，その時間微分を $\dot{q}_i$ で表します．ここで，一般化力を以下のように導入します．一般化座標 q_i の仮想変位 δq_i により，以下のような仕事 δW が生じたとします．

$$\delta W = \sum_{i=1}^{N} Q_i \delta q_i \tag{8.16}$$

このとき，Q_i を**一般化力**と呼びます．質点系が釣り合っていて，運動が無いときは，

$$\delta W = 0$$

となります．

●**ラグランジュの運動方程式** ● 運動エネルギー T を，一般化座標 q_i とその時間微分 $\dot{q}_i$ の関数 $T(\{q_i\}, \{\dot{q}_i\})$ として表します．ラグランジュの運動方程式は，Q_i を一般化力として

$$\frac{d}{dt}\left(\frac{\partial T}{\partial \dot{q}_i}\right) - \frac{\partial T}{\partial q_i} = Q_i \tag{8.17}$$

と与えられます．

一般化力 Q_i が保存力の場合，一般化座標の関数 $U(\{q_i\})$ を用いて

$$Q_i = -\frac{\partial U(\{q_i\})}{\partial q_i} \tag{8.18}$$

と書けます．ここで，$U(\{q_i\})$ はポテンシャルエネルギーです．ラグランジアン $L(\{q_i\}, \{\dot{q}_i\})$ を

$$L(\{q_i\}, \{\dot{q}_i\}) \equiv T(\{q_i\}, \{\dot{q}_i\}) - U(\{q_i\}) \tag{8.19}$$

と定義することで，ラグランジュの運動方程式は以下のように書けます（基本問題 8.4 参照）．

$$\frac{d}{dt}\left(\frac{\partial L}{\partial \dot{q}_i}\right) - \frac{\partial L}{\partial q_i} = 0 \tag{8.20}$$

ラグランジアンはスカラー関数であり，座標系によりません．そのため，一度ラグランジアンを与えてしまえば，ラグランジュの運動方程式を用いて，任意の座標系で運動方程式を書き下すことができます．

本問題 8.1 ━━━━（オイラーの方程式，変分原理，最速降下線）【重要】

図 8.1 に示すように，固定された 2 つの点 $A(0,0)$ と点 $B(x_1, y_1)$ を結ぶ経路 $y = f(x)$ は無数に存在する．その中で，$x, y, y' \left(= \frac{dy}{dx} \right)$ の関数 $F(x, y, y')$ を区間 $0 \leq x \leq x_1$ で積分した量

$$J[y] = \int_0^{x_1} F(x, y, y') \, dx$$

を最小にする経路が存在する．

$J[y]$ を関数 $y = f(x)$ の**汎関数**という．$J[y]$ を最小にするような $f(x)$ の満たすべき微分方程式が，オイラーの微分方程式

$$\frac{d}{dx} \left(\frac{\partial F}{\partial y'} \right) - \frac{\partial F}{\partial y} = 0$$

で与えられることを，以下の手順に従って示せ．

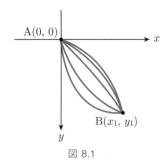

図 8.1

(1) $y = f(x)$ が $J[y]$ を最小にする経路としよう．このとき y から微小量ずれた経路 $y + \delta y$ を考えて，それに対応する汎関数を $J + \delta J$ とする．この δJ を y に関する変分と呼び，

$$\delta J = J[y + \delta y] - J[y]$$

と書くことができる．この式に，

$$F(x, y + \delta y, y' + \delta y') = F(x, y, y') + \left(\delta y \frac{\partial}{\partial y} + \delta y' \frac{\partial}{\partial y'} \right) F(x, y, y')$$

を代入せよ．

(2) $\delta y'$ を含む項を部分積分することで，δJ の式を $\delta y'$ を含まない形で表せ．点 A と点 B では $\delta y = 0$ であることに注意せよ．

(3) $J[y]$ が最小となる条件は $\delta J = 0$ である．δy が任意の関数であることを用いて，オイラーの微分方程式を導け． （岡山大学）

> **方針** 変分原理よりオイラーの微分方程式を導きます.

【答案】 (1)

$$\delta J = J[y + \delta y] - J[y]$$
$$= \int_0^{x_1} \left(\delta y \frac{\partial}{\partial y} + \delta y' \frac{\partial}{\partial y'} \right) F(x, y, y') \, dx$$

(2) $\delta y'$ を含む項を部分積分すると,

$$\delta J = \int_0^{x_1} \delta y \frac{\partial F}{\partial y} \, dx + \delta y \left. \frac{\partial F}{\partial y'} \right|_0^{x_1} - \int_0^{x_1} \delta y \frac{d}{dx} \left(\frac{\partial F}{\partial y'} \right) dx$$

点 A と点 B では $\delta y = 0$ であるので, 第 2 項は 0 となる. したがって,

$$\delta J = \int_0^{x_1} \delta y \left\{ \frac{\partial F}{\partial y} - \frac{d}{dx} \left(\frac{\partial F}{\partial y'} \right) \right\} dx$$

(3) $J[y]$ が最小となる条件は $\delta J = 0$ であるので,

$$\delta J = \int_0^{x_1} \delta y \left\{ \frac{\partial F}{\partial y} - \frac{d}{dx} \left(\frac{\partial F}{\partial y'} \right) \right\} dx = 0$$

δy が任意の関数であるので $\delta J = 0$ が常に成り立つには

$$\frac{d}{dx} \left(\frac{\partial F}{\partial y'} \right) - \frac{\partial F}{\partial y} = 0$$

でなくてはならない. これにより, オイラーの微分方程式が導かれた. ∎

▌ **ポイント** ▌ この問題は, 与えられた変分の問題が微分方程式の問題に帰せられたことを意味しています.

基本問題 8.2　　　　　　　　　　　　　　　　　　　　　　　　　　重要

基本問題 8.1 の続きとして，以下の問に答えよ．

　2 つの点 A と点 B を結ぶ曲線 $y = f(x)$ の中で，長さが最小になるものを，以下の手順に従って求めよ．

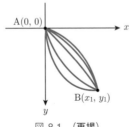

図 8.1　**(再掲)**

(1)　2 点を結ぶ曲線を $y = f(x)$ とすると，点 A と点 B を結ぶ曲線の長さを表す汎関数が

$$l[y] = \int_0^{x_1} \sqrt{1 + (y')^2}\, dx$$

で与えられることを示せ．

(2)　オイラーの微分方程式を用いて，曲線の長さが最小になるような関数 $y = f(x)$ を求めよ．　　　　　　　　　　　　　　　　　　　　　　　　　　　　（岡山大学）

方針　オイラーの微分方程式を用いて 2 点を結ぶ曲線の最小の長さを求めます．

【答案】　(1)　微小区間 dl の長さは

$$dl = \sqrt{dx^2 + dy^2} = \sqrt{1 + (y')^2}\, dx$$

と表されるので，点 A と点 B を結ぶ曲線の長さは

$$l[y] = \int_0^{x_1} \sqrt{1 + (y')^2}\, dx$$

となる．

　(2)　オイラーの微分方程式は

$$\frac{d}{dx}\left(\frac{\partial \sqrt{1 + (y')^2}}{\partial y'} \right) = \frac{d}{dx}\left(\frac{y'}{\sqrt{1 + (y')^2}} \right) = 0$$

したがって，

$$\left(\frac{y'}{\sqrt{1 + (y')^2}} \right) = 一定, \qquad \therefore \quad y' = 一定$$

となる．これを積分して，$y = Cx + D$，つまり直線となる．直線は点 A, B を通るので，求める直線は $y = \dfrac{y_1}{x_1} x$ である．■

コラム 最速降下線と変分法 ━━━━━━━━━━━━━━━━━━━━━

　最速降下線の問題とは「高さの異なる 2 点において，高い方の点に静止していた質点が一定の重力下において滑らかな曲線に沿って低い方の点に滑り落ちる時間が最も短くなる曲線を求める問題」です．ヨハン ベルヌーイが最初に解がサイクロイド曲線であることを発見し，その後の解法の研究が変分法の確立へと繋がっていきました．

　サイクロイド曲線とは図 8.2 に示すように

$$x = a(\theta - \sin\theta), \quad y = a(1 - \cos\theta)$$

で記述される曲線であり，半径 a の円が直線上を滑らずに転がるとき，円周上の 1 点が描く曲線です．サイクロイド曲線に沿って動く質点の振動の周期は振幅によらず一定となります．これを**サイクロイド振り子**といいます．

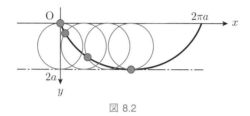

図 8.2

　図 8.3 に示すように，2 つのサイクロイドの間に吊るされた長さ $4a$ の振り子の描く曲線は上のサイクロイド曲線と同形のサイクロイド曲線となります．通常の単振り子では振幅が大きくなるにしたがって振動の周期が長くなりますが，図 8.3 の振り子ではサイクロイドの壁に接することにより有効な振り子の長さが短くなり，振動の周期が一定になります．また，サイクロイド振り子は速度に比例する小抵抗がある場合にも振動の周期は一定となります．

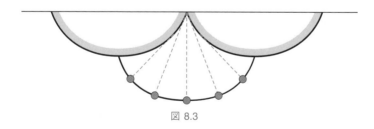

図 8.3

基本問題 8.3 〔重要〕

基本問題 8.2 の続きとして，以下の問に答えよ.

高さが異なる 2 点 A と B をつなぐ滑らかな曲線 $y = f(x)$ に沿って点 A から点 B まで滑り落ちる質点を考える. 滑り落ちるまでの時間が最小になるような曲線を，以下の手順に従って求めよ. 重力の働く方向を y 軸とし，重力加速度の大きさを g とする.

(1) 2 点を結ぶ曲線を $y = f(x)$ とすると，点 A から点 B まで滑り落ちる時間を表す汎関数が

$$t[y] = \int_0^{x_1} \sqrt{\frac{1 + (y')^2}{2gy}}\, dx$$

で与えられることを示せ.

(2) オイラーの微分方程式を用いて，点 A から点 B まで滑り落ちる時間が最小になるような関数 $y = f(x)$ が微分方程式

$$\frac{2y''}{(y')^2 + 1} + \frac{1}{y} = 0$$

を満たすことを示せ.

(3) (2) の微分方程式の両辺に y' を掛けて x で積分し，微分方程式

$$y\{1 + (y')^2\} = 2a$$

を導け. ここで a は定数である.

(4) (3) の微分方程式において，変数変換 $y = a(1 - \cos\theta)$ を行い，$\frac{dx}{d\theta}$ を θ の関数として表せ. さらに，これを積分して

$$x = a(\theta - \sin\theta)$$

となることを示せ. これが θ を媒介変数とするサイクロイド曲線である.

(岡山大学)

方針 オイラーの微分方程式を用いて最速降下線がサイクロイド曲線であることを証明します.

【答案】 (1) 鉛直下方に y 軸がとられているので，質点の座標が (x, y) であるときの速さは力学的エネルギーの保存則より $\sqrt{2gy}$ である. したがって，曲線上 dl を進むのに必要な時間は

$$dt = \frac{dl}{\sqrt{2gy}} = \sqrt{\frac{1 + (y')^2}{2gy}}\, dx$$

したがって，点 A から点 B まで滑り落ちる時間を表す汎関数は

$$t[y] = \int_0^{x_1} \sqrt{\frac{1 + (y')^2}{2gy}}\, dx$$

となる.

(2) 点 A から点 B まで滑り落ちる時間が最小になるような関数 $y = f(x)$ はオイラーの微分方程式より,

$$\frac{d}{dx}\left(\frac{y'}{\sqrt{y}\sqrt{1+(y')^2}}\right) + \frac{\sqrt{1+(y')^2}}{2y^{\frac{3}{2}}} = 0$$

これを整理して

$$\frac{2y''}{(y')^2+1} + \frac{1}{y} = 0$$

が満たされる.

(3) (2) の微分方程式の両辺に y' を掛けて

$$\frac{2y'y''}{(y')^2+1} + \frac{y'}{y} = 0$$

x で積分すると

$$\ln((y')^2+1) + \ln y = C$$

したがって,

$$y\{1 + (y')^2\} = 2a$$

となる.

(4) 前問より

$$\frac{dy}{dx} = \sqrt{\frac{2a-y}{y}}$$

である.

$$y = a(1-\cos\theta) = 2a\sin^2\frac{\theta}{2}$$

と変数変換すると,

$$\frac{dy}{d\theta} = a\sin\theta = 2a\sin\frac{\theta}{2}\cos\frac{\theta}{2}$$

したがって,

$$\frac{dx}{d\theta} = \frac{dx}{dy}\frac{dy}{d\theta} = 2a\sin^2\frac{\theta}{2} = a(1-\cos\theta)$$

これを積分して,$y = 0$,すなわち,$\theta = 0$ で $x = 0$ の条件を使えば

$$x = a(\theta - \sin\theta)$$

となる.これは θ を媒介変数とするサイクロイド曲線である. ■

▌ **ポイント** ▌ サイクロイド曲線は,直線に沿って円が回転するときの円周上の定点の軌跡であり,重力下では等時曲線問題の解(サイクロイド振り子)であるとともに最速降下線の解としても知られています.

━━●**本問題 8.4**━━━━━━━━━━━━（**ラグランジュの運動方程式**）　**重要**━━

運動エネルギー T を，一般化座標 q_i とその時間微分 $\dot{q}_i$ の関数 $T(\{q_i\}, \{\dot{q}_i\})$ とし
たとき，ラグランジュの運動方程式は，Q_i を一般化力として

$$\frac{d}{dt}\left(\frac{\partial T}{\partial \dot{q}_i}\right) - \frac{\partial T}{\partial q_i} = Q_i$$

と書けることを示せ．

また，一般化力 Q_i が保存力の場合，つまり，一般化座標の関数 $U(\{q_i\})$ を用いて

$$Q_i = -\frac{\partial U(\{q_i\})}{\partial q_i}$$

と書けるとき，ラグランジアン $L(\{q_i\}, \{\dot{q}_i\})$ を

$$L(\{q_i\}, \{\dot{q}_i\}) \equiv T(\{q_i\}, \{\dot{q}_i\}) - U(\{q_i\})$$

と定義することで，ラグランジュの運動方程式は

$$\frac{d}{dt}\left(\frac{\partial L}{\partial \dot{q}_i}\right) - \frac{\partial L}{\partial q_i} = 0$$

と書けることを示せ．

━━━━━━━━━━━━━━━━━━━━━━━━━━━━━━━━━━━━━━

方針　運動エネルギーの変分形式を仮想仕事の原理と一般化力の定義を用いて変形し，ラ
グランジュの運動方程式を導出します．

【**答案**】　運動エネルギー $T(\{q_i\}, \{\dot{q}_i\})$ は一般化座標 q_i とその時間微分 $\dot{q}_i$ の関数であるので，
その変分は

$$\delta T = \sum_i \left(\frac{\partial T}{\partial \dot{q}_i}\delta \dot{q}_i + \frac{\partial T}{\partial q_i}\delta q_i\right)$$

となる．

$$\delta\left(\frac{dq_i}{dt}\right) = \left(\frac{d(q_i + \delta q_i)}{dt}\right) - \left(\frac{dq_i}{dt}\right) = \frac{d}{dt}(\delta q_i)$$

であるので，

$$\delta T = \sum_i \left\{\frac{\partial T}{\partial \dot{q}_i}\frac{d}{dt}(\delta q_i) + \frac{\partial T}{\partial q_i}\delta q_i\right\}$$

両辺を t_1 から t_2 まで時間積分すると，

$$\int_{t_1}^{t_2} \delta T \, dt = \int_{t_1}^{t_2} \sum_i \left(\frac{\partial T}{\partial \dot{q}_i}\frac{d}{dt}(\delta q_i) + \frac{\partial T}{\partial q_i}\delta q_i\right) dt$$

$$= \sum_i \frac{\partial T}{\partial \dot{q}_i}\delta q_i\Big|_{t_1}^{t_2} - \int_{t_1}^{t_2} \sum_i \frac{d}{dt}\left(\frac{\partial T}{\partial \dot{q}_i}\right)\delta q_i \, dt + \int_{t_1}^{t_2} \sum_i \frac{\partial T}{\partial q_i}\delta q_i \, dt$$

$t = t_1, t_2$ において δq_i は 0 となるので，第 1 項は 0 となる．したがって，

$$\int_{t_1}^{t_2} \delta T \, dt = -\int_{t_1}^{t_2} \sum_i \left\{\frac{d}{dt}\left(\frac{\partial T}{\partial \dot{q}_i}\right) - \frac{\partial T}{\partial q_i}\right\}\delta q_i \, dt$$

となる．ここで，仮想仕事の原理より

$$\int_{t_1}^{t_2} (\delta T + \delta W)\, dt = 0$$

であり，仕事と一般化力の関係は

$$\delta W = \sum_i Q_i \delta q_i$$

であるため，

$$\int_{t_1}^{t_2} \sum_i \left\{ \frac{d}{dt}\left(\frac{\partial T}{\partial \dot{q}_i}\right) - \frac{\partial T}{\partial q_i} - Q_i \right\} \delta q_i\, dt = 0$$

となる．任意の δq_i に対して成り立つには

$$\frac{d}{dt}\left(\frac{\partial T}{\partial \dot{q}_i}\right) - \frac{\partial T}{\partial q_i} = Q_i$$

となり，これを**ラグランジュの運動方程式**と呼ぶ．一般化力 Q_i が保存力で一般化座標の関数 $U(\{q_i\})$ を用いて

$$Q_i = -\frac{\partial U(\{q_i\})}{\partial q_i}$$

と書けるとき，

$$\frac{d}{dt}\left(\frac{\partial T}{\partial \dot{q}_i}\right) - \frac{\partial T}{\partial q_i} = -\frac{\partial U(\{q_i\})}{\partial q_i}$$

となる．$U(\{q_i\})$ は q_i のみの関数であるから，ラグランジュの運動方程式は

$$\frac{d}{dt}\left\{ \frac{\partial (T - U)}{\partial \dot{q}_i} \right\} - \frac{\partial (T - U)}{\partial q_i} = 0$$

と書くことができ，ラグランジアン $L(\{q_i\}, \{\dot{q}_i\})$ を

$$L(\{q_i\}, \{\dot{q}_i\}) \equiv T(\{q_i\}, \{\dot{q}_i\}) - U(\{q_i\})$$

と定義することで，ラグランジュの運動方程式は

$$\frac{d}{dt}\left(\frac{\partial L}{\partial \dot{q}_i}\right) - \frac{\partial L}{\partial q_i} = 0$$

となる．■

基本問題 8.5（簡単な運動のラグランジアンとラグランジュの運動方程式）**重要**

以下の運動のラグランジアンと運動方程式を求めよ.

(1) 滑らかな水平面上に置かれた質量 m の物体に，ばね定数 k，自然長 x_0 の弦巻きばねがつながっており，ばねの他端が固定されている状況での運動.

(2) 上記のばねを鉛直につるし，ばねの他端に質量 m の物体をつるしたときの運動.

(3) 長さ l のひもに質量 m のおもりをくくり付け，つるした振り子の平面運動.

(4) 水平方向に x 軸，鉛直方向に y 軸をとったときの xy 平面上の質量 m の物体の放物運動.

(5) 万有引力定数を G として極座標 (r, θ) で表した質量 M の太陽のまわりをまわる質量 m の惑星の運動.

方針 運動エネルギーとポテンシャルエネルギーよりラグランジアンを求め，ラグランジュの運動方程式より運動を定めます.

【答案】 (1) ばねが固定されている点を原点とし，ばねの伸びる方向を x 軸の正の方向にとると，ばねの運動エネルギー T は

$$T = \frac{m}{2}\dot{x}^2$$

ポテンシャルエネルギー U は

$$U = \frac{k}{2}(x - x_0)^2$$

となるので，ラグランジアン（$L \equiv T - U$）は

$$L = \frac{m}{2}\dot{x}^2 - \frac{k}{2}(x - x_0)^2$$

となる. ラグランジュの運動方程式は

$$\frac{d}{dt}\left(\frac{\partial L}{\partial \dot{x}}\right) - \frac{\partial L}{\partial x} = m\ddot{x} + k(x - x_0) = 0$$

となる. これは，x_0 を中心とした単振動の運動方程式である.

(2) 鉛直下向きを x 軸の正の方向にとると，ばねの運動エネルギーは

$$T = \frac{m}{2}\dot{x}^2$$

ポテンシャルエネルギーは $U = \dfrac{k}{2}(x - x_0)^2 - mg(x - x_0)$ となるので，ラグランジアンは

$$L = \frac{m}{2}\dot{x}^2 - \frac{k}{2}(x - x_0)^2 + mg(x - x_0)$$

となる. ラグランジュの運動方程式は

$$\frac{d}{dt}\left(\frac{\partial L}{\partial \dot{x}}\right) - \frac{\partial L}{\partial x} = m\ddot{x} + k(x - x_0) - mg = 0$$

となる. これは，$x_0 + \dfrac{m}{k}g$ を中心とした単振動の運動方程式である.

(3) 振り子の振れ角を θ とすると，振り子の運動エネルギーは

$$T = \frac{m}{2}(l\dot{\theta})^2$$

ポテンシャルエネルギーは $U = mgl(1 - \cos\theta)$ となるので，ラグランジアンは

$$L = \frac{m}{2}(l\dot{\theta})^2 - mgl(1 - \cos\theta)$$

となる．ラグランジュの運動方程式は

$$\frac{d}{dt}\left(\frac{\partial L}{\partial \dot{\theta}}\right) - \frac{\partial L}{\partial \theta} = ml^2\ddot{\theta} + mgl\sin\theta = 0$$

となる．

(4) 質量 m の物体の水平運動の方向に x 軸，鉛直方向に y 軸をとると，物体の運動エネルギーは

$$T = \frac{m}{2}(\dot{x}^2 + \dot{y}^2)$$

ポテンシャルエネルギーは $U = mgy$ となるので，ラグランジアンは

$$L = \frac{m}{2}(\dot{x}^2 + \dot{y}^2) - mgy$$

となる．ラグランジュの運動方程式は

$$\frac{d}{dt}\left(\frac{\partial L}{\partial \dot{x}}\right) - \frac{\partial L}{\partial x} = m\ddot{x} = 0$$

$$\frac{d}{dt}\left(\frac{\partial L}{\partial \dot{y}}\right) - \frac{\partial L}{\partial y} = m\ddot{y} + mg = 0$$

となる．これは，x 軸方向の等速運動，y 軸方向の等加速度運動を表す．

(5) 太陽を原点とした極座標表示における惑星の運動エネルギーは

$$T = \frac{m}{2}\{\dot{r}^2 + (r\dot{\theta})^2\}$$

ポテンシャルエネルギーは $U = -G\dfrac{Mm}{r}$ となるので，ラグランジアンは

$$L = \frac{m}{2}\{\dot{r}^2 + (r\dot{\theta})^2\} + G\frac{Mm}{r}$$

となる．ラグランジュの運動方程式は

$$\frac{d}{dt}\left(\frac{\partial L}{\partial \dot{r}}\right) - \frac{\partial L}{\partial r} = m\ddot{r} - mr\dot{\theta}^2 + G\frac{Mm}{r^2} = 0$$

$$\frac{d}{dt}\left(\frac{\partial L}{\partial \dot{\theta}}\right) - \frac{\partial L}{\partial \theta} = \frac{d}{dt}(mr^2\dot{\theta}) = 0$$

となる．2 つ目の式は，角運動量保存則を表す．■

基本問題 8.6 ━━━━━━━━━━━━━━ （二重振り子） 重要 ━

質量 m の 2 つの質点が，長さ l の 2 本の糸で図 8.4 のように天井の支点 O につながれている．この系が鉛直面内で運動するとして，以下の問に答えよ．なお，糸が鉛直からなす角 θ, φ を図 8.4 のようにとり，重力加速度を g とする．

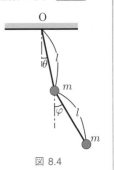

図 8.4

(1) この系の運動エネルギーとポテンシャルエネルギーを示せ．なお，ポテンシャルエネルギーは $\theta = \varphi = 0$ のときを基準とする．

(2) ラグランジアンを作り，θ, φ に関する 2 つの運動方程式を導け．

(3) 微小振動を仮定する．$\theta, \dot{\theta}, \varphi, \dot{\varphi}$ の 2 次以上の項を無視して，(2) で得られた運動方程式を近似せよ．

(4) (3) の方程式の解を

$$\theta(t) = A\cos\omega t, \quad \varphi(t) = B\cos\omega t$$

と仮定し，2 つの基準振動の振動数 $\omega = \omega_1, \omega_2$ $(\omega_1 > \omega_2)$ を求めよ．

(5) (4) の基準振動数 $\omega = \omega_1, \omega_2$ に対応する基準座標 Q_1 および Q_2 を θ と φ で表し，さらにこれらの基準座標が表す振動の様子を図示せよ．基準座標の規格化はしなくて良い．

━━━ 方針 ━━━ ラグランジアンを求め，運動方程式を立てて連成振動の問題として解きます．

【答案】 (1) 水平方向に x 軸，鉛直下方に y 軸をとる．2 つの質点の x, y 座標を $(x_1, y_1), (x_2, y_2)$ とすると，各座標は

$$x_1 = l\sin\theta, \quad y_1 = l\cos\theta$$
$$x_2 = l\sin\theta + l\sin\varphi, \quad y_2 = l\cos\theta + l\cos\varphi$$

となる．速度は

$$\dot{x}_1 = l\dot{\theta}\cos\theta, \quad \dot{y}_1 = -l\dot{\theta}\sin\theta$$
$$\dot{x}_2 = l\dot{\theta}\cos\theta + l\dot{\varphi}\cos\varphi, \quad \dot{y}_2 = -l\dot{\theta}\sin\theta - l\dot{\varphi}\sin\varphi$$

となる．この系の運動エネルギーは

$$T = \frac{m}{2}(\dot{x}_1^2 + \dot{y}_1^2) + \frac{m}{2}(\dot{x}_2^2 + \dot{y}_2^2) = \frac{m}{2}l^2\dot{\theta}^2 + \frac{m}{2}\{l^2(\dot{\theta}^2 + \dot{\varphi}^2) + 2l^2\dot{\theta}\dot{\varphi}\cos(\theta - \varphi)\}$$

ポテンシャルエネルギーは

$$U = mgl(1 - \cos\theta) + mgl(2 - \cos\theta - \cos\varphi)$$

(2) ラグランジアンは

$$L = \frac{m}{2}l^2\dot{\theta}^2 + \frac{m}{2}\{l^2(\dot{\theta}^2 + \dot{\varphi}^2) + 2l^2\dot{\theta}\dot{\varphi}\cos(\theta - \varphi)\}$$
$$- mgl(1 - \cos\theta) - mgl(2 - \cos\theta - \cos\varphi)$$

となる. ラグランジュ方程式は

$$\frac{d}{dt}\left(\frac{\partial L}{\partial \dot{\theta}}\right) - \frac{\partial L}{\partial \theta} = 2ml^2\ddot{\theta} + ml^2\ddot{\varphi}\cos(\theta - \varphi)$$
$$+ ml^2\dot{\theta}\dot{\varphi}\sin(\theta - \varphi) + 2mgl\sin\theta = 0$$
$$\frac{d}{dt}\left(\frac{\partial L}{\partial \dot{\varphi}}\right) - \frac{\partial L}{\partial \varphi} = ml^2\ddot{\varphi} + ml^2\ddot{\theta}\cos(\theta - \varphi)$$
$$- ml^2\dot{\theta}\dot{\varphi}\sin(\theta - \varphi) + mgl\sin\varphi = 0$$

(3) 微小振動を仮定し, $\theta, \dot{\theta}, \varphi, \dot{\varphi}$ の 2 次以上の項を無視（線形化）するとラグランジュ方程式は

$$2l\ddot{\theta} + l\ddot{\varphi} = -2g\theta, \quad l\ddot{\varphi} + l\ddot{\theta} = -g\varphi$$

(4) ラグランジュ方程式に $\theta(t) = A\cos\omega t, \varphi(t) = B\cos\omega t$ を代入すると

$$2(g - l\omega^2)A - l\omega^2 B = 0, \quad -l\omega^2 A + (g - l\omega^2)B = 0$$

となる. この連立方程式の非自明な解が存在するためには

$$\begin{vmatrix} 2(g - l\omega^2) & -l\omega^2 \\ -l\omega^2 & g - l\omega^2 \end{vmatrix} = 0$$

を満たす必要がある. これを解いて,

$$\omega_1 = \sqrt{2 + \sqrt{2}}\sqrt{\frac{g}{l}}, \quad \omega_2 = \sqrt{2 - \sqrt{2}}\sqrt{\frac{g}{l}}$$

(5) ω_1, ω_2 に対応する基準座標はそれぞれ $Q_1 = \sqrt{2}\,\theta - \varphi, Q_2 = \sqrt{2}\,\theta + \varphi$ となる. これより

$$\theta = \frac{1}{2\sqrt{2}}(Q_1 + Q_2), \quad \varphi = -\frac{1}{2}(Q_1 - Q_2)$$

となり, ω_1 のときの θ と φ の比は $1 : -\sqrt{2}$ （逆位相）, ω_2 のときの θ と φ の比は $1 : \sqrt{2}$ （同位相）となる. これらの基準座標が表す振動の様子はそれぞれ図 8.5(a), (b) のようになる. （振幅は誇張して作図している.）

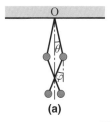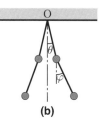

図 8.5

⬤基本問題 8.7　　　　　　　　　　　　　　　　　　　　（**2 本づり**）

　図 8.6 のように，一様な重力の下，長さが $2b$，質量が m の一様な剛体棒の両端
点 A, B が，距離 $2a$ だけ離れている点 P, Q に端を固定された長さ l の 2 本の糸に
よってつり下げられている．ここで，重力加速度を g とする．静止状態の棒に沿っ
て x 軸を，紙面裏に向かって y 軸を，そして鉛直上方に z 軸の正方向をとり，原点
O を棒の重心 G の位置に置くものとする．静止状態から，この棒を重心まわりに
わずかにねじって放したときの振動について考える．釣合いの位置で糸が鉛直と作
る角を α，ねじり角を θ とし，$a > b$ とする．

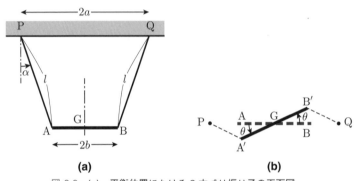

図 8.6　(a)　平衡位置における 2 本づり振り子の正面図，
　　　　(b)　振動している 2 本づり振り子を上から見た図

(1)　このときの棒の重心の z 軸方向の変位を求めよ．

(2)　ラグランジアンを求め，θ に対する運動方程式を求めよ．

(3)　振動の振動数を求めよ．

方針　重心運動と回転運動に分けてラグランジアンを求め，2 本づりされた棒の振動を求
めます．

【答案】　(1)　釣合いの位置で糸が鉛直と作る角を α とすると

$$l \sin \alpha = a - b$$

棒が θ だけ回転したとき，糸が鉛直と作る角を α' とすると，端 A′ から P を通る鉛直線に引い
た垂線の長さは $l \sin \alpha'$ となる．余弦定理を用いると

$$(l \sin \alpha')^2 = a^2 + b^2 - 2ab \cos \theta$$

θ は微小角であるので

$$(l\sin\alpha')^2 \simeq a^2 + b^2 - 2ab\left(1 - \frac{\theta^2}{2}\right)$$

$$= (a-b)^2 + ab\theta^2 = (l\sin\alpha)^2 + ab\theta^2$$

したがって,

$$l\cos\alpha' = \sqrt{l^2 - (l\sin\alpha')^2} = \sqrt{l^2 - (l\sin\alpha)^2 - ab\theta^2}$$

$$= \sqrt{(l\cos\alpha)^2 - ab\theta^2} = l\cos\alpha\sqrt{1 - \frac{ab}{l^2\cos^2\alpha}\theta^2}$$

$$\simeq l\cos\alpha\left(1 - \frac{ab}{2l^2\cos^2\alpha}\theta^2\right) = l\cos\alpha - \frac{ab}{2l\cos\alpha}\theta^2$$

となる. これより,

$$z = l\cos\alpha - l\cos\alpha' = \frac{ab}{2l\cos\alpha}\theta^2$$

となる.

(2) 棒の慣性モーメント I は $\frac{m}{3}b^2$ であるので, 棒の運動エネルギーは

$$T = \frac{1}{2}m\dot{z}^2 + \frac{1}{6}mb^2\dot{\theta}^2$$

である.

$$\dot{z} = \frac{ab}{l\cos\alpha}\theta\dot{\theta}$$

であるから, $\dot{z}^2 \simeq \theta^2\dot{\theta}^2$ は $\dot{\theta}^2$ の項に比べて微小量となり, 運動エネルギーの第 1 項は無視できる. 系のポテンシャルエネルギーは

$$U = mgz = \frac{mgab}{2l\cos\alpha}\theta^2$$

となるので, ラグランジアンは

$$L = \frac{1}{6}mb^2\dot{\theta}^2 - \frac{mgab}{2l\cos\alpha}\theta^2$$

となる.

ラグランジュの運動方程式は

$$\frac{d}{dt}\left(\frac{\partial L}{\partial\dot{\theta}}\right) - \frac{\partial L}{\partial\theta} = \frac{1}{3}mb^2\ddot{\theta} + \frac{mgab}{l\cos\alpha}\theta = 0$$

となる.

(3) ラグランジュの運動方程式より

$$\ddot{\theta} = -\frac{3ga}{bl\cos\alpha}\theta$$

であるので, 棒は振動数

$$\omega = \sqrt{\frac{3ga}{bl\cos\alpha}}$$

で振動する. ∎

本問題 8.8 ======================= （**ラグランジュの未定乗数法**）======

　図 8.7 のように，半径 a の円柱が，中心軸を水平に保ったまま，斜面を滑ること
なく転がり落ちている．重力加速度の大きさを g とし，斜面が水平面となす角を θ，
斜面と円柱の静止摩擦係数を μ とする．また，円柱の密度は一様であり，全質量を
M，中心軸まわりの慣性モーメントを I とする．円柱が斜面に沿って移動した距離
を x，中心軸まわりに回転した角度を φ で表す．ただし，$x = 0$ のとき $\varphi = 0$ と
する．

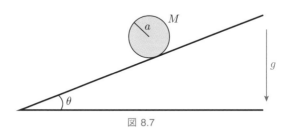

図 8.7

(1)　円柱の並進運動のエネルギー $K_\mathrm{T}(\dot{x})$，回転運動のエネルギー $K_\mathrm{R}(\dot{\varphi})$，および
　　重力の位置エネルギー $V(x)$ のそれぞれを x, φ およびそれらの時間微分 $\dot{x}, \dot{\varphi}$ な
　　どを用いて表せ．ただし，位置エネルギーの原点を $x = 0$ に選び，$V(0) = 0$ と
　　する．

　円柱が滑ることなく斜面を転がり落ちているとすると，$x = a\varphi$ の関係が成り立
つ．この拘束条件を考慮したラグランジアンは，

$$L(x, \dot{x}, \varphi, \dot{\varphi}) = K_\mathrm{T}(\dot{x}) + K_\mathrm{R}(\dot{\varphi}) - V(x) - \lambda \cdot (x - a\varphi)$$

で与えられる．ここで，λ は未定乗数である．

(2)　ラグランジュ方程式から，x および φ に対する運動方程式を導け．

(3)　(2) の運動方程式から，円柱を回転させようとする力のモーメントの大きさを
　　未定乗数 λ などを用いて表せ．また，この問題における未定乗数 λ の物理的意
　　味を答えよ．

(4)　$x = a\varphi$ の関係に注意して，回転の角加速度 $\ddot{\varphi}$，並進の加速度 $\ddot{x}$ および未定乗
　　数 λ を求めよ．

(5)　円柱が滑らずに転がるために $\tan\theta$ が満たすべき条件を答えよ．

(6)　一様な円柱の場合と中空の円筒の場合では，どちらがゆっくり転がるか，理由
　　をつけて答えよ．ただし，半径はともに a に等しいものとする．　　（新潟大学）

方針 ラグランジュの未定乗数法は束縛条件のもとで停留条件を求める方法であり，束縛に関する情報を得ることができる．

【答案】 (1) 円柱の並進運動のエネルギー $K_T(\dot{x})$ は

$$K_T(\dot{x}) = \frac{1}{2}M\dot{x}^2$$

回転運動のエネルギー $K_R(\dot{\varphi})$ は

$$K_R(\dot{\varphi}) = \frac{1}{2}I\dot{\varphi}^2$$

重力の位置エネルギー $V(x)$ は

$$V(x) = -Mgx\sin\theta$$

となる．

(2) ラグランジアンは，

$$L(x, \dot{x}, \varphi, \dot{\varphi}) = \frac{1}{2}M\dot{x}^2 + \frac{1}{2}I\dot{\varphi}^2 + Mgx\sin\theta - \lambda \cdot (x - a\varphi)$$

となるので，ラグランジュの運動方程式は

$$\frac{d}{dt}\left(\frac{\partial L}{\partial \dot{x}}\right) - \frac{\partial L}{\partial x} = M\ddot{x} - Mg\sin\theta + \lambda = 0 \tag{8.21}$$

$$\frac{d}{dt}\left(\frac{\partial L}{\partial \dot{\varphi}}\right) - \frac{\partial L}{\partial \varphi} = I\ddot{\varphi} - a\lambda = 0 \tag{8.22}$$

となる．

(3) 円柱を回転させようとする力のモーメントの大きさは

$$N = \frac{d}{dt}(I\dot{\varphi}) = a\lambda$$

となり，未定乗数 λ は円柱が斜面より受ける静止摩擦力である．

(4) $x = a\varphi$ より $\ddot{x} = a\ddot{\varphi}$ であることを使うと，$(8.21) + \frac{(8.22)}{a}$ は

$$\left(M + \frac{I}{a^2}\right)\ddot{x} - Mg\sin\theta = 0$$

より

$$\ddot{x} = \frac{Mga^2\sin\theta}{Ma^2 + I} \tag{8.23}$$

となる．これより

$$\ddot{\varphi} = \frac{\ddot{x}}{a} = \frac{Mga\sin\theta}{Ma^2 + I}$$

$$\lambda = \frac{I}{a}\ddot{\varphi} = \frac{Mg\sin\theta}{\frac{Ma^2}{I} + 1}$$

となる．

(5)　円柱が滑らずに転がるためには摩擦力 λ が最大摩擦力を超えないことであるから

$$\mu Mg \cos\theta > \lambda$$

となる．これより

$$\tan\theta < \mu \left(\frac{Ma^2}{I} + 1 \right)$$

となる．

(6)　(8.23) より，物体が転がるときの重心の加速度は $\frac{I}{Ma^2}$ の項が大きいとゆっくりと転がり，小さいと速く転がる．円柱の慣性モーメントは

$$I = \frac{1}{2} Ma^2$$

であり，中空の円筒の慣性モーメントは

$$I = Ma^2$$

であるので，中空の円筒の方がゆっくり転がる．■

▌ **ポイント** ▌　　ラグランジュの未定乗数法は束縛に関する情報を得ることができます．滑車の問題ではおもりに働くひもの張力，斜面を転がり落ちる物体の問題では斜面からの摩擦力，円環や曲面に束縛された質点の問題では円環から質点に働く抗力に関連する情報が得られます．本基本問題では斜面からの摩擦力，演習問題 8.1.3 ではおもりの拘束力に関する情報が得られます．

(6)　設問では半径を等しくしていますが，物体が転がるときの重心の加速度は $\frac{I}{Ma^2}$ の項によって決まりますので，物体の半径や質量にはよらず物体の形状のみで決まります．

演習問題

=== **A** ===

8.1.1 以下の運動のラグランジアンと運動方程式を求めよ.

(1) 基本問題 5.3 の角速度 ω で回転する円輪に束縛された質点の運動.

(2) 基本問題 6.5 の連成振動.

(3) 演習問題 7.3.5 の剛体振り子.

(4) 基本問題 7.13 の球面容器内の球の運動.

=== **B** ===

8.1.2 質量を無視できる長さ l の糸の上端を固定し, 下端に質量 m の細く一様な長さ a の棒をつり, 鉛直面内で振動させる. 図 8.8 のように糸と棒が鉛直軸となす角度をそれぞれ θ, φ とする. 棒の重心のまわりの慣性モーメントは $I = \frac{1}{12} ma^2$ であり, 重力加速度を g と書く.

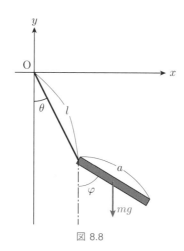

図 8.8

(1) 一般化座標 θ, φ およびその時間微分 $\dot{\theta}, \dot{\varphi}$ を用いてこの系のラグランジアン L を求めよ. 位置エネルギーの原点は $y = 0$ とする.

(2) 微小振動を考えることにする. ラグランジアン L で $\theta, \varphi, \dot{\theta}, \dot{\varphi}$ の 2 次の項まで を残し, ラグランジュ方程式を書き下せ.

(3) (2) の方程式の解を

$$\theta(t) = A\cos(\omega t + \alpha)$$
$$\varphi(t) = B\cos(\omega t + \alpha)$$

と仮定し（A, B, ω, α は定数），2 つの基準振動の振動数 $\omega = \omega_1, \omega_2$（$\omega_1 > \omega_2$）を求めよ.

(4)　特に $a = \frac{3l}{2}$ とする．このとき，(3) の基準振動数 $\omega = \omega_1, \omega_2$ に対応する基準座標 Q_1 および Q_2 を θ と φ で表し，さらにこれらの基準座標が表す振動の様子を図示せよ．基準座標の規格化はしなくて良い．　　　　（北海道大学）

━━━ C ━━━

8.1.3　重心を上下に移動させることでブランコを漕ぐ運動を簡単なモデルで考えてみよう．図 8.9 のように，O を支点として，質量 m のおもり（質点）がついた棒振り子の平面上の運動を考える（棒の質量は無視できるとする）．おもりの位置 P を極座標 (r, θ) で表す．おもりは棒の上を移動し，それを $r = l(t)$ と表す．初期条件は，$t = 0$ で，おもりは $\theta = \theta_0$ の位置で静止していたものとする．重力加速度を g（> 0）とする．

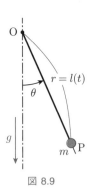

図 8.9

(1)　支点 O を基準とし，おもりの持つ全エネルギー E を $m, g, r, \dot{r}, \theta, \dot{\theta}$ を使って表せ.

　拘束条件は $r = l(t)$ なので，ラグランジュの未定乗数法を使って拘束条件下でのラグランジアン L は，λ を未定乗数とし，

$$L = \frac{1}{2}m\{\dot{r}^2 + (r\dot{\theta})^2\} + mgr\cos\theta - \lambda\{r - l(t)\}$$

と表せる．λ は独立変数とみなせ，λ に関するラグランジュ方程式を計算すると，$r - l(t) = 0$ となり，確かに拘束条件が出てくる．

(2)　r に関するラグランジュ方程式を導け.

(3)　θ に関するラグランジュ方程式を導け.

　問 (2) のラグランジュ方程式から，λ はおもりに対する拘束力であることがわかる.

(4) おもりのエネルギー E の時間微分を,

$$\frac{dE}{dt} = A\lambda$$

と表すとき, A を $r, \dot{r}, \ddot{r}$ を使って表せ.

次に, $l(t)$ が

$$l(t) = l_0 + \varepsilon \cos(2\omega_0 t + \gamma)$$

と周期的に変化する場合を考える(ただし l_0, γ, ε は正の定数, $\omega_0 = \sqrt{\frac{g}{l_0}}$ とする).さらにおもりの移動量は l_0 に比べて十分小さく, $0 < \varepsilon \ll l_0$ とする.また振り子のふれも微小で $\sin\theta \simeq \theta \simeq \theta_0 \cos\omega_0 t$ と近似できる間の運動を考え,振り子の周期の変化も無視できるとする.振り子の 1 周期を $T = \frac{2\pi}{\omega_0}$ として,物理量 X に対する平均を

$$\langle X \rangle = \frac{1}{T}\int_0^T X(t)\,dt$$

と定義する.

(5) $\left\langle \dfrac{dl}{dt}\dfrac{d^2l}{dt^2} \right\rangle$ を計算して求めよ.

(6) エネルギー E の時間微分の平均 $\left\langle \dfrac{dE}{dt} \right\rangle$ を,

$$\left\langle \frac{dE}{dt} \right\rangle = mg\varepsilon\omega_0\theta_0^2 B$$

と表すとき, B を γ を使って表せ.計算の途中で, $\left\langle \dfrac{dl}{dt} \right\rangle = 0$ という関係式を使っても良い.

(7) この運動で, $\left\langle \dfrac{dE}{dt} \right\rangle$ を最大にするための γ の値を求め,そのときの θ と l の時間変化の関係について説明せよ.

8.2　ハミルトン形式
——ハミルトン形式で記述される運動——

Contents

Subsection ❶ ハミルトニアン
Subsection ❷ ハミルトンの正準方程式
Subsection ❸ 位相空間

キーポイント

　一般化座標と一般化運動量を用いてハミルトニアンを記述し，ハミルトン
の正準方程式を導く．ハミルトンの正準方程式を力学の問題に適用し，様々
な力学系にハミルトン形式が有用であることを学ぶ．

❶ハミルトニアン

　力がラグランジアンから導かれる場合について考えます．ラグランジュの運動方程式は

$$\frac{d}{dt}\left(\frac{\partial L}{\partial \dot{q}_i}\right) - \frac{\partial L}{\partial q_i} = 0 \tag{8.24}$$

で与えられます．一般化座標 q_i に共役な**一般化運動量**は

$$p_i \equiv \frac{\partial L}{\partial \dot{q}_i} \tag{8.25}$$

で定義されます．ラグランジアンは $\{q_i\}$ と $\{\dot{q}_i\}$ の関数であるから p_i も $\{q_i\}$ と $\{\dot{q}_i\}$ の
関数になります．ここで，

$$H(\{q_i\},\{p_i\}) \equiv \sum_i p_i \dot{q}_i - L(\{q_i\},\{\dot{q}_i\}) \tag{8.26}$$

を定義し，$\{\dot{q}_i\}$ を $\{q_i\}$ と $\{p_i\}$ で表した $H(\{q_i\},\{p_i\})$ を**ハミルトニアン**と呼びます．

　運動エネルギー T が $\{\dot{q}_i\}$ の 2 次の同次式である場合，

$$\sum_i \frac{\partial T}{\partial \dot{q}_i}\dot{q}_i = 2T \tag{8.27}$$

が成り立ち，ポテンシャルエネルギー U が $\{\dot{q}_i\}$ によらないとき

$$p_i = \frac{\partial L}{\partial \dot{q}_i} = \frac{\partial T}{\partial \dot{q}_i} \tag{8.28}$$

であるから

$$\sum_i p_i \dot{q}_i = 2T \tag{8.29}$$

となり，ハミルトニアンは次のように記述できるため，全エネルギーに一致します．

$$H = 2T - (T - U) = T + U \tag{8.30}$$

❷ハミルトンの正準方程式

ハミルトニアンの微分式は

$$dH = \sum_i \dot{q}_i \, dp_i + \sum_i p_i \, d\dot{q}_i - dL$$

$$= \sum_i \dot{q}_i \, dp_i + \sum_i p_i \, d\dot{q}_i - \sum_i \frac{\partial L}{\partial \dot{q}_i} \, d\dot{q}_i - \sum_i \frac{\partial L}{\partial q_i} \, dq_i$$

$$= \sum_i \dot{q}_i \, dp_i - \sum_i \frac{\partial L}{\partial q_i} \, dq_i$$

$$= \sum_i \dot{q}_i \, dp_i - \sum_i \dot{p}_i \, dq_i$$

となり，

$$\frac{dq_i}{dt} = \frac{\partial H}{\partial p_i}, \quad \frac{dp_i}{dt} = -\frac{\partial H}{\partial q_i} \tag{8.31}$$

が得られ，これらは**ハミルトンの正準方程式**と呼ばれます．

❸位相空間

ラグランジュの運動方程式は時間について n 個の連立 2 階常微分方程式ですが，ハミルトンの正準方程式は $2n$ 個の 1 階常微分方程式となります．$\{q_i\}, \{p_i\}$ が直交するような $2n$ 次元の空間を考えれば，その中の 1 点を決めることによって質点の運動が決まります．これを**位相空間**と呼びます．ハミルトンの正準方程式は位相空間での点の速度を与えるものです．運動を位相空間で記述することにより，運動の様子がわかるようになります．

基本問題 8.9（簡単な運動のハミルトニアンとハミルトンの正準方程式）**重要**

以下の運動のハミルトニアンとハミルトンの正準方程式を求めよ.

(1) 水平方向に x 軸，鉛直方向に y 軸をとったときの xy 平面上の質量 m の物体の放物運動.

(2) 万有引力定数を G として極座標 (r, θ) で表した質量 M の太陽のまわりをまわる質量 m の惑星の運動.

方針 ラグランジアンと一般化運動量よりハミルトニアンを求め，ハミルトンの正準方程式より運動を定めます.

【答案】 (1) 基本問題 8.5(4) より，質量 m の物体の水平運動の方向に x 軸，鉛直方向に y 軸をとると，物体のラグランジアンは

$$L = \frac{m}{2}(\dot{x}^2 + \dot{y}^2) - mgy$$

となる. 一般化運動量は

$$p_x = \frac{\partial L}{\partial \dot{x}} = m\dot{x}$$

$$p_y = \frac{\partial L}{\partial \dot{y}} = m\dot{y}$$

となり，系のハミルトニアンは

$$H = p_x \dot{x} + p_y \dot{y} - L$$
$$= \frac{1}{2m}(p_x^2 + p_y^2) + mgy$$

となる. ハミルトンの正準方程式より

$$\frac{dx}{dt} = \frac{\partial H}{\partial p_x} = \frac{p_x}{m}$$

$$\frac{dp_x}{dt} = -\frac{\partial H}{\partial x} = 0$$

$$\frac{dy}{dt} = \frac{\partial H}{\partial p_y} = \frac{p_y}{m}$$

$$\frac{dp_y}{dt} = -\frac{\partial H}{\partial y} = -mg$$

となる. これは，x 軸方向の等速運動，y 軸方向の等加速度運動を表す.

(2) 基本問題 8.5(5) より，太陽を原点とした極座標表示における惑星のラグランジアンは

$$L = \frac{m}{2}\{\dot{r}^2 + (r\dot{\theta})^2\} + G\frac{Mm}{r}$$

となる. 一般化運動量は

$$p_r = \frac{\partial L}{\partial \dot{r}} = m\dot{r}$$

$$p_\theta = \frac{\partial L}{\partial \dot{\theta}} = mr^2\dot{\theta}$$

となり，系のハミルトニアンは

$$H = p_r\dot{r} + p_\theta\dot{\theta} - L$$

$$= \frac{1}{2m}\left(p_r^2 + \frac{p_\theta^2}{r^2}\right) - G\frac{Mm}{r}$$

となる．ハミルトンの正準方程式より

$$\frac{dr}{dt} = \frac{\partial H}{\partial p_r} = \frac{p_r}{m}$$

$$\frac{dp_r}{dt} = -\frac{\partial H}{\partial r} = \frac{p_\theta^2}{mr^3} - G\frac{Mm}{r^2}$$

$$\frac{d\theta}{dt} = \frac{\partial H}{\partial p_\theta} = \frac{p_\theta^2}{mr^2}$$

$$\frac{dp_\theta}{dt} = -\frac{\partial H}{\partial \theta} = 0$$

となる．これは，角運動量保存則を表す．■

▍ **ポイント** ▍ ラグランジアンは $\{q_i\}$ と $\{\dot{q}_i\}$ の関数，ハミルトニアンは $\{q_i\}$ と $\{p_i\}$ の関数として表します．

基本問題 8.10 （調和振動子）

ハミルトニアンが

$$H(q,p) = \frac{1}{2m}p^2 + \frac{1}{2}m\omega_0^2 q^2$$

で与えられる 1 次元調和振動子について考える．ここで，q は座標，p は q に共役な運動量であり，また m と ω_0 はそれぞれ質量と固有角振動数である．

(1) ハミルトンの正準方程式を解くことにより，時間を t，振動子の振幅を A，初期位相を φ として q, p の時間変化を求めよ．また，この結果を用いて H の値が t によらないことを示せ．

(2) q を横軸に，p を縦軸にとった直交座標系を考えたときに，(1) で求めた結果を用いて点 (q,p) が時間 t とともにどのような軌跡を描くかを図示せよ．また軌跡で囲まれる面積 S を求めよ．ただし，長半径，短半径の長さがそれぞれ a, b の楕円の面積は πab となる． （北海道大学）

方針 ハミルトンの正準方程式より運動を定め，位相空間に軌跡を描くことにより運動の様子を知ることができます．

【答案】 (1) ハミルトンの正準方程式より

$$\frac{dq}{dt} = \frac{\partial H}{\partial p} = \frac{p}{m}$$

$$\frac{dp}{dt} = -\frac{\partial H}{\partial q} = -m\omega_0^2 q$$

となる．

$$q = A\sin(\omega_0 t + \varphi)$$

とすると，

$$p = m\frac{dq}{dt}$$
$$= Am\omega_0 \cos(\omega_0 t + \varphi)$$

となる．
また，

$$\frac{dH}{dt} = \frac{\partial H}{\partial q}\frac{dq}{dt} + \frac{\partial H}{\partial p}\frac{dp}{dt}$$
$$= \frac{\partial H}{\partial q}\frac{\partial H}{\partial p} - \frac{\partial H}{\partial p}\frac{\partial H}{\partial q}$$
$$= 0$$

となり，ハミルトニアンは時間によらないことがわかる．

(2) 軌跡は図 8.10 に示すような楕円になり，軌跡

$$\left(\frac{q}{A}\right)^2 + \left(\frac{p}{Am\omega_0}\right)^2 = 1$$

で囲まれる面積は

$$S = \pi ab = \pi A^2 m\omega_0$$

となる．

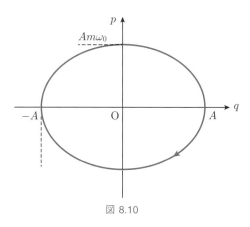

図 8.10

∎

コラム 調和振動子

　調和振動子とは，質点が平衡位置からの変位に比例する引力を受けて運動する系で位置エネルギーは変位の 2 乗に比例します．1 次元では単振動とも呼ばれ，力学では一端を固定されたばねや弾性棒の振動や振り子の微小振動が該当します．基本問題 8.10 や 8.11 で得られた調和振動子のハミルトニアンは量子力学で拡張され，解析的に解くことができる典型的な演習問題としてだけではなく，生成消滅演算子で記述される場の量子論の基礎となっています．また，格子振動の量子化に伴うフォノンや電磁波の量子化に伴うフォトン（光子）の記述の基礎となるなど物理学を理解する上で調和振動子は重要な役割をはたしています．詳しくは「演習しよう量子力学」などの量子力学の専門書を参照してください．

基本問題 8.11 ────────────────────────── **(2 次元調和振動子)**

質量 m，角振動数 ω の 2 次元調和振動子のハミルトニアン H は，時間を t，平面極座標を (r, φ)，これらに共役な一般化運動量を (p_r, p_φ) として，次のようになる．

$$H = \frac{p_r^2}{2m} + \frac{p_\varphi^2}{2mr^2} + \frac{1}{2}m\omega^2 r^2$$

以下の問に答えよ．

(1) この系について r, φ, p_r，および p_φ に対するハミルトンの正準運動方程式（正準方程式）をそれぞれ書け．

(2) $h \equiv r^2 \left| \dfrac{d\varphi}{dt} \right|$ で定義される面積速度 h が保存することを示せ．

(3) $\dfrac{dp_r}{dt} = 0$ となる瞬間における r を h, m，および ω のうち必要なものを用いて表せ．

(4) この 2 次元調和振動子が円運動を行うとき，系のエネルギー E を h, m および ω のうち必要なものを用いて表せ． (新潟大学)

方針 与えられたハミルトニアンからハミルトンの正準方程式を使い，それぞれの関係式を求めます．

【答案】 (1) ハミルトンの正準方程式より

$$\frac{dr}{dt} = \frac{\partial H}{\partial p_r} = \frac{p_r}{m}, \qquad \frac{dp_r}{dt} = -\frac{\partial H}{\partial r} = \frac{p_\varphi^2}{mr^3} - m\omega^2 r$$

$$\frac{d\varphi}{dt} = \frac{\partial H}{\partial p_\varphi} = \frac{p_\varphi}{mr^2}, \qquad \frac{dp_\varphi}{dt} = -\frac{\partial H}{\partial \varphi} = 0$$

となる．

(2) 面積速度は $h \equiv r^2 \left| \dfrac{d\varphi}{dt} \right| = \dfrac{|p_\varphi|}{m}$ であり，p_φ が時間変化しないから一定である．

(3) $\dfrac{dp_r}{dt} = 0$ となるとき，$\dfrac{p_\varphi^2}{mr^3} - m\omega^2 r = 0$ であるから

$$r = \sqrt{\frac{p_\varphi}{m\omega}} = \sqrt{\frac{h}{\omega}}$$

となる．

(4) この 2 次元調和振動子が円運動を行うとき，

$$r = \sqrt{\frac{h}{\omega}}, \quad p_r = 0, \quad p_\varphi = mh$$

であるので

$$E = \frac{p_r^2}{2m} + \frac{p_\varphi^2}{2mr^2} + \frac{1}{2}m\omega^2 r^2 = m\omega h$$

となる．∎

基本問題 8.12 ━━━━━━━━━━ （ばねにつながれた二体の物体）

図 8.11 のように大きさが無視できる質量 m の 2 個の
物体が，自然長 l，ばね定数 k のばねでつながれている．
なお，ばねの質量は無視できるものとして扱って良い．2
個の物体は鉛直線上に並んでおり，以下ではこれらの物
体が行う鉛直線上の運動だけを考える．図 8.11 に示すよ
うに台の上面を $x = 0$ として鉛直上向きに x 軸をとり，
下方の物体 1 の座標を x_1，上方の物体 2 の座標を x_2 と
表す．また，重力加速度の大きさは g で表す．

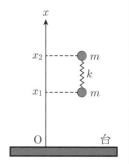

図 8.11

(1) この系の運動エネルギーと重力，および，ばねのポ
テンシャルエネルギーを求めよ．また，この結果を用いて，この系のラグランジ
アン L を $x_1, x_2, \dot{x}_1, \dot{x}_2$ を用いて表せ．ただし，$\dot{x}_1$ などのドットは時間微分を表
す．また，重力のポテンシャルの基準点は $x = 0$ にとる．

(2) 2 個の物体の重心座標 $Q = \frac{x_1 + x_2}{2}$，および相対座標を用いてばねの伸びを表
す変数 $q = x_2 - x_1 - l$ を導入する．ラグランジアン L を $Q, q, \dot{Q}, \dot{q}$ を用いて表
せ．なお，以下の問題を解く上で便利と考えるならば，全質量 $M = 2m$ および
換算質量 $\mu = \frac{m}{2}$ の記号を使用しても構わない．

(3) Q および q についてのラグランジュの運動方程式を求めよ．

(4) 上方の物体 2 は $x_2 = h$ の位置に固定され，物体 1 は釣合いの位置に静止して
いる．このときの x_1 の値を求めよ．また，時刻 $t = 0$ に物体 2 を放した後，物
体 1 が台と衝突する前の時刻 t におけるそれぞれの物体の位置 $x_1(t)$ および $x_2(t)$
を求めよ．

(5) x_1, x_2 に共役な運動量 p_1, p_2 と Q, q に共役な運動量 P, p を求めよ．また，こ
の結果を用いて，P, p を p_1, p_2 で表せ．

(6) 正準変数として Q, q, P, p を用いてこの系のハミルトニアン H を表せ．

(7) ハミルトンの運動方程式を用いると，一般に $2N$ 個の正準変数 q_i, p_i $(i =
1, 2, \ldots, N)$ の関数 $f(q_i, p_i)$ の時間微分は，系のハミルトニアン $H(q_i, p_i)$ との
ポアソンの括弧式により次のように表されることが示される．

$$\frac{df}{dt} = \{f, H\} \equiv \sum_{i=1}^{N} \left(\frac{\partial f}{\partial q_i} \frac{\partial H}{\partial p_i} - \frac{\partial f}{\partial p_i} \frac{\partial H}{\partial q_i} \right)$$

この関係式と，(6) のハミルトニアンが $H(Q, q, P, p) = H_Q(Q, P) + H_q(q, p)$
のように重心運動のハミルトニアン H_Q と相対運動のハミルトニアン H_q の和の
形に表されることを用いて，H_Q と H_q が保存量であることを示せ．

（北海道大学　改）

> **方針**　題意に従い，系のラグランジアンを求めラグランジュの運動方程式より運動を定めます．このとき，物体の座標の運動方程式と重心座標・相対座標を使い分けることにより，運動を決めていきます．
> また，ポアソンの括弧式を使うことによりハミルトニアンが保存量であることを示します.

【答案】　(1)　この系の運動エネルギーは

$$T = \frac{m}{2}(\dot{x}_1^2 + \dot{x}_2^2)$$

重力のポテンシャルエネルギーは

$$U_\mathrm{g} = mg(x_1 + x_2)$$

ばねのポテンシャルエネルギーは

$$U_\mathrm{s} = \frac{k}{2}(x_2 - x_1 - l)^2$$

となるので，ラグランジアンは

$$L = \frac{m}{2}(\dot{x}_1^2 + \dot{x}_2^2) - mg(x_1 + x_2) - \frac{k}{2}(x_2 - x_1 - l)^2$$

(2)　2 個の物体の重心座標 $Q = \frac{x_1 + x_2}{2}$，および相対座標を用いてばねの伸びを表す変数 $q = x_2 - x_1 - l$ を導入すると，

$$\dot{Q} = \frac{\dot{x}_1 + \dot{x}_2}{2}, \quad \dot{q} = \dot{x}_2 - \dot{x}_1$$

となり，$\dot{x}_1 = \frac{2\dot{Q} - \dot{q}}{2}$，$\dot{x}_2 = \frac{2\dot{Q} + \dot{q}}{2}$ となる．これをラグランジアンに代入して

$$L = \frac{m}{4}(4\dot{Q}^2 + \dot{q}^2) - 2mgQ - \frac{k}{2}q^2, \quad \left[L = \frac{1}{2}M\dot{Q}^2 + \frac{1}{2}\mu\dot{q}^2 - MgQ - \frac{k}{2}q^2\right]$$

(3)　Q についてのラグランジュの運動方程式は

$$\frac{d}{dt}\left(\frac{\partial L}{\partial \dot{Q}}\right) - \frac{\partial L}{\partial Q} = 2m\ddot{Q} + 2mg = 0 \tag{8.32}$$

$$\left[\frac{d}{dt}\left(\frac{\partial L}{\partial \dot{Q}}\right) - \frac{\partial L}{\partial Q} = M\ddot{Q} + Mg = 0\right] \tag{8.33}$$

q についてのラグランジュの運動方程式は

$$\frac{d}{dt}\left(\frac{\partial L}{\partial \dot{q}}\right) - \frac{\partial L}{\partial q} = \frac{m}{2}\ddot{q} + kq = 0 \tag{8.34}$$

$$\left[\frac{d}{dt}\left(\frac{\partial L}{\partial \dot{q}}\right) - \frac{\partial L}{\partial q} = \mu\ddot{q} + kq = 0\right] \tag{8.35}$$

(4)　物体 1 の釣合いの式は $k(h - x_1 - l) = mg$ であるから，

$$x_1 = h - l - \frac{mg}{k}$$

となる．(8.32) より $\ddot{Q} = -g$ であり，時間で 2 回積分すると，$\dot{Q}(0) = 0$ であるので

$$Q(t) = -\frac{1}{2}gt^2 + C$$

となる. $x_1(0) = h - l - \frac{mg}{k}$, $x_2(0) = h$ であるので

$$C = h - \frac{1}{2}\left(l + \frac{mg}{k}\right)$$

となり

$$Q(t) = -\frac{1}{2}gt^2 + h - \frac{1}{2}\left(l + \frac{mg}{k}\right)$$

となる. (8.34) より

$$\ddot{q} = -\frac{2k}{m}q$$

これは単振動の式であるから

$$q(t) = A\cos\left(\sqrt{\frac{2k}{m}}\,t\right)$$

となる. $x_1(0) = h - l - \frac{mg}{k}$, $x_2(0) = h$ より $q(0) = \frac{mg}{k}$ であるので

$$q(t) = \frac{mg}{k}\cos\left(\sqrt{\frac{2k}{m}}\,t\right)$$

$Q = \frac{x_1+x_2}{2}$ および $q = x_2 - x_1 - l$ より,

$$x_1(t) = Q(t) - \frac{q(t)+l}{2} = -\frac{1}{2}gt^2 + h - l - \frac{mg}{2k}\left\{1 + \cos\left(\sqrt{\frac{2k}{m}}\,t\right)\right\}$$

$$x_2(t) = Q(t) + \frac{q(t)+l}{2} = -\frac{1}{2}gt^2 + h - \frac{mg}{2k}\left\{1 - \cos\left(\sqrt{\frac{2k}{m}}\,t\right)\right\}$$

(5)　x_1, x_2 に共役な運動量 p_1, p_2 は

$$p_1 = \frac{\partial L}{\partial \dot{x}_1} = m\dot{x}_1, \quad p_2 = \frac{\partial L}{\partial \dot{x}_2} = m\dot{x}_2$$

Q, q に共役な運動量 P, p は

$$P = \frac{\partial L}{\partial \dot{Q}} = 2m\dot{Q}, \quad p = \frac{\partial L}{\partial \dot{q}} = \frac{1}{2}m\dot{q}$$

$$\left[P = \frac{\partial L}{\partial \dot{Q}} = M\dot{Q}, \quad p = \frac{\partial L}{\partial \dot{q}} = \mu\dot{q}\right]$$

この結果を用いて, P, p を p_1, p_2 で表すと

$$P = 2m\dot{Q} = m(\dot{x}_1 + \dot{x}_2) = p_1 + p_2, \quad p = \frac{1}{2}m\dot{q} = \frac{1}{2}m(\dot{x}_2 - \dot{x}_1) = \frac{p_2 - p_1}{2}$$

(6)　Q, q, P, p を用いてこの系のハミルトニアンを表すと

$$H = \sum_i p_i\dot{q}_i - L = P\dot{Q} + p\dot{q} - L$$

$$= \frac{P^2}{2m} + \frac{2p^2}{m} - \frac{m}{4}\left\{4\left(\frac{P}{2m}\right)^2 + \left(\frac{2p}{m}\right)^2\right\} + 2mgQ + \frac{k}{2}q^2$$

$$= \frac{P^2}{4m} + \frac{p^2}{m} + 2mgQ + \frac{k}{2}q^2$$

$$\left[H = \frac{P^2}{2M} + \frac{p^2}{2\mu} + MgQ + \frac{k}{2}q^2 \right]$$

(7) ハミルトニアンが $H(Q, q, P, p) = H_Q(Q, P) + H_q(q, p)$ のように重心運動のハミルトニアン H_Q と相対運動のハミルトニアン H_q の和の形に表される.

$$\frac{dH_Q}{dt} = \left(\frac{\partial H_Q}{\partial Q} \frac{\partial H}{\partial P} - \frac{\partial H_Q}{\partial P} \frac{\partial H}{\partial Q} \right) + \left(\frac{\partial H_Q}{\partial q} \frac{\partial H}{\partial p} - \frac{\partial H_Q}{\partial p} \frac{\partial H}{\partial q} \right)$$

$$= \left(\frac{\partial H_Q}{\partial Q} \frac{\partial H_Q}{\partial P} - \frac{\partial H_Q}{\partial P} \frac{\partial H_Q}{\partial Q} \right) = 0$$

$$\frac{dH_q}{dt} = \left(\frac{\partial H_q}{\partial Q} \frac{\partial H}{\partial P} - \frac{\partial H_q}{\partial P} \frac{\partial H}{\partial Q} \right) + \left(\frac{\partial H_q}{\partial q} \frac{\partial H}{\partial p} - \frac{\partial H_q}{\partial p} \frac{\partial H}{\partial q} \right)$$

$$= \left(\frac{\partial H_q}{\partial q} \frac{\partial H_q}{\partial p} - \frac{\partial H_q}{\partial p} \frac{\partial H_q}{\partial q} \right) = 0$$

となることから, H_Q と H_q が保存量である. ■

演 習 問 題

━━ A ━━

8.2.1 以下の運動のハミルトニアンとハミルトンの正準方程式を求めよ.

(1) 基本問題 6.5 の連成振動.

(2) 演習問題 7.3.5 の剛体振り子.

(3) 基本問題 7.13 の球面容器内の球の運動.

━━ B ━━

8.2.2 質量の無視できる長さ l の剛体棒の先に質量 m のおもりがついた単振り子の鉛直面内の運動について考える.

(1) 鉛直線から反時計回りの方向に測った角度変数 θ を用いて系のラグランジアンを求めよ. ただし, $\theta = 0$ のとき, ポテンシャルエネルギーは 0 であるとする.

(2) θ に対する一般化運動量 p_θ を求めよ.

(3) 系のハミルトニアンを求めよ.

(4) θ を横軸に, p_θ を縦軸にとった直交座標系を考えたときに, 点 (θ, p_θ) が時間 t とともにどのような軌跡を描くかを系のエネルギーが

$$E < 2mgl, \quad E = 2mgl, \quad E > 2mgl$$

の場合について図示せよ. ただし, $-\pi < \theta < 3\pi$ とする.

演習問題解答

第 2 章

2.1.1 (1) 速度は

$$\left(\begin{array}{c} \dot{x} \\ \dot{y} \\ \dot{z} \end{array}\right) = \left(\begin{array}{c} -\omega A \sin \omega t \\ \omega A \cos \omega t \\ v_0 \end{array}\right)$$

となり，加速度は

$$\left(\begin{array}{c} \ddot{x} \\ \ddot{y} \\ \ddot{z} \end{array}\right) = \left(\begin{array}{c} -\omega^2 A \cos \omega t \\ -\omega^2 A \sin \omega t \\ 0 \end{array}\right)$$

となる.

(2) xy 切断面上で円運動をしながら，z 軸方向に v_0 で等速直線運動する．すなわち，らせん運動である.

2.1.2

$$\left(\frac{x}{a}\right)^2 + \left(\frac{y}{b}\right)^2 = \cos^2 \omega t + \sin^2 \omega t = 1$$

となることから，この運動は楕円軌道を表す．また，速度は

$$\left(\begin{array}{c} \dot{x} \\ \dot{y} \end{array}\right) = \left(\begin{array}{c} -\omega a \sin \omega t \\ \omega b \cos \omega t \end{array}\right)$$

となり，加速度は

$$\left(\begin{array}{c} \ddot{x} \\ \ddot{y} \end{array}\right) = \left(\begin{array}{c} -\omega^2 a \cos \omega t \\ -\omega^2 b \sin \omega t \end{array}\right)$$

となる.

2.1.3 2 次元平面で考える．初速度の大きさを v_0，地面からの発射角を θ とすれば，時刻 t における物体の位置は

$$\begin{cases} x = v_0 \cos \theta\, t \\ y = v_0 \sin \theta\, t - \dfrac{1}{2} g t^2 \end{cases}$$

これより，$t = T$ のとき，$x = L$, $y = 0$ なので

$$T = \frac{2 v_0 \sin \theta}{g}, \quad L = v_0 \cos \theta\, T$$

したがって，初速度は

$$\boldsymbol{v}_0 = \left(\begin{array}{c} v_0 \cos \theta \\ v_0 \sin \theta \end{array}\right) = \left(\begin{array}{c} \frac{L}{T} \\ \frac{gT}{2} \end{array}\right)$$

となる.

2.1.4 (1) $\boldsymbol{r}$ を各座標変数で偏微分した方向を向き，大きさ 1 のベクトルを求めればよい.

$$\boldsymbol{e}_r = \frac{\partial \boldsymbol{r}}{\partial r}$$
$$= \sin \theta \cos \varphi\, \boldsymbol{e}_x + \sin \theta \sin \varphi\, \boldsymbol{e}_y + \cos \theta\, \boldsymbol{e}_z$$

$$\boldsymbol{e}_\theta = \frac{1}{r} \frac{\partial \boldsymbol{r}}{\partial \theta}$$
$$= \cos \theta \cos \varphi\, \boldsymbol{e}_x + \cos \theta \sin \varphi\, \boldsymbol{e}_y - \sin \theta\, \boldsymbol{e}_z$$

$$\boldsymbol{e}_\varphi = \frac{1}{r \sin \theta} \frac{\partial \boldsymbol{r}}{\partial \varphi} = -\sin \varphi\, \boldsymbol{e}_x + \cos \varphi\, \boldsymbol{e}_y$$

と表せる．これらを時間微分すると

$$\dot{\boldsymbol{e}}_r = \dot{\theta} \boldsymbol{e}_\theta + \dot{\varphi} \sin \theta \boldsymbol{e}_\varphi$$
$$\dot{\boldsymbol{e}}_\theta = -\dot{\theta} \boldsymbol{e}_r + \dot{\varphi} \cos \theta \boldsymbol{e}_\varphi$$
$$\dot{\boldsymbol{e}}_\varphi = -\dot{\varphi} \sin \theta \boldsymbol{e}_r - \dot{\varphi} \cos \theta \boldsymbol{e}_\theta$$

が得られるので，これらを用いて $\boldsymbol{r} = r \boldsymbol{e}_r$ を計算して整理すると

$$\boldsymbol{v}(t) = \frac{dr}{dt} \boldsymbol{e}_r + r \frac{d\theta}{dt} \boldsymbol{e}_\theta + r \sin \theta \frac{d\varphi}{dt} \boldsymbol{e}_\varphi$$

が得られる.

(2) 同様に，(1) の結果を時間微分して整理すれば

$$\boldsymbol{a}(t)$$
$$= \left\{ \frac{d^2 r}{dt^2} - r \left(\frac{d\varphi}{dt}\right)^2 \sin^2 \theta - r \left(\frac{d\theta}{dt}\right)^2 \right\} \boldsymbol{e}_r$$
$$+ \left\{ r \frac{d^2 \theta}{dt^2} + 2 \frac{dr}{dt} \frac{d\theta}{dt} \right.$$

217

$$- r \left(\frac{d\varphi}{dt} \right)^2 \sin\theta \cos\theta \Bigg\} \boldsymbol{e}_\theta$$

$$+ \left\{ \frac{1}{r\sin\theta} \frac{d}{dt} \left(\frac{d\varphi}{dt} r^2 \sin^2\theta \right) \right\} \boldsymbol{e}_\varphi$$

が得られる.

2.2.1　$t = 0$ で慣性系 S と一致しており，等速度 $\boldsymbol{v} = (u, v, 0)$ で移動する慣性系 S′ を考える．このとき，S′ から見た質点の運動は

$$\begin{cases} x' = x - ut = a\cos\omega t \\ y' = y - vt = a\sin\omega t \\ z' = z = -\frac{1}{2}gt^2 \end{cases}$$

と記述できる．したがって，S′ 上の円筒座標では

$$\begin{cases} r' = a \\ \theta' = \omega t \\ z' = -\frac{1}{2}gt^2 \end{cases}$$

と表される.

2.2.2　F_1 は質量 m_1 のおもりのみを引くので

$$F_1 = m_1 a$$

F_2 は質量 m_1 と質量 m_2 のおもりを引くので

$$F_2 = (m_1 + m_2)a$$

となる.

2.2.3　(1)　ストッパーがあるので，はかりには質点と三角台の重量がかかる．したがって，はかりにかかる力は $mg + Mg$.

　(2)　質点が斜面を滑り落ちるとき，質点と斜面の間には，斜面に垂直な方向に垂直抗力 $mg\cos\theta$ のみがかかる．この垂直抗力のうち，はかりにかかる力ははかりに対して垂直方向成分のみなので，三角台の重量と合わせて，

$$mg\cos^2\theta + Mg$$

2.2.4　(1)　作用・反作用の法則より，人（と箱）もロープによって上向きに力 F で引かれている．箱の上部にも力 F が作用していることから，力の釣合いより

$$2F = mg, \qquad \therefore \quad F = \frac{1}{2}mg$$

　(2)　おもりは 4 箇所それぞれからロープで力 F で引っ張られている．したがって，力の釣合いより

$$4F = mg, \qquad \therefore \quad F = \frac{1}{4}mg$$

2.3.1　重力加速度ベクトルを $\boldsymbol{g}$ とする．時刻 t における標的の位置を $\boldsymbol{r}_{\mathrm{T}}(t)$ とすれば

$$\boldsymbol{r}_{\mathrm{T}}(t) = \boldsymbol{r}_1 - \frac{1}{2}\boldsymbol{g}t^2$$

が成り立つ．同様に，ボールの位置を $\boldsymbol{r}_{\mathrm{B}}(t)$ とすれば

$$\boldsymbol{r}_{\mathrm{B}}(t) = \boldsymbol{r}_2 + \boldsymbol{v}_0 t - \frac{1}{2}\boldsymbol{g}t^2$$

が成り立つ．このとき，ボールと標的が衝突するための条件は，$\boldsymbol{r}_{\mathrm{T}}(t) = \boldsymbol{r}_{\mathrm{B}}(t)$ が成り立つ時刻 $t > 0$ が存在するということである．このとき

$$\boldsymbol{r}_1 - \frac{1}{2}\boldsymbol{g}t^2 = \boldsymbol{r}_2 + \boldsymbol{v}_0 t - \frac{1}{2}\boldsymbol{g}t^2$$

$$\therefore \quad \boldsymbol{r}_1 - \boldsymbol{r}_2 = \boldsymbol{v}_0 t$$

より，ボールと標的が衝突するための $\boldsymbol{v}_0$ に関する条件は，「$\boldsymbol{v}_0$ と $\boldsymbol{r}_1 - \boldsymbol{r}_2$ が同じ向きのベクトルである」ことである．

2.3.2　(1)　時刻 t の球の速度ベクトルの方向は $(U_0, 0, W_0 - gt)$ である．このとき z 軸とのなす角度は

$$\theta = \tan^{-1} \frac{U_0}{W_0 - gt}$$

となる.

　(2)　a.　物体には重力と空気抵抗が働く．このとき，運動方程式は重力加速度ベクトルを $\boldsymbol{g}$ として

$$m\frac{d\boldsymbol{v}}{dt} = -m\boldsymbol{g} - b\boldsymbol{v}$$

となる．したがって，x 軸方向の運動方程式は

$$m\frac{dv_x}{dt} = -bv_x$$

y 軸方向の運動方程式は

$$m\frac{dv_y}{dt} = 0$$

z 軸方向の運動方程式は

$$m\frac{dv_z}{dt} = -mg - bv_z$$

となる.

b. x 軸方向の運動方程式は

$$m\frac{dv_x}{dt} = -bv_x$$

であるので,

$$\frac{m}{b}\frac{dv_x}{v_x} = -dt$$

両辺を積分して,

$$\frac{m}{b}\ln v_x = -t + C$$

となる. $t = 0$ で $v_x = U_0$ であるから

$$\frac{m}{b}\ln v_x = -t + \frac{m}{b}\ln U_0$$

したがって,

$$v_x = U_0 e^{-\frac{b}{m}t} \tag{A.1}$$

となる.

y 軸方向の運動方程式は

$$m\frac{dv_y}{dt} = 0$$

であり, $v_y(0) = 0$ であるから

$$v_y(t) = 0 \tag{A.2}$$

となる.

したがって, 十分時間が経ったときの速度の x, y 成分は 0 である.

c. z 軸方向の運動方程式は

$$m\frac{dv_z}{dt} = -mg - bv_z \tag{A.3}$$

であり, 終端速度では加速度が 0 であるので, 終端速度は $-\frac{mg}{b}$ となる.

d. 球の x 座標は (A.1) を積分して

$$x = -\frac{m}{b}U_0 e^{-\frac{b}{m}t} + C$$

$t = 0$ で $x = 0$ であるから

$$C = \frac{m}{b}U_0$$

となる. したがって,

$$x = \frac{m}{b}U_0\left(1 - e^{-\frac{b}{m}t}\right)$$

y 座標は (A.2) を積分して, $y(0) = 0$ であるから

$$y(t) = 0$$

z 座標は, 運動方程式 (A.3) に変数分離法を用いると

$$\frac{dv_z}{g + \frac{b}{m}v_z} = -dt$$

両辺を積分すると

$$\frac{m}{b}\ln\left(g + \frac{b}{m}v_z\right) = -t + C$$

初期条件は $t = 0$ で $v_z = W_0$ なので,

$$C = \frac{m}{b}\ln\left(g + \frac{b}{m}W_0\right)$$

となる. したがって, 速度は

$$v_z = -\frac{mg}{b} + \left(W_0 + \frac{mg}{b}\right)e^{-\frac{b}{m}t}$$

さらに, 時間積分を実行して

$$z = -\frac{mg}{b}t - \frac{m}{b}\left(W_0 + \frac{mg}{b}\right)e^{-\frac{b}{m}t} + C''$$

初期条件は $t = 0$ で $z = 0$ なので,

$$C'' = \frac{m}{b}\left(W_0 + \frac{mg}{b}\right)$$

となる. したがって,

$$z = -\frac{mg}{b}t + \frac{m}{b}\left(W_0 + \frac{mg}{b}\right)\left(1 - e^{-\frac{b}{m}t}\right)$$

が求まる.

2.4.1 物体の加速度の大きさを a, 紐の張力を T, 粗い水平面に置かれた物体の摩擦力の大きさを F とする. 図 2.24 の右方向を正方向とした物体の運動方程式は $Ma = -F + T$, おもりの運動方程式は $ma = mg - T$ となる.

(1) 物体が動き出す直前, $a = 0$ であり, F が最大摩擦力となるので $F = \mu_{\mathrm{s}}Mg$ となる. また, $T = mg$ であるので, 動き出す条件は

$$mg > \mu_{\mathrm{s}}Mg, \quad \text{つまり} \quad m > \mu_{\mathrm{s}}M$$

となる.

(2)　物体の運動方程式は

$$Ma = -\mu_k Mg + T$$

おもりの運動方程式は

$$ma = mg - T$$

となる．両式より T を消去して，動き出し以降の運動方程式は

$$(M + m)a = (m - \mu_k M)g$$

となる．

(3)　動き出し以降の運動方程式より，動き出してから t 秒後の物体の速度の大きさは，初速度が 0 であるので

$$\frac{m - \mu_k M}{M + m}gt$$

動き出してから t 秒後の物体の移動距離は

$$\frac{1}{2}\frac{m - \mu_k M}{M + m}gt^2$$

紐の張力は

$$T = mg - ma = \frac{1 + \mu_k}{M + m}Mmg$$

となる．

2.4.2　物体 1 の加速度を a_1，物体 2 の加速度を a_2，物体 1 と物体 2 の間に働く摩擦力の大きさを F_f，図の右向きを正方向とする．

(1)　物体 1 の運動方程式は $Ma_1 = F_1 - F_f$，物体 2 の運動方程式は $ma_2 = F_f$ となる．物体 2 が物体 1 に対して動き出す直前，F_f が最大静止摩擦力となるので

$$F_f = \mu_s mg$$

となる．動き出す前は $a_1 = a_2$ である．物体 2 が物体 1 に対して動き出すのは

$$a_1 > a_2$$

$$\frac{m}{M}Ma_1 > ma_2$$

$$\frac{m}{M}(F_1 - F_f) > F_f$$

$$F_1 > \left(\frac{M}{m} + 1\right)F_f$$

が成り立つときであり，

$$F_f \geq \mu_s mg$$

より，条件式は

$$F_1 > \left(\frac{M}{m} + 1\right)\mu_s mg \quad (= \mu_s(M + m)g)$$

である．

(2)　動き出し以降の物体 1 の運動方程式は

$$Ma_1 = F_1 - \mu_k mg$$

物体 2 の運動方程式は

$$ma_2 = \mu_k mg$$

となる．

(3)　物体 2 が物体 1 に対して動き出す条件は，水平面から物体 1 が動き出さなくてはいけないので

$$F_2 > \mu'_s(M + m)g$$

を満たす必要がある．このとき，物体 1 の運動方程式は

$$Ma_1 = F_2 - F_f - \mu'_k(M + m)g$$

物体 2 の運動方程式は

$$ma_2 = F_f$$

となる．(1) と同様に考えて，物体 2 が物体 1 に対して動き出す条件は

$$F_2 > \mu_s(M + m)g + \mu'_k(M + m)g$$

$$= (\mu_s + \mu'_k)(M + m)g$$

となり，F_2 は両条件を満たす必要がある．

2.4.3　(1)　板が壁から受ける垂直抗力は $F\cos\theta$ となるので，板を壁から落ちるのを防ぐ摩擦力 F_f の最大値は $\mu_s F\cos\theta$ となる．板には下方に Mg の重力がかかっており，F の垂直成分は $F\sin\theta$ である．板が静止している条件は $F\sin\theta + F_f = Mg$ となる．最大静止摩擦力が満たす条件は

$$F_f \leq \mu_s F\cos\theta$$

であるので

$$F(\sin\theta + \mu_s\cos\theta) \geq Mg$$

したがって,

$$F \geq \frac{Mg}{\sin\theta + \mu_s \cos\theta}$$

となる. F が最小になるのは分母が最大になるときである. 三角関数の合成 (1.36) を用いると, 分母は

$$\sin\theta + \mu_s \cos\theta = \sqrt{1 + \mu_s^2}\,\sin(\theta + \alpha)$$

と書ける. (ただし, α は $\tan\alpha = \mu_s$ を満たす定数.) よってその最大値は

$$\sqrt{1 + \mu_s^2}$$

である. さらにこのとき,

$$\theta + \alpha = \frac{\pi}{2}$$

なので,

$$\tan\alpha = \tan\left(\frac{\pi}{2} - \theta\right) = \frac{1}{\tan\theta} = \mu_s$$

より, F が最小になる角度は

$$\theta = \tan^{-1}\frac{1}{\mu_s}$$

で, 最小の力の大きさは

$$F_{\min} = \frac{Mg}{\sqrt{1 + \mu_s^2}}$$

となる.

(2) 力 $\boldsymbol{F}$ は少なくとも壁に押し付ける方向である必要があるので, $-\frac{\pi}{2} < \theta < \frac{\pi}{2}$ となる. $0 \leq \theta < \frac{\pi}{2}$ では, 常に釣り合う F が存在する. $-\frac{\pi}{2} < \theta < 0$ では, $F\sin\theta$ が下向きになるので $\sin\theta + \mu_s \cos\theta > 0$ が板を静止させる解を持つ条件である. したがって,

$$\tan\theta > -\mu_s$$

となる. よって, 板を静止させる解を持つ角度 θ の範囲は, $-\frac{\pi}{2} < \theta < \frac{\pi}{2}$ の範囲内のうち

$$\tan^{-1}(-\mu_s) < \theta < \frac{\pi}{2}$$

となる. ただし, $-\frac{\pi}{2} < \tan^{-1}(-\mu_s) < 0$ を満たす.

2.5.1 (1) 運動方程式は次のようになる.

$$m\frac{d^2x}{dt^2} = -kx - \beta\frac{dx}{dt}$$

(2) 運動方程式を変形すると

$$\frac{d^2x}{dt^2} + 2\gamma\frac{dx}{dt} + \omega_0^2 x = 0$$

このとき, 特性方程式は

$$\lambda^2 + 2\gamma\lambda + \omega_0^2 = 0$$

となる. 特性方程式の解を $\lambda_\pm$ とおくと

$$\lambda_\pm = -\gamma \pm \sqrt{\gamma^2 - \omega_0^2}$$

となる. このようにすると, 運動方程式の一般解は, 任意定数 C_1, C_2 を用いて

$$x(t) = C_1 e^{\lambda_+ t} + C_2 e^{\lambda_- t}$$

と書ける.

(a) $\gamma < \omega_0$ のとき, $\Omega = \sqrt{\omega_0^2 - \gamma^2}$ とおくと, 特性方程式の解は

$$\lambda_\pm = -\gamma \pm i\Omega$$

となる. これは複素数である. したがって, 質点の位置は次のように書ける.

$$\begin{aligned}
x(t) &= C_1 e^{-\gamma t} e^{i\Omega t} + C_2 e^{-\gamma t} e^{-i\Omega t} \\
&= e^{-\gamma t}\left(C_1 e^{i\Omega t} + C_2 e^{-i\Omega t}\right) \\
&= A e^{-\gamma t} \cos\left(\Omega t + \psi\right)
\end{aligned}$$

計算の途中で適切な任意定数 A, ψ に置き直した. このような運動を**減衰振動**と呼ぶ.

(b) $\gamma > \omega_0$ のとき, 特性方程式の解は実数なので, 運動方程式の一般解はそのまま

$$x(t) = C_1 e^{\lambda_+ t} + C_2 e^{\lambda_- t}$$

である.

(c) $\gamma = \omega_0$ のとき, 特性方程式の解が重解となる. そのため, 特解が $e^{-\gamma t}$ だけになり, このままでは一般解を得ることができない. そこで, 定数変化法を用いて, 一般解を見つける. 今, 一般解が関数 $C(t)$ を用いて

$$x(t) = C(t) e^{-\gamma t}$$

の形で書けると予想し, 元の運動方程式に代入する. すると,

$$C(t) = A + Bt$$

と書けることがわかる．このとき，A, B は任意定数であるから，これは一般解の条件（任意定数を 2 つ持つこと）を満たす．したがって，運動方程式の一般解は

$$x(t) = (A + Bt)e^{-\gamma t}$$

となる．このような運動を**臨界減衰**と呼ぶ．

(3) グラフの概略は次のようになる．

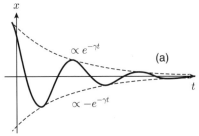

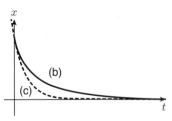

図 A.1

2.5.2 (1) 実数一般解を微分すると

$$\dot{x}(t) = -\gamma A e^{-\gamma t}\cos(\Omega t + \varphi)$$
$$- \Omega A e^{-\gamma t}\sin(\Omega t + \varphi)$$

を得る．$\dot{x}(t_0) = 0$ として，整理すれば

$$-\gamma A e^{-\gamma t_0}\cos(\Omega t_0 + \varphi)$$
$$- \Omega A e^{-\gamma t_0}\sin(\Omega t_0 + \varphi)$$
$$= 0$$
$$\therefore \quad \tan(\Omega t_0 + \varphi) = -\frac{\gamma}{\Omega}$$

となる．

(2) tan の周期は π なので，(1) の結果より

$$(\Omega t_{n+1} + \varphi) - (\Omega t_n + \varphi) = \pi$$

が成り立つ．したがって

$$t_{n+1} - t_n = \frac{\pi}{\Omega}$$

となる．

(3) (2) の結果を用いる．

$$\frac{x_{n+1}}{x_n} = \frac{A e^{-\gamma t_{n+1}}\cos(\Omega t_{n+1} + \varphi)}{A e^{-\gamma t_n}\cos(\Omega t_n + \varphi)}$$
$$= \frac{A e^{-\gamma t_n}e^{-\frac{\pi\gamma}{\Omega}}\cos(\Omega t_n + \varphi + \pi)}{A e^{-\gamma t_n}\cos(\Omega t_n + \varphi)}$$
$$= -e^{-\frac{\pi\gamma}{\Omega}}$$

(4) (3) の結果の両辺の絶対値をとり，さらに対数をとる．これにより

$$-\frac{2\pi\gamma}{\Omega} = 2\ln\left|\frac{x_{n+1}}{x_n}\right|$$

が成り立つことがわかる．

2.5.3 (1) 運動方程式は次のようになる．

$$m\frac{d^2 x}{dt^2} = -kx - \beta\frac{dx}{dt} + f_0\cos\omega t$$

このような運動を**強制振動**と呼ぶ．

(2) 運動方程式を変形すると

$$\frac{d^2 x}{dt^2} + 2\gamma\frac{dx}{dt} + \omega_0^2 x = f\cos\omega t$$

となる．まず，この非斉次微分方程式の特解を見つける．特解の形を

$$x(t) = C\cos(\omega t - \varphi)$$

と予想し，運動方程式に代入すると

$$\cos\omega t\{(\omega_0^2 - \omega^2)C\cos\varphi + 2\gamma\omega C\sin\varphi - f\}$$
$$+ \sin\omega t\{(\omega_0^2 - \omega^2)C\sin\varphi - 2\gamma\omega C\cos\varphi\}$$
$$= 0$$

となる．この等式が恒等的に成り立つということとは

$$(\omega_0^2 - \omega^2)C\cos\varphi + 2\gamma\omega C\sin\varphi - f = 0$$

$$(\omega_0^2 - \omega^2)C\sin\varphi - 2\gamma\omega C\cos\varphi = 0$$

の 2 式が成り立つということである．これらを整理すると，第 2 式より，

$$\tan\varphi = \frac{2\gamma\omega}{\omega_0^2 - \omega^2}$$

これより，$\sin\varphi = \frac{2\gamma\omega}{\sqrt{(\omega_0^2-\omega^2)^2+(2\gamma\omega)^2}}$, $\cos\varphi = \frac{\omega_0^2-\omega^2}{\sqrt{(\omega_0^2-\omega^2)^2+(2\gamma\omega)^2}}$ だとわかる．したがって，第 1 式より，

$$C = \frac{f}{\sqrt{(\omega_0^2-\omega^2)^2+(2\gamma\omega)^2}}$$

が得られる．以上より，運動方程式の特解が求められた．

（3）非斉次微分方程式の一般解は，斉次方程式の一般解と非斉次方程式の特解の和で求められる．今回の場合，斉次方程式の一般解は減衰振動の解なので，$\Omega = \sqrt{\omega_0^2-\gamma^2}$ とし，任意定数 A, ψ と先程求めた定数 C, φ を用いて

$$x(t) = Ae^{-\gamma t}\cos(\Omega t + \psi) + C\cos(\omega t - \varphi)$$

が求めるべき一般解となる．

（4）摩擦力がないとき，(3) で求めた一般解は

$$x(t) = A\cos(\omega_0 t + \psi) + \frac{f}{\omega_0^2-\omega^2}\cos\omega t$$

となる．初期条件が

$$x(0) = 0, \quad \dot{x}(0) = 0$$

であるから，質点の運動は

$$
\begin{aligned}
&x(t)\\
&= -\frac{f}{\omega_0^2-\omega^2}\cos\omega_0 t + \frac{f}{\omega_0^2-\omega^2}\cos\omega t\\
&= -\frac{f}{\omega_0+\omega}\frac{\cos\omega_0 t - \cos\omega t}{\omega_0-\omega}
\end{aligned}
$$

となる．この式について，$\omega \to \omega_0$ の極限をとると，最終的に

$$
\begin{aligned}
&\lim_{\omega\to\omega_0} x(t)\\
&= -\lim_{\omega\to\omega_0}\frac{f}{\omega_0+\omega}\lim_{\omega\to\omega_0}\frac{\cos\omega_0 t - \cos\omega t}{\omega_0-\omega}\\
&= \frac{f}{2\omega_0}t\sin\omega_0 t
\end{aligned}
$$

を得ることができる．（第 2 項の極限は $\cos\omega t$ の ω での微分になっている．）したがって，グラフの概略は以下の通りになる．

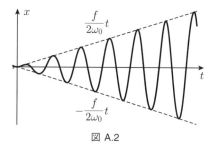

図 A.2

2.5.4（1）釣合いの位置で円筒には下向きに重力 mg と上向きに浮力 ρSlg が働く．したがって，釣合いの式は

$$mg = \rho Slg$$

となる．

（2）円筒の運動方程式は

$$m\ddot{z} = mg - \rho S(l+z)g$$

$$\therefore \quad m\ddot{z} = -\rho Sgz$$

となる．初期条件を踏まえて，この運動方程式を解くと

$$z = L\cos\omega_0 t$$

を得る．このとき，振動数は

$$\omega_0 = \sqrt{\frac{\rho Sg}{m}}$$

となる．

（3）強制力によって，運動方程式は

$$m\ddot{z} = -\rho Sgz + f_0\sin\omega t$$

となる．特解を

$$z = C\sin\omega t$$

と予想し，運動方程式を代入すると

$$C = \frac{f_0}{\rho Sg - m\omega^2}$$

が得られる．したがって，特解は

$$z = \frac{f_0}{\rho Sg - m\omega^2}\sin\omega t$$

（4）強制力が働く場合の円筒の重心の運動は

$$z = L \cos \omega_0 t + \frac{f_0}{\rho S g - m \omega^2} \sin \omega t$$

となる.

第 3 章

3.1.1 (1) 質点が受けた動摩擦力の大きさを F とすると，運動エネルギーの変化と仕事の関係より

$$-Fl = \frac{1}{2} m v_2^2 - \frac{1}{2} m v_1^2$$

$$\therefore \ F = \frac{m(v_1^2 - v_2^2)}{2l}$$

(2) 動摩擦係数を μ とすると

$$\mu = \frac{F}{mg} = \frac{v_1^2 - v_2^2}{2lg}$$

3.1.2 (1) 保存力：重力，弾性力，静電気力，万有引力など
非保存力：摩擦力，張力，抵抗力など
(2) 終点 Q を固定し，始点 P の座標を $\boldsymbol{r}$ とする線積分は

$$\varphi(\boldsymbol{r}) = \int_{\boldsymbol{r}}^{\mathrm{Q}} \{ F_x(\boldsymbol{r}') \, dx' + F_y(\boldsymbol{r}') \, dy' \}$$

となる．微積分の基本公式

$$\frac{d}{dx} \int_a^x f(x') \, dx' = f(x)$$

を用いると，

$$F_x(\boldsymbol{r}) = -\frac{\partial \varphi(\boldsymbol{r})}{\partial x}$$

となる.
(3)

$$\boldsymbol{F}(\boldsymbol{r}) = -\mathrm{grad} \ \varphi(\boldsymbol{r})$$

で表されるとき，両辺の回転をとると

$$\mathrm{rot} \ (\mathrm{grad} \ \varphi(\boldsymbol{r})) = \boldsymbol{0}$$

より

$$\mathrm{rot} \ \boldsymbol{F}(\boldsymbol{r}) = \boldsymbol{0}$$

となる．これは $\boldsymbol{F}(\boldsymbol{r})$ が保存力であることを示している.

(4) $\boldsymbol{F}_1$ の大きさは

$$F_1 = \sqrt{F_{1x}^2 + F_{1y}^2} = G \frac{1}{\sqrt{x^2 + y^2}} = G \frac{1}{r}$$

となる．ここで，r は原点からの距離である．$\boldsymbol{F}_1$ と $\boldsymbol{r}$ の内積をとると 0 となるので原点を中心とした円軌道を考えると力は円の接線方向である．この円軌道を 1 周したときの仕事は 0 にはならないので，この力は保存力ではない.

3.1.3 (1) $x = x_0 + \Delta x$ を代入し，整理する.

$$U(x_0 + \Delta x)$$

$$= U_0 \left\{ \left(\frac{x_0}{x_0 + \Delta x} \right)^{12} - 2 \left(\frac{x_0}{x_0 + \Delta x} \right)^6 \right\}$$

$$= U_0 \left\{ \left(1 + \frac{\Delta x}{x_0} \right)^{-12} - 2 \left(1 + \frac{\Delta x}{x_0} \right)^{-6} \right\}$$

$$\simeq U_0 \left[\left\{ 1 - 12 \frac{\Delta x}{x_0} + \frac{12 \cdot 13}{2} \left(\frac{\Delta x}{x_0} \right)^2 \right\} \right.$$

$$\left. - 2 \left\{ 1 - 6 \frac{\Delta x}{x_0} + \frac{6 \cdot 7}{2} \left(\frac{\Delta x}{x_0} \right)^2 \right\} \right]$$

$$= U_0 \left\{ -1 + 36 \left(\frac{\Delta x}{x_0} \right)^2 \right\}$$

したがって，ポテンシャルエネルギーが単振動のポテンシャルエネルギーと同じ形になるので，分子間力はフックの法則に従う.
(2) 与えられたポテンシャルを x で偏微分すると

$$\frac{\partial U}{\partial x} = A e^{-\kappa r} \left(\frac{1}{r^3} + \frac{\kappa}{r^2} \right) x$$

を得る．y, z に関しても同じ結果を得られるので，整理すると

$$\boldsymbol{F}(\boldsymbol{r}) = -\mathrm{grad} \ U(\boldsymbol{r})$$

$$= -A e^{-\kappa r} \left(\frac{1}{r^3} + \frac{\kappa}{r^2} \right) \boldsymbol{r}$$

となる.
3.1.4 (1) 力学的エネルギー保存則より

$$\frac{1}{2} m v_0^2 = mgh$$

$$\therefore \ h = \frac{v_0^2}{2g}$$

(2) 運動方程式は次のようになる.

$$m\frac{dv}{dt} = -mg - kv$$

(3) 運動方程式を次のように変形する.

$$\left(v + \frac{mg}{k}\right)^{-1} dv = -\frac{k}{m} dt$$

両辺を積分して整理すると一般解は

$$v(t) = Ae^{-\frac{k}{m}t} - \frac{mg}{k}$$

となる. これに初期条件を適用すれば

$$v(t) = \left(v_0 + \frac{mg}{k}\right)e^{-\frac{k}{m}t} - \frac{mg}{k}$$

$$x(t) = -\frac{m}{k}\left(v_0 + \frac{mg}{k}\right)e^{-\frac{k}{m}t}$$
$$-\frac{mg}{k}t + \frac{m}{k}\left(v_0 + \frac{mg}{k}\right)$$

が得られる.

(4) 最高到達点 h' にあるとき $v = 0$ となるので, (3) の結果よりそのときの時刻を求めると

$$\left(v_0 + \frac{mg}{k}\right)e^{-\frac{k}{m}t} - \frac{mg}{k} = 0$$

$$\therefore \quad t = \frac{m}{k}\ln\left(\frac{kv_0}{mg} + 1\right)$$

これを $x(t)$ の式に代入すれば, h' を得ることができる.

$$h' = -\frac{m^2 g}{k^2}\ln\left(\frac{kv_0}{mg} + 1\right) + \frac{mv_0}{k}$$

(5) 最高到達点とは, 物体の運動エネルギーが 0 になる高さである. 空気抵抗がない場合, 初期条件の運動エネルギーが全てポテンシャルエネルギーに変換される. 一方, 空気抵抗がある場合, ポテンシャルエネルギーへの変換だけでなく, 空気抵抗の仕事によって余分にエネルギーが減衰するため, 運動エネルギーが 0 になるまでの時間が短くなる. したがって, その分最高到達点も低くなるため, $h > h'$ となる.

3.1.5 (1) 運動方程式は次のようになる.

$$m\ddot{x} = -kx - mg$$

(2) 力の釣合いより

$$-kx' - mg = 0, \quad \therefore \quad x' = -\frac{mg}{k}$$

このとき, $x' < 0$ であることに注意する.

(3) 質点の力学的エネルギーは次のようになる.

$$\frac{1}{2}mv^2 + U(x) = \frac{1}{2}mv^2 + \frac{1}{2}kx^2 + mgx$$

質点の速度が最大, すなわち運動エネルギーが最大となるのは, ポテンシャルエネルギー $U(x)$ が最小になるときなので

$$U(x) = \frac{1}{2}k\left(x + \frac{mg}{k}\right)^2 - \frac{(mg)^2}{2k}$$

より

$$x = -\frac{mg}{k}$$

すなわち, 釣合いの位置で質点の速度は最大となる.

(4) 初期条件における質点の位置は

$$x = x' + x_0$$

であることに注意すると, 力学的エネルギー保存則より次の式が得られる.

$$\frac{1}{2}mv^2 + \frac{1}{2}kx^2 + mgx$$
$$= \frac{1}{2}mv_0^2 + \frac{1}{2}k(x' + x_0)^2 + mg(x' + x_0)$$

$$\therefore \quad \frac{1}{2}mv^2 + \frac{1}{2}k\left(x + \frac{mg}{k}\right)^2 - \frac{(mg)^2}{2k}$$
$$= \frac{1}{2}mv_0^2 + \frac{1}{2}kx_0^2 - \frac{(mg)^2}{2k}$$

ポテンシャルエネルギーが最小であるとき, 質点の速度が最大となるので, そのときの速度は

$$v = \sqrt{v_0^2 + \frac{k}{m}x_0^2}$$

となる.

3.1.6 (1) 質点の速度は

$$\dot{x}(t) = -x_0\gamma^2 e^{-\gamma t}t$$

となる. すなわち, $t \to \infty$ で質点は自然長の位置で静止する. したがって, 質点の力学的エネルギーの差は初期条件の力学的エネルギーと等しく

$$\frac{1}{2}kx_0^2$$

となる.

(2) 仕事の定義より

$$W = \int_{始点}^{終点} -2m\gamma\dot{x}\,dx$$
$$= -2m\gamma \int_0^\infty \dot{x}^2\,dt$$
$$= -2m\gamma^5 x_0^2 \int_0^\infty e^{-2\gamma t}t^2\,dt$$
$$= -\frac{1}{4}m\gamma^2 x_0^2 \int_0^\infty e^{-s}s^2\,ds$$
$$= -\frac{1}{2}m\gamma^2 x_0^2$$
$$= -\frac{1}{2}kx_0^2$$

となる. ただし, 計算途中で $s = 2\gamma t$ とおき, 最後の積分にはガンマ関数を用いた.

ポイント (2) $\mathrm{Re}(z) > 0$ を満たす複素数 z に対してガンマ関数 $\Gamma(z)$ は

$$\Gamma(z) = \int_0^\infty e^{-t}t^{z-1}\,dt$$

と定義され,

$$\Gamma(z+1) = z\Gamma(z), \quad \Gamma(1) = 1$$

の関係式が成り立ちます. 詳しくは「演習しよう物理数学」を参照してください.

3.1.7 (1) ばね 1 の自然長からの伸びは $l - l_0 + x$, ばね 2 の自然長からの伸びは $l - l_0 - x$ である. したがって, この伸びに起因するポテンシャルエネルギー U は

$$U = \frac{1}{2}k(l - l_0 + x)^2 + \frac{1}{2}k(l - l_0 - x)^2$$
$$= k(l - l_0)^2 + kx^2$$

となる.

(2) (1) の結果から,

$$F = -\frac{dU}{dx} = -2kx$$

となる.

(3) 運動方程式は

$$m\frac{d^2x}{dt^2} = -2kx$$

となるから, 角振動数は

$$\omega = \sqrt{\frac{2k}{m}}$$

となる.

(4) (1) と同様に考えて, ポテンシャルエネルギー U は

$$U = k(\sqrt{l^2 + y^2} - l_0)^2$$

となる. $l \gg y$ として展開すると

$$U$$
$$= k\left\{ l\left(1 + \frac{y^2}{2l^2}\right) - l_0 \right\}^2$$
$$= k(l - l_0)^2\left\{ 1 + \frac{y^2}{l(l - l_0)} + \frac{y^4}{4l^2(l - l_0)^2} \right\}$$

となり, ポテンシャルには y^4 に比例する非調和振動項が存在する. $y^2 \ll l(l - l_0)$ のとき, y^4 の項は y^2 の項より十分に小さくなるので調和振動となる.

3.1.8 (1) 斜面が水平面となす角度を θ とすると小物体が斜面から受ける垂直抗力は $mg\cos\theta$ であるので, 摩擦力は $\mu' mg\cos\theta$ である. 小物体が Δr だけ移動したとすると, 摩擦力がした仕事の大きさは $\mu' mg\cos\theta\Delta r$ となる. 水平方向の移動距離を Δx とすると, $\Delta r\cos\theta = \Delta x$ であるので, 摩擦力がした仕事の大きさは $\mu' mg\Delta x$ となる.

(2) 摩擦力がした全仕事の大きさは $\mu' mg\Delta x$ を全区間で積分したものとなるので $\mu' mgx_0$ となる.

3.1.9 (1) 振り子の力学的エネルギーは運動エネルギーとポテンシャルエネルギーの和であるから

$$E = \frac{1}{2}m(l\dot{\theta})^2 + mgl(1 - \cos\theta)$$

となる.

(2) 力学的エネルギーが保存することから

$$\frac{dE}{dt} = ml^2\dot{\theta}\ddot{\theta} + mgl\dot{\theta}\sin\theta = 0$$

となる. これより, おもりの運動方程式は

$$m\ddot{\theta} = -\frac{mg}{l}\sin\theta$$

となる.

(3) 3 次元デカルト座標系で位置ベクトル $\boldsymbol{r}$, 速度ベクトル $\boldsymbol{v}$ を表すと

$$\boldsymbol{r} = (l\cos\theta, l\sin\theta, 0)$$

$$\boldsymbol{v} = (-l\dot\theta\sin\theta, l\dot\theta\cos\theta, 0)$$

となる. 固定点 O のまわりのおもりの角運動量ベクトル $\boldsymbol{L}$ は

$$\boldsymbol{L} = \boldsymbol{r} \times m\boldsymbol{v} = (0, 0, ml^2\dot\theta)$$

となる.

(4) おもりに働く力 $\boldsymbol{F}$ は

$$\boldsymbol{F} = (mg, 0, 0)$$

となる. したがって, おもりに働く固定点 O のまわりの力のモーメントベクトルは

$$\boldsymbol{N} = \boldsymbol{r} \times \boldsymbol{F} = (0, 0, -mgl\sin\theta)$$

となる.

(5) 角運動量の時間微分と力のモーメントの関係は

$$\frac{d\boldsymbol{L}}{dt} = \boldsymbol{N}$$

であるから, おもりの運動方程式は

$$m\ddot\theta = -\frac{mg}{l}\sin\theta$$

となる.

(6) θ が微小の場合, おもりの運動方程式は

$$m\ddot\theta = -\frac{mg}{l}\theta$$

となり, この一般解は

$$\theta = A\sin\left(\sqrt{\frac{g}{l}}\,t + \alpha\right)$$

である. t で微分すると

$$\dot\theta = A\sqrt{\frac{g}{l}}\cos\left(\sqrt{\frac{g}{l}}\,t + \alpha\right)$$

となり, 初期条件は $t = 0$ で $\theta = 0$, $\dot\theta = \omega_0$ であるから, $\alpha = 0$, $A = \omega_0\sqrt{\frac{l}{g}}$ となり

$$\theta = \omega_0\sqrt{\frac{l}{g}}\sin\left(\sqrt{\frac{g}{l}}\,t\right)$$

となる.

3.1.10 (1) 回転するためには最下点における運動エネルギーが最上点におけるポテンシャルエネルギーより大きいことであるから

$$\frac{1}{2}m(l\omega_0)^2 > 2mgl$$

となる. これより,

$$\omega_0 > 2\sqrt{\frac{g}{l}}$$

が回転するのに必要な条件となる.

(2) 振り子の力学的エネルギーは運動エネルギーとポテンシャルエネルギーの和であるから

$$\frac{1}{2}m(l\omega_0)^2 = \frac{1}{2}m(l\dot\theta)^2 + mgl(1 - \cos\theta)$$

これより,

$$\dot\theta^2 = \omega_0^2 - \frac{2g}{l}(1 - \cos\theta)$$

$$= \omega_0^2 - \frac{4g}{l}\sin^2\frac{\theta}{2}$$

となる. 最大振幅のとき, $\dot\theta = 0$ であるので,

$$\sin\frac{\alpha}{2} = \frac{\omega_0}{2}\sqrt{\frac{l}{g}}$$

つまり

$$\alpha = 2\sin^{-1}\left(\frac{\omega_0}{2}\sqrt{\frac{l}{g}}\right)$$

となる.

(3)

$$\omega_0^2 = \frac{4g}{l}\sin^2\frac{\alpha}{2}$$

であるので

$$\dot\theta^2 = \frac{4g}{l}\left(\sin^2\frac{\alpha}{2} - \sin^2\frac{\theta}{2}\right)$$

となる. したがって,

$$dt = \pm\frac{1}{2}\sqrt{\frac{l}{g}}\frac{d\theta}{\sqrt{\sin^2\frac{\alpha}{2} - \sin^2\frac{\theta}{2}}}$$

となる. ここで t とともに θ が増える過程を考え, 積分すると

$$t = \sqrt{\frac{l}{g}} \int_0^\theta \frac{d\left(\frac{\theta}{2}\right)}{\sqrt{\sin^2 \frac{\alpha}{2} - \sin^2 \frac{\theta}{2}}}$$

となる. ここで

$$\sin \frac{\theta}{2} = k \sin \varphi, \quad k = \sin \frac{\alpha}{2}$$

とおくと

$$\cos \frac{\theta}{2} d\left(\frac{\theta}{2}\right) = k \cos \varphi \, d\varphi$$

であるので

$$t = \sqrt{\frac{l}{g}} \int \frac{k \cos \varphi \, d\varphi}{\cos \frac{\theta}{2} \sqrt{k^2 - k^2 \sin^2 \varphi}}$$

$$= \sqrt{\frac{l}{g}} \int \frac{d\varphi}{\cos \frac{\theta}{2}}$$

$$= \sqrt{\frac{l}{g}} \int \frac{d\varphi}{\sqrt{1 - k^2 \sin^2 \varphi}}$$

となる. 周期 T は θ が 0 から α, つまり φ が 0 から $\frac{\pi}{2}$ までの時間の 4 倍であるから

$$T = 4\sqrt{\frac{l}{g}} \int_0^{\frac{\pi}{2}} \frac{d\varphi}{\sqrt{1 - k^2 \sin^2 \varphi}}$$

$$= 4\sqrt{\frac{l}{g}} K(k)$$

となる.

(4) α が小さいとき, k も小さくなるので

$$T = 4\sqrt{\frac{l}{g}} \int_0^{\frac{\pi}{2}} \frac{d\varphi}{\sqrt{1 - k^2 \sin^2 \varphi}}$$

$$= 4\sqrt{\frac{l}{g}} \int_0^{\frac{\pi}{2}} \left(1 + \frac{1}{2} k^2 \sin^2 \varphi + \cdots\right) d\varphi$$

$$= 4\sqrt{\frac{l}{g}} \left\{\frac{\pi}{2} + \frac{\pi}{2}\left(\frac{1}{2}\right)^2 k^2 + \cdots\right\}$$

$$= 2\pi\sqrt{\frac{l}{g}} \left\{1 + \left(\frac{1}{2}\right)^2 \sin^2 \frac{\alpha}{2} + \cdots\right\}$$

$$= 2\pi\sqrt{\frac{l}{g}} \left\{1 + \left(\frac{1}{2}\right)^2 \left(\frac{\alpha}{2}\right)^2 + \cdots\right\}$$

となる. したがって, 振り子の周期を α の 2 次の項まで求めると

$$T = 2\pi\sqrt{\frac{l}{g}} \left(1 + \frac{\alpha^2}{16}\right)$$

となる.

第 4 章

4.1.1 (1) 質点の運動方程式は次のようになる.

$$m\ddot{x} = -G\frac{mM}{(R_0 + x)^2}$$

したがって, 重力加速度は

$$\ddot{x} = -G\frac{M}{(R_0 + x)^2}$$

(2) 地表付近では地球の半径 R_0 に対して x が十分小さいと見なすことができる. したがって

$$\ddot{x} = -G\frac{M}{(R_0 + x)^2} \simeq -G\frac{M}{R_0^2}$$

と近似できるため, 重力加速度は定数と見なすことができる.

4.1.2 (1) 球 A の r 方向の運動方程式は, ひもの張力と遠心力が釣り合っているので

$$m_A \frac{v_A^2}{r_A} - T = 0$$

となる. また, 球 B の z 軸方向の運動方程式は, ひもの張力と重力が釣り合っているので

$$T - m_B g = 0$$

となる.

(2) (1) の両式より T を消去して

$$m_A \frac{v_A^2}{r_A} - m_B g = 0$$

となるので,

$$v_A = \sqrt{\frac{m_B}{m_A} r_A g}$$

となる.

(3) 浮力の大きさはアルキメデスの原理より

$$F_B = \rho V_B g$$

となる.

(4) 球 B の z 軸方向の運動方程式は, ひもの張力と重力および浮力が釣り合っているので

$$T' + \rho V_{\mathrm{B}} g - m_{\mathrm{B}} g = 0$$

となり，ひもの張力は

$$T' = m_{\mathrm{B}} g - \rho V_{\mathrm{B}} g$$

となる.

(5)　ひもから受ける力は中心力であるので，角運動量保存則より

$$r_{\mathrm{A}} v_{\mathrm{A}} = r'_{\mathrm{A}} v'_{\mathrm{A}}$$

となる.

(6)　球 A の運動方程式は

$$m_{\mathrm{A}} \frac{v'^2_{\mathrm{A}}}{r'_{\mathrm{A}}} - T' = 0$$

となる. (4), (5) の関係式より T' と r'_{A} を消去して，

$$m_{\mathrm{A}} \frac{v'^3_{\mathrm{A}}}{r_{\mathrm{A}} v_{\mathrm{A}}} + \rho V_{\mathrm{B}} g - m_{\mathrm{B}} g = 0$$

となるので

$$v'_{\mathrm{A}} = \left\{ r_{\mathrm{A}} v_{\mathrm{A}} g \left(\frac{m_{\mathrm{B}} - \rho V_{\mathrm{B}}}{m_{\mathrm{A}}} \right) \right\}^{\frac{1}{3}}$$

となる. (2) の関係式より r_{A} を消去して，

$$v'_{\mathrm{A}} = \left(1 - \frac{\rho V_{\mathrm{B}}}{m_{\mathrm{B}}} \right)^{\frac{1}{3}} v_{\mathrm{A}} \qquad (\mathrm{A}.4)$$

となり，水槽につけたことによる速さの変化が求められた.

(5) の結果に (A.4) を代入すると

$$r'_{\mathrm{A}} = \frac{r_{\mathrm{A}} v_{\mathrm{A}}}{v'_{\mathrm{A}}} = \left(1 - \frac{\rho V_{\mathrm{B}}}{m_{\mathrm{B}}} \right)^{-\frac{1}{3}} r_{\mathrm{A}}$$

となり，水槽につけたことによる半径の変化が求められた.

(7)　運動量保存則より，

$$m_{\mathrm{A}} v'_{\mathrm{A}} = m_{\mathrm{C}} v'_{\mathrm{C}}$$

エネルギー保存則より

$$\frac{1}{2} m_{\mathrm{A}} v'^2_{\mathrm{A}} = \frac{1}{2} m_{\mathrm{C}} v'^2_{\mathrm{C}}$$

である. これより，

$$m_{\mathrm{C}} = m_{\mathrm{A}}, \quad v'_{\mathrm{C}} = v'_{\mathrm{A}}$$

となり，(A.4) より

$$v'_{\mathrm{C}} = \left(1 - \frac{\rho V_{\mathrm{B}}}{m_{\mathrm{B}}} \right)^{\frac{1}{3}} v_{\mathrm{A}}$$

となる.

4.1.3　ケプラーの第 3 法則より，$\frac{(\text{公転周期})^2}{(\text{長半径})^3}$ は地球および探査機によらず一定である. 今，地球の公転周期を T，探査機の公転周期を T' とする. 探査機の軌道の長半径が $\frac{1}{2}(R_{\mathrm{V}} + R_{\mathrm{E}})$ と書けることに注意して

$$\frac{T'^2}{\{ \frac{1}{2}(R_{\mathrm{V}} + R_{\mathrm{E}}) \}^3} = \frac{T^2}{R_{\mathrm{E}}^3}$$

$$\therefore \quad T' = \left\{ \frac{1}{2} \left(1 + \frac{R_{\mathrm{V}}}{R_{\mathrm{E}}} \right) \right\}^{\frac{3}{2}} T$$

したがって，$T = 1$ 年 であるから，探査機が金星に到着するまでの時間 $\frac{T'}{2}$ は

$$\frac{T'}{2} = \frac{1}{2} \left\{ \frac{1}{2} \left(1 + \frac{R_{\mathrm{V}}}{R_{\mathrm{E}}} \right) \right\}^{\frac{3}{2}} \text{年}$$

である.

4.1.4　(1)　無限遠ではポテンシャルエネルギーは 0 であるので，質点のエネルギーは

$$E = \frac{1}{2} m v_0^2$$

となる. また，無限遠での運動量ベクトルは $(-m v_0, 0, 0)$ であり，位置ベクトルの y 成分は b であるので，質点の角運動量の大きさは

$$l = m b v_0 \qquad (\mathrm{A}.5)$$

となる.

(2)　質点の角運動量は $\boldsymbol{l} = \boldsymbol{r} \times \boldsymbol{p}$ であるから極座標で表すと

$$\begin{aligned} \boldsymbol{l} &= \boldsymbol{r} \times m \boldsymbol{v} \\ &= r \boldsymbol{e}_r \times m (\dot{r} \boldsymbol{e}_r + r \dot{\theta} \boldsymbol{e}_\theta) \\ &= m r^2 \dot{\theta} (\boldsymbol{e}_r \times \boldsymbol{e}_\theta) \end{aligned}$$

となる. また，

$$m r^2 \dot{\theta} = m b v_0$$

より，

$$\dot{\theta} = \frac{b v_0}{r^2} \qquad (\mathrm{A}.6)$$

となる.

(3) 質点の全エネルギーを極座標で表すと,

$$E = \frac{1}{2}m\dot{r}^2 + \frac{1}{2}m(r\dot{\theta})^2 - \frac{\alpha}{r}$$

となる.(A.5) および (A.6) を代入して

$$E = \frac{1}{2}m\dot{r}^2 + \frac{l^2}{2mr^2} - \frac{\alpha}{r}$$

となるので,有効ポテンシャル $U(r)$

$$U(r) = \frac{l^2}{2mr^2} - \frac{\alpha}{r}$$

となる.

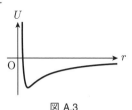

図 A.3

(4) 近日点において,r は最小値であるので $\dot{r} = 0$.エネルギー保存則は

$$\frac{1}{2}mv_0^2 = \frac{1}{2}m\frac{b^2v_0^2}{r^2} - \frac{\alpha}{r}$$

$$mv_0^2r^2 + 2\alpha r - mb^2v_0^2 = 0$$

と変形できるので,太陽から近日点 P までの距離は

$$r = \frac{-\alpha + \sqrt{\alpha^2 + m^2b^2v_0^4}}{mv_0^2}$$

となる.近日点での質点の速度の大きさ v は

$$v = r\dot{\theta} = \frac{bv_0}{r} = \frac{mbv_0^3}{-\alpha + \sqrt{\alpha^2 + m^2b^2v_0^4}}$$

となる.

4.1.5 (1) 地球のまわりを回り続けるということは,ロケットに働く遠心力と万有引力は釣り合っている.ロケットは地表すれすれにいるので

$$\frac{mv_1^2}{R} = G\frac{mM}{R^2}, \quad \therefore \ v_1 = \sqrt{\frac{GM}{R}}$$

(2) 無限遠での速度を v_∞ としたとき,ロケットの力学的エネルギー保存則より

$$\frac{1}{2}mv_0^2 - G\frac{mM}{R} = \frac{1}{2}mv_\infty^2$$

が得られる.地球の重力を振り切ることができるということは

$$\frac{1}{2}mv_\infty^2 \geq 0$$

を意味する.すなわち,$\frac{1}{2}mv_\infty^2 = 0$ のとき,$v_0 = v_2$ となる.以上より

$$\frac{1}{2}mv_2^2 - G\frac{mM}{R} = 0$$

$$\therefore \ v_2 = \sqrt{\frac{2GM}{R}}$$

(3) a. 地球に働く遠心力と万有引力は釣り合っている.したがって

$$\frac{Mv_E^2}{R_E} = G\frac{MM_S}{R_E^2}, \quad \therefore \ v_E = \sqrt{\frac{GM_S}{R_E}}$$

b. 第 2 宇宙速度と同様の議論により

$$\therefore \ v_{S0} = \sqrt{\frac{2GM_S}{R_E}}$$

c. 先に求めた v_{S0} を地球から見ると

$$v_0' = v_{S0} - v_E$$

と書ける.したがって,地球の重力を振り切ったときに,ロケットが速度 v_0' を持っているための条件は

$$\frac{1}{2}mv_3^2 - G\frac{mM}{R} = \frac{1}{2}mv_0'^2$$

であるから,式を整理すれば

$$v_3 = \sqrt{\frac{2GM}{R} + v_0'^2}$$

$$= \sqrt{\frac{2GM}{R} + (v_{S0} - v_E)^2}$$

$$= \sqrt{\frac{2GM}{R} + \left(\sqrt{\frac{2GM_S}{R_E}} - \sqrt{\frac{GM_S}{R_E}}\right)^2}$$

が得られる.

第 5 章

5.1.1 (1) 電車の外 (慣性系) から見たとき,つ

り紐からの張力と重力の合力が前方向きに働いており，つり革はその方向に加速しているように見える．

一方，電車の中（非慣性系）から見たとき，つり革には慣性力が後方向きに働く．このとき，つり紐からの張力，重力，慣性力で力が釣り合っている．

（2）エレベーターの外（慣性系）から見たとき，人には重力と体重計からの垂直抗力が働く．このとき，人は上向きに加速しているので，重力よりも垂直抗力の方が大きい．この垂直抗力の反作用によって体重計は体重を量っているので，平常時より体重計の目盛りは増える．

一方，エレベーターの中（非慣性系）から見たとき，人には重力と下向きの慣性力が働き，それらの合力が垂直抗力と釣り合っている．先程と同様に，垂直抗力の反作用によって体重計は体重を量っているので，平常時より体重計の目盛りは増える．

（3）外部（慣性系）から見たとき，水には重力とバケツから回転中心方向に垂直抗力が働く．これらの力は円運動のための向心加速度として作用するので，水は落ちてこない．

一方，水の立場（非慣性系）から見たとき，水には重力と回転中心方向とは逆向きに遠心力が働く．この遠心力が重力よりも大きいため，水は落ちてこない．

（4）宇宙空間（慣性系）から見たとき，船は直進している．

一方，地球上（非慣性系）から見たとき，船にはコリオリ力が働くため，船はカーブを描くように進む．

5.1.2　（1）エレベーター内部では，下向きに慣性力 $m\alpha$ が働く．これはつまり重力加速度が $g \to g+\alpha$ と変化することに対応する．

$$\ddot{x}=0, \quad \ddot{y}=-(g+\alpha)$$

を積分すれば，初期条件に注意して

$$x=v_0 t\cos\theta, \quad y=v_0 t\sin\theta-\frac{1}{2}(g+\alpha)t^2$$

となる．これらの式から t を消去することで軌道

$$y=x\tan\theta-\frac{g+\alpha}{2v_0^2\cos^2\theta}x^2$$

が得られる．

（2）θ に関する運動方程式は次のようになる．

$$ml\ddot{\theta}=-m(g+\alpha)\sin\theta\simeq-m(g+\alpha)\theta$$

$$\therefore \ddot{\theta}=-\frac{g+\alpha}{l}\theta$$

したがって，振り子の周期は

$$T=2\pi\sqrt{\frac{l}{g+\alpha}}$$

となる．

5.1.3　（1）斜面に沿って下向きを正とする物体 B の加速度を α とする．物体 B・C 間の垂直抗力を N，物体 A・B 間の垂直抗力を N' とすると，物体 B の運動方程式は

$$M\alpha\cos\theta=N'\sin\theta-\mu N$$

$$M(-\alpha\sin\theta)=N'\cos\theta-Mg-N$$

となる．

（2）物体 B から見た物体 C の加速度を a とする．このとき，物体 B から見た物体 C の運動方程式は

$$ma=\mu N-m\alpha\cos\theta$$

$$m\cdot 0=N+m\alpha\sin\theta-mg$$

となる．

（3）ここまでの運動方程式 4 つを連立させて，α, N, N' を消去し，a に関して解けば良い．以上の計算を行うと最終的に次のようになる．

$$a=\frac{g\cos^2\theta\left(\mu-A\frac{m}{M}\cos\theta\right)}{1+A\frac{m}{M}\sin\theta}-g\sin\theta\cos\theta$$

ただし，$A=\sin\theta-\mu\cos\theta$ である．

5.1.4　（1）極座標を用いた質点の運動方程式は

$$m(\ddot{r}-r\dot{\theta}^2)=mg\cos\theta-T$$

$$m\frac{1}{r}\frac{d}{dt}(r^2\dot{\theta})=-mg\sin\theta$$

となる．ひもの長さは $r=l$ で一定なので，$\dot{r}=\ddot{r}=0$ である．したがって，整理すると

$$-ml\dot{\theta}^2=mg\cos\theta-T$$

$$ml\ddot{\theta}=-mg\sin\theta$$

となる.

(2)　非慣性系なので,慣性力が働く.したがって,運動方程式は

$$m\ddot{Y} = T - mg\cos\theta - ml\dot{\theta}^2$$

$$m\ddot{X} = -mg\sin\theta - ml\ddot{\theta}$$

となる.

(3)　$\theta = \pi$ のとき,$T > 0$ ならばひもはたるまない.したがって,(1) の運動方程式の第 1 式より,$\theta = \pi$ の場合を考えると

$$-mg + ml\dot{\theta}^2 = T > 0$$

$$\therefore\ \dot{\theta} > \sqrt{\frac{g}{l}}$$

$$\therefore\ v = l\dot{\theta} > \sqrt{gl}$$

ここで,初期条件($\theta = 0$)と $\theta = \pi$ での力学的エネルギー保存則を考える.

$$\frac{1}{2}mv_0^2 = \frac{1}{2}mv^2 + mg(2l)$$

$$\therefore\ v_0^2 - 4gl = v^2 > gl$$

以上より,初期条件 v_0 の条件は

$$v_0 > \sqrt{5gl}$$

である.

5.1.5　(1)　ひもが十分に長いので z 軸方向の運動は無視することができる.また,地球の自転は遅いので,張力,コリオリ力に対し,遠心力は無視しても良い.以上を踏まえると運動方程式は次のようになる.

$$m\ddot{x} = -T\frac{x}{L} + 2m\omega_{\mathrm{E}}\dot{y}\sin\theta$$

$$m\ddot{y} = -T\frac{y}{L} - 2m\omega_{\mathrm{E}}\dot{x}\sin\theta$$

(2)　(1) の結果を用いて,T を消去するように整理すると

$$y\ddot{x} - x\ddot{y} = 2\omega_{\mathrm{E}}\sin\theta(y\dot{y} + x\dot{x})$$

$$\therefore\ \frac{d}{dt}(y\dot{x} - x\dot{y}) = \omega_{\mathrm{E}}\sin\theta\frac{d}{dt}(y^2 + x^2)$$

これを時間積分する.その際,振動面は原点を通るので,結果は

$$y\dot{x} - x\dot{y} = \omega_{\mathrm{E}}\sin\theta(y^2 + x^2)$$

となる.ここで,極座標 $x = r\cos\varphi,\ y = r\sin\varphi$ を用いて整理すれば,最終的に

$$\dot{\varphi} = -\omega_{\mathrm{E}}\sin\theta$$

が得られる.したがって,振動面の角速度の絶対値は $\omega_{\mathrm{E}}|\sin\theta|$ であるから,振動面の回転の周期は

$$T = \frac{2\pi}{\omega_{\mathrm{E}}|\sin\theta|}$$

であることがわかる.

5.1.6　基本問題 5.4 と同じ座標系で考える.地球上の物体には,地軸に対して垂直な方向に遠心力 $mR\omega^2\cos\theta$ が作用する.したがって,物体に働く合力をベクトル表記すると

$$\boldsymbol{F} = \begin{pmatrix} mR\omega^2\cos\theta\sin\theta \\ 0 \\ -mg_0 + mR\omega^2\cos^2\theta \end{pmatrix}$$

したがって,重力加速度は

$$\boldsymbol{g} = \frac{\boldsymbol{F}}{m} = \begin{pmatrix} R\omega^2\cos\theta\sin\theta \\ 0 \\ -g_0 + R\omega^2\cos^2\theta \end{pmatrix}$$

となる.

第 6 章

6.1.1　(1)　衝突前後での運動量保存則は次のようになる.

$$m_1\boldsymbol{v}_1 = m_1\boldsymbol{v}_1' + m_2\boldsymbol{v}_2'$$

(2)　力積は衝突前後における運動量の差なので,質点 1 の受ける力積 $\boldsymbol{I}_1$ は

$$\boldsymbol{I}_1 = m_1(\boldsymbol{v}_1' - \boldsymbol{v}_1)$$

質点 2 の受ける力積 $\boldsymbol{I}_2$ は

$$\boldsymbol{I}_2 = m_2\boldsymbol{v}_2'$$

となる.

6.1.2　(1)　$\boldsymbol{r}_{12} = \boldsymbol{r}_1 - \boldsymbol{r}_2$ であることを踏まえて,質点 1,2 の運動方程式より

$$\frac{d^2\boldsymbol{r}_{12}}{dt^2} = \left(\frac{1}{m_1} + \frac{1}{m_2}\right)\boldsymbol{K}_{12}$$

6

$$\therefore \quad \frac{m_1 m_2}{m_1 + m_2} \frac{d^2 \boldsymbol{r}_{12}}{dt^2} = \boldsymbol{K}_{12}$$

が得られる.

（2）太陽の質量が十分大きいとき，すなわち $m_1 \ll m_2$ のとき，次のような近似が成り立つ.

$$\frac{m_2}{m_1 + m_2} \simeq 1$$

これを，（1）の結果に適用すれば

$$m_1 \frac{d^2 \boldsymbol{r}_{12}}{dt^2} = \boldsymbol{K}_{12}$$

となる. これは太陽を原点に固定して地球のみの運動を考えた場合の運動方程式と同じ形なので，太陽を原点に固定する近似は妥当であるといえる.

6.1.3 （1）衝突時の内力を $\boldsymbol{K}$ とすれば，衝突の瞬間の質点 1, 2 の運動方程式はそれぞれ

$$m \frac{d^2 \boldsymbol{r}_1}{dt^2} = \boldsymbol{K}_{12}, \quad m \frac{d^2 \boldsymbol{r}_2}{dt^2} = -\boldsymbol{K}_{12}$$

と書ける. この 2 式の和をとって時間積分すれば

$$m \boldsymbol{v}_1 + m \boldsymbol{v}_2 = 定数$$

となるので，衝突の前後で運動量の和は保存する.

（2）a. 1 次元運動なので，

$$\boldsymbol{v}_1 = v_1 \boldsymbol{e}_x, \quad \boldsymbol{v}_2 = v_2 \boldsymbol{e}_x$$

と書ける. 運動量保存則より

$$m v_0 = m v_1 + m v_2$$

$$\therefore \quad v_0 = v_1 + v_2$$

また，弾性衝突であることから，力学的エネルギー保存則も成り立つ.

$$\frac{1}{2} m v_0^2 = \frac{1}{2} m v_1^2 + \frac{1}{2} m v_2^2$$

$$\therefore \quad v_0^2 = v_1^2 + v_2^2$$

この 2 式が成り立つためには

$$2 v_1 v_2 = 0$$

が必要である. $v_1 \leq v_2$ であることは明らかなので，最終的に

$$v_1 = 0, \quad v_2 = v_0$$

を得る.

b. $\boldsymbol{v}_1 = v_{1x} \boldsymbol{e}_x + v_{1y} \boldsymbol{e}_y$ とする. また，$\boldsymbol{v}_2 = v_2 \cos \varphi \, \boldsymbol{e}_x + v_2 \sin \varphi \, \boldsymbol{e}_y$ と書ける. 運動量保存則より

$$m v_0 = m v_{1x} + m v_2 \cos \varphi$$

$$0 = m v_{1y} + m v_2 \sin \varphi$$

力学的エネルギー保存則より

$$\frac{1}{2} m v_0^2 = \frac{1}{2} m (v_{1x}^2 + v_{1y}^2) + \frac{1}{2} m v_2^2$$

以上の 3 つの式を連立して整理すると，最終的に

$$v_{1x} = v_0 \sin^2 \varphi$$

$$v_{1y} = -v_0 \cos \varphi \sin \varphi$$

$$v_2 = v_0 \cos \varphi$$

を得る.

6.1.4 （1）運動量保存則より

$$m v = m v_1 + m v_2$$

$$\therefore \quad v = v_1 + v_2 \tag{A.7}$$

この (A.7) はどの場合においても成り立っている.

（2）$v_1 = 0$ の場合，$v_2 = v$ となる. このとき，力学的エネルギー保存則

$$\frac{1}{2} m v^2 = \frac{1}{2} m v_1^2 + \frac{1}{2} m v_2^2$$

が成り立つので，この場合の衝突は弾性衝突である.

$v_1 > 0$ の場合，$v_2 > 0$ は明らかなので，(A.7) より次の関係式が成り立つ.

$$\frac{1}{2} m v^2 = \frac{1}{2} m v_1^2 + m v_1 v_2 + \frac{1}{2} m v_2^2$$
$$> \frac{1}{2} m v_1^2 + \frac{1}{2} m v_2^2$$

したがって，この場合の衝突は，力学的エネルギーが減少する非弾性衝突である.

$v_1 < 0$ の場合，(A.7) より，$v_2 > v > 0$ となる. 先程と同様の計算をすると

$$\frac{1}{2} m v^2 = \frac{1}{2} m v_1^2 + m v_1 v_2 + \frac{1}{2} m v_2^2$$
$$< \frac{1}{2} m v_1^2 + \frac{1}{2} m v_2^2$$

6

となる．これは衝突によって力学的エネルギーの総和が増加していることになるため，起こり得ないことがわかる．

6.1.5 (1) 各質点の重心まわりの角運動量の大きさは $b = r\sin\theta$ より mbv_0 であるので，系の全角運動量の大きさは

$$L = 2mbv_0$$

となる．

(2) 系の全運動エネルギーを極座標表示で表すと，

$$T = m\{\dot{r}^2 + (r\dot{\theta})^2\}$$

となる．

(3) 2粒子間のポテンシャルエネルギーは

$$U = \frac{\alpha}{2r}$$

で表され，中心力となるので，力の大きさは

$$F = \frac{\alpha}{2r^2}$$

となる．運動方程式を動径方向成分と方位方向成分に分けて書くと，

$$m\left\{\frac{d^2r}{dt^2} - r\left(\frac{d\theta}{dt}\right)^2\right\} = \frac{\alpha}{2r^2}$$

$$m\frac{1}{r}\frac{d}{dt}\left(r^2\frac{d\theta}{dt}\right) = 0$$

となる．

(4) 系のエネルギー保存則より

$$m\{\dot{r}^2 + (r\dot{\theta})^2\} + \frac{\alpha}{2r} = mv_0^2$$

である．最近接距離 R では $\dot{r} = 0$ であり，角運動量保存則

$$mr^2\dot{\theta} = mbv_0$$

より

$$\dot{\theta} = \frac{bv_0}{r^2}$$

を代入して

$$m\frac{4b^2v_0^2}{R^2} + \frac{\alpha}{R} = mv_0^2$$

となる．両辺に R^2 をかけて整理すると

$$R^2 - \frac{\alpha}{mv_0^2}R - 4b^2 = 0$$

となり，$R > 0$ より

$$R = \frac{\alpha}{2mv_0^2} + \sqrt{\left(\frac{\alpha}{2mv_0^2}\right)^2 + 4b^2}$$

となる．

(5)

$$\frac{d\theta}{dt} = \frac{bv_0}{r^2}$$

であり，エネルギー保存則より

$$\left(\frac{dr}{dt}\right)^2 + \left(\frac{bv_0}{r}\right)^2 + \frac{\alpha}{2mr} = v_0^2$$

であるので，

$$\frac{dr}{dt} = \pm\sqrt{v_0^2 - \frac{\alpha}{2mr} - \frac{b^2v_0^2}{r^2}}$$

となる．軌道方程式は

$$\frac{dr}{d\theta} = \frac{dr}{dt}\frac{dt}{d\theta} = \pm\frac{r^2}{bv_0}\sqrt{v_0^2 - \frac{\alpha}{2mr} - \frac{b^2v_0^2}{r^2}}$$

となる．

(6)

$$d\theta = \frac{bv_0\,dr}{r^2\sqrt{v_0^2 - \frac{\alpha}{2mr} - \frac{b^2v_0^2}{r^2}}}$$

であり，最近接点から無限遠までの角度は

$$\int_{\frac{R}{2}}^{\infty} \frac{bv_0\,dr}{r^2\sqrt{v_0^2 - \frac{\alpha}{2mr} - \frac{b^2v_0^2}{r^2}}}$$

であるので，重心系の散乱角度は

$$\Theta_{\mathrm{cm}} = \pi - 2\int_{\frac{R}{2}}^{\infty} \frac{bv_0\,dr}{r^2\sqrt{v_0^2 - \frac{\alpha}{2mr} - \frac{b^2v_0^2}{r^2}}}$$

となる．

(7) 実験室系と重心系の速度の x 成分の差は v_0 であり，速度の y 成分は系によらず一定であるので

$$v_x' = v_x + v_0, \quad v_y' = v_y$$

となる．

(8)　重心系で散乱後の速度の大きさは v_0 であり，実験室系と重心系の速度の x 成分の差も v_0 である．速度の y 成分は系によらず一定であるので図 A.4 に示すように

$$\Theta_{\mathrm{cm}} = 2\Theta_{\mathrm{lab}}$$

となる．

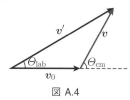

図 A.4

6.2.1　(1)　「時刻 $t+dt$ でのロケットの運動量」は $(M+dM)(V+dV)$，「燃焼ガスの運動量」は $-(-dM)(\omega-V)$，「時刻 t でのロケットの運動量」は MV，「時間 dt の間にロケットと燃焼ガスが重力から受けた力積」は $-Mg\,dt$ であるから

$$(M+dM)(V+dV) + dM(\omega - V)$$
$$= MV - Mg\,dt$$

より

$$M\,dV = -\omega\,dM - Mg\,dt$$

が得られる．

(2)　$g=0$ とし，求める速度 V_{f} と

$$\int_0^{V_{\mathrm{f}}} dV = -\omega \int_{M_0}^{\frac{M_0}{2}} \frac{dM}{M}$$

より

$$V_{\mathrm{f}} = \omega \ln 2$$

となる．

(3)

$$\mu = -\frac{dM}{dt}$$

のときに，時刻 $t=0$ においてロケットが上昇を開始するためには

$$\frac{dV}{dt} = \frac{\omega\mu}{M_0} - g > 0$$

である必要がある．よって，ロケットが上昇を開

始するために燃焼ガスの速さ ω が満たすべき条件は

$$\omega > \frac{gM_0}{\mu}$$

となる．

(4)　ロケットの加速度は

$$\frac{dV}{dt} = \frac{\omega\mu}{M_0 - \mu t} - g$$

である．ロケットの質量が $\frac{M_0}{2}$ になるまでの時間は $\frac{M_0}{2\mu}$ である．求める速度を V_{f}' として両辺を積分して

$$\int_0^{V_{\mathrm{f}}'} dV = \int_0^{\frac{M_0}{2\mu}} \left(\frac{\omega\mu}{M_0 - \mu t} - g \right) dt$$
$$= [-\omega \ln(M_0 - \mu t) - gt]_0^{\frac{M_0}{2\mu}}$$

より

$$V_{\mathrm{f}}' = \omega \ln 2 - g\frac{M_0}{2\mu}$$

となる．

6.2.2　(1)　端の高さが l となったときの，鎖の力学的エネルギーは

$$E(l) = \frac{1}{2}\rho l V^2 + \frac{1}{2}\rho l^2 g$$

となる．

(2)　引き上げた鎖の長さを x としたとき，鎖の運動方程式は

$$\frac{d(\rho x)V}{dt} = F - (\rho x)g$$

となり，引き上げるのに必要な外力は

$$F = \rho(xg + V^2)$$

となる．したがって，l まで引き上げるのに外力がした仕事は

$$W(l) = \int_0^l F\,dx = \int_0^l \rho(xg + V^2)\,dx$$
$$= \frac{1}{2}\rho l^2 g + \rho l V^2$$

となる．

(3)　引き上げるのに外力がした仕事の方が，鎖の力学的エネルギーより $\frac{1}{2}\rho l V^2$ だけ大きい．このことは，動き出す部分で非完全弾性散乱と

同じことが起こっているために生じている.

6.3.1 (1) 運動方程式は次のようになる.

$$m\ddot{x}_1 = k(x_2 - x_1 - l)$$
$$m\ddot{x}_2 = -k(x_2 - x_1 - l)$$

(2)

$$y_1 = x_1 + \frac{l}{2}, \quad y_2 = x_2 - \frac{l}{2}$$

とおく. このとき, 運動方程式は次のように書き換えられる.

$$\ddot{y}_1 = -\frac{k}{m}(y_1 - y_2)$$
$$\ddot{y}_2 = -\frac{k}{m}(-y_1 + y_2)$$

したがって

$$A = \begin{pmatrix} 1 & -1 \\ -1 & 1 \end{pmatrix}$$

とすれば

$$\ddot{\boldsymbol{y}} = -\omega_0^2 A\boldsymbol{y}$$

を得ることができる.

(3) 行列 A の固有値は $0, 2$ であるから, 対角化した行列 A' は

$$A' = \begin{pmatrix} 0 & 0 \\ 0 & 2 \end{pmatrix}$$

となる. このとき, $Q_1 = y_1 + y_2, Q_2 = y_1 - y_2$ とおけば

$$\ddot{\boldsymbol{Q}} = -\omega_0^2 A'\boldsymbol{Q}$$

が成り立つ. したがって, 基準座標の一般解は

$$Q_1 = C_1 t + C_2$$
$$Q_2 = A\sin(\sqrt{2}\,\omega_0 t + \varphi)$$

となる. ただし, C_1, C_2, A, φ は積分定数.

(4) $Q_1 = x_1 + x_2, Q_2 = x_1 - x_2 + l$ であるから

$$x_1 = \frac{1}{2}(Q_1 + Q_2 - l)$$
$$x_2 = \frac{1}{2}(Q_1 - Q_2 + l)$$

となる.

6.3.2 (1) 運動方程式は次のようになる.

$$m\ddot{x}_1 = -k(2x_1 - x_2)$$
$$m\ddot{x}_2 = -k(-x_1 + 2x_2 - x_3)$$
$$m\ddot{x}_3 = -k(-x_2 + 2x_3)$$

したがって運動方程式を行列表示した場合の行列 A は

$$A = \begin{pmatrix} 2 & -1 & 0 \\ -1 & 2 & -1 \\ 0 & -1 & 2 \end{pmatrix}$$

となる.

(2) 行列 A の対角化によって得られる固有値 $2, 2+\sqrt{2}, 2-\sqrt{2}$ に対応する基準座標はそれぞれ

$$Q_1 = \frac{1}{\sqrt{2}}(x_1 - x_3)$$
$$Q_2 = \frac{1}{2}(x_1 - \sqrt{2}\,x_2 + x_3)$$
$$Q_3 = \frac{1}{2}(x_1 + \sqrt{2}\,x_2 + x_3)$$

となる. したがって

$$A' = \begin{pmatrix} 2 & 0 & 0 \\ 0 & 2+\sqrt{2} & 0 \\ 0 & 0 & 2-\sqrt{2} \end{pmatrix}$$

とすれば, 運動方程式は

$$\ddot{\boldsymbol{Q}} = -\frac{k}{m} A'\boldsymbol{Q}$$

と書ける.

(3) $\omega_0 = \sqrt{\frac{k}{m}}$ とおく. 各基準座標について, それぞれの運動方程式を解くと

$$Q_1 = A_1\sin\left(\sqrt{2}\,\omega_0 t + \varphi_1\right)$$
$$Q_2 = A_2\sin\left(\sqrt{2+\sqrt{2}}\,\omega_0 t + \varphi_2\right)$$
$$Q_3 = A_3\sin\left(\sqrt{2-\sqrt{2}}\,\omega_0 t + \varphi_3\right)$$

を得る. ただし, $A_1, A_2, A_3, \varphi_1, \varphi_2, \varphi_3$ は積分定数である.

(4) 変位 x_1, x_2, x_3 を基準座標 Q_1, Q_2, Q_3

の和で表すと

$$x_1 = \frac{1}{2}(\sqrt{2}\,Q_1 + Q_2 + Q_3)$$

$$x_2 = \frac{1}{\sqrt{2}}(-Q_2 + Q_3)$$

$$x_3 = \frac{1}{2}(-\sqrt{2}\,Q_1 + Q_2 + Q_3)$$

となる.

第 7 章

7.1.1　重心の定義より

$$\boldsymbol{r}_A = \frac{1}{M_A}\iiint \rho_A(\boldsymbol{r})\boldsymbol{r}\,d^3\boldsymbol{r}$$

$$\boldsymbol{r}_B = \frac{1}{M_B}\iiint \rho_B(\boldsymbol{r})\boldsymbol{r}\,d^3\boldsymbol{r}$$

と表すことができる. いま, A, B は独立な剛体であり, それぞれが占める $\boldsymbol{r}$ は重複していない. したがって, A, B を合わせた物体の密度は $\rho(\boldsymbol{r}) = \rho_A(\boldsymbol{r}) + \rho_B(\boldsymbol{r})$ と書けるので, この物体の重心 $\boldsymbol{r}_G$ は

$$\boldsymbol{r}_G$$
$$= \frac{1}{M_A + M_B}\iiint \{\rho_A(\boldsymbol{r}) + \rho_B(\boldsymbol{r})\}\boldsymbol{r}\,d^3\boldsymbol{r}$$
$$= \frac{M_A}{M_A + M_B}\frac{1}{M_A}\iiint \rho_A(\boldsymbol{r})\boldsymbol{r}\,d^3\boldsymbol{r}$$
$$\quad + \frac{M_B}{M_A + M_B}\frac{1}{M_B}\iiint \rho_B(\boldsymbol{r})\boldsymbol{r}\,d^3\boldsymbol{r}$$
$$= \frac{M_A}{M_A + M_B}\boldsymbol{r}_A + \frac{M_B}{M_A + M_B}\boldsymbol{r}_B$$

と書くことができる.

7.2.1　(1)　i 番目の質点の角運動量の z 成分は

$$(L_i)_z = (\boldsymbol{r}_i \times m_i\boldsymbol{v}_i)_z$$
$$= ((r_i\boldsymbol{e}_r + z_i\boldsymbol{e}_z) \times m_i r_i\dot{\theta}_i\boldsymbol{e}_\theta)_z$$
$$= m_i r_i^2\dot{\theta}_i$$

したがって, 剛体の角運動量の z 成分は

$$L_z = \sum_i m_i r_i^2\dot{\theta}_i$$

となる.

(2)　剛体の性質より, r_i は時間によらない

定数であり, $\dot{\theta}_i$ は i によらない. したがって, $\dot{\theta}_i(t) = \dot{\theta}(t)$ と書けるので

$$L_z(t) = \left(\sum_i m_i r_i^2\right)\dot{\theta}(t)$$

とできる. ここで, I（慣性モーメント）を

$$I = \sum_i m_i r_i^2$$

と定義すれば

$$L_z(t) = I\dot{\theta}(t), \qquad \therefore\quad \frac{dL_z}{dt} = I\ddot{\theta}$$

と書くことができる.

(3)　i 番目の質点の運動エネルギーは

$$\frac{1}{2}m_i v_i^2 = \frac{1}{2}m_i(r_i\omega)^2$$

と書ける. したがって, 剛体の回転による運動エネルギーは

$$\sum_i \frac{1}{2}m_i(r_i\omega)^2 = \frac{1}{2}\left(\sum_i m_i r_i^2\right)\omega^2$$
$$= \frac{1}{2}I\omega^2$$

と書ける.

7.2.2　定義に基づいて計算する. それぞれ

$$M = \int_0^L \rho(x)\,dx = \frac{1}{3}aL^3 + bL$$

$$x_G = \frac{1}{M}\int_0^L \rho(x)x\,dx = \frac{3(aL^3 + 2bL)}{4(aL^2 + 3b)}$$

$$I_A = \int_0^L \rho(x)x^2\,dx = \frac{1}{5}aL^5 + \frac{1}{3}bL^3$$

となる.

7.2.3　問題の剛体の密度は

$$\rho(\boldsymbol{r}) = \frac{2M}{a^2 h\Phi}$$

となる. したがって, 円筒座標を用いると慣性モーメントは

$$I = \int_0^h dz \int_0^\Phi d\theta \int_0^a \rho r^2\,r\,dr = \frac{1}{2}Ma^2$$

となる.

7.2.4　(1)　密度が一様な球の慣性モーメントは $\frac{2}{5}MR^2$ である（基本問題 7.6）. したがって, 慣

性モーメント比は

$$\frac{I}{MR^2} = \frac{2}{5} = 0.4$$

である.

(2) 密度分布が中心に偏るほど慣性モーメントは小さくなり,外側に偏るほど大きくなる.したがって,各天体が球であると仮定した場合,カリストは密度分布がほぼ一様である.それに対し,他の天体は密度分布が中心に偏っており,その中でもガニメデが最も偏っていると推定できる.

7.3.1 (1) 重心の運動方程式を時間積分すれば

$$M\boldsymbol{v}_{\mathrm{G}} = \overline{\boldsymbol{F}}, \qquad \therefore \quad \boldsymbol{v}_{\mathrm{G}} = \frac{1}{M}\overline{\boldsymbol{F}}$$

を得ることができる.

(2) 重心まわりでの回転の運動方程式を時間積分すれば

$$I\omega = \overline{F}h, \qquad \therefore \quad \omega = \frac{\overline{F}h}{I}$$

を得ることができる.

(3) 並進運動の速度および重心まわりの回転運動の速度が釣り合う点が O' となる.$\mathrm{O}'\mathrm{G}$ の長さを a とすれば

$$\frac{\overline{F}}{M} = \frac{\overline{F}h}{I}a, \qquad \therefore \quad a = \frac{I}{Mh}$$

となる.

7.3.2 円盤の中心を原点とした極座標を用いて議論する.円盤に働く抵抗力は $-\kappa R\dot{\theta}$ であり,原点まわりの円盤の慣性モーメントは

$$I = \frac{1}{2}MR^2$$

であるから,回転の運動方程式は

$$I\ddot{\theta} = -\kappa R^2\dot{\theta}, \qquad \therefore \quad \ddot{\theta} = -\frac{2\kappa}{M}\dot{\theta}$$

この式を $\dot{\theta}$ について解く.初期条件は $\dot{\theta}(0) = \omega_0$ であるから

$$\dot{\theta}(t) = \omega_0 e^{-\frac{2\kappa}{M}t}$$

したがって,円盤が静止するまでの回転数は

$$\frac{1}{2\pi}\int_{t=0}^{t=\infty} d\theta = \frac{1}{2\pi}\int_0^\infty \dot{\theta}\,dt = \frac{\omega_0 M}{4\pi\kappa}$$

となる.

7.3.3 (1) 角運動量保存則より

$$I_1\omega_1 + I_2\omega_2 = (I_1 + I_2)\omega$$

$$\therefore \quad \omega = \frac{I_1\omega_1 + I_2\omega_2}{I_1 + I_2}$$

を得られる.

(2) 結合前の運動エネルギーは

$$\frac{1}{2}I_1\omega_1^2 + \frac{1}{2}I_2\omega_2^2$$

結合後の運動エネルギーは

$$\frac{1}{2}(I_1 + I_2)\omega^2$$

とそれぞれ書ける.したがって,結合前後における運動エネルギーの変化量は

$$\frac{1}{2}(I_1 + I_2)\omega^2 - \left(\frac{1}{2}I_1\omega_1^2 + \frac{1}{2}I_2\omega_2^2\right)$$

$$= -\frac{1}{2}\frac{I_1 I_2}{I_1 + I_2}(\omega_1 - \omega_2)^2$$

$$\leq 0$$

となり,$\omega_1 \neq \omega_2$ のとき,運動エネルギーは減少する.

7.3.4 (1) 剛体を微小な質点に分割して考える.剛体に働く位置エネルギーは微小分割した質点に働く位置エネルギーの総和に等しいので

$$U = \iiint \rho(\boldsymbol{r})gy\,dxdydz$$

$$= Mg\left(\frac{1}{M}\iiint \rho(\boldsymbol{r})y\,dxdydz\right)$$

$$= Mgy_{\mathrm{G}}$$

を得ることができる.

(2) 重力は $-y$ 軸方向に働いているので,z 軸まわりに働く重力によるトルクの総和は

$$N = \iiint \rho(\boldsymbol{r})g(\boldsymbol{r}\times(-\boldsymbol{e}_y))_z\,dxdydz$$

$$= \iiint \rho(\boldsymbol{r})g(-x)\,dxdydz$$

$$= -Mg\left(\frac{1}{M}\iiint \rho(\boldsymbol{r})x\,dxdydz\right)$$

$$= -Mgx_{\mathrm{G}}$$

となる.

7.3.5 (1) 棒の線密度は

$$\rho = \frac{M}{3L}$$

棒の慣性モーメントは

$$I = \int_{-L}^{2L} x^2 \frac{M}{3L}\, dx = \frac{M}{3L}\left[\frac{x^3}{3}\right]_{-L}^{2L} = ML^2$$

となる.

(2)　系の運動エネルギーは

$$T = \frac{1}{2}I\dot{\theta}^2 = \frac{1}{2}ML^2\dot{\theta}^2$$

重心の位置エネルギーが系の位置エネルギーであり,重心は棒の中心(支点より $\frac{L}{2}$ の位置)にあるので

$$U = Mg\frac{L}{2}(1 - \cos\theta)$$

となる.

(3)　支点まわりのモーメントは,重心が支点より $\frac{L}{2}$ の位置にあることより

$$N = -Mg\frac{L}{2}\sin\theta$$

剛体の回転の運動方程式は

$$ML^2\ddot{\theta} = -Mg\frac{L}{2}\sin\theta$$

これより

$$\ddot{\theta} = -\frac{g}{2L}\sin\theta$$

となる.

(4)　位置エネルギーは

$$U = Mg\frac{L}{2}(1 - \cos\theta)$$

であるので U は $0 \le U \le MgL$ の間である. $t = 0$ での運動エネルギーが MgL 以上で回転運動するので,

$$\frac{1}{2}ML^2\omega_0^2 \ge MgL$$

したがって,

$$\omega_0 \ge \sqrt{\frac{2g}{L}}$$

(5)　合体後の慣性モーメントは

$$I' = ML^2 + 4ML^2 = 5ML^2$$

となる.合体後の運動エネルギーは

$$T = \frac{1}{2}I'\dot{\theta}^2 = \frac{5}{2}ML^2\dot{\theta}^2$$

合体後の位置エネルギーは

$$U = Mg\frac{5L}{2}(1 - \cos\theta)$$

となる.角運動量保存則より

$$Mv_0 2L = I'\omega_0 = 5ML^2\omega_0$$

であるので

$$\omega_0 = \frac{2v_0}{5L}$$

となる.位置エネルギーは

$$U = Mg\frac{5L}{2}(1 - \cos\theta)$$

であるので U は $0 \le U \le 5MgL$ の間である. $t = 0$ での運動エネルギーが $5MgL$ 以上で回転運動するので,

$$\frac{5}{2}ML^2\omega_0^2 \ge 5MgL$$

したがって,

$$\omega_0 \ge \sqrt{\frac{2g}{L}}$$

のとき,回転運動をする.したがって,回転するのに必要な速さは

$$v_0 \ge \frac{5}{2}\sqrt{2Lg}$$

7.3.6　(1)　2 本の腕の作る平面に垂直で支点を通る軸のまわりのやじろべえの慣性モーメントは

$$I = 2Ml^2$$

となる.

(2)　(1) と同じ軸のまわりの力のモーメントは

$$N = Mgl\cos(\alpha + \theta) - Mgl\cos(\alpha - \theta)$$

となる.

(3)　やじろべえの振動の運動方程式は

$$2Ml^2\ddot{\theta} = Mgl\{\cos(\alpha + \theta) - \cos(\alpha - \theta)\}$$

となる.$\theta \ll 1$ であるから

$$\ddot{\theta} = \frac{g}{2l}(\cos\alpha\cos\theta - \sin\alpha\sin\theta$$

$$- \cos\alpha\cos\theta - \sin\alpha\sin\theta)$$

$$\simeq -\frac{g}{l}\theta\sin\alpha$$

となる．したがって，振動の周期は

$$T = 2\pi\sqrt{\frac{l}{g\sin\alpha}}$$

となる．

(4) 中心を通る鉛直軸まわりの慣性モーメントは

$$I = M\{l\cos(\alpha+\theta)\}^2 + M\{l\cos(\alpha-\theta)\}^2$$

となる．撃力による水平面上の角運動量は

$$L = 2F\Delta t l\cos\alpha$$

となる．水平面上の角運動量は保存するので

$$L$$
$$= \dot{\varphi}I$$
$$= \dot{\varphi}M[\{l\cos(\alpha+\theta)\}^2 + \{l\cos(\alpha-\theta)\}^2]$$
$$= 2F\Delta t l\cos\alpha$$

より

$$\dot{\varphi} = \frac{F\Delta t}{Ml}\frac{\cos\alpha}{\cos^2\alpha\cos^2\theta + \sin^2\alpha\sin^2\theta}$$
$$\simeq \frac{F\Delta t}{Ml}\frac{\cos\alpha}{\cos^2\alpha\left(1-\frac{\theta^2}{2}\right)^2 + \theta^2\sin^2\alpha}$$
$$\simeq \frac{F\Delta t}{Ml\cos\alpha}\frac{1}{1-(1-\tan^2\alpha)\theta^2}$$
$$\simeq \frac{F\Delta t}{Ml\cos\alpha}\{1+(1-\tan^2\alpha)\theta^2\}$$

となる．

7.3.7 (1) ねじりばかりの回転の運動方程式は

$$I\ddot{\theta}_A = -k\theta_A$$

となる．この運動の角振動数は

$$\omega_0 = \sqrt{\frac{k}{I}}$$

となる．

(2) 円盤 A の回転の運動方程式は

$$I\ddot{\theta}_A = -k\theta_A + k(\theta_B - \theta_A)$$

円盤 B の回転の運動方程式は

$$I\ddot{\theta}_B = -k(\theta_B - \theta_A)$$

となる．

(3) 整理すると，運動方程式は

$$\ddot{\theta}_A = -\frac{k}{I}(2\theta_A - \theta_B) \tag{A.8}$$

$$\ddot{\theta}_B = -\frac{k}{I}(-\theta_A + \theta_B) \tag{A.9}$$

となるので，運動方程式を行列表示した場合の行列 A は

$$A = \begin{pmatrix} 2 & -1 \\ -1 & 1 \end{pmatrix}$$

となる．行列 A の固有値は $\frac{3\pm\sqrt{5}}{2}$ であるから，

$$\omega_1 = \sqrt{\frac{(3+\sqrt{5})k}{2I}}, \quad \omega_2 = \sqrt{\frac{(3-\sqrt{5})k}{2I}}$$

となる．また，$\omega_1 > \omega_0 > \omega_2$ となる．

(4)

$$\theta_A = \alpha_A\sin\omega t, \quad \theta_B = \alpha_B\sin\omega t$$

とおいて，運動方程式 (A.8) に代入すると

$$(-I\omega^2 + 2k)\alpha_A - k\alpha_B = 0$$

となる．これに ω_2 を代入して

$$\frac{\alpha_B}{\alpha_A} = \frac{1+\sqrt{5}}{2}$$

となる．

7.4.1 同じ高さを転がり落ちたとき，同じ量の重力による位置エネルギーが運動エネルギーに変換される．回転の運動エネルギーは $\frac{1}{2}I\omega^2$ で表されるので，慣性モーメント I が小さい剛体の方が角速度 ω は大きくなる．今，球の慣性モーメントは $\frac{2}{5}MR^2$，球殻の慣性モーメントは $\frac{2}{3}MR^2$ なので，球の方が慣性モーメントが小さい．したがって，球の方が速く転がり落ちる．

7.4.2 まず，球の重心の並進運動を議論する．撃力で突く前後での，重心の運動量変化を計算すると

$$M\dot{r}_G = \overline{F}, \quad \therefore \ \dot{r}_G = \frac{\overline{F}}{M}$$

したがって，球（の重心）は速度 $\frac{F}{M}$ で等速直線運動をする．

次に，球の重心まわりの回転運動を議論する．撃力で突く前後での，球の回転に関する角運動量変化を計算すると

$$I\dot{\theta} = (h-a)\overline{F}$$

球の慣性モーメントは $\frac{2}{5}Ma^2$ であるから

$$\dot{\theta} = \frac{(h-a)\overline{F}}{I} = \frac{5(h-a)\overline{F}}{2Ma^2}$$

が得られる．したがって，$h > a$ のとき，$\dot{\theta} > 0$ となり球は撃力の向きに順回転する．$h < a$ のとき，$\dot{\theta} < 0$ となり球は逆回転する．$h = a$ のとき，$\dot{\theta} = 0$ となるので球は回転しない．

以上より，球は撃力で突く高さ h に応じた回転をしながら，等速直線運動をすることがわかる．

7.4.3　(1)　糸まきに働く力は重力，垂直抗力，摩擦力と糸からの張力である．水平方向の力の釣合いは摩擦力を F とすると

$$F = T\cos\theta_0$$

糸まきの中心まわりのトルクの釣合いは

$$aF = bT$$

となることから，

$$\cos\theta_0 = \frac{b}{a} \quad \text{または} \quad \theta_0 = \cos^{-1}\frac{b}{a}$$

のとき，糸まきは釣り合って動かない．

(2)　糸まきの重心の加速度を $\ddot{x}$ とすると，運動方程式は

$$M\ddot{x} = T\cos\theta - F$$

糸まきの中心まわりの角加速度を $\ddot{\varphi}$ とすると，回転の運動方程式は

$$I\ddot{\varphi} = aF - bT$$

となり，$\ddot{x} = a\ddot{\varphi}$ であるから

$$\ddot{x} = \frac{aT(a\cos\theta - b)}{I + a^2M}$$

となる．

(3)　前問までの結果より，$\theta < \theta_0$ のとき右に動き，$\theta > \theta_0$ のとき左に動く．

$\theta = 0$ のとき，糸がほどけるように左に動くように思うかもしれないが，実際は糸を巻き取りながら右に動く．

7.4.4　(1)　球殻 A の重心まわりの慣性モーメントは $\frac{2}{3}Ma^2$，球殻 B の重心まわりの慣性モーメントは $\frac{2}{3}mb^2$ である．球殻 A の重心まわりの回転の運動方程式は

$$\frac{2}{3}Ma^2\dot{\omega}_{\rm A} = Fa \tag{A.10}$$

球殻 B の重心まわりの回転の運動方程式は

$$\frac{2}{3}mb^2\dot{\omega}_{\rm B} = Fb \tag{A.11}$$

となる．

(2)　球殻 B の重心の接線方向の運動方程式は

$$m(a+b)\ddot{\theta} = mg\sin\theta - F \tag{A.12}$$

球殻 B の重心の法線方向の運動方程式は

$$m(a+b)\dot{\theta}^2 = mg\cos\theta - R \tag{A.13}$$

となる．

(3)　(A.10), (A.11) より

$$M a\dot{\omega}_{\rm A} - mb\dot{\omega}_{\rm B} = 0$$

$t = 0$ で $\omega_{\rm A} = \omega_{\rm B} = 0$ であるので，積分して

$$M a\omega_{\rm A} - mb\omega_{\rm B} = 0$$

となる．滑りが生じない条件

$$a\omega_{\rm A} = (a+b)\dot{\theta} - b\omega_{\rm B}$$

と合わせて

$$\omega_{\rm A} = \frac{(a+b)m}{a(M+m)}\dot{\theta}, \quad \omega_{\rm B} = \frac{(a+b)M}{b(M+m)}\dot{\theta}$$

(4)　(A.10) より

$$F = \frac{2}{3}\frac{(a+b)Mm}{M+m}\ddot{\theta}$$

これを (A.12) に代入して

$$\frac{(a+b)(5M+3m)}{3(M+m)}\ddot{\theta} = g\sin\theta$$

両辺に $\dot{\theta}$ をかけて積分すると

$$\frac{(a+b)(5M+3m)}{3(M+m)}\frac{\dot{\theta}^2}{2} = -g\cos\theta + C$$

$t = 0$ で $\theta = \dot{\theta} = 0$ であるので,

$$\frac{(a+b)(5M+3m)}{3(M+m)} \frac{\dot{\theta}^2}{2} = g(1 - \cos\theta)$$

したがって,

$$\dot{\theta} = \sqrt{\frac{6g(M+m)(1-\cos\theta)}{(a+b)(5M+3m)}}$$

となる.

(5) 求めた $\dot{\theta}$ を (A.13) に代入して,

$$m\frac{6g(M+m)(1-\cos\theta)}{5M+3m} = mg\cos\theta - R$$

両球殻が離れるとき, $R = 0$ となるので

$$\cos\theta_{\mathrm{C}} = \frac{6(M+m)}{11M+9m}$$

より

$$\theta_{\mathrm{C}} = \cos^{-1}\frac{6(M+m)}{11M+9m}$$

となる.

第 8 章

8.1.1 (1) 物体の運動エネルギーは

$$T = \frac{m}{2}\{(a\dot{\theta})^2 + (a\omega\sin\theta)^2\}$$

ポテンシャルエネルギーは

$$U = mga(1 - \cos\theta)$$

となるので, ラグランジアンは

$$L = \frac{m}{2}\{(a\dot{\theta})^2 + (a\omega\sin\theta)^2\} - mga(1 - \cos\theta)$$

となる. ラグランジュの運動方程式は

$$\frac{d}{dt}\left(\frac{\partial L}{\partial \dot{\theta}}\right) - \frac{\partial L}{\partial \theta}$$
$$= ma^2\ddot{\theta} - ma^2\omega^2\sin\theta\cos\theta + mga\sin\theta$$
$$= 0$$

となる.

(2) 2つの質点の運動エネルギーは

$$T = \frac{m}{2}(\dot{x}_1^2 + \dot{x}_2^2)$$

ポテンシャルエネルギーは

$$U = \frac{k'}{2}x_1^2 + \frac{k}{2}(x_2 - x_1)^2 + \frac{k'}{2}x_2^2$$

となるので, ラグランジアンは

$$L = \frac{m}{2}(\dot{x}_1^2 + \dot{x}_2^2) - \frac{k'}{2}x_1^2$$
$$- \frac{k}{2}(x_2 - x_1)^2 - \frac{k'}{2}x_2^2$$

となる. ラグランジュの運動方程式は

$$\frac{d}{dt}\left(\frac{\partial L}{\partial \dot{x}_1}\right) - \frac{\partial L}{\partial x_1}$$
$$= m\ddot{x}_1 + k'x_1 - k(x_2 - x_1) = 0$$
$$\frac{d}{dt}\left(\frac{\partial L}{\partial \dot{x}_2}\right) - \frac{\partial L}{\partial x_2}$$
$$= m\ddot{x}_2 + k'x_2 + k(x_2 - x_1) = 0$$

となる.

(3) 系の運動エネルギーは

$$T = \frac{1}{2}I\dot{\theta}^2 = \frac{1}{2}ML^2\dot{\theta}^2$$

系のポテンシャルエネルギーは

$$U = Mg\frac{L}{2}(1 - \cos\theta)$$

となるので, ラグランジアンは

$$L = \frac{1}{2}ML^2\dot{\theta}^2 - Mg\frac{L}{2}(1 - \cos\theta)$$

となる. ラグランジュの運動方程式は

$$\frac{d}{dt}\left(\frac{\partial L}{\partial \dot{\theta}}\right) - \frac{\partial L}{\partial \theta} = ML^2\ddot{\theta} + Mg\frac{L}{2}\sin\theta$$
$$= 0$$

となる.

(4) 球の慣性モーメントは

$$I = \frac{2}{5}Mr^2$$

である. φ と θ の関係は

$$\theta = \frac{R}{r}\varphi$$

これより, 球 A の回転角は

$$\theta - \varphi = \frac{R - r}{r}\varphi$$

球の運動エネルギーは

$$T = \frac{1}{2}M(R-r)^2\dot{\varphi}^2 + \frac{1}{2}I(\dot{\theta}-\dot{\varphi})^2$$

$$= \frac{1}{2}M(R-r)^2\dot{\varphi}^2 + \frac{1}{5}Mr^2\frac{(R-r)^2}{r^2}\dot{\varphi}^2$$

$$= \frac{7}{10}M(R-r)^2\dot{\varphi}^2$$

系のポテンシャルエネルギーは

$$U = Mg(R-r)(1-\cos\varphi)$$

となるので，ラグランジアンは

$$L = \frac{7}{10}M(R-r)^2\dot{\varphi}^2$$
$$- Mg(R-r)(1-\cos\varphi)$$

となる．ラグランジュの運動方程式は

$$\frac{d}{dt}\left(\frac{\partial L}{\partial \dot{\varphi}}\right) - \frac{\partial L}{\partial \varphi}$$
$$= \frac{7}{5}M(R-r)^2\ddot{\varphi} + Mg(R-r)\sin\varphi = 0$$

となる．

8.1.2 (1)　水平方向に x 軸，鉛直上方に y 軸をとり，糸の固定点が原点であるので，棒の重心の x, y 座標は

$$x = l\sin\theta + \frac{a}{2}\sin\varphi$$

$$y = -l\cos\theta - \frac{a}{2}\cos\varphi$$

となり，重心の速度は

$$\dot{x} = l\dot{\theta}\cos\theta + \frac{a}{2}\dot{\varphi}\cos\varphi$$

$$\dot{y} = l\dot{\theta}\sin\theta + \frac{a}{2}\dot{\varphi}\sin\varphi$$

となる．この系の運動エネルギー T は

$$T = \frac{m}{2}(\dot{x}^2 + \dot{y}^2) + \frac{I}{2}\dot{\varphi}^2$$

$$= \frac{m}{2}\left\{l^2\dot{\theta}^2 + \left(\frac{a}{2}\right)^2\dot{\varphi}^2 + la\dot{\theta}\dot{\varphi}\cos(\theta-\varphi)\right\}$$
$$+ \frac{m}{24}a^2\dot{\varphi}^2$$

ポテンシャルエネルギー V は

$$V = -mg\left(l\cos\theta + \frac{a}{2}\cos\varphi\right)$$

となるので，ラグランジアン（$L \equiv T - V$）は

$$L = \frac{m}{2}\left\{l^2\dot{\theta}^2 + \left(\frac{a}{2}\right)^2\dot{\varphi}^2 + la\dot{\theta}\dot{\varphi}\cos(\theta-\varphi)\right\}$$
$$+ \frac{m}{24}a^2\dot{\varphi}^2 + mg\left(l\cos\theta + \frac{a}{2}\cos\varphi\right)$$

となる．

(2)　微小振動を仮定し，ラグランジアン L を $\theta, \varphi, \dot{\theta}, \dot{\varphi}$ の 2 次の項までを残すと

$$L = \frac{m}{2}\left(l^2\dot{\theta}^2 + \frac{a^2}{3}\dot{\varphi}^2 + la\dot{\theta}\dot{\varphi}\right)$$
$$+ mg\left\{l\left(1 - \frac{\theta^2}{2}\right) + \frac{a}{2}\left(1 - \frac{\varphi^2}{2}\right)\right\}$$

となるので，ラグランジュ方程式は

$$\frac{d}{dt}\left(\frac{\partial L}{\partial \dot{\theta}}\right) - \frac{\partial L}{\partial \theta}$$
$$= ml^2\ddot{\theta} + \frac{mla}{2}\ddot{\varphi} + mgl\theta = 0$$

$$\frac{d}{dt}\left(\frac{\partial L}{\partial \dot{\varphi}}\right) - \frac{\partial L}{\partial \varphi}$$
$$= \frac{mla}{2}\ddot{\theta} + \frac{ma^2}{3}\ddot{\varphi} + \frac{mga}{2}\varphi = 0$$

となる．

(3)　ラグランジュ方程式に

$$\theta(t) = A\cos(\omega t + \alpha)$$

$$\varphi(t) = B\cos(\omega t + \alpha)$$

を代入すると

$$(g - l\omega^2)A - \frac{a}{2}\omega^2 B = 0$$

$$-\frac{l}{2}\omega^2 A + \left(\frac{g}{2} - \frac{a}{3}\omega^2\right)B = 0$$

となる．この連立方程式の非自明な解が存在するためには

$$\begin{vmatrix} g - l\omega^2 & -\frac{a}{2}\omega^2 \\ -\frac{l}{2}\omega^2 & \frac{g}{2} - \frac{a}{3}\omega^2 \end{vmatrix} = 0$$

を満たす必要がある．これを解いて，

$$\omega_1 = \sqrt{g\frac{3l + 2a + \sqrt{9l^2 + 6la + 4a^2}}{al}}$$

$$\omega_2 = \sqrt{g\frac{3l + 2a - \sqrt{9l^2 + 6la + 4a^2}}{al}}$$

8

となる.

(4) $a = \frac{3l}{2}$ のとき,基準振動数は

$$\omega_1 = \sqrt{4 + 2\sqrt{3}}\sqrt{\frac{g}{l}} = (\sqrt{3} + 1)\sqrt{\frac{g}{l}}$$

$$\omega_2 = \sqrt{4 - 2\sqrt{3}}\sqrt{\frac{g}{l}} = (\sqrt{3} - 1)\sqrt{\frac{g}{l}}$$

となる.また,基準座標は

$$Q_1 = 4\theta - 2\sqrt{3}\varphi$$

$$Q_2 = 4\theta + 2\sqrt{3}\varphi$$

となる.これより

$$\theta = \frac{1}{8}(Q_1 + Q_2)$$

$$\varphi = -\frac{1}{4\sqrt{3}}(Q_1 - Q_2)$$

となり,ω_1 のときの θ と φ の比は $1 : -\frac{2}{3}\sqrt{3}$ (逆位相),ω_2 のときの θ と φ の比は $1 : \frac{2}{3}\sqrt{3}$ (同位相)となる.これらの基準座標が表す振動の様子はそれぞれ図 A.5(a), (b) のようになる.(振幅は誇張して作図している.)

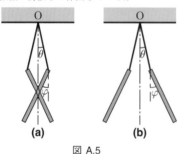

図 A.5

8.1.3 (1) おもりの運動エネルギーは

$$T = \frac{1}{2}m\{\dot{r}^2 + (r\dot{\theta})^2\}$$

ポテンシャルエネルギーは

$$U = -mgr\cos\theta$$

であるので,全エネルギーは

$$E = \frac{1}{2}m\{\dot{r}^2 + (r\dot{\theta})^2\} - mgr\cos\theta \quad (A.14)$$

である.

(2) ラグランジアンは

$$L = \frac{1}{2}m\{\dot{r}^2 + (r\dot{\theta})^2\}$$
$$+ mgr\cos\theta - \lambda\{r - l(t)\}$$

であるので,r に関するラグランジュ方程式は

$$\frac{d}{dt}\left(\frac{\partial L}{\partial \dot{r}}\right) - \frac{\partial L}{\partial r}$$

$$= m\ddot{r} - mr\dot{\theta}^2 - mg\cos\theta + \lambda$$

$$= 0 \quad (A.15)$$

となる.この式から,λ はおもりに対する拘束力であることがわかる.

(3) θ に関するラグランジュ方程式は

$$\frac{d}{dt}\left(\frac{\partial L}{\partial \dot{\theta}}\right) - \frac{\partial L}{\partial \theta}$$

$$= m\frac{d}{dt}(r^2\dot{\theta}) + mgr\sin\theta$$

$$= 2mr\dot{r}\dot{\theta} + mr^2\ddot{\theta} + mgr\sin\theta = 0 \quad (A.16)$$

となる.

(4) おもりのエネルギーの時間微分は (A.14) より

$$\frac{dE}{dt} = m\dot{r}\ddot{r} + mr\dot{r}\dot{\theta}^2 + mr^2\dot{\theta}\ddot{\theta}$$

$$- mg\dot{r}\cos\theta + mgr\dot{\theta}\sin\theta$$

(A.16) を代入して

$$\frac{dE}{dt} = -\dot{r}(-m\ddot{r} + mr\dot{\theta}^2 + mg\cos\theta) \quad (A.17)$$

(A.15) を代入して

$$\frac{dE}{dt} = -\dot{r}\lambda$$

となる.この式は束縛力 λ が紐の長さ r を変化させる仕事 $-\lambda\,dr$ が系のエネルギーの増分になっていることを意味している.

(5)

$$l(t) = l_0 + \varepsilon\cos(2\omega_0 t + \gamma)$$

であるので

$$\left\langle \frac{dl}{dt}\frac{d^2l}{dt^2} \right\rangle = \frac{1}{2}\left\langle \frac{d}{dt}\left(\frac{dl}{dt}\right)^2 \right\rangle$$

$$= 2\omega_0^2\varepsilon^2\left\langle \frac{d}{dt}\sin^2(2\omega_0 t + \gamma) \right\rangle$$

$$= 4\omega_0^3 \varepsilon^2 \langle \sin(4\omega_0 t + 2\gamma) \rangle$$
$$= 0 \qquad (A.18)$$

となる.

(6) (A.17) および (A.18) よりエネルギー変化率の時間平均は

$$\left\langle \frac{dE}{dt} \right\rangle = -m \left\langle \dot{l}(l\dot{\theta}^2 + g\cos\theta) \right\rangle$$

となる. 振り子の振れは微小であり,

$$\cos\theta \simeq 1 - \frac{\theta^2}{2}$$

と近似でき, $\langle \dot{l} \rangle = 0$ であるので

$$\left\langle \frac{dE}{dt} \right\rangle \simeq -m \left\langle \dot{l} \left(l\dot{\theta}^2 - g\frac{\theta^2}{2} \right) \right\rangle$$

となる.

$$\theta \simeq \theta_0 \cos\omega_0 t, \quad \dot{\theta} \simeq -\theta_0 \omega_0 \sin\omega_0 t$$

と近似でき, $\omega_0 = \sqrt{\frac{g}{l_0}}$ であり, 高次の微小量を無視すれば

$$l\dot{\theta}^2 - g\frac{\theta^2}{2} \simeq l_0\theta_0^2\omega_0^2\sin^2\omega_0 t - \frac{g}{2}\theta_0^2\cos^2\omega_0 t$$
$$= g\theta_0^2 \left(\sin^2\omega_0 t - \frac{1}{2}\cos^2\omega_0 t \right)$$
$$= g\theta_0^2 \left(\frac{1}{4} - \frac{3}{4}\cos 2\omega_0 t \right)$$

となる.

$$\langle \sin(2\omega_0 t + \gamma)\cos 2\omega_0 t \rangle$$
$$= \langle (\sin 2\omega_0 t \cos\gamma + \cos 2\omega_0 t \sin\gamma)\cos 2\omega_0 t \rangle$$
$$= \langle \sin 2\omega_0 t \cos 2\omega_0 t \rangle \cos\gamma + \langle \cos^2 2\omega_0 t \rangle \sin\gamma$$
$$= \frac{1}{2} \langle \sin 4\omega_0 t \rangle \cos\gamma + \left\langle \frac{1 + \cos 4\omega_0 t}{2} \right\rangle \sin\gamma$$
$$= \frac{1}{2}\sin\gamma$$

であるので,

$$\left\langle \frac{dE}{dt} \right\rangle$$
$$\simeq -\frac{1}{4}mg\theta_0^2\langle \dot{l} \rangle + \frac{3}{4}mg\theta_0^2\langle \dot{l}\cos 2\omega_0 t \rangle$$
$$= -\frac{3}{2}mg\theta_0^2\varepsilon\omega_0 \langle \sin(2\omega_0 t + \gamma)\cos 2\omega_0 t \rangle$$

$$\simeq -\frac{3}{4}mg\varepsilon\omega_0\theta_0^2\sin\gamma$$

となる. したがって,

$$\left\langle \frac{dE}{dt} \right\rangle = mg\varepsilon\omega_0\theta_0^2 B$$

と表すとき,

$$B = -\frac{3}{4}\sin\gamma$$

となる.

(7) $\left\langle \frac{dE}{dt} \right\rangle$ を最大にするための γ の値は

$$\gamma = -\frac{\pi}{2}$$

である. そのとき,

$$\theta \simeq \theta_0 \cos\omega_0 t$$

$$l(t) = l_0 + \varepsilon \cos\left(2\omega_0 t - \frac{\pi}{2} \right)$$

となり, θ が 1 回振動する間に l は 2 回振動している. θ の絶対値が 0 から増えている間は l が短くなり, 0 へ減少している間は l が長くなる運動であり, $\theta = 0, \pm\theta_0$ のとき $l = l_0$ となる八の字を描く運動である.

8.2.1 (1) 演習問題 8.1.1(2) で与えられているように, 2 つの質点のラグランジアンは

$$L = \frac{m}{2}(\dot{x}_1^2 + \dot{x}_2^2) - \frac{k'}{2}x_1^2$$
$$- \frac{k}{2}(x_2 - x_1)^2 - \frac{k'}{2}x_2^2$$

であるので, 一般化運動量は

$$p_1 = \frac{\partial L}{\partial \dot{x}_1} = m\dot{x}_1, \quad p_2 = \frac{\partial L}{\partial \dot{x}_2} = m\dot{x}_2$$

となる. 系のハミルトニアンは

$$H = \frac{1}{2m}(p_1^2 + p_2^2) + \frac{k'}{2}x_1^2$$
$$+ \frac{k}{2}(x_2 - x_1)^2 + \frac{k'}{2}x_2^2$$

となる. ハミルトンの正準方程式より

$$\frac{dx_1}{dt} = \frac{\partial H}{\partial p_1} = \frac{p_1}{m}$$
$$\frac{dp_1}{dt} = -\frac{\partial H}{\partial x_1} = -k'x_1 + k(x_2 - x_1)$$

8

$$\frac{dx_2}{dt} = \frac{\partial H}{\partial p_2} = \frac{p_2}{m}$$

$$\frac{dp_2}{dt} = -\frac{\partial H}{\partial x_2} = -k'x_2 - k(x_2 - x_1)$$

となる.

(2) 演習問題 8.1.1(3) で与えられているように, 系のラグランジアンは

$$L = \frac{1}{2}ML^2\dot{\theta}^2 - Mg\frac{L}{2}(1 - \cos\theta)$$

であるので, 一般化運動量は

$$p_\theta = \frac{\partial L}{\partial \dot{\theta}} = ML^2\dot{\theta}$$

となる. 系のハミルトニアンは

$$H = p_\theta\dot{\theta} - L$$
$$= \frac{1}{2}\frac{p_\theta^2}{ML^2} + Mg\frac{L}{2}(1 - \cos\theta)$$

となる. ハミルトンの正準方程式より

$$\frac{d\theta}{dt} = \frac{\partial H}{\partial p_\theta} = \frac{p_\theta}{ML^2}$$

$$\frac{dp_\theta}{dt} = -\frac{\partial H}{\partial \theta} = -Mg\frac{L}{2}\sin\theta$$

となる.

(3) 演習問題 8.1.1(4) で与えられているように, 球のラグランジアンは

$$L = \frac{7}{10}M(R - r)^2\dot{\varphi}^2$$
$$- Mg(R - r)(1 - \cos\varphi)$$

であるので, 一般化運動量は

$$p_\varphi = \frac{\partial L}{\partial \dot{\varphi}} = \frac{7}{5}M(R - r)^2\dot{\varphi}$$

となる. 系のハミルトニアンは

$$H$$
$$= p_\varphi\dot{\varphi} - L$$
$$= \frac{5}{14}\frac{p_\varphi^2}{M(R - r)^2} + Mg(R - r)(1 - \cos\varphi)$$

となる. ハミルトンの正準方程式より

$$\frac{d\varphi}{dt} = \frac{\partial H}{\partial p_\varphi} = \frac{5}{7}\frac{p_\varphi}{M(R - r)^2}$$

$$\frac{dp_\varphi}{dt} = -\frac{\partial H}{\partial \varphi} = -Mg(R - r)\sin\varphi$$

となる.

8.2.2 (1) 振り子の運動エネルギーは

$$T = \frac{m}{2}(l\dot{\theta})^2$$

ポテンシャルエネルギーは

$$U = mgl(1 - \cos\theta)$$

となるので, ラグランジアンは

$$L = \frac{m}{2}(l\dot{\theta})^2 - mgl(1 - \cos\theta)$$

となる.

(2) 一般化運動量は

$$p_\theta = \frac{\partial L}{\partial \dot{\theta}} = ml^2\dot{\theta}$$

となる.

(3) 系のハミルトニアンは

$$H = p_\theta\dot{\theta} - L = \frac{1}{2}\frac{p_\theta^2}{ml^2} + mgl(1 - \cos\theta)$$

となる.

(4) θ を横軸に, p_θ を縦軸にとった直交座標系を考えたときに, 点 (θ, p_θ) が描く軌跡は図 A.6 のようになる. $E < 2mgl$ の場合, 振り子は往復運動をし, $-\pi, \pi, 3\pi$ の間にある閉軌道に対応する. $E = 2mgl$ の場合, 振り子は無限の時間をかけて最上点に到達し, $-\pi, \pi, 3\pi$ で $p_\theta = 0$ を通る軌道に対応する. $E > 2mgl$ の場合, 振り子は回転運動をし, θ 軸に達することのない波状の軌道に対応する.

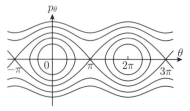

図 A.6　位相空間における軌跡：$E = \frac{2}{3}mgl, \frac{4}{3}mgl, 2mgl, 3mgl, 4mgl$

参 考 文 献

[1] 羽部朝男, 榎本潤次郎, 演習しよう 電磁気学, 数理工学社, 2017.

[2] 鈴木久男, 大谷俊介, 演習しよう 量子力学, 数理工学社, 2016.

[3] 北孝文, 演習しよう 熱・統計力学, 数理工学社, 2018.

[4] 引原俊哉, 演習しよう 物理数学, 数理工学社, 2016.

[5] 引原俊哉, 演習しよう 振動・波動, 数理工学社, 2017.

[6] 原島鮮, 力学, 裳華房, 1985.

[7] 徳永正晴, 和田宏, 理工系の物理学, 学術図書出版社, 1999.

[8] 鈴木久男, 前田展希, 山田邦雅, 徳永正晴, 動画だからわかる物理 力学・波動編, 丸善出版, 2006.

[9] 末廣一彦, 斉藤準, 鈴木久男, 小野寺彰, レベル別に学べる 物理学 I, 丸善出版, 2015.

[10] サーウェイ, 科学者と技術者のための物理学 Ia 力学・波動, 学術図書出版社, 1995.

[11] ランダウ, リフシッツ, 力学, 東京図書, 1974.

[12] ゴールドスタイン, 古典力学（上）（下）, 吉岡書店, 2006, 2009.

[13] 小出昭一郎, 物理入門コース 2 解析力学, 岩波書店, 1983.

[14] 後藤憲一, 山本邦夫, 神吉健, 詳解力学演習, 共立出版, 1971.

[15] 山内恭彦, 末岡清市, 大学演習 力学, 裳華房, 1957.

[16] 阿部龍蔵, 新・演習 力学, サイエンス社, 2003.

[17] 今井功, 高見穎郎, 高木隆司, 吉澤徴, 下村裕, 演習力学 [新訂版], サイエンス社, 2006.

索　引

監修者略歴

鈴 木 久 男
すず き ひさ お

1988年　名古屋大学大学院理学研究科博士後期課程修了　理学博士
現　在　北海道大学大学院理学研究院教授
　　　　（2006 年，「風間・鈴木模型の提唱」により素粒子メダル受賞）

専門分野　素粒子理論

著者略歴

松 永 悟 明
まつ なが のり あき

1992年　東京大学大学院理学系研究科物理学専攻博士課程修了　博士(理学)
現　在　北海道大学大学院理学研究院准教授
専門分野　物性実験（主に低次元電子物性）

須 田 裕 介
す だ ゆう すけ

2019年　北海道大学大学院理学院物性物理学専攻博士後期課程修了　博士(理学)
現　在　前北海道大学助教
専門分野　非線形物理学

ライブラリ物理の演習しよう＝1
演習しよう 力学
—これでマスター！　学期末・大学院入試問題—

2022 年 12 月 10 日 ⓒ	初 版 発 行
2024 年 5 月 25 日	初版第2刷発行

監修者　鈴 木 久 男　　　　発行者　矢 沢 和 俊
著　者　松 永 悟 明　　　　印刷者　小宮山恒敏
　　　　須 田 裕 介

【発行】　　　　　　株式会社　**数理工学社**
〒 151–0051　　東京都渋谷区千駄ヶ谷 1 丁目 3 番 25 号
編集☎ (03) 5474-8661 （代）　　サイエンスビル

【発売】　　　　　　株式会社　**サイエンス社**
〒 151–0051　　東京都渋谷区千駄ヶ谷 1 丁目 3 番 25 号
営業☎ (03) 5474-8500 （代）　　振替 00170–7–2387
FAX☎ (03) 5474-8900

印刷・製本　小宮山印刷工業（株）
≪検印省略≫

ISBN978-4-86481-094-4
PRINTED IN JAPAN

サイエンス社・数理工学社の
ホームページのご案内
https://www.saiensu.co.jp
ご意見・ご要望は
suuri@saiensu.co.jp まで.